"十四五"职业教育国家规划教材

物 理 学

—— 第四版 ——

徐建中　主编
黄 斌　范凤萍　魏 樱　副主编
马文蔚　主审

化学工业出版社

·北京·

内 容 简 介

本书以二十大精神为指引,根据教育部"高职高专教育物理课程教学基本要求"编写。全书主要内容有:质点的运动、刚体定轴转动、流体运动和热力学;静电场、磁场和电磁感应;机械振动与机械波、光的产生及应用。在内容选取上体现以素质教育为宗旨,以培养高等技术应用型人才为目标,以必需、够用为原则,着重讲解物理学基本规律;注重物理概念、结论及其意义的阐述,淡化数学推导和论证;注重物理原理在工程技术中的应用,淡化技术细节;注意与中学物理知识的衔接,避免不必要的重复;注意与现代高新技术的结合,适当渗透近代物理思想。本书配有电子课件、习题解答、仿真软件,可从化学工业出版社教学资源网下载。

本书可以作为高职高专工科类各专业的物理教材,也可作为职大、电大专科层次工科类各专业物理课教学用书。

图书在版编目(CIP)数据

物理学/徐建中主编.—4版.—北京:化学工业出版社,2022.1(2025.2重印)
"十三五"职业教育国家规划教材
ISBN 978-7-122-40713-9

Ⅰ.①物… Ⅱ.①徐… Ⅲ.①物理学-高等职业教育-教材 Ⅳ.①O4

中国版本图书馆CIP数据核字(2022)第019259号

责任编辑:潘新文　　　　　　　　　　装帧设计:韩　飞
责任校对:王鹏飞

出版发行:化学工业出版社(北京市东城区青年湖南街13号　邮政编码100011)
印　　装:河北鑫兆源印刷有限公司
787mm×1092mm　1/16　印张19¾　字数411千字　2025年2月北京第4版第8次印刷

购书咨询:010-64518888　　　　　　　　售后服务:010-64518899
网　　址:http://www.cip.com.cn
凡购买本书,如有缺损质量问题,本社销售中心负责调换。

定　　价:58.00元　　　　　　　　　　版权所有　违者必究

前　言

本教材第一版出版以来，经过两轮修订，内容已日趋成熟，2017 年本书第三版出版，得到了更多高职院校教师的广泛好评，他们普遍反映本书好教、易学、实用，非常符合职业院校学生的特点。2020 年，本书被教育部评为"十三五"职业教育国家规划教材。

近几年来，国家越来越重视高校人才培养中贯彻落实"立德树人"的指导思想，对教材建设也提出了新时代的要求。2018 年，本教材副主编黄斌受教育部委托，主持了全国中等职业学校物理课程标准研制工作，主编徐建中应聘参加了该课程标准的审定。在这期间，教材编写团队成员更加深刻认识到高职院校物理学课程对提高学生科学素质、培养学生的爱国情怀、拓展学生科技视野具有独特作用。近几年来，我国在一系列高科技领域取得飞速发展，因此有必要及时将物理学相关前沿领域新知识、新技术反映到教材中来；与此同时，近年来国际高科技领域竞争加剧，美国在一些关键技术上对我国进行技术封锁，阻碍我国高科技领域的发展。面对这种严峻的挑战，加强对学生的爱国主义教育，提升民族自信心，在提高学生科学素养的同时提高他们的思想政治素质，成为当代职业教育教学的当务之急。基于以上因素，我们决定对第三版进行修订，推出第四版。主要修订内容如下：

（1）优化了教材正文部分细节内容，使语言表述更规范，文字更简练，表达更准确。另第三章第四节标题改为"牛顿黏滞定律和泊肃叶公式"，内容中增加"泊肃叶公式"。

（2）重点加强了课程思政内容的建设，融入中国共产党二十大精神，突出弘扬中华优秀文化，阅读材料中新增"科技中国"栏目，结合各章节物理学知识，介绍中华民族的智慧，特别是在现代高科技领域取得的突破，内容包括：中国的"北斗"，上九天揽月，都江堰水利工程，清洁能源，我国科学家首次测定并验证了人体静电电位的极端值，全超导托卡马克核聚变装置，领先世界的中国 5G 通信技术，"墨子号"量子科学实验卫星等。同时根据涉及的具体内容，将原阅读材料分别相应调整为"知识拓展"栏目和"物理与技术"栏目；"知识拓展"栏目中增加了"狭义相对论简介"和"量子史话"，"物理与技术"栏目增加了"声呐"。

（3）增加了十八个 CDF 可计算文档制作的教学动画（电子版），基本上涵盖了教材全部重点和难点知识，以逼真的仿真交互方式验证物理规律。

（4）为方便教师检查教学效果，本版每章提供了一套测试题（电子版），并附答案，供教师选用。

（5）本次修订在版式上进行了优化，留出必要的空白，以方便学生随时做课堂笔记和学习笔记。

本次修订工作遵照江苏省重点教材建设要求，编写团队克服新冠疫情带来的不便，采取线上线下方式，广泛听取使用者意见，群策群力，制定了修订方案。各部分由原执笔者完成。在此对本次修订工作中给予帮助的所有人员一并表示感谢！

本书可作为高职院校工科各专业物理课程的教材，也可供自学使用。

鉴于编者学识水平所限，有不妥之处，敬请同行和读者批评指正。

编者

第一版前言

近几年来，中国高等教育的发展取得了长足的进步，改革取得了令人瞩目的成绩，初步形成了适应经济建设和社会发展需要的多层次、多形式的社会主义高等教育体系。高等职业教育作为高等教育的重要组成部分，近年来也得到了迅速发展，呈现良好态势。高等职业技术院校为培养生产、建设、管理和服务一线的高级技术应用型人才进行了不懈探索，同样，作为物理教学工作者都在思索着，如何改革物理教学，为培养适应新世纪需要的高素质劳动者和专门人才服务。高等教育大众化条件下的高职高专教育培养目标与原有的高等专科学校教育培养目标相比，已发生了相当大变化，原高等工程专科学校开设的"普通物理"课已不适用于高职高专教学需要。国家教委1994年组织修订的《高等学校工程专科物理课程教学基本要求》也已不适应当前大众化条件下的高职教育实际。一个不容忽略的现实是实行3+X高考模式后，许多高中生因高考未选物理科目而实际未完成高中阶段物理课程的学习。鉴于上述原因，组织编写一本符合高职培养目标和适应当前高职生源的教材尤为重要。本教材在内容选取上，体现以素质教育为宗旨，以培养技术应用型人才为目标，以必须够用为原则。注重物理学概念的理解和突出物理规律的描述；注意物理基本原理的阐述和突出其在工程技术中的应用。注意与中学物理的衔接和与高新技术的结合；注重介绍物理思维方法和渗透近代物理思想。淡化数学推导与论证，突出物理思想与物理图像。全书按运动形式组织经典物理学知识，以运动的描述、基本规律、主要应用来呈现各章内容，并提供了参考实验目录和习题参考答案。为了体现双语教学思想，在主要物理学名词首次出现时加注了英文。

本教材由徐建中拟定编写提纲。范凤萍编写第一、二、三、四章，黄斌编写五、六、七章，徐建中编写第八、九章、绪论和附录，并负责全书的统稿。东南大学马文蔚教授任主审，南京工程学院王铁平副教授、南京信息职业技术学院赵志芳副教授参加了审定，对教材提出了许多宝贵的建议。本教材在编写中参考了许多已出版的教材和资料，在此一并致谢。

本书可作为高职工科类各专业的物理教材，也可供职业大学、电视大学专科层次工科类专业物理课参考。

鉴于编者学识水平所限，有不妥和错误之处，敬请同行和读者批评、指正。

编者

第七章

第二版前言

本教材自2004年出版发行以来，得到物理学同行的关注与关心，经连续多届学生使用，普遍反映良好，认为教材较好地体现了编写的指导思想，即"以素质教育为宗旨，以培养技术应用型人才为目标，以必须够用为原则"。教材注重了物理学基本规律的描述和基本原理的阐述，在讲清物理学概念的基础上突出其在工程技术中的应用；教材注重介绍物理思维方法，突出物理思想与物理模型，淡化了数学推导与论证；教材注意了与中学物理的衔接、与高新技术的结合、与近代物理思想的融合。本教材2007年被江苏省教育厅评为精品教材，并被列入"十一五"国家级规划教材建设目录。

本次修订继续保留了"全书按运动形式组织经典物理学知识，以运动的描述、基本规律、主要应用来呈现各章内容"的结构和框架，继续保持文字简练的风格。修订工作主要依据高职物理课程教改的最新理念以及教材使用中提出的意见和建议，吸取国内外同类教材的优点，结合教师的教学经验进行。教材修订进一步体现高等教育大众化条件下高中后三年制高职物理课程的特点，更好地为专业教学服务，更好地为培养高级技术应用型人才服务，更好地发挥物理教学在培养人的科学素养方面的独特作用。

本次修订删除了理论性较强、难度较大的习题，新增了部分结合工程和技术应用的习题，突出职业教育的实践性和应用性；调整了部分章节内容的编排次序，使知识结构更加科学合理；改写了部分内容，使重点更加突出，方便教学。根据部分专业需要及学生的物理基础，第四章增加了"热能的有效利用"；第九章增加了光产生的理论模型、光谱、光谱分析和光电效应等内容。新增混沌简介、波粒二象性两个阅读材料，使内容更加丰富和新颖；重新绘制了部分插图，提高了插图质量；更正了印刷错误。

与本教材中列出的"大学物理实验目录"配套的由葛宇宏主编、徐建中主审的《物理学实验》已正式出版发行，本次修订是在广泛听取意见的基础上由主编提出修订意见，范凤萍负责第一、二、三、四章的修订；黄斌负责第五、六、七章的修订；徐建中负责第八、九章，绪论及附录的修订。葛宇宏、毛全宁、郑其明、魏樱、郝杰等老师为教材修订提出了许多宝贵意见，并为习题的遴选和新增内容的编写做了大量基础工作，还有许多读者提出了本教材建设的新理念、新思路，在此一并表示衷心感谢。愿第二版教材能较好地反映出大家的良好愿望，也愿高职战线上的物理学同仁们继续关心这本教材的建设。

编者

2009.8

第三版前言

随着"互联网+"时代的到来,信息技术得到越来越广泛的应用,人们获取知识变得越来越便捷,甚至有专家预言这将最终改变学校教学模式,教材的形态也将随之变化。现在许多新版教材都在进行信息化建设方面的积极探索。

本教材第二版于2009年与读者见面,为了适应当前教学改革与发展的需要,决定进行第二次修订,本次修订的主要方向是建设立体化教材,围绕"教师教学"和"学生学习"两个中心,在广泛听取意见的基础上,将我们参编团队成员长期从事教学所积累的宝贵资料整合进入教材。这些资料有自己开发研制的,也有收集后精细加工的,与纸质主教材配套提供给师生选用。本次修订的主要内容包括:

1. 制作了与教材配套的全部PPT课件(电子版),由南京科技职业学院葛宇宏教授执笔。

2. 选择部分重点内容,采取出景或录屏方式制作了11个微课可扫描二维码链接,分别由南京科技职业学院魏樱老师、郑其明副教授、郝杰老师,常州工程职业技术学院范凤萍副教授等主讲。

3. 编写了教材全部练习题的题解(电子版),由四川化工职业技术学院曾安平副教授执笔。

4. 针对教材的重点、难点知识,选择部分适合教学互动内容编写了CDF软件程序,以可计算文档格式制作教学动画14个(电子版),由四川化工职业技术学院曾安平副教授执笔。

5. 在保留原教材每章的"本章小结"基础上,增加了每章"知识结构图"(电子版),由四川化工职业技术学院曾安平副教授执笔。

除增加上述电子版内容外,纸质主教材中,修订内容主要包括以下部分。

1. 每章开篇增加了本章学习所需预备知识。以人教版《普通高中物理》为蓝本,编写了"知识衔接",为未完成高中物理全部内容学习的学生提供预习要点和参考。

2. 改写了每章章首导入语,力图更加引人入胜,激发学生的学习兴趣。

3. 调整了"第二章 刚体定轴转动"中"第二节 刚体转动定律"和"第三节 刚体转动动能定理"先后编排次序,便于学生更好地理解刚体转动惯量的概念。在"第八章 第三节 平面简谐波的描述"中增加了"波的叠加",标题改为"平面简谐波"。

4. 改写或替换了部分阅读材料,将物理原理在工程技术中的最新应用成果及时反映到教材中,使内容更新颖。

5.按照误差理论和科学计数法,在"附录C 练习题答案"中更正了部分错误,更改了部分与科学计数法明显不符的习题答案。

本教材第一章至第四章由范凤萍副教授负责编写,第五章至第七章由黄斌教授、郑其明副教授负责编写,第八章、第九章由徐建中教授负责编写。全部修订内容由徐建中负责统稿。

本次教材修订得到化学工业出版社的教材发展基金支持,得到使用该教材老师们的鼎力相助,得到关注本教材建设的同行专家们的真诚指导和帮助,在此一并表示由衷的感谢。

鉴于笔者学识水平所限,如有不妥之处,敬请同行和读者批评指正。

编者
2017.4

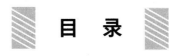

目 录

| 绪 论 | 001 |

第一章 质点的运动   005

- 第一节 质点模型 —— 009
- 第二节 质点运动的矢量描述 —— 010
- 第三节 牛顿第二定律 —— 014
- 第四节 变力的功 弹性势能 —— 016
- 第五节 功能原理 机械能守恒定律 —— 019
- 第六节 动量定理 动量守恒定律 —— 021
- 【知识拓展】 狭义相对论简介 —— 024
- 【物理与技术】 混沌简介 —— 028
- 【科技中国】 中国的"北斗" —— 031
- 本章小结 —— 032
- 练习题 —— 034

第二章 刚体定轴转动   038

- 第一节 刚体转动的描述 —— 039
- 第二节 刚体转动动能定理 —— 042
- 第三节 刚体转动定律 —— 046
- *第四节 角动量和角动量守恒定律 —— 048
- 【物理与技术】 三大守恒定律 —— 050
- 【科技中国】 上九天揽月 —— 052
- 本章小结 —— 054
- 练习题 —— 055

第三章　流体运动　059

第一节　流体运动模型 …… 060
第二节　理想流体的运动规律 …… 061
第三节　流体的测量 …… 063
*第四节　牛顿黏滞定律和泊肃叶公式 …… 067
【物理与技术】伯努利方程与日常生活 …… 069
【科技中国】都江堰水利工程 …… 072
本章小结 …… 073
练习题 …… 074

第四章　热运动　热力学定律　077

第一节　热运动的特点和研究方法 …… 079
第二节　理想气体的统计描述 …… 080
第三节　热力学第一定律 …… 085
第四节　热力学第一定律在理想气体几个过程中的应用 …… 088
第五节　循环过程 …… 092
*第六节　热力学第二定律 …… 096
*第七节　传导　对流　辐射 …… 098
第八节　热能的有效利用 …… 103
【知识拓展】全球气候变暖及应对措施 …… 106
【科技中国】清洁能源 …… 108
本章小结 …… 110
练习题 …… 112

第五章　静电场　116

第一节　库仑定律　电场强度 …… 118
第二节　电势能　电势 …… 123
第三节　静电场中的叠加原理 …… 125
第四节　静电场的基本规律 …… 133
第五节　高斯定理的应用 …… 136
第六节　电介质中的静电场 …… 139
第七节　电容　静电场的能量 …… 141

【物理与技术】 静电的利用及危害的预防 —————————— 145
【科技中国】 我国科学家首次测定并验证了人体静电电位的极端值 —— 147
本章小结 ———————————————————————— 147
练习题 ————————————————————————— 150

第六章 磁场　154

第一节　描述磁场的基本物理量 ———————————————— 156
第二节　磁场的基本规律 ——————————————————— 161
第三节　安培环路定理的应用 ————————————————— 165
第四节　磁场对运动电荷的作用 ———————————————— 167
第五节　霍尔效应 —————————————————————— 172
第六节　磁场中的磁介质 ——————————————————— 174
【物理与技术】 磁悬浮和电磁加速 ——————————————— 178
【科技中国】 全超导托卡马克核聚变装置 ———————————— 180
本章小结 ———————————————————————— 181
练习题 ————————————————————————— 183

第七章 电磁感应　191

第一节　电磁感应的基本规律 ————————————————— 193
第二节　感应电动势　涡旋电场 ———————————————— 196
第三节　互感　自感 ————————————————————— 200
第四节　磁场能量 —————————————————————— 207
【物理与技术】 电容式传感器和电感式传感器 —————————— 209
【科技中国】 领先世界的中国5G通信技术 ———————————— 212
本章小结 ———————————————————————— 213
练习题 ————————————————————————— 215

第八章 机械振动与机械波　221

第一节　简谐振动的描述 ——————————————————— 223
第二节　简谐振动的合成 ——————————————————— 229
第三节　平面简谐波 ————————————————————— 231
第四节　振动与波动的能量 —————————————————— 235

【知识拓展】 超声波　次声波　地震波	239
【物理与技术】 声呐	240
本章小结	242
练习题	244

第九章　光的产生及应用　248

第一节　光产生的理论模型	250
第二节　线光谱、带光谱和连续光谱	254
第三节　光谱分析	256
第四节　杨氏双缝干涉　光程和光程差	258
第五节　薄膜等厚干涉　光学薄膜	262
第六节　单缝衍射　光栅衍射	266
第七节　圆孔衍射　光学仪器分辨率	271
第八节　光的偏振及其应用	274
第九节　光电效应	277
【知识拓展】 量子史话	279
【科技中国】 "墨子号"量子科学实验卫星	281
本章小结	283
练习题	285

附　录　290

附录A　大学物理实验目录（供参考）	290
附录B　矢量代数基本知识	291
附录C　练习题答案	294

参考文献　301

绪　　论

物理学是研究物质的基本结构，相互作用，物质最基本、最普遍的运动形式及其转化规律的学科。物理学研究的对象具有极大的普遍性，它的基本理论渗透于一切科学领域，应用于生产技术的各个部门，是自然科学和工程技术的基础。高职高专物理课，一方面在于为技术应用型人才将来从事专业技术工作打好必要的物理基础，培养独立获取知识的能力，另一方面也对学生建立辩证唯物主义世界观，激发探索和创新精神，增强适应能力，提高人才素质起着重要作用。

一、物理学与自然科学

物理学一词最早出自古希腊文中，含义是"自然（physic）"，在古代欧洲则是自然科学的总称，早期的科学家把整个自然作为研究对象。随着科学的发展，自然科学逐渐分为天文学、物理学、数学、生物学、地质学。物理学本身也向专业化纵深发展，如力学又分为流体力学、弹性力学、材料力学、工程力学等分支。当代物理学已发展成为一个相当庞大的学科群，包括高能物理、原子核物理、等离子体物理、凝聚态物理、理论物理等主体学科以及难以计数的分支学科。物理学在其他学科的广泛应用，又陆续形成了许多交叉学科，如化学物理、地球物理、天体物理、生物物理等，这些学科又推动了材料科学、空间科学、生命科学的蓬勃发展。

物理运动是宇宙中最普遍、最基本的运动形式，大到宇宙天体的运行，小到微观粒子的相互作用，从由分子、原子等实物粒子组成的物质到看不见摸不着的"场"，没有物理不涉足之处。物理学研究对象的普遍性，使得它成为自然科学的基础。化学与物理学交汇于原子和分子结构的领域；现代生物学发展到分子生物学水平，已经离不开物理理论和物理学所提供的现代化仪器设备；而天文学则是关于天体的物理学，可以说是关于宇宙的实验物理学。物理学的发展为自然科学的发展打下基础，自然科学的发展推进了技术进步，而技术进步又为物理学的研究提供更先进的仪器设备和创造更好的条件，进一步促进物理学的发展。因此物理学的发展与工程技术的发展紧密相关、相辅相成，如 20 世纪以来，随着相对论和量子力学的建立，人类取得了一系列具有划时代意义的技术突破，产生了原子核技术、微电子技术、计算机和信息技术、激光技术、光纤通信技术、卫星通信技术、超导技术、红外技术、生物工程技术等。如果把自然科学比作一座金碧辉煌的殿堂，那么物理学则是这座殿堂的基石。物理学揭示了自然界物质运动的基本规律，是人类认识世界和改造世界的武器。物理学的方法，包括它的物理实验方法、物理学中的数学方法、物理学中的理论思维方法，不仅适用于物理学各专门领域，而且广泛渗入、移植到各个含有物理过程和以物理为基础的科学领域，深刻地影响了其他学科的发展。物理学的成果不仅应用于工程技术，而且渗透到了人文科学，影响了哲学、艺术和宗教的发展。当今的物理学已经成为生气勃勃地向一切科学技术领域渗透的一种力量。科学家预言，21 世纪将会得到重点开发的高科技领域的信息技术、生物技术、空间技术、新能源技术、新材料技术和海洋技术，都是以物理学为基础的科学。当人们在惊叹世界变化如此之快时，已深刻体会到了"知识就是力量"，而物理学作为自然科学基础研究中最前沿的学科之一，对改变这个世界做出了不可磨灭的贡献。

二、物理学与人类文明

科学技术是第一生产力。物理学作为自然科学的基础，在人类认识世界和改造世界的过程中发挥了极其重要的作用。"科学发现—技术发明—产业革命"这是人类认识世界和改造世界的三部曲。物理学基本规律的重大发现和基本理论的重大突破孕育了科技革命，而科技革命又引发了产业革命。每次产业革命不仅推动了社会生产力的飞跃发展，提高了生产的社会化程度，而且影响到世界经济和政治格局，影响到历史的进程。18 世纪热力学理论的发现和热力学定律的建立孕育了第一次科技革命，引发了以蒸汽机的使用为代表的第一次产业革命，人类从此进入机械化时代。第一次产业革命冲破了人类自给自足的自然经济，形成了世界经济市场。19 世纪电磁感应现象的发现和电磁理论的建立孕育了第二次科技革命，引发了以"电"的使用为代表的第二次产业革命，从此电力取代了蒸汽，为大工业生产提供了前所未有的强大动力，并促进了一系列重大的发明和新兴工业的诞生，人类开始进入"电气化时代"，电走入了千家万户。电的使用，使电机、电力、电信、电法炼钢、电化学等一系列新兴工业从此诞生，并极大地促进了内燃机、汽车和飞机等新兴工业的发展。第二次科技革命，不仅使生产力实现了又一次新的飞跃，使人类的社会生活和世界的面貌发生了巨大变化，而且国际生产关系也因此发生了新的变化，发生科技革命的国家逐步取得了对世界经济和世界政治的控制权。20 世纪 50 年代以来发生的第三次科技革命是人类历史上影响最为深刻的一场技术综合创新的科技革命，使人类社会进入了以原子能、电子计算机和激光等新技术为标志的时代，它极大地改变了世界的面貌和人类生活。人类许多美丽的梦想、幻想甚至以前根本无法想象或连想都不敢想的事情都已经或正在变成现实，而这些都是与物理学的发展无法分开。第三次科技革命也同样在影响着世界经济和政治格局。第一次科技革命后形成的以英国为核心的国际分工随着第二次科技革命的推进，由英国转入了欧美。美国一直引领着世界科技的前沿，至今仍保持头号强国的地位。"二战"后日本、德国抓住了第三次科技革命的机遇，经济实力迅速崛起。新中国成立后特别是改革开放以来，中国的科技发展正在不断赶超世界先进水平，第三次科技革命为中国经济腾飞，实现跨越式发展提供了难得的历史机遇。

物理学特别是近代物理学取得如此辉煌的成就，能够在认识自然界、认识宇宙、推动科技进步、推动经济发展和历史前进上发挥如此巨大的作用，显示出物理学作为整个自然科学和现代工程技术的基础的强大社会功能。

"知识就是力量"。物理学的发现一方面为科技革命提供了原动力，由此引发的产业革命创造了人类的物质文明；另一方面物理学的发展还为科学的世界观和方法论的创立打下基础，推动了人文科学的发展和人类的精神文明。古代人类对自然界的认识常有浓厚的直观、猜测的性质，形成了朴素的自然观，在无法抗拒的大自然面前，人们创造了"神"和"上帝"的概念。在中世纪，基督教统治着欧洲，它的理论基础是托勒密的地心说。哥白尼（Copernicus, Nicolaus, 1473—1543）举起了自然科学向宗教神学反叛的大旗，提出了地动日心说，他揭穿了教会的迷信，从根本上动摇了中世纪欧洲的思想结构和基督教神学的基础，从此自然科学开始从神学的禁锢中解放出来。17世纪，经典力学体系确立了以空间、时间、质点和力等基本概念来描述自然界的总体概念，这些概念被引入了哲学，机械论的自然观和方法论便应运而生，伽利略的两个铁球同时着地的实验和牛顿发现万有引力，把天上的力与人间的力统一起来，使人类对自然界的认识深化了一大步。纵观人文科学的发展历史，不难看出物理学取得的成果对思想家和理论家们思想的影响。物理学是一门实验科学，强调一切定理和定律都必须经受实践的检验，而这正是唯物论的思想基础。

三、物理学的研究方法

物理学的发展历史是一部"实践—认识—再实践—再认识"的历史。深入地观察现象，对影响现象的各种因素进行有控制的实验，对实验结果进行分析、综合和归纳，找出主要因素，提出假设，建立模型，然后应用数学工具形成理论，再对理论进行检验和修正，这就是物理学的研究方法，也是科学研究的一般方法。

自然界和生产实践中的物理现象，往往同时受多种因素影响，为了揭示现象的本质，必须抓主要矛盾，并用仪器设备，有选择、有控制地再现物理现象，以便掌握其中规律性的联系，这一过程就是实验。实验结果可以定量描述，可以在相同的条件下由任何人重新实现，这是物理实验的显著特征，也是物理理论令人信服的力量所在。物理学的研究方法符合认识论的一般规律，这从光学的发展史中可见一斑。17世纪，牛顿在大量观察和实验的基础上，从质点力学的角度出发提出了光的微粒说，认为光是由大量微粒组成的粒子流，成功地解释了光的反射和折射现象，使人们第一次接触到光的客观的和定量的特征，但它无法解释光的干涉和衍射现象。18世纪90年代惠更斯提出光的波动说，认为光是一种机械弹性波，其传播媒介是一种称作"以太"的弹性介质，它充满整个宇宙，且绝对静止，它既无质量，却极具刚性。经菲涅耳补充后的惠更斯-菲涅耳原理很好地解释了包括干涉与衍射在内的光现象。但整个18世纪，两种矛盾的理论都不能自圆其说，虽然19世纪60年代麦克斯韦提出光的电磁波学说，支持了光的波动说，但是该理论建立的基础——神秘的"以太"一直无法找到，而且光的波动说无法解释光电效应。1887年，迈克耳逊用干涉仪测"以太风"，否定了"以太"的存在，光的波动说又陷入了困境。20世纪初，爱因斯坦提出光子假说，为粒子和波之间建起一座桥梁，近代物理观点认为,光是一种电磁波,它具有波粒二象性,相对论和量子论的建立,使人们对光的本性的认识又前进了一大步。对光的本性的认识是一个由表及里、由浅入深、由现象到本质不断接近客观真理的过程。这是人类认识自然规律的一个典型。

物理学由于其自身的特点,它既是实践性很强的科学,又是思想性、理论性、系统性很强的科学,并长期处在学科领先地位,因此物理学成为自然辩证法研究最多的学科,并成为自然辩证法方法论的基础。物理学发展中形成的科学方法、科学精神成为其他学科的典范,因而物理学在培养人的科学素养方面有着许多其他学科难以比拟的特殊教育功能和文化价值。物理学理论的每次重大突破,都是一次创新。物理学的创新思维和实践不仅可以教给人们知识和技能,启发人们的聪明才智,更重要的是使人们受到科学思想、科学精神的教育与熏陶,从而促进人的各种能力和全面素质的提高。

第一章

质 点 的 运 动

 学习指南

1. 通过质点模型，初步了解物理模型的建立方法。
2. 掌握位矢 r、位移 Δr、速度 v、加速度 a 等物理量的概念，并会用矢量进行相应的运算。
3. 加深对牛顿运动定律的理解，能用正确的方法求解有关简单的问题。
4. 理解功、能量及动能定理的意义。会计算一维情况下变力的功。
5. 理解势能的概念与保守力做功的特点，会正确计算有关重力势能与弹性势能的问题。
6. 理解动量、冲量和动量定理的意义，会进行简单的计算。
7. 掌握动量守恒与机械能守恒的条件，并会求解有关平面运动的简单力学问题。
8. 了解守恒定律在工程技术上的应用。

 衔接知识

一、机械运动

物体的空间位置随时间的变化称为**机械运动**。机械运动是自然界中最简单、最基本的运动形式。

二、参考系与坐标系

要描述一个物体的运动，首先要选定某个其他物体作参考，观察这个物体相对于这个"其他物体"的位置是否随时间变化，以及怎样变化，这种用来作为参考的物体称为**参考系**。一般来说，为了定量地描述物体的位置及位置的变化，需要在参考系上建立适当的**坐标系**。

三、时间与位移

在表示时间的数轴上，点所对应的位置是时刻，而两点之间的间隔表示的就是**时间**。**位移**是指从物体的初位置向末位置所作的有向线段。

四、矢量与标量

在物理学中，像位移、速度、加速度等这种既有大小又有方向的物理量，称为**矢量**；而像温度、质量这种只有大小、没有方向的物理量，称为**标量**。

五、速度、速率和加速度

在物理学中用位移与发生这个位移所用时间的比值表示物体运动的快慢，这就是**速度**，通常用 v 表示。如果在 Δt 时间内物体的位移是 Δx，速度的表示式为 $v = \dfrac{\Delta x}{\Delta t}$，单位 m/s。如果 Δt 非常非常小，就可以认为 $\dfrac{\Delta x}{\Delta t}$ 表示的是 t 时刻的瞬时速度。瞬时速度的大小为瞬时速率，简称**速率**。

加速度是速度的变化量与发生这一变化所用时间的比值，通常用 a 表示。用 Δv 表示速度在时间间隔 Δt 内发生的变化，则 $a = \dfrac{\Delta v}{\Delta t}$，单位为 m/s^2，加速度方向与速度变化量 Δv 方向相同。

六、匀变速直线运动

物体沿一条直线运动，加速度大小不变的运动，叫做匀变速直线运动，主要规律如下：

速度和时间的关系：$v = v_0 + at$

位移与时间的关系：$x = v_0 t + \dfrac{1}{2} at^2$

位移与速度的关系：$v^2 - v_0^2 = 2ax$

七、自由落体运动

典型的匀变速直线运动，初速度 $v_0 = 0$，加速度 $a = g$，所以有如下关系：

$$v = gt \qquad h = \dfrac{1}{2}gt^2 \qquad v^2 = 2gh$$

八、力的概念、力的合成与分解

物体与物体之间的相互作用，叫做力，单位为 N。常见的力有：

重力：由于地球的吸引而使物体受到的力，$G = mg$，方向竖直向下；

弹力：发生弹性形变的物体由于要恢复原状，对与它接触的物体产生的作用力；

摩擦力：两个接触的物体，当发生相对运动或具有相对运动趋势时，在接触面上产生的阻碍相对运动或相对运动趋势的力。

力的合成与分解都遵循平行四边形定则，见图 1-1 和图 1-2。

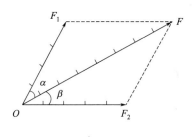

图 1-1 力的合成

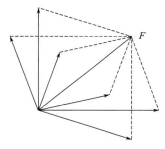

图 1-2 力的分解

九、牛顿运动定律

（1）牛顿第一定律：一切物体总保持匀速直线运动状态或静止状态，除非作用在它上面的力迫使它改变这种状态，又称惯性定律。

（2）牛顿第二定律：物体的加速度大小跟作用力成正比，跟物体质量成反比，加速度的方向与作用力的方向相同。表达式为：

$$a=\frac{F}{m}$$

（3）牛顿第三定律：两个物体之间的作用力和反作用力总是大小相等，方向相反，作用在同一条直线上。

十、功和能

（1）一个物体受到力的作用，并在力的方向上发生了一段位移，这个力就对物体做了功。当力的方向与位移方向一致时，功等于力的大小与位移大小的乘积：

$$W=Fl$$

如果力的方向与位移的方向有一个夹角 α 时，则 $W=Fl\cos\alpha$，此式表示：力对物体做的功，等于力的大小、位移的大小、力和位移夹角的余弦这三项的乘积。功的单位是 J。

（2）功率是表示做功快慢的物理量，用 P 表示，$P=\dfrac{W}{t}$，此式表示功率等于功 W 与完成这些功所用时间 t 的比值。单位为 W。

（3）相互作用的物体凭借其位置而具有的能量叫做**势能**。重力势能的表达式：

$$E_\text{p}=mgh$$

物体由于运动而具有的能量叫做**动能**，物体动能的表达式：

$$E_\text{k}=\frac{1}{2}mv^2$$

（4）动能定理：力在一个过程中对物体所做的功，等于物体在这个过程中动能的变化，即 $W=E_{\text{k}2}-E_{\text{k}1}$。

（5）机械能守恒定律：在只有重力和弹力做功的物体系统内，动能和势能可以互相转化，而总的机械能保持不变。

十一、物理学中采用的高等数学基础知识

在大学物理中,我们将借助高等数学知识对以上基本规律做进一步深入研究,使物理概念的描述更加准确,使物理规律具有普遍适用性。

1. 导数的概念

一般地,已知函数 $y=f(x)$,x_0、x_1 是其定义域内的不同的两点,在区间 $[x_0,x_1]$ 上,值从 $f(x_0)$ 变化为 $f(x_1)$,记 $\Delta x=x_1-x_0$,$\Delta y=f(x_1)-f(x_0)$,则 $\dfrac{\Delta y}{\Delta x}=\dfrac{f(x_1)-f(x_0)}{x_1-x_0}$ 称作函数 $y=f(x)$ 在区间 $[x_0,x_1]$ 上的平均变化率。

如果当 $\Delta x \to 0$ 时,$\dfrac{f(x_0+\Delta x)-f(x_0)}{\Delta x}$ 的值无限趋近于一个常数 A,则称 $y=f(x)$ 在 $x=x_0$ 处可导,并称该常数 A 为函数 $f(x)$ 在 $x=x_0$ 处的导数,记作 $f'(x_0)$。

导数的几何意义就是函数 $y=f(x)$ 在点 $(x_0,f(x_0))$ 处切线的斜率。

2. 基本函数的求导公式

(1) $C'=0$ (C 为常数)　　(2) $(x^n)'=nx^{n-1}$ ($n \in Q$)　　(3) $(\sin x)'=\cos x$

(4) $(\cos x)'=-\sin x$　　(5) $(\tan x)'=\sec^2 x$　　(6) $(\cot x)'=-\csc^2 x$

(7) $(a^x)'=a^x \ln a$　　(8) $(e^x)'=e^x$　　(9) $(\log_a x)'=\dfrac{1}{x\ln a}$

(10) $(\ln x)'=\dfrac{1}{x}$

3. 函数的求导法则

$$[u(x) \pm v(x)]'=u'(x) \pm v'(x) \qquad [Cu(x)]'=Cu'(x)\ (C \text{ 是常数})$$

$$[u(x)v(x)]'=u'(x)v(x)+u(x)v'(x) \qquad \left[\dfrac{u(x)}{v(x)}\right]'=\dfrac{u(x)'v(x)-u(x)v(x)'}{v(x)}\ (v \neq 0)$$

4. 复合函数的导数

设函数 $u=\varphi(x)$ 在点 x 处有导数,$u'_x=\varphi'(x)$,函数 $y=f(u)$ 在点 x 的对应点 u 处有导数 $y'_u=f'(u)$,则复合函数 $y=f[\varphi(x)]$ 在点 x 处也有导数,且 $y'_x=y'_u u'_x$,或 $f'[\varphi(x)]=f'(u)\varphi'(x)$。

图 1-3 所示为过山车,你体验过过山车那种风驰电掣的爬升、滑落、倒转带来的刺激吗?人们在设计过山车时,巧妙地运用了许多物理学原理。你知道过山车在运动过程中包含哪些物理学原理吗?如果弄清楚了质点运动的基本规律,那么你在乘坐过山车的过程中不仅能够体验到冒险带来的快乐,还能用心体会其中所含的物理学原理,那感觉一定是非常美妙的。

本章我们将学习质点的运动,学习描述质点运动的基本物理量、质点运动定律,以及力在持续对物体作用过程中的累积效应。

图 1-3 过山车

第一节 质点模型

质点（material point）是指具有一定质量而可以忽略其大小和形状的物体。

物体都有一定的大小和形状，在运动时，物体上各点的位置变化在一般情况下是各不相同的，所以要精确地描述物体的运动，不是一件容易的事。但在有些情况下，由于物体的大小和形状与所研究的问题关系很小，因而在研究这类问题时，可以忽略物体的大小和形状，把物体当作质点来处理。例如，地球是一个平均直径为 12742 km 的星体，它以 29.8 km/s 的速率，沿半径为 1.5×10^8 km 的轨道绕太阳公转，以角速度 7.3×10^{-5} rad/s 绕地轴自转，加上潮汐、地震等引起的变形运动，它的运动十分复杂。假若只研究地球的公转时，由于地球的直径与地球与太阳之间的距离相比要小得多，因而可以忽略地球的大小和形状，把它当作质点。

在什么情况下可把物体看成质点，要根据所研究问题的性质而定。当研究地球的自转时，显然不能忽略地球的大小和形状，就不能把它当作质点了。

当物体不能被看成质点时，仍可把物体上每一小部分看成质点，于是，该物体就被看成由许多质点组成的"质点系"。分析这些质点的运动，就可以搞清楚整个物体的运动。

质点是力学中最基本、最简单的理想模型。它是从研究真实物体运动时抽象出来的，它突出实际物体的主要特征：物体的质量和物体的空间位置。这种科学的抽象能在一定程度上准确、深刻地反映事物的本质。后文将会介绍更多的理想模型，如弹簧振子、刚体、理想流体、理想气体、点电荷等，在具体应用这些模型时，应理解它们是如何建立的，并注意它们的适用条件。

第二节 质点运动的矢量描述

一、位矢与位移 (position vector and displacement)

当质点相对于某一参考系运动时,为了描述质点的运动,首先要确定质点的位置。如图 1-4 所示,在参考系上任取一点 O 作为参考点,从点 O 指向质点在某一时刻所处的位置 P 作一矢量 r,称为质点在该时刻的位置矢量,简称**位矢**。位矢的大小表示 P 到参考点的远近;位矢的方向自 O 指向 P,表示 P 点相对于参考点 O 的方位。

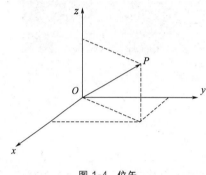

图 1-4 位矢

在图 1-4 所示的空间直角坐标系中,质点 P 位矢的三个分量为直角坐标 x、y、z,通常以 **i**、**j**、**k** 代表沿三个方向的单位矢量,将 r 表示为

$$r = x\mathbf{i} + y\mathbf{j} + z\mathbf{k} \tag{1-1}$$

如果质点在平面上运动,那么在该平面上取直角坐标系 xOy,质点的位矢可表示为

$$r = x\mathbf{i} + y\mathbf{j} \tag{1-2}$$

如果质点在一直线上运动,那么在该直线上取坐标轴 Ox,质点的位矢可表示为

$$r = x\mathbf{i} \tag{1-3}$$

如果图 1-4 中质点相对于参考系是静止的,则位矢 r 的大小和方向都不变;当质点相对于参考系在运动,那么,它的位矢 r 将随时间变化。也就是说,r 是时间 t 的函数:

$$r = r(t) \tag{1-4}$$

式(1-4) 称为质点的运动学方程。显然,这时,质点的坐标 x、y、z 也是时间 t 的函数:

$$\begin{cases} x = x(t) \\ y = y(t) \\ z = z(t) \end{cases} \tag{1-5}$$

式(1-5) 称为质点运动学方程在直角坐标系下的分量式。当然,对于平面运动,需用上述两个分量式;对于直线运动,只需用其中的一个分量式。

研究质点的运动,不仅要知道它在任一时刻的位置,还要知道它在一段时间内位置的变化。如图 1-5 所示,质点沿一曲线运动,在 t 时刻位于 A 处,在 $t+\Delta t$ 时刻位于 B 处,则 Δt 时间内物体位置的变化是由 A 指向 B 的有向线段 Δr 来表示。把 Δr 称为质点在 Δt 时间内的位移矢量,简称**位移**。位移是描述一段时间内质点位置变动的物理量。它的大小表示质点位置变动的直线距离,其方向反映质点位置变动的方向。显然位移只与物体的始、末位置有关,而与所经过的路径无关。

根据矢量的运算规则，由图 1-5 可知
$$r_A + \Delta r = r_B \quad (1\text{-}6)$$
它表示的物理意义是：质点初位置为 r_A，经过位移 Δr 后，到达末位置 r_B。式(1-6)可写成 $\Delta r = r_B - r_A$，因此，通常称位移为位矢的增量。

在平面直角坐标系中，位移为
$$\Delta r = \Delta x \mathbf{i} + \Delta y \mathbf{j} \quad (1\text{-}7)$$
式中

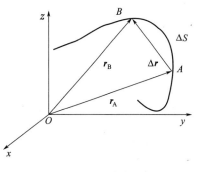

图 1-5 位移

$$\begin{cases} \Delta x = x_B - x_A \\ \Delta y = y_B - y_A \end{cases} \quad (1\text{-}8)$$

是 Δt 时间内质点坐标的增量。

应注意，位移 Δr 和路程 ΔS 不同。首先，Δr 是矢量，ΔS 是标量；其次，Δr 的大小 $|\Delta r|$ 一般情况下也不等于 ΔS，因为 $|\Delta r|$ 表示位置变化的直线距离，所以，总有 $\Delta S \geqslant |\Delta r|$。只有当 $\Delta t \to 0$ 的情况下，它们是相等的，即 $|\mathrm{d}r| = \mathrm{d}S$。

二、速度 (velocity)

图 1-5 中，为了描述质点运动的方向和快慢，可以计算质点在 Δt 时间内的平均速度 (mean velocity)，它等于 Δr 与 Δt 的比值

$$\overline{v} = \frac{\Delta r}{\Delta t} \quad (1\text{-}9)$$

平均速度是矢量，它的方向与 Δr 的方向相同。$\overline{v}$ 的大小反映质点在 Δt 的平均快慢程度。显然，它不能反映质点在各个时刻的运动情况，用它来描述质点的运动是粗略的。

怎样才能精确地描述质点在各个时刻的运动情况呢？从式(1-9)可以看出，Δt 越小，描述就越精确，这里不妨令 $\Delta t \to 0$，于是

$$v = \lim_{\Delta t \to 0} \frac{\Delta r}{\Delta t} = \frac{\mathrm{d}r}{\mathrm{d}t} \quad (1\text{-}10)$$

v 称为质点在时刻 t 或质点处于点 A 的**瞬时速度** (instantaneous velocity)，简称速度。它是位矢对时间的一阶导数，它的大小表示质点位置变化的快慢程度，它是矢量，它的方向与 Δr 在 $\Delta t \to 0$ 时的极限方向相同。从图 1-6 可见，当质点作曲线运动时，它在某一点的速度方向就是沿该点曲线的切线方向。

在国际单位制中，速度的单位是米/秒，用符号 m/s 表示。

在平面直角坐标系中，若质点的位移为
$$\Delta r = \Delta x \mathbf{i} + \Delta y \mathbf{j}$$

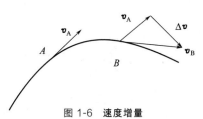

图 1-6 速度增量

由速度的定义可得

$$\boldsymbol{v}=\frac{\mathrm{d}\boldsymbol{r}}{\mathrm{d}t}=\frac{\mathrm{d}x}{\mathrm{d}t}\mathbf{i}+\frac{\mathrm{d}y}{\mathrm{d}t}\mathbf{j}=v_x\mathbf{i}+v_y\mathbf{j} \tag{1-11}$$

式中

$$\begin{cases} v_x = \dfrac{\mathrm{d}x}{\mathrm{d}t} \\ v_y = \dfrac{\mathrm{d}y}{\mathrm{d}t} \end{cases} \tag{1-12}$$

分别为速度沿 Ox 轴与 Oy 轴的分量。

如果已知 v_x 和 v_y，可求得速度的大小（速率）

$$v=\sqrt{v_x^2+v_y^2} \tag{1-13}$$

和方向（用速度与 Ox 轴正方向的夹角 α 表示）

$$\tan\alpha=\frac{v_y}{v_x} \tag{1-14}$$

【例题 1-1】 一质点做直线运动，其运动方程是 $x=1+4t-t^2$，t 是时间。求质点的速度公式和速率公式。

解 由公式 $v_x=\dfrac{\mathrm{d}x}{\mathrm{d}t}$ 得此质点的速度公式

$$v_x=4-2t$$

由上式可知此质点做变速运动，而且，当 $t<2\mathrm{s}$ 时，速度 $v_x>0$，质点沿 x 轴正方向运动；当 $t>2\mathrm{s}$ 时，速度 $v_x<0$，质点沿 x 轴负方向运动。所以此质点的速率公式是

$$v=|v_x|=\begin{cases} 4-2t & (t<2\mathrm{s}) \\ 2t-4 & (t>2\mathrm{s}) \\ 0 & (t=2\mathrm{s}) \end{cases}$$

三、加速度 (acceleration)

在一般情况下，质点运动速度的大小和方向经常随时间变化，故常用加速度来描述这种变化。加速度是速度矢量随时间的变化率。

图 1-6 中，质点做曲线运动。在 t 时刻，质点位于 A 处，速度为 $\boldsymbol{v}_A$；在 $t+\Delta t$ 时刻，质点位于 B 处，速度为 $\boldsymbol{v}_B$。则 Δt 时间内质点速度的增量为 $\Delta\boldsymbol{v}=\boldsymbol{v}_B-\boldsymbol{v}_A$。

$\Delta\boldsymbol{v}$ 与 Δt 之比称为质点在 Δt 时间内的平均加速度，用符号 $\overline{\boldsymbol{a}}$ 表示

$$\overline{\boldsymbol{a}}=\frac{\Delta\boldsymbol{v}}{\Delta t} \tag{1-15}$$

$\overline{\boldsymbol{a}}$ 是矢量，它的方向与 $\Delta\boldsymbol{v}$ 的方向一致。显然，它与平均速度一样，是一个粗略的概念。同理，为了精确地描述质点在任一时刻（或任一位置）的速度变化率，取当 $\Delta t\to 0$ 时，平均加速度的极限，即

$$\boldsymbol{a}=\lim_{\Delta t\to 0}\frac{\Delta\boldsymbol{v}}{\Delta t}=\frac{\mathrm{d}\boldsymbol{v}}{\mathrm{d}t} \tag{1-16}$$

$\boldsymbol{a}$ 称为质点的瞬时加速度，简称加速度。

在国际单位制（SI）中，加速度的单位为米/秒^2，用符号 m/s^2 表示。

将式(1-11)和式(1-12)代入式(1-16)可得加速度在平面直角坐标系下的表达式

$$a = \frac{d\boldsymbol{v}}{dt} = \frac{dv_x}{dt}\mathbf{i} + \frac{dv_y}{dt}\mathbf{j} = \frac{d^2x}{dt^2}\mathbf{i} + \frac{d^2y}{dt^2}\mathbf{j} \tag{1-17}$$

用符号 a_x 和 a_y 表示沿 Ox 轴和 Oy 轴方向的加速度分量，则

$$\begin{cases} a_x = \dfrac{dv_x}{dt} = \dfrac{d^2x}{dt^2} \\ a_y = \dfrac{dv_y}{dt} = \dfrac{d^2y}{dt^2} \end{cases} \tag{1-18}$$

如果已知 a_x 和 a_y，可求得加速度的大小和方向（用 $\boldsymbol{a}$ 与 Ox 轴的正方向的夹角 α 表示）

$$a = \sqrt{a_x^2 + a_y^2} \tag{1-19}$$

$$\tan\alpha = \frac{a_y}{a_x} \tag{1-20}$$

【例题 1-2】 质点沿直线的运动学方程为 $x = 10t + 3t^2$。求质点的速度和加速度。

解 此质点是沿着 Ox 轴运动，它的速度

$$v_x = \frac{dx}{dt} = 10 + 6t$$

即

$$\boldsymbol{v} = v_x\mathbf{i} = (10 + 6t)\mathbf{i}$$

它的加速度

$$a_x = \frac{dv_x}{dt} = 6$$

即

$$\boldsymbol{a} = a_x\mathbf{i} = 6\mathbf{i}$$

【例题 1-3】 已知质点在平面直角坐标系下的运动方程为 $\begin{cases} x = 2t \\ y = 4 - t^2 \end{cases}$，$t$ 为时间。求：①当 $t = 1$s 和 $t = 2$s 时质点的速度；②当 $t = 1$s 和 $t = 2$s 时质点的加速度。

解 ① 由速度公式得

$$v_x = \frac{dx}{dt} = 2$$

$$v_y = \frac{dy}{dt} = -2t$$

当 $t = 1$s 时，$\quad v_{1x} = 2 \quad v_{1y} = -2$

速度的大小 $\quad v_1 = \sqrt{v_{1x}^2 + v_{1y}^2} = 2\sqrt{2}$ m/s

速度的方向 $\quad \tan\alpha_1 = \dfrac{v_{1y}}{v_{1x}} = -1 \quad$ 即 $\alpha_1 = -45°$（v_1 与 Ox 轴的夹角）

当 $t = 2$s 时，$\quad v_{2x} = 2 \quad v_{2y} = -4$

速度的大小 $$v_2=\sqrt{v_{2x}^2+v_{2y}^2}=\sqrt{20}\,\text{m/s}$$

速度的方向 $\tan\alpha_2=\dfrac{v_{2y}}{v_{2x}}=-2$ 即 $\alpha_2=-63.43°$（v_2 与 Ox 轴的夹角）

② 由加速度公式得

$$a_x=\frac{\mathrm{d}v_x}{\mathrm{d}t}=0$$

$$a_y=\frac{\mathrm{d}v_y}{\mathrm{d}t}=-2$$

由上可知，加速度的大小始终为 $2\,\text{m/s}^2$，方向沿 Oy 轴的负方向。

第三节　牛顿第二定律

一、牛顿第二定律的矢量表示

牛顿（1643—1727）在 1687 年指出：**质点所获得的加速度 a 的大小与它所受的合力 F 的大小成正比，与质点的质量 m 成反比；加速度 a 的方向与合力 F 的方向相同。**这就是牛顿第二定律（Newton's second law of motion）。牛顿第二定律的矢量形式为

$$\boldsymbol{F}=m\boldsymbol{a} \tag{1-21}$$

如果作用于质点的力有 n 个，为 $\boldsymbol{F}_1$、$\boldsymbol{F}_2$、$\boldsymbol{F}_3$、$\cdots$、$\boldsymbol{F}_n$，其合力 $\boldsymbol{F}$ 为

$$\boldsymbol{F}=\boldsymbol{F}_1+\boldsymbol{F}_2+\boldsymbol{F}_3+\cdots+\boldsymbol{F}_n \tag{1-22}$$

那么，在牛顿第二定律式(1-21)中，$\boldsymbol{F}$ 就是作用于质点的合力。

二、牛顿运动定律的应用

在求解具体问题时，总是将牛顿第二定律的矢量形式写成坐标系下的分量式，然后对分量式进行求解。

在平面直角坐标系中，加速度 $\boldsymbol{a}$ 可以分解为 $a_x\boldsymbol{i}$ 和 $a_y\boldsymbol{j}$，合力 $\boldsymbol{F}$ 也相应地分解为 $F_x\boldsymbol{i}$ 和 $F_y\boldsymbol{j}$。于是，牛顿第二定律可以写成如下分量形式

$$\begin{cases}F_x=ma_x=m\dfrac{\mathrm{d}^2x}{\mathrm{d}t^2}\\[2mm] F_y=ma_y=m\dfrac{\mathrm{d}^2y}{\mathrm{d}t^2}\end{cases} \tag{1-23}$$

式(1-23) 中，F_x 为作用于质点上的诸力在 Ox 轴上分量的代数和；同理，F_y 则为作用于质点上的诸力在 Oy 轴上分量的代数和。

应用牛顿第二定律解题时，主要有两类问题：①已知质点的运动情况，利用求导的方法求作用力；②已知作用力，按照初始条件，用积分的方法求质点的运动情况。对物体进行受力分析时必须采取隔离法。

【例题 1-4】 把质量为 $m_1=20\text{kg}$ 的物块放在光滑水平桌面上,用穿过滑轮的细绳把它和质量为 $m_2=10\text{kg}$ 的物块连接起来,如图 1-7(a) 所示。为了简单,假定滑轮与绳子的质量可以忽略,摩擦不计。求:①作用于物块上的力;②物块的加速度。

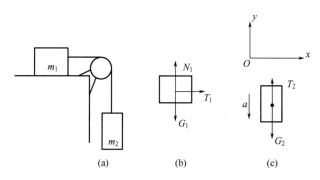

图 1-7 连接体问题

解 由于滑轮与绳子的质量不计,由绳子作用在两木块上的力 T_1 和 T_2 大小相等,均以 T 表示。

① 分别取两木块为研究对象,其受力情况如图 1-7(b) 和 (c) 所示,由牛顿第二定律分别列出方程。

对木块 m_1:Oy 轴方向受力平衡,即 $N_1=G_1=m_1 g=20\times 9.8=196$(N)

Ox 轴方向 $T=m_1 a$

对木块 m_2:Oy 轴方向 $T-G_2=m_2(-a)$

$$T=\frac{G_2}{1+\dfrac{m_2}{m_1}}$$

把 $m_1=20\text{kg}$,$m_2=10\text{kg}$ 代入得 $T=65.3\text{N}$

② $a=\dfrac{T}{m_1}=\dfrac{65.3}{20}=3.27$(m/s^2)

【例题 1-5】 一电车沿笔直的水平轨道由静止开始运动。已知启动后的一段时间 T 内,电车所受的牵引力 F 的大小与时间 t 成正比,取 $F=kt$(k 为恒量)。若阻力可以不计,求电车速度与时间的关系以及在时间 T 内所走过的路程。

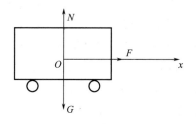

图 1-8 电车受力示意图

解 以电车为研究对象,它受三个力作用(图 1-8):重力 G、地面的支持力 N 以及水平方向的牵引力 F。重力 G 和支持力 N 是一对平衡力,因而在竖直方向物体没有加速度。

取 Ox 轴的正方向为电车的运动方向,且电车的起始点为坐标原点 O。在该方向上,根据牛顿第二定律得到

$$kt = m\frac{dv}{dt}$$

$$dv = \frac{kt}{m}dt$$

当 $t=0$ 时，$v=0$，因此由上式可得在时间 T 内的任一时刻 t，电车的速度为

$$\int_0^v dv = \int_0^t \frac{kt}{m}dt$$

$$v = \frac{1}{2} \times \frac{k}{m}t^2$$

由于 $v = \frac{dx}{dt}$，可将上式改写为

$$dx = \frac{1}{2} \times \frac{k}{m}t^2 dt$$

两边取积分，当 $t=0$ 时，$x=0$；当 $t=T$ 时，$x=s$。得到

$$\int_0^s dx = \int_0^T \frac{1}{2} \times \frac{k}{m}t^2 dt$$

因而

$$s = \frac{1}{6} \times \frac{k}{m}T^3$$

第四节　变力的功　弹性势能

现已熟悉用公式 $W = FS\cos\alpha$ 来计算恒力的功，如图 1-9(a) 所示。但在许多情况下，特别是当质点沿曲线运动时，作用于质点的力 F 是变力。下面将学习变力的功的求法。

一、变力的功 (work of variable force)

如图 1-9(b) 所示，质点从点 a 沿曲线运动到点 b，受到变力 F 的作用。为了求出变力的功，可将质点的运动轨迹分成 N 个小段，每小段都足够小，可近似地看成直线，物体通过每小段的时间足够短，力的变化很小，可视作恒力，则在任一小段 Δr_i 上的力 F_i 做的功可近似用恒力做功的公式来计算，$\Delta W_i = F_i \Delta r_i \cos\alpha_i$。根据矢量代数（见附录）知识，该式可写成 $\Delta W_i = |F_i| \cdot |\Delta r_i|\cos\alpha_i = F_i \cdot \Delta r_i$。于是当质点从点 a 运动到点 b 时，变力做的总功近似等于在每一小段上所做功之和，即

$$W = \sum_N \Delta W_i = \sum_N F_i \cdot \Delta r_i$$

只要将轨迹无限细分，取 $N \to \infty$ 时的极限值，就能得到功的精确值

$$W = \lim_{N\to\infty}\sum_{i=1}^N \Delta W = \lim_{N\to\infty}\sum_{i=1}^N F_i \cdot \Delta r_i = \int_{\widehat{ab}} F \cdot dr$$

从上面的分析可以看出计算变力的功，可按下面两步进行。

变力的功

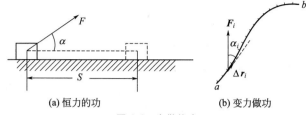

图 1-9 力做的功

第一步，计算质点在位移元上力做的功

$$dW = \boldsymbol{F} \cdot d\boldsymbol{r} \tag{1-24}$$

或 $dW = |\boldsymbol{F}| \cdot |d\boldsymbol{r}|\cos\alpha$

称 dW 为变力 $\boldsymbol{F}$ 所做的元功。上式中，$|d\boldsymbol{r}|$ 是 $d\boldsymbol{r}$ 的长度，α 是 $\boldsymbol{F}$ 与 $d\boldsymbol{r}$ 的夹角。

第二步，计算质点从 a 运动到 b，变力 $\boldsymbol{F}$ 做的总功。$\boldsymbol{F}$ 做的总功就是所有元功之和。根据定积分的定义，可用积分方法求得变力在该段过程中所做的总功。

$$W = \int_{\widehat{ab}} \boldsymbol{F} \cdot d\boldsymbol{r} \quad \text{或} \quad W = \int_{\widehat{ab}} |\boldsymbol{F}| \cdot |d\boldsymbol{r}|\cos\alpha \tag{1-25}$$

【例题 1-6】 某物体在平面上沿坐标轴 Ox 的正方向前进。平面上各处的摩擦系数不等，因此作用于物体上的摩擦力是变力。已知某段路面摩擦力的大小随坐标的变化规律为 $f=1+x$（$x>0$）。求从 $x=0$ 到 $x=L$ 摩擦力做的功。

解 已知摩擦力大小是 $f=1+x$，方向与 Ox 轴方向相反；物体沿 Ox 轴的正方向运动，其 $dx>0$。于是 $\alpha=\pi$，$\cos\pi=-1$。当物体从 x 运动到 $x+dx$，摩擦力的元功为

$$dW = f\cos\alpha\,dx = -(1+x)dx$$

从 $x=0$ 运动到 $x=L$，摩擦力做的总功为

$$W = -\int_0^L (1+x)dx = -L\left(1+\frac{1}{2}L\right) = -L - \frac{1}{2}L^2$$

【例题 1-7】 设质量为 m 的物体，沿如图 1-10 中的曲线从高度为 h_1 的点 A 运动到高度为 h_2 的点 B。求这过程中重力做的功。

解 作如图平面直角坐标系，在无穷小位移 $d\boldsymbol{r}$ 中，重力 G 做的元功 $dW=G|d\boldsymbol{r}|\cos\alpha = mg|d\boldsymbol{r}|\cos\alpha$。因为 $|d\boldsymbol{r}|\cos\alpha = -dh$，从点 A 运动到点 B，重力做的总功为

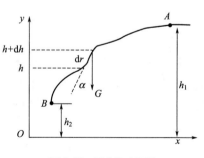

图 1-10 重力做功示意

$$W = \int_{h_1}^{h_2} -mg\,dh = -mg(h_2 - h_1) = mgh_1 - mgh_2$$

由此可知，重力做功与路径无关，等于重力势能的减少。

二、弹力做功与弹性势能

发生形变的物体，在恢复形变时能够对外界做功，因而具有能量。像这种由于

发生弹性形变而具有的势能，称为**弹性势能**（elastic potential energy）。卷紧的发条，被拉伸或压缩的弹簧，拉弯了的弓等，都具有弹性势能。弹性势能跟形变的大小有关系。例如弹簧的弹性势能跟弹簧被拉伸或压缩的长度有关，拉伸或压缩的长度越大，弹簧的弹性势能就越大。

弹性势能是由发生弹性形变的物体各部分的相对位置决定的。关于弹性势能的大小，可以证明：对于拉伸或压缩形变的弹簧，以弹簧无伸缩时的弹性势能为零，即以平衡位置为零势能点，当弹簧伸长量为 x 时的弹性势能为

$$E_\text{P} = \frac{1}{2}kx^2 \tag{1-26}$$

式中，k 是弹簧的劲度系数，单位为牛/米，符号是 N/m。

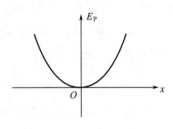

图 1-11 弹簧的弹性势能曲线

弹簧的弹性势能曲线如图 1-11 所示。它是一条以纵轴为对称的抛物线。

弹力做功对弹性势能的影响，与重力做功对重力势能的影响相似。若弹力对物体做正功，则系统的弹性势能就减少；弹力对物体做负功，系统的弹性势能就增加。

【例题 1-8】 将劲度系数为 k 的轻弹簧沿水平方向一端固定，另一端连接一质量为 m 的物体，构成一弹簧振子。如图 1-12 所示。物体可在光滑的水平面上运动。设 Ox 轴的坐标原点位于物体静止时所在的位置。现用外力缓慢拉动物体。当物体由 x_0 运动到 x_1 过程中，弹力做多少功？

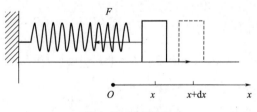

图 1-12 弹簧振子

解 按照给定的坐标系，当物体位于如图位置 x 时，弹力大小为 $F=kx$，方向指向 Ox 轴的负方向。设这时的位移沿坐标轴的正方向，$\mathrm{d}x > 0$，于是 $\alpha = 180°$，$\cos\alpha = -1$。由此可得位移为 $\mathrm{d}x$ 时弹力做的元功为

$$\mathrm{d}W = -kx\,\mathrm{d}x$$

当从 x_0 运动到 x_1 时，弹力共做功为

$$W = \int_{x_0}^{x_1} -kx\,\mathrm{d}x = -\left(\frac{1}{2}kx_1^2 - \frac{1}{2}kx_0^2\right)$$

从此题可知，弹力对系统做的功等于弹性势能增量的负值，即弹性势能的减少。

三、保守力与势能

1. 保守力（conservative force）

从例题 1-8 可知，物块在大小为 kx，方向指向平衡位置的弹簧弹力作用下，

从位置 x_0 运动到位置 x_1，弹力所做的功为

$$W = -\left(\frac{1}{2}kx_1^2 - \frac{1}{2}kx_0^2\right)$$

再如例题 1-7，质量为 m 的物体沿如图 1-10 所示的曲线从点 A 运动到点 B，重力所做的功为

$$W = -(mgh_2 - mgh_1)$$

由以上可以看出，重力、弹力所做的功，不仅可以直接用它们对应的势能的变化来表示，而且做功的多少只与做功过程的始、末位置有关，而与路径无关。这样的力，称为保守力。不难推论，若使物体从起点出发，又回到出发点，保守力做功必定为零，即 $\oint_L \boldsymbol{F} \cdot \mathrm{d}\boldsymbol{r} = 0$。像万有引力、静电力等也具有做功多少与路径无关的特点，所以也都是保守力；而像摩擦力、黏滞力等做功与路径有关，它们是非保守力。

2. 势能（potential energy）

将重力做功和弹力做功的表达式相比较

$$W = -(mgh_2 - mgh_1)$$

$$W = -\left(\frac{1}{2}kx_1^2 - \frac{1}{2}kx_0^2\right)$$

发现等式中右端括号内都是末态的势能减去初态的势能。于是上式统一表示为

$$W_{保} = -(E_{p2} - E_{p1}) = -\Delta E_p \tag{1-27}$$

式中，E_p 表示一个与位置有关的势能。E_{p1} 与 E_{p2} 分别表示系统在始、末位置时的势能。上式表明：保守力做正功时，对应的势能将减少。

每一种保守力，都有一种与它相对应的势能。与重力、弹力、万有引力、静电力相对应的势能分别为重力势能、弹性势能、引力势能及电势能。

第五节　功能原理　机械能守恒定律

在中学里，已学过了动能和动能定理，动能是物体由于运动而具有的能，用 $E_k = \frac{1}{2}mv^2$ 来计算；而动能定理则表明了合力所做的功等于物体动能的变化，即 $W = E_k - E_{k0}$。本节将在这一基础上进一步学习新的功能关系。

一、功能原理（principle work-energy）

系统中各物体动能的总和，称为该系统的动能。把单个物体的动能定理进行推广，可以得到物体系统的动能定理：作用在物体系上的力所做的功的代数和，等于系统动能的增量。即

$$W_{总} = E_k - E_{k0}$$

对于由几个物体组成的物体系统来说，作用在系统内各物体上的力有的来自系

统的外部，有的来自系统的内部。把外界作用在系统内物体上的力称为外力，系统内物体之间的相互作用力称为内力。内力又可分为保守内力和非保守内力。所以作用在物体系统各物体上的力所做的功可分成所有外力的功、保守内力的功和非保守内力的功，即

$$W_e + W_{ic} + W_{in} = E_k - E_{k0} \tag{1-28}$$

式中，W_e 为所有外力做的功；W_{ic} 为所有保守内力做的功；W_{in} 为所有非保守内力做的功；E_k 为系统的末动能；E_{k0} 为系统的初动能。

由前面内容可知，保守内力做的功，等于它相应的势能的增量的负值。即

$$W_{ic} = -(E_p - E_{p0})$$

式中，E_p 为系统的末势能；E_{p0} 为系统的初势能。将上式代入式(1-28)并整理可得

$$W_e + W_{in} = (E_k + E_p) - (E_{k0} + E_{p0}) \tag{1-29}$$

式中，$E_k + E_p$ 为系统后来的机械能；$E_{k0} + E_{p0}$ 为系统原来的机械能。上式表明：**所有外力和非保守内力所做功的代数和，等于物体系统机械能的增量。这就是功能原理。**

【**例题 1-9**】 以 20m/s 的初速度将一质量为 0.5kg 的物体竖直上抛，所达到的高度是 16m。求空气阻力对它做的功。

解 取地球与物体组成的物体系。物体上抛过程中，可视地球不受其影响（地球因物体上抛而产生等量的动量变化引起的速度变化极其微小），所以物体系动能的变化就是物体动能的变化。物体在上抛过程中，受到外力即空气阻力作用。在该物体系中，除重力外，不存在其他内力。根据功能原理，物体系机械能的变化等于空气阻力做的功，即

$$W_{阻} = E_2 - E_1$$

开始时物体系的机械能为

$$E_1 = \frac{1}{2}mv_0^2$$

物体到达最高点时，物体系的机械能为

$$E_2 = mgh$$

因此空气阻力所做的功为

$$W_{阻} = mgh - \frac{1}{2}mv_0^2 = 0.5 \times 9.8 \times 16 - \frac{1}{2} \times 0.5 \times 400 = -21.6 \text{（J）}$$

空气阻力做负功，表明物体系的机械能减少了。

二、机械能守恒定律 (law of conservation of mechanical energy)

在外力不做功，内力只是保守力的情况下，即式(1-29)中左侧为零，则该式变为

$$E_k + E_p = E_{k0} + E_{p0} \tag{1-30}$$

式(1-30) 表明：**如果物体系统只在保守内力作用下运动，则系统的动能和势**

能可以互相转化，但机械能总量保持不变。这一结论称为机械能守恒定律。

第六节 动量定理 动量守恒定律

一、动量定理 (theorem of momentum)

在日常生活和生产中，物体的质量和速度，都是影响物体对外界作用的重要因素。建筑工地上用夯来打地基，夯的质量越大或落到地面时的速度越大，地基受到的冲击力就越大。同一锻锤，以不同的速度锻打工件，工件的变形程度不同。上述事例表明，研究运动物体对其他物体的作用本领时，必须同时考虑物体的质量和速度这两个因素。

物体的质量 m 与速度 v 的乘积 mv 称为该物体的动量（momentum），用 p 表示。

$$p = mv \tag{1-31}$$

动量是矢量，它的方向与物体的速度方向相同。因此，物体的动量是由物体的质量、速度的大小和方向决定的。在国际单位制中，动量的单位是千克·米/秒，符号是 kg·m/s。

牛顿在《自然哲学的数学原理》中，已总结了如下的规律：

$$F = \frac{dp}{dt} = \frac{d(mv)}{dt} \tag{1-32}$$

式中，$p = mv$ 为物体的动量；F 为物体所受的合外力。这就是动量变化的规律。在经典力学中，物体的质量可看作不变，因此有

$$F = \frac{d(mv)}{dt} = m\frac{dv}{dt} = ma \tag{1-33}$$

这就是大家熟悉的牛顿第二定律。

由式(1-32) 可得 $Fdt = d(mv)$，一般在处理动量变化的问题时，通常改写为 $F = \frac{\Delta p}{\Delta t} = \frac{\Delta(mv)}{\Delta t}$，对于低速问题，物体的质量是保持不变的，它又可改写为

$$F\Delta t = p - p_0 = mv - mv_0 \tag{1-34}$$

合外力 F 与其作用时间 Δt 的乘积 $F\Delta t$，称为该力的**冲量**（impulse）。如果力随时间变化，则 F 应取在 Δt 时间内的平均作用力。跟力一样，冲量也是矢量，当力的方向不变时，冲量的方向跟力的方向相同。冲量的单位是牛·秒，用符号 N·s 表示。1N·s = 1kg·m/s。式(1-34) 表明，**物体所受合外力的冲量，等于动量的增量**。这个结论叫动量定理。

在打击和碰撞过程中，动量定理具有特殊重要的意义。在碰撞过程中，由于物体相互作用的时间很短，因此力的变化很大，如图 1-13 所示，这种力

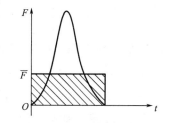

图 1-13 冲力和平均冲力

常称为冲力。在这类问题中,碰撞时的冲力的变化很难测定,但碰撞时物体所受的冲量可以由物体动量的改变来求得,用冲量除以碰撞时间 t,就可以求得平均作用力,该平均作用力也称为平均冲力,即

$$\overline{F} = \frac{m\boldsymbol{v} - m\boldsymbol{v}_0}{t}$$

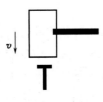

图 1-14 锤打道钉

【例题 1-10】 如图 1-14 所示,质量是 2500g 的锤子,以 1.0m/s 的速度打在钉子上。假设锤子开始接触钉子到停止运动的时间为 1.0×10^{-4}s,求锤子对道钉的平均冲力。

解 以锤子为研究对象,取向上为坐标正方向,则在打击过程中,锤子受重力 G 和道钉对锤子的作用力 F,F 的方向竖直向上。锤子的动量增量为 $\Delta p = 0 - (-mv)$,所受冲量为 $(F-G)\Delta t$。

根据动量定理得

$$(F-G)\Delta t = \Delta p$$

即

$$F - G = \frac{\Delta p}{\Delta t}$$

$$F = \frac{\Delta p}{\Delta t} + G = \frac{mv}{\Delta t} + mg = \frac{2500 \times 10^{-3} \times 1.0}{1.0 \times 10^{-4}} + 2500 \times 10^{-3} \times 9.8 = 2.502 \times 10^4 (\text{N})$$

根据牛顿第三定律,道钉受到锤子的作用力也为 2.502×10^4N,但方向竖直向下。其中锤子的重量为 $2500 \times 10^{-3} \times 9.8 = 24.5$(N),与因打击而产生的平均冲力相比很小,可略去不计。

在相对论力学中,物体的质量随速率的变化而变化,其变化规律为

$$m = \frac{m_0}{\sqrt{1 - \frac{v^2}{c^2}}}$$

上式亦称质速关系式,其中 m_0 为物体静止时的质量,v 为物体运动的速度,c 为光在真空中的速度。因此在相对论中,物体动量的表达式为

$$p = \frac{m_0 v}{\sqrt{1 - \frac{v^2}{c^2}}}$$

当物体的运动速度 v 远小于光速 c 时,即 $v \ll c$,则上式即为式(1-31)。可见,在 $v \ll c$ 时,牛顿定律仍是正确的。

二、动量守恒定律 (law of conservation of momentum)

日常生活和生产中,有很多碰撞现象,如玩碰碰车、打台球、锤锻、打桩、火车车厢与车厢之间的挂接、微观粒子的相互作用等。物体之间的作用总是相互的。如果两个物体相互作用,那么这两个物体的动量都要变化。

下面以两个物体的碰撞为例进行讨论。如图 1-15 所示,质量分别为 m_1 和 m_2

的两个物体，处于光滑的水平桌面上，同向而行，碰撞前的速度分别为 $\boldsymbol{v}_{10}$ 和 $\boldsymbol{v}_{20}$，且 $\boldsymbol{v}_{10} > \boldsymbol{v}_{20}$，碰撞后的速度为 $\boldsymbol{v}_1$ 和 $\boldsymbol{v}_2$。设在碰撞的时间 Δt 内，物体 m_2 对物体 m_1 的作用力为 $\boldsymbol{F}_1$，物体 m_1 对物体 m_2 的作用力为 $\boldsymbol{F}_2$。两物体在竖直方向受的重力和弹力的合力为零。

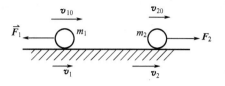

图 1-15 两球弹性碰撞

取初速度的方向为正向，对每一物体运用动量定理得

$$\boldsymbol{F}_1 \Delta t = m_1 \boldsymbol{v}_1 - m_1 \boldsymbol{v}_{10}$$

$$\boldsymbol{F}_2 \Delta t = m_2 \boldsymbol{v}_2 - m_2 \boldsymbol{v}_{20}$$

按照牛顿第三定律，$\boldsymbol{F}_2 = -\boldsymbol{F}_1$，所以有

$$m_1 \boldsymbol{v}_1 + m_2 \boldsymbol{v}_2 = m_1 \boldsymbol{v}_{10} + m_2 \boldsymbol{v}_{20} \tag{1-35}$$

这个等式表示：两物体碰撞前的总动量等于碰撞后的总动量。它表示的物理概念是，**如果将 m_1 和 m_2 看成一个物体系，碰撞过程中，$\boldsymbol{F}_1$ 和 $\boldsymbol{F}_2$ 是相互作用内力，且系统受到的合外力为零，则碰撞前后物体系的总动量守恒。这就是动量守恒定律。**如果是 n 个物体组成的物体系则动量守恒定律可表示为 $\sum \boldsymbol{p}_i = 0$，即

$$m_1 \boldsymbol{v}_1 + m_2 \boldsymbol{v}_2 + m_3 \boldsymbol{v}_3 + \cdots + m_n \boldsymbol{v}_n = 常矢量 \tag{1-36}$$

由式(1-36)可以看出，动量守恒定律的表达式是一个矢量式，它表明，如果系统不受外力或所受外力之矢量和为零时，那么，系统内所有质点的动量的矢量和是一个常矢量。

有时，当分析系统的外力时，系统所受的合力的矢量和并不为零，但外力在某一方向（例如 x 轴方向）的分量为零（沿其他方向不一定为零），在这种情况下，由于外力在与该方向垂直的其他方向（如 y、z 方向）上的冲量分量，不能改变该方向的动量分量，因此，尽管系统的总动量不守恒，但系统在这个方向上的总动量守恒，即

$$m_1 v_{1x} + m_2 v_{2x} + m_3 v_{3x} + \cdots + m_n v_{nx} = m_1 v_{10x} + m_2 v_{20x} + m_3 v_{30x} + \cdots + m_n v_{n0x} \tag{1-37}$$

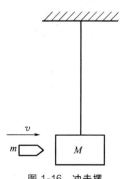

图 1-16 冲击摆

动量守恒定律适用于任何物体系，而与系统及总动量的构成、系统中相互作用内力的性质、系统内部发生的变化过程（如碰撞、黏结、爆炸等）均无关。对于牛顿第二定律不再适用的高速运动物体或微观粒子的运动，如光子和电子的碰撞，只要系统不受外界的影响，它们的动量总是守恒的，动量守恒定律实际上是关于自然界的一切过程的一条最基本的规律。

【例题 1-11】 如图 1-16 所示，一质量为 M 的物体（可视为摆）被静止悬挂着。现有一质量为 m 的子弹沿水平方向以速度 v 射中物体，并停留在其中。求：①子弹刚停在物体中时物体的速

度；②损失的机械能；③摆能达到的最大高度。

解 ① 由于子弹射入物体到停留在其中所经历的时间很短，所以在此过程中可视物体基本上没动而停留在原来的平衡位置。于是对子弹和物体这一系统，在子弹射入的这一短暂的过程中，它们所受的水平方向的外力为零，因此水平方向的动量守恒。取子弹的初速度方向为正方向，设子弹刚停留在其中时物体的速度为 V，则有

$$m\boldsymbol{v} = (m+M)V$$

由上式得子弹停在摆中时的共同速度为

$$V = \frac{m}{m+M}\boldsymbol{v}$$

② 损失的机械能为

$$\Delta E = E_1 - E_2 = \frac{1}{2}mv^2 - \frac{1}{2}(M+m)V^2$$
$$= \frac{1}{2} \times \frac{mM}{m+M}v^2$$

③ 根据机械能守恒可以求得摆能达到的最大高度 H

$$\frac{1}{2}(m+M)V^2 = (m+M)gH$$
$$H = \frac{V^2}{2g} = \frac{m^2v^2}{2g(m+M)^2}$$

【知识拓展】

狭义相对论简介

我们知道，只有当物体的运动速率远小于光速时，经典力学理论方才正确。如果物体的速率接近于光速，经典力学理论将不再适用，要用相对论力学理论来代替。在狭义相对论提出以前，人们认为时间和空间是各自独立的，二者不相联系。设有两个相对做匀速直线运动的参考系 S 和 S'，参考系 S' 相对于 S 沿共同的 x、x' 轴正方向做速度为 u 的匀速直线运动，设时刻 $t = t' = 0$ 时两坐标的坐标原点重合，某点 P 在两个坐标系 S 和 S' 中的坐标分别为 (x, y, z, t) 和 (x', y', z', t')，其坐标变换方程为

$$\begin{cases} x' = x - ut \\ y' = y \\ z' = z \\ t' = t \end{cases} \quad \text{或} \quad \begin{cases} x = x' + ut \\ y = y' \\ z = z' \\ t = t' \end{cases}$$

此方程称为伽利略变换方程，这个变换方程对时间和空间做了两条假定：第一，时间

对于一切参考系、坐标系都是相同的，即存在着与任何具体参考系的运动状态无关的同一时间，表现为 $t=t'$，时间间隔与参考系的运行状态无关；第二，在任一确定时刻，空间两点之间的长度对于一切参考系都是相同的，而与任何具体参考系的运动状态无关。这个假定与经典力学的时空观是一致的。牛顿说："绝对的、真正的和数学的时间，就其本质而言，是永远均匀地流逝着，与任何外界事物无关……绝对的空间，就其本质而言，是与任何外界事物无关的，它永远不动，永远不变"，这就是经典力学的时空观，也称绝对时空观。按照绝对时空观的观点，时间和空间彼此独立，互不影响，并且不受物质和运动的影响，存在绝对静止的参考系。伽利略变换就是以这种绝对时空观为前提的，因此伽利略变换可以说是绝对时空观的数学表述。

相对论的诞生起源于对运动介质中光学现象的研究。相对论的诞生和"以太"有着密切的关系。"以太"曾一直被认为是传播光波的介质，为了进一步弄清"以太"的性质，不少物理学家进行了各种有关光的传播的实验和观察，其中以迈克尔逊-莫雷实验最为有名。迈克尔逊-莫雷实验结果表明：沿地球运动方向和垂直于地球运动方向的光速是一样的，这使物理学界感到震惊，人们对以太假设、绝对时空观、伽利略变换都产生了怀疑。随后，其余的任何实验都没有观察到地球对于"以太"的运动。爱因斯坦据此于1905年从一个完全崭新的角度提出了狭义相对论的两条基本原理：

（1）相对性原理：一切的惯性参考系都是平权的，即物理规律的形式在任何惯性参考系中是相同的。

（2）光速不变原理：所有惯性参考系中测量到的真空中光速沿各个方向都等于 c，与光源的运动状态无关。

这两条原理非常简单，但它们的意义非常深远，是狭义相对论的基础。根据这两条原理，我们看到一幅与传统观念截然不同的物理图像。例如，对于一切惯性参考系，光速都是相同的，这就与伽利略变换相矛盾。相对性原理认为一切惯性参考系都是等效的，不存在某一个具有特殊地位的绝对参考系，这就等于否认了"以太"假说，换句话说，企图在某一参考系中进行实验，以便求出该参考系相对于"以太"或绝对参考系的速度，这是不可能的，也是没有意义的。

早在爱因斯坦建立狭义相对论之前，洛伦兹在研究电磁场理论、解释迈克尔逊-莫雷实验时就提出了洛伦兹变换方程式。设 S 系和 S' 系是两个相对做匀速直线运动的惯性系，S' 系沿 S 系的 x 轴正向以速度 u 相对于 S 系做匀速直线运动；使 x'、y'、z' 轴分别与 x、y、z 轴平行，S 系原点与 S' 系的原点重合，两惯性系在原点处的时钟都在零点。在某一时刻，空间某点在两个坐标系中的坐标 (x,y,z,t) 和 (x',y',z',t') 之间的洛伦兹变换方程式为

$$\begin{cases} x'=\gamma(x-ut) \\ y'=y \\ z'=z \\ t'=\gamma\left(t-\dfrac{u}{c^2}x\right) \end{cases} \quad 或 \quad \begin{cases} x=\gamma(x'+ut') \\ y=y' \\ z=z' \\ t=\gamma\left(t'+\dfrac{u}{c^2}x'\right) \end{cases}$$

式中，$\gamma = \dfrac{1}{\sqrt{1-\dfrac{u^2}{c^2}}}$。

洛伦兹变换比伽利略变换适用范围更广泛，当 $\dfrac{u}{c} \to 0$ 时，洛伦兹变换又还原为伽利略变换，因此伽利略变换是洛伦兹变换的一种特殊情况，而洛伦兹变换更具普遍性。通常把 $u \ll c$ 称为经典极限条件或非相对论条件。根据伽利略变换，如在 S 系和 S' 系中选择共同的计时起点，则在这两个参考系中测出的时间 t 是相同的；而根据洛伦兹变换，从某一惯性系测出的时间 t 和从相对于它做匀速直线运动的另一惯性系测出的 t' 是不相同的，这在根本上改变了古老的时空观。

设在 S 系中观察到的两个物体的时空坐标分别为 (x_1, y_1, z_1, t) 和 (x_2, y_2, z_2, t)，在 S' 系中测得这两个物体时空坐标分别为 (x'_1, y'_1, z'_1, t'_1) 和 (x'_2, y'_2, z'_2, t'_2)。根据洛伦兹变换有

$$t'_1 = \dfrac{t - \dfrac{u}{c^2} x_1}{\sqrt{1-\dfrac{u^2}{c^2}}}$$

$$t'_2 = \dfrac{t - \dfrac{u}{c^2} x_2}{\sqrt{1-\dfrac{u^2}{c^2}}}$$

$$t'_2 - t'_1 = \dfrac{\dfrac{u}{c^2}(x_1 - x_2)}{\sqrt{1-\dfrac{u^2}{c^2}}}$$

若 S 系中的观察者发现两物体同时在同一地点出现，即 $x_1 - x_2 = 0$，$t'_2 - t'_1 = 0$，S' 系中的观察者也将发现两物体是同时出现的。如果在 S 系中观察到两个物体在不同地点同时出现，即 $x_1 - x_2 \neq 0$，则 $t'_2 - t'_1 \neq 0$，即在 S' 系中的观察者将发现这两个物体并不是同时出现的。

如果在 S' 系中沿 x' 轴放置一长杆，此杆在 S' 系中静止，但在 S 系中沿 x 轴以速率 u 运动，在 S' 系中我们测得杆的"静长度"为 $\Delta x' = x'_2 - x'_1$，在 S 系中测得杆的"动长度"为 $\Delta x = x_2 - x_1$，根据洛伦兹变换有

$$x'_1 = \dfrac{x_1 - ut}{\sqrt{1-\dfrac{u^2}{c^2}}}$$

$$x'_2 = \dfrac{x_2 - ut}{\sqrt{1-\dfrac{u^2}{c^2}}}$$

于是有

$$\Delta x' = \frac{\Delta x}{\sqrt{1-\frac{u^2}{c^2}}}$$

与经典力学不同，在相对论中杆子的长度不是绝对的，它和杆与观察者之间沿杆长方向的相对运动速率有关。由于 $\sqrt{1-\frac{u^2}{c^2}}<1$，因此在相对于杆沿着杆长方向运动的参考系中测得的长度，小于在相对静止的参考系中测出的数值，换句话说，运动的杆子变短了。

假如在 S 系的 x 轴上放置校准时钟 A 和 B，它们的读数总保持相同。S' 系以速率 u 沿 x 轴相对于 S 系做匀速运动，在其中放置一时钟 C。我们把时钟 C 与时钟 A 恰好正对称为一事件，把经过一定间隔后时钟 C 与时钟 B 正对称为另一事件。分别测出二事件发生时 A、B 及 C 读数的改变，就能比较在两个参考系中测得的二事件的时间间隔，从而比较静止的钟与运动的钟快慢之不同。用洛伦兹变换讨论这问题。用 $(x_1,0,0,t_1)$ 和 $(x_2,0,0,t_2)$ 分别表示上面两个事件在 S 系中的时空坐标，用 $(x'_1,0,0,t'_1)$ 和 $(x'_2,0,0,t'_2)$ 分别表示该二事件在 S' 系中的时空坐标，于是

$$t_1 = \frac{t'_1 + \frac{u}{c^2}x'_1}{\sqrt{1-\frac{u^2}{c^2}}}$$

$$t_2 = \frac{t'_2 + \frac{u}{c^2}x'_2}{\sqrt{1-\frac{u^2}{c^2}}}$$

因在 S' 系中两事件是在同一地点发生的，因此有

$$t_2 - t_1 = \frac{t'_2 - t'_1}{\sqrt{1-\frac{u^2}{c^2}}}$$

在 S' 系中测得的在同一位置相继发生的两事件的时间间隔为 $\Delta t' = t'_2 - t'_1$，在 S 系中测得的同样两事件发生的时间间隔为 $\Delta t = t_2 - t_1$，$\Delta t > \Delta t'$，表示时间膨胀了，或者说 S 系的观察者认为运动的 S' 系上的时钟变慢了。

狭义相对论的结论已被实验所证实，经典力学和伽利略变换在一定条件下仍然正确，日常接触的物体，运动速度远小于光速，仍可应用伽利略变换，只有当物体的速度接近于光速时才让位于洛伦兹变换。狭义相对论指出了时间和空间的量度与惯性参考系的选择有关。时间和空间是相互联系的，不存在孤立的时间，也不存在孤立的空间。时间、空间和运动三者之间的紧密联系深刻反映了时空的性质，这是正确认识自然界及至人类社会所应持有的基本观点。

【物理与技术】

混沌简介

"混沌"译自英语"chaos"一词，原意是指混乱、无秩序。这一词在现代非线性理论中频频出现，也是指混乱吗？那是一种什么样的状态？它有什么基本特征？系统又是如何从非混沌状态向混沌状态演化的？

一、确定论的可预测性

我们知道，应用牛顿定律求解系统的运动时，如果已知物体的受力情况和初始条件，那么物体以后的运动状态就完全确定，或者说完全可以预测。这种认识被称为确定论的可预测性。验证这种认识的最简单的例子是抛体运动。物体受的重力是已知的，一旦给定初始条件（抛出点的位置和抛出时的速度），就可确定物体此后任何时刻的位置和速度。物体在弹力作用下的运动也是如此，它们在任何时刻的运动状态由已知力和初始条件完全确定。1757年，哈雷彗星在预定的时间回归；1846年，海王星在预言的方位上被发现，也都惊人地证明了这种认识。由于牛顿力学对大量经典系统的动力学行为的描述获得了巨大的成功，使得人们对自然现象的确定论的可预测性深信不疑。法国数学家拉普拉斯曾断言：给定宇宙的初始条件，我们就能预言它的未来！

但是，这种确定论的观点在20世纪60年代遇到了严重的挑战。人们发现许多由牛顿力学支配的系统，虽然其运动是由外力决定的，但是在一定条件下，却是完全不能预测的。原来，牛顿力学显现出的可预测性，只是那些受力与位置或速度有线性关系的系统才具有的，这样的系统叫线性系统，利用牛顿力学严格、成功地处理过的系统都是这样的线性系统。对于受力较复杂的非线性系统，情况就不同了。

事实上，大自然本质上是非线性的，以往处理过的线性系统，往往是真实系统在一定条件下的简化和近似。因此，从非线性角度研究系统的运动规律，具有更为普遍和重要的意义。

二、确定论的不可预测性

以单摆为例说明非线性系统在一定条件下的不可预测性。

单摆在小角度无阻尼的理想情况下，作简谐振动，如图1-17所示，它的运动可以根据牛顿定律用数学解析方法求出来。虽然开始时间内有点起伏，但很快会达到一种周期和振幅都不再改变的稳定状态。在这种情况下，单摆的运动是完全确定而且是可以预测的。

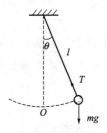

图1-17 简谐振动

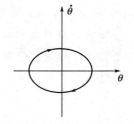

图1-18 相轨迹

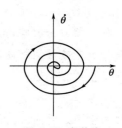

图1-19 相轨线

我们把角位移和角速度两个力学量构成的平面称为相平面。显然，相平面上的每一点（相点）表示系统在某一时刻的运动状态，相点的移动则表示系统状态随时间变化，其轨迹称为相轨线。用相空间的轨线描述系统运动状态的方法现在已被广泛使用。单摆在小角度无阻尼条件下的相轨迹如图 1-18。

如果把条件改变一下，考察阻尼对单摆轨线的影响，在保持小角度摆动的条件下，对摆施加一个与角速度成正比的阻尼力。在弱阻尼条件下，小角度弱阻尼摆也是一个线性系统。图 1-19 是该系统的相轨线，它不再有周期性，而是一条盘旋缩小、最终静止在原点的螺旋线。阻尼使闭合的椭圆轨线破裂。

如果再对摆施加周期性的驱动力 F，这时单摆作受迫振动。受迫振动摆是一个非线性系统。随着 F 的增大，摆锤的运动变得复杂起来，相图也随之变化。图 1-20 是在 F 变大过程中的三个相图。图 1-20(a) 轨线偏离了原来的椭圆形状，并且变得左右不对称；图 1-20(b) 的轨线在一定范围内或疏或密地、永不反复地绕来绕去，但始终无法达到周期重复的状态；图 1-20(c) 的轨线已经变得完全混乱了，摆锤的运动似乎进入了随机运动的状态。

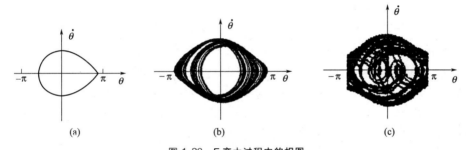

图 1-20 F 变大过程中的相图

三、混沌

在现代非线性理论中，混沌泛指在确定论系统中出现的貌似无规则的类随机行为。如上面讨论的受迫振动摆，描述它的运动方程是确定论的，而在某些 F 值处，其运动却呈现出不规则态，表现出不可预测的"随机性"。

确定论系统对初值有两种依赖情况。一种是初值完全确定过去和将来的状态，这种情况表现为对初值依赖关系不敏感，其运动表现为可重复、可预测和确定。另一种对初值的依赖关系是，当初值有微小改变时，会导致运动的大改变，表现为对初值有敏感依赖。因为每次实验的初值不可能完全相同（即完全确定），因此在这种情况下，由实验观察系统的运动，得到的结果是不重复的、不可预测的，表现出"随机性"，这就是混沌状态。

这种确定论的不可预测性思想是由法国数学家庞加莱于 19 世纪末提出的，由于数学的奇特和艰难，长期未引起物理学家的足够关注。计算机的出现，使得混沌的概念得以复苏，借助电子计算机，可以方便地用确定论微分方程应用数值解法来研究非线性系统的运动。

首先在使用计算机时发现混沌运动的是美国气象学家洛伦兹。为了研究大气对流对天气的影响，他抛掉了许多次要因素，建立了一组非线性微分方程，解这组方程只能用数值解法——给定初值后一次一次迭代。1961年冬天的一天，他在某一初值的设定下已计算出一系列气候演变的数据，当他再次开机想考察这一系列的更长期的演变时，为了省事，不再从头算起，他把该系列的一个中间数据当作初值输入，然后按同样的程序进行计算，他希望得到和上次系列后半段相同的结果，但是出乎预料，经过短时重复后，新的计算很快偏离了原来的结果，如图 1-21。他很快意识到，并非计算机出了故障，问题出在他这次作为初值输入的数据上。计算机内原储存的是六位小数 0.506127，但他打印出来的却是三位小数 0.506。他这次输入的就是这三位数字。原来以为这不到千分之一的误差无关紧要，但就是这初值的微小差别导致了结果序列的逐渐分离。凭数学的直观，他感到这里出现了违背经典概念的新现象，其实际重要性可能是惊人的。他的结论是：长期的天气预报是不可能的。他把这种天气对于初值的极端敏感反应用一个很风趣的词——"蝴蝶效应"来表述。用畅销名著《混沌——开创一门新科学》的作者格莱克的说法，蝴蝶效应指的是"今天在北京一只蝴蝶拍动一下翅膀，可能下一个月在纽约引起一场暴风雨。"

四、几个混沌的实例

（1）天体运动的混沌现象

两个质量相等的大天体 M_1 和 M_2 围绕它们的质心做圆周运动。选择它们在其中都静止的参考系来研究另一个质量很小的天体 M_3 在它们引力作用下的运动。计算机给出的在一定条件下 M_3 运动的轨迹如图 1-22 所示。M_3 的运动轨迹就是确定论不可预测的，不可能知道何时 M_3 绕 M_1 运动或绕 M_2 运动，也不能确定 M_3 何时由 M_1 附近转向 M_2 附近。

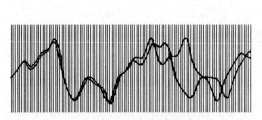

图 1-21　洛伦茨的气候演变曲线

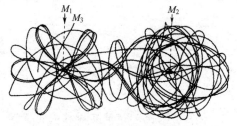

图 1-22　小天体的混沌运动

（2）生物界的混沌

混沌，由于其混乱，往往使人想到灾难，但也正是其混乱和多样性，它也提供了充分的选择机会，因此就有可能走出混沌时得到最好的结果，生物进化就是一个例子。

自然界创造了各种生物以适应各种自然环境，包括灾难性的气候突变。由于自然环境的演变不可预测，生物种族的产生和发展不可能有一个预先安排好的确定程序。自然界在这里利用了混乱来对抗不可预测的环境。它利用无序的突变产生出各种各样的生命形式来适应自然选择的需要。自然选择好像是一种反馈，适者生存并得到发展，不适者被淘汰灭绝。可以说，生物进化就是具有反馈的混沌。

在医学研究中，人们已经发现猝死、癫痫、精神分裂症等疾病的根源可能就是混沌。在神经生理测试中，已经发现正常人的脑电波是混沌的，而神经病患者的往往简单有序。所以混沌的研究对生物研究领域有着重要的意义。

此外，在流体力学领域还有一种常见的混沌现象。在管道内流体的流速超过一定值时，或者在液流或气流中的障碍物后面，都会出现十分紊乱的流动，如图 1-23。

(a) 水流湍（涡）流　　　　　　　　(b) 气流湍（涡）流

图 1-23　湍流

对混沌现象的研究目前不但在自然科学领域受到人们的极大关注，而且已扩展到人文学科，如经济学、社会学等领域。

【科技中国】

中国的"北斗"

卫星定位系统是以确定空间位置为目标而构成的相互关联的一个集合体或装置（部件），这个系统可以保证在任意时刻、地球上任意一点都可以同时观测到至少 4 颗卫星，以保证卫星可以采集到该观测点的经纬度和高度，以便实现导航、定位、授时等功能。这项技术可以用来引导飞机、船舶、车辆以及个人，安全、准确地沿着选定的路线，准时到达目的地。当前主流定位系统有美国的 GPS、中国的北斗卫星导航系统、欧盟的伽利略卫星导航系统、俄罗斯格洛纳斯全球导航卫星系统。2020 年 6 月 23 日 9 时 43 分，我国在西昌卫星发射中心用长征三号乙运载火箭，成功发射北斗系统第五十五颗导航卫星，至此北斗三号全球卫星导航系统星座部署全面完成。2020 年 7 月 31 日上午 10 时 30 分，北斗三号全球卫星导航系统建成暨开通仪式在人民大会堂举行，北斗三号全球卫星导航系统正式开通。

北斗三号卫星导航系统提供两种服务方式，即开放服务和授权服务。开放服务是在服务区中免费提供定位、测速和授时服务，定位精度为 10m，授时精度为 50ns，测速精度 0.2m/s。授权服务是向授权用户提供更安全的定位、测速、授时和通信服务以及系统完好性信息。北斗系统具有以下特点：一是北斗系统空间段采用三种轨道卫星组成的混合星座，与其他卫星导航系统相比，高轨卫星更多，抗遮挡能力强，尤其低纬度地区性能优势更为明显；二是北斗系统提供多个频点的导航信号，能够通过多频信号组合使用等方式提高服务精度；三是北斗系统创新融合了导航与通信能力，具备定位导航授时、星基增强、地基增强、精密单点定位、短报文通信和国际搜救等多种服务能力。

北斗系统提供服务以来，已在交通运输、农林渔业、水文监测、气象测报、通信授时、电力调度、救灾减灾、公共安全等领域得到广泛应用，服务于国家重要基础设施，产生了显著的经济效益和社会效益。基于北斗系统的导航服务已被电子商务、移动智能终端制造、位置服务等厂商采用，广泛进入中国大众消费、共享经济和民生领域，应用的新模式、新业态、新经济不断涌现，深刻改变着人们的生产生活方式。

2008年，四川汶川大地震，在电力设备和通信瘫痪的情况下，救援人员通过北斗终端，向外面传递灾区情况和救援信息，为灾区人民打开了一条生命的通道。在电力网络中，北斗授时确保了大量自动化装置精准运行，从而源源不断地将电能输送到千家万户。在金融领域，北斗授时可以确保每一笔转账汇款都安全有效。共享单车也是利用了北斗系统的地基增强的高精度。你在街头骑过一辆共享单车，太空中的北斗可能正密切关注着你有没有"停车入栏"。借助北斗构建的共享单车"电子围栏"，正逐渐终结共享单车乱停放问题。常年出海的渔民，北斗的短报文功能已成为他们闯海的"守护神"。渔船和执法船通过安装北斗终端，可以在危急时刻得到及时救助。2019年年底，京张高铁建成通车。这条以350km时速跨越长城内外的世界首条智能高铁，因为采用了自动驾驶技术而被称作"最聪明的高铁"。依靠北斗的精准定位，列车从时速350km一次制动到停车，最后停准的误差能控制在10cm之内。2020年年初，新冠肺炎疫情暴发。危难时刻，北斗系统火线驰援武汉市火神山和雷神山医院建设，利用北斗高精度技术，多数测量工作一次性完成，为医院建设节省了大量时间，保障抗击疫情"主阵地"迅速完成建设，为抗击疫情贡献了北斗智慧与力量。

从发射东方红一号，到北斗三号全球导航系统的建成这50多年里，中国航天事业从一片空白到跻身于世界先进行列，走出了一条适合本国国情和有自身特色的航天发展道路。成功的背后是一群可敬可爱的航天人。他们为了中国能够早日踏入万里星河，为了实现心中的航天梦，不在乎半生置身于茫茫戈壁，不介意半生的筚路蓝缕，把自己的青春、智慧和精力献给航天事业。他们在航天事业的发展中形成的热爱祖国、无私奉献、自力更生、艰苦奋斗、大力协同、勇于攀登的"两弹一星"精神和能吃苦、能战斗、能攻关、能奉献的载人航天精神，成为激励一代又一代人不懈奋斗的精神力量，为中华民族增添了宝贵的精神财富，是当代大学生学习的光辉榜样。

本章小结

1. **质点**：具有一定质量而可以忽略其大小和形状的物体，它是力学中最基本、最简单的理想模型。

2. 描述质点运动的四个基本物理量位矢 r、位移 Δr、速度 v、加速度 a，它们

都是矢量，既有大小又有方向，并服从平行四边形求和法则。它们在平面直角坐标系下的表达式为

$$r = x\mathbf{i} + y\mathbf{j}$$

$$\Delta r = \Delta x\mathbf{i} + \Delta y\mathbf{j}$$

$$v = \frac{\mathrm{d}r}{\mathrm{d}t} = \frac{\mathrm{d}x}{\mathrm{d}t}\mathbf{i} + \frac{\mathrm{d}y}{\mathrm{d}t}\mathbf{j}$$

$$a = \frac{\mathrm{d}v}{\mathrm{d}t} = \frac{\mathrm{d}v_x}{\mathrm{d}t}\mathbf{i} + \frac{\mathrm{d}v_y}{\mathrm{d}t}\mathbf{j} = \frac{\mathrm{d}^2 x}{\mathrm{d}t^2}\mathbf{i} + \frac{\mathrm{d}^2 y}{\mathrm{d}t^2}\mathbf{j}$$

位矢、速度、加速度之间关系

$$位矢 \xrightarrow{\text{求导}} 速度\, v = \frac{\mathrm{d}r}{\mathrm{d}t} \xrightarrow{\text{求导}} 加速度\, a = \frac{\mathrm{d}v}{\mathrm{d}t}$$

$$加速度 \xrightarrow{\text{积分}} 速度\, v = \int a\, \mathrm{d}t \xrightarrow{\text{积分}} 位矢\, r = \int v\, \mathrm{d}t$$

3. 牛顿第二定律

牛顿第二定律是牛顿运动定律的核心，它阐明了力对物体的瞬时效应，即有合外力就有加速度，合外力为零，加速度也就为零。应用牛顿运动定律求解质点动力学问题，首先要正确分析物体的受力情况，然后按牛顿第二定律 $F = ma$ 列出运动方程（矢量形式），继而在选定的坐标轴上对力进行正交分解，对相应的分量式进行计算。具体解题步骤可概括为：隔离物体，受力分析，选取坐标，列出方程，分解运算。

4. 功是与过程有关的量，没有过程就没有功。因此功是一种过程量。变力做功是要求掌握的重要内容。变力在 ab 段过程中所做的总功为 $W = \int_{\widehat{ab}} F \cdot \mathrm{d}r$。

5. 功能原理：所有外力和非保守内力所做功的代数和，等于物体系统机械能的增量。这就是功能原理，即 $W_e + W_{in} = (E_k + E_p) - (E_{k0} + E_{p0})$。

功能原理与系统的动能定理并无本质上的不同，不同之处仅在于功能原理中引入了系统的势能，而不需要考虑保守内力的功。这正是功能原理的优点。

6. 机械能守恒定律：如果物体系统只在保守内力作用下运动，则系统的动能和势能可以互相转化，但机械能总量保持不变。这一结论称为机械能守恒定律，即 $E_k + E_p = E_{k0} + E_{p0}$。它的适用条件是外力不做功。换句话说，可以有外力作用于系统，只要外力不做功就可以；同时，也不能有摩擦力、黏滞力等非保守内力做功。

7. 动量和冲量都是矢量，动量定理和动量守恒定律矢量表达式分别为

$$F\Delta t = mv - mv_0 \quad \text{及} \quad m_1 v_1 + m_2 v_2 + m_3 v_3 + \cdots + m_n v_n = 常矢量$$

对于同一直线上的问题，则可用标量式表示，但运算时必须选定正方向。注意各矢量的方向，若与正方向相同为正，相反则为负。

练习题

一、讨论题

1.1 质点位矢方向不变，质点是否一定作直线运动？质点作直线运动，其位矢是否一定方向不变？

1.2 若质点的速度矢量的方向不变仅大小改变，质点作何种运动？速度矢量的大小不变而方向改变，作何种运动？

1.3 在曲线运动中，$|\Delta \boldsymbol{v}|$ 与 Δv 是否相同？试作图给予说明。

1.4 一个人站在秤上，当他突然向下蹲时，秤的读数有什么变化？当他已经蹲在秤上，又突然站起时，秤的读数又发生什么变化？

1.5 甲将弹簧拉伸 0.03m 后，乙又继甲之后再将弹簧拉伸 0.02m，甲乙二人谁做的功多？

1.6 挂钟的摆锤在摆动过程中，如果不计空气阻力和支点摩擦阻力，机械能是否守恒？动量是否守恒？

1.7 玻璃杯落到水泥地板上容易碎，落到沙土上则不易碎，这是为什么？

1.8 逆风行舟。俗语说"好船家会使八面风"，有经验的水手能够利用风力逆风前进。试解释其中的道理。

1.9 在无风的水面上行驶帆船，如果有人使用船上的鼓风机，对着篷帆鼓风，船将如何运动？为什么？

二、选择题

1.10 一质点在平面上运动，质点位矢的表达式为 $\boldsymbol{r}=at^2\boldsymbol{i}+bt^2\boldsymbol{j}$，其中 a、b 为常量，则该质点做（　　）。
(A) 匀速直线运动　　　　　　　　(B) 匀变速直线运动
(C) 抛物线运动　　　　　　　　　(D) 一般曲线运动

1.11 质点沿半径为 R 的圆周做匀速率运动，经过时间 T 转动一圈，那么在 $2T$ 时间内，其平均速度的大小和平均速率分别为（　　）。
(A) $\dfrac{2\pi R}{T}, \dfrac{2\pi R}{T}$　　(B) $0, \dfrac{2\pi R}{T}$　　(C) $0, 0$　　(D) $\dfrac{2\pi R}{T}, 0$

1.12 把空桶匀速放入井中，然后将盛满水的桶提出井口，下面的叙述中正确的是（　　）。
(A) 放桶的过程只有重力做功，提水的过程重力不做功
(B) 提水过程只有拉力做功，放桶的过程拉力不做功
(C) 放桶过程是匀速运动，桶的动能不变化、势能逐渐减少，所以只有重力做功
(D) 放桶的过程，重力做正功、拉力做负功；提水过程，拉力做正功、重力做负功

1.13 对功的概念有以下几种说法：①保守力做正功时，系统内相应的势能增加；②质点运动经一闭合路径，保守力对质点做的功为零；③作用力和反作用力大小相等、方向相反，所以两者做功的代数和为零。上述说法中（　　）。
(A) ①、②是正确的　　　　　　　(B) ②、③是正确的
(C) 只有②是正确的　　　　　　　(D) 只有③是正确的

1.14 物体 A、B 质量大小为 $m_B=2m_A$，两物体用一轻质量的弹簧连接后静止于光滑的水平面上，如题图 1-1 所示。如果外力将两物体压紧使弹簧收缩，然后由静止释放，则当弹簧恢复原长时，两物体的动能之比 $E_{kA}:E_{kB}$ 为（　　）。
(A) 1　　　　(B) 2　　　　(C) 0.5　　　　(D) $\sqrt{2}$

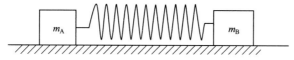

题图 1-1 习题 1.14 图

1.15 质量为 M 的平板车，以速率 v 在光滑的水平面上滑行，质量为 m 的物体从 h 高处竖直落到车子里，两者合在一起的速度大小为（　　）。

(A) v　　　　(B) $\dfrac{Mv}{M+m}$　　　　(C) $\dfrac{Mv+m\sqrt{2gh}}{M+m}$　　　　(D) $\dfrac{Mv}{M-m}$

1.16 一个不稳定的原子核，其质量为 M，开始是静止的。当它分裂出一个质量为 m、速度为 v_0 的粒子后，原子核的其余部分沿相反方向反冲，其反冲速度为（　　）。

(A) $\dfrac{mv_0}{M-m}$　　　　(B) $\dfrac{mv_0}{M}$　　　　(C) $\dfrac{M+m}{m}v_0$　　　　(D) $\dfrac{m}{M+m}v_0$

1.17 质量均为 M 的两辆小车沿着一直线停在光滑的地面上，质量为 m 的人自一辆车跳入另一辆车，接着又以相同的速度跳回来，则两辆车的速率之比为（　　）。

(A) $\dfrac{M}{M+m}$　　　　(B) $\dfrac{m}{M+m}$　　　　(C) $\dfrac{2m}{M+m}$　　　　(D) $\dfrac{2M}{M+m}$

三、填空题

1.18 一质点的运动方程为 $x=6t-t^2$，则在 t 由 0～4s 的时间内，质点的位移大小为____，质点通过的路程为____。

1.19 一小球沿斜面向上运动，若运动方程为 $x=5+4t-2t^2$，则小球运动到最高点的时刻是____。

1.20 质点的运动方程为 $x=3+2t+5t^2+t^3$，初始时刻质点的位置坐标是____；质点的速度公式为_____，初始速度等于_____；加速度公式为_____，初始时刻的加速度等于_____。此质点作_____运动。

1.21 已知某质点的运动方程为 $\boldsymbol{r}=4t\boldsymbol{i}+(2t-4.9t^2)\boldsymbol{j}$，这个质点的速度公式为_____；加速度公式为_____；无穷小时间内，它的位移 $d\boldsymbol{r}=dx\boldsymbol{i}+dy\boldsymbol{j}=$_____；$d\boldsymbol{r}$ 的大小 $ds=$_____；它的速率公式为_____。

1.22 设作用在质量为 2kg 的质点上的力是 $\boldsymbol{F}=(3\boldsymbol{i}+5\boldsymbol{j})$N。当质点从原点移动到位矢为 $\boldsymbol{r}=(2\boldsymbol{i}-3\boldsymbol{j})$m 处时，此力所做的功为_____；质点的动能变化为_____。

1.23 在一个 18m 深的坑穴里，垂挂着一根长绳，从地面垂至穴底。已知绳每米长重 0.88kg，问将此绳提至地面上，至少需要做的功为_____。

1.24 一个人用吊桶从井中 10m 深处提水，桶与水总的质量为 15kg。若匀速向上提时，人做的功为_____；若以 $a=1\text{m/s}^2$ 匀加速向上提时，人做功又为_____。

1.25 枪身的质量为 6kg 的步枪，射出质量是 50g、速度是 300m/s 的子弹。则枪身的反冲速度为_____；设该枪托在士兵的肩上，士兵用 0.05s 时间阻止枪身后退，作用在士兵肩上的平均冲力有_____。

1.26 人造地球卫星绕地球作匀速圆周运动，卫星的质量为 m。试求：①卫星绕行半周的过程中，地球对卫星的冲量是_____；②绕行 $\dfrac{1}{4}$ 周的过程中，冲量又为_____。

1.27 一炮弹在静止的状态下爆炸成二碎片，其中一碎片质量是另一碎片的 5 倍。假如爆炸后的瞬间，较轻的碎片以 30m/s 的速度向正北方向飞去，则另一碎片的速度大小为

_____，方向为_____。

四、计算题

1.28 质点的运动方程为 $r=4t^2\mathbf{i}+(2t+3)\mathbf{j}$，试求：
① 质点的轨道方程；
② 质点在 $t=1$s 至 $t=2$s 时间内的位移；
③ 速度在直角坐标下的表达式以及 $t=1$s 时速度的大小和方向；
④ 加速度在直角坐标下的表达式以及 $t=1$s 时的加速度的大小和方向。

1.29 已知质点在直角坐标系下的运动方程为 $r=\cos\omega t\mathbf{i}+\sin\omega t\mathbf{j}$，试求质点在 t 时刻的速度和加速度的大小。

1.30 一质量为 2kg 的质点沿直线运动。力 $F=3t^2$，当 $t=0$ 时，$x=x_0=3$，$v=v_0=6$。求质点在任意时刻的速度和位置坐标。

1.31 质量为 m 的质点，在沿 Ox 轴的外力 $F_x=bt$（b 为常量）作用下从静止开始沿 Ox 轴运动，求在 $T(s)$ 内外力做的功。

1.32 质量为 10g、速度为 200m/s 的子弹水平地射入铅垂的墙壁内 10cm 后而停止运动。若墙壁的阻力是一恒量，求子弹射入墙壁 5cm 时的速度。

1.33 工地上有一吊车，将甲、乙（甲在下）两块混凝土预制板吊起送至高空。甲块质量为 $m_1=2.00\times10^2$kg，乙块质量为 $m_2=1.00\times10^2$kg。设吊车、框架和钢丝绳的质量不计。试求下列两种情况下，钢丝绳所受的张力以及乙块对甲块的作用力：①两物块以 10.0m/s² 的加速度上升；②两物块以 1.0m/s² 的加速度上升。从本题的结果，你能体会到吊重物时必须缓慢加速的道理吗？

1.34 一地下蓄水池，面积为 50m²，储水深度为 1.5m。假定水平面低于地面的高度是 5.0m。问要将这池水全部吸到地面，需做多少功？若抽水机的效率为 80%，输入功率为 35kW，则需多少时间可以抽完？

1.35 如题图 1-2 所示，一个劲度系数为 k 的轻弹簧。一端固定，另一端连接质量为 M 的物体，放在水平桌面上，物体与桌面间的摩擦系数为 μ。开始时弹簧处于自然状态，使物体具有向右的速度 v_0。求：①物体向右移动 l 距离时，作用在物体上的各个力做的功；②物体向右移动的最大距离 L。

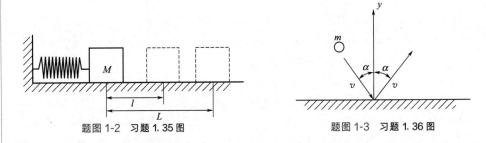

题图 1-2 习题 1.35 图   题图 1-3 习题 1.36 图

1.36 质量为 m 的小球与桌面相碰撞，碰撞前后小球的速度都是 v，入射方向与出射方向与桌面的法线方向夹角都是 α，如题图 1-3 所示。若小球与桌面的作用时间为 Δt，求小球对桌面的平均冲力。

1.37 高空作业时系安全带是非常必要的。假如一质量为 51.0kg 的人，在操作时不慎从高空竖直跌落下来，由于安全带的保护，最终使他被悬挂起来。已知此时人离原处的距离为 2.0m，安全带弹性缓冲作用时间为 0.50s。求安全带对人的平均冲力。

1.38 如题图 1-4 所示，一劲度系数为 k 的轻弹簧，上端固定，下端挂一质量为 m 的小球。将球托起，使弹簧恢复原长，然后放手，并给小球以向下的初速度 v_0。求小球能下降的最大距离。

1.39 水力采煤，是用高压水枪喷出的强力水柱冲击煤层，如题图 1-5 所示。设水柱直径 $D=30\mathrm{mm}$，水速 $v=56\mathrm{m/s}$，水柱垂直射在煤层表面上，冲击煤层后的速度为零，求水柱对煤的平均冲力。

1.40 一个框架质量为 200g，悬挂在弹簧上时，使弹簧伸长了 10cm，另有块黏性物体，质量为 200g，从框架底面之上 30cm 处自由下落并粘在框架底盘上，如题图 1-6 所示。试求框架向下移动的最大距离。

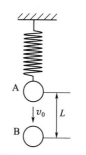

题图 1-4　习题 1.38 图

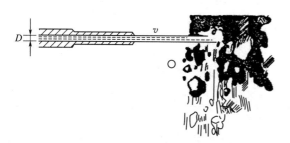

题图 1-5　习题 1.39 图

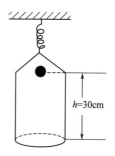

题图 1-6　习题 1.40 图

第二章

刚体定轴转动

 学习指南

1. 理解刚体的基本运动形式：平动和定轴转动。
2. 掌握描述刚体定轴转动的角位移、角速度及角加速度等概念，以及它们和有关线量的关系。
3. 会计算力矩的功和刚体转动动能，会应用刚体转动动能定理进行简单的计算。
4. 理解转动惯量的概念和意义，并会查表来确定刚体的转动惯量。
5. 理解刚体定轴转动的转动定律，并能用它求解定轴转动刚体和质点联动的问题。
6. 理解刚体定轴转动中，角动量守恒的意义，并能用它来解释工程中的实际应用，同时会计算一些简单问题。

 衔接知识

一、曲线运动

当物体所受的合力方向与它的速度方向不在同一直线上时，物体做曲线运动。物体做曲线运动时，在某一点的速度方向即沿曲线在该点的切线方向。

二、匀速圆周运动

如果物体沿圆周运动，线速度大小处处相等，这种运动叫做匀速圆周运动（图2-1）。这里的"匀速"是指速率不变。

（1）角速度：描述物体绕圆心转动快慢的物理量，用 ω 表示，单位为 rad/s。若物体在 Δt 时间内由 A 点运动到 B 点，半径 OA 在这段时间内转过的角度为 $\Delta\theta$，则 $\omega = \dfrac{\Delta\theta}{\Delta t}$，见图2-1。

(2) 线速度与角速度的关系：若半径 $OA=r$，线速度为 v，角速度为 ω，则 $v=r\omega$。

(3) 向心加速度：任何做匀速圆周运动的物体具有的加速度，它的方向是指向圆心。表达式为 $a_n=\dfrac{v^2}{r}$ 或 $a_n=\omega^2 r$。

(4) 向心力公式：$F_n=m\dfrac{v^2}{r}$ 或 $F_n=m\omega^2 r$。

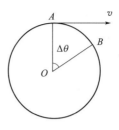

图 2-1 匀速圆周运动

你到过三峡吗？见过宏伟的长江三峡水利枢纽工程吗？三峡水利枢纽工程是开发和治理长江的关键性骨干工程。三峡大坝位于湖北省宜昌市三斗坪，距离已建成的葛洲坝水利枢纽约 40km。三峡水利枢纽工程和葛洲坝水利枢纽工程的泄洪闸门都是采用弧形闸门（图 2-2）。弧形闸门与平板形的闸门比较，到底有什么优点？通过本章的学习，大家能够初步了解其中的奥秘。弧形闸门在开闸泄洪时（图 2-3），闸门上各点的水流速度方向已不再相同，所以不能被看成一个质点，不能用质点运动学的规律来研究。本章我们将学习一种新的理想模型——刚体，并研究其在定轴转动时的规律。

图 2-2 弧形闸门

图 2-3 三峡大坝泄洪

第一节　刚体转动的描述

一、刚体（rigid body）

一般情况下，物体在运动过程中，会或多或少发生变形。如果在研究物体的运动时，把物体的形状和大小以及它们的变化都考虑在内，会使研究的问题变得相当复杂。在许多情况下，物体在受力和运动时变形很小，基本上保持原来的形状和大小不变。为了便于研究和抓住问题的本质，人们抽象出另一个理想模型——刚体。**刚体就是在运动情况下任何两点间的距离始终保持不变的物体。**也可以说，**刚体就是在外力作用下永不变形的物体。**

在讨论刚体的力学问题时，一般把刚体分成许多部分，每一部分都小到可看成质点，这些小部分叫做刚体的"质元"。由于刚体不变形，各质元间的距离不变，把质元间距离保持不变的质点组叫做"不变质点组"。因此处理刚体的力学问题其基本方法是,把刚体看成不变质点组并应用已知质点或质点组的运动规律进行讨论。

二、刚体的基本运动

一个刚体可以有多种多样的运动,它基本的运动形式有:平动和转动。

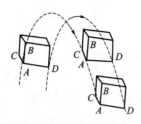

图 2-4 刚体的平动

1. 平动(translation)

如果在运动中,刚体内任意两点的直线在空间的指向总保持不变,这样的运动就称为刚体的平动,如图 2-4 所示。例如,在直线轨道上火车车厢的运动、汽缸内活塞的往复运动、刨床上刨刀的运动都是平动。在平动时,刚体内各质元的轨迹都一样,而且在同一时刻的速度和加速度都相同。因此,在描述刚体的平动时,就可以用它上面的一个点的运动来代表。

2. 转动(rotation)

如果在运动中,刚体上各质点都绕同一直线做圆周运动,这种运动就称为刚体的转动。这条直线称为转轴。转轴相对于地面静止不动的情况称为定轴转动(rotation about a fixed axis)。例如门窗、挂钟指针、砂轮、车床工件等的转动都属于定轴转动。刚体的定轴转动是刚体转动中最基本的运动形式,也是本章讨论的重点。

三、角坐标与角位移

如图 2-5 所示,设刚体绕定轴 O_1O_2 转动。选取固定于 O_1O_2 的坐标轴 Ox,以及随着刚体转动的直线 OA,它们都垂直于 O_1O_2。A 是刚体上任一质点,这样,刚体的位置,便由 OA 与 Ox 轴的夹角 θ 唯一地确定。θ 称为刚体的角坐标或角位置。当刚体转动时,θ 随时间变化,它是时间 t 的函数

$$\theta = \theta(t) \tag{2-1}$$

式(2-1)称为刚体定轴转动的运动学方程。在国际单位制中,角坐标或角位置的单位为弧度,符号为 rad。

设在 t 时刻,刚体上的点 A 的角坐标为 θ,经过 dt 时间,即在 $t+dt$ 时刻,点 A 的角坐标变为 $\theta+d\theta$,那么 $d\theta$ 称为 dt 时间内刚体的角位移

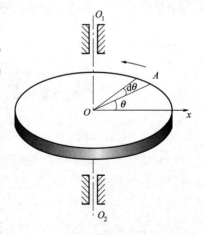

图 2-5 定轴转动

(angular displacement)。它也是刚体上每个质点的角位移。角位移有正负之分,一般规定:面对转轴观察,质点沿逆时针转过的角位移为正值,沿顺时针转过的角位移为负值。在国际单位制中,角坐标和角位移的单位是相同的,都是弧度,符号为 rad。

四、角速度（angular velocity）

与讨论质点的运动相似，将角坐标对时间求导，来描述刚体转动快慢的程度，称为刚体定轴转动的角速度，用符号 ω 表示

$$\omega = \frac{d\theta}{dt} \tag{2-2}$$

ω 也是刚体上每个质点做圆周运动的角速度。在国际单位制中，角速度的单位是弧度/秒，符号是 rad/s。ω 保持不变的转动，称为匀速转动。

除了用物体的角速度 ω 来描述物体转动的快慢程度外，工程上还常用另一个量——旋转速度。旋转速度常用 n 来表示。它的单位是转/分，符号是 r/min，表示物体每分钟转过的转数。旋转速度与角速度有如下的关系

$$\omega = \frac{n\pi}{30}$$

角速度有正负之分。角速度正负的规定与角位移一致，面对转轴观察，当刚体逆时针转动时，$\omega > 0$；当刚体顺时针转动时，$\omega < 0$。

五、角加速度（angular acceleration）

将角速度对时间求导，来描述角速度变化的快慢程度，称为刚体绕固定轴转动的角加速度，用符号 α 表示

$$\alpha = \frac{d\omega}{dt} = \frac{d^2\theta}{dt^2} \tag{2-3}$$

α 也是刚体上每个质点做圆周运动时的角加速度。在国际单位制中，角加速度的单位是弧度/秒^2，用符号 rad/s^2 表示。α 保持不变的转动，称为匀变速转动。

角速度有正负之分，角加速度也有正负之分。如果角加速度的符号与角速度相同，则刚体做加速转动；若角加速度的符号与角速度相反，则刚体做减速转动。

刚体转动时，在任一时刻，刚体上各质点的角速度和角加速度都相同；然而，各质点的速度和加速度却不相同。

如图 2-6 所示，设 P 为刚体上一点，与转轴相距 r。在 Δt 时间内刚体的角位移为 θ，因而点 P 的位置变到了点 P'。P 点在 Δt 时间内通过的路程为 $\overset{\frown}{PP'}$，用 s 表示

$$s = r\theta \tag{2-4}$$

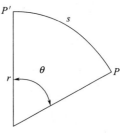

图 2-6 线量与角量的关系

由线速度的定义，得线速度的大小为

$$v = \frac{ds}{dt} = r\frac{d\theta}{dt} = r\omega \tag{2-5}$$

式(2-5)给出了线速度 v 与角速度 ω 之间的关系。再对式(2-5)两边求导，得

$$a_\tau = \frac{dv}{dt} = r\frac{d\omega}{dt} = r\alpha \tag{2-6}$$

该加速度反映了线速度大小变化的快慢，方向沿轨迹切向，称为切向加速度。因为 P 点是做圆周运动，线速度的方向时刻变化，所以还有与切向加速度垂直的

法向加速度（也称向心加速度），即

$$a_n = \frac{v^2}{r} = r\omega^2 \tag{2-7}$$

做圆周运动物体的总的加速度大小为

$$a = \sqrt{a_\tau^2 + a_n^2} \tag{2-8}$$

【例题 2-1】 发动机的转子，在启动过程中的转动方程为 $\varphi = t^3$（φ 的单位为 rad，t 的单位为 s），求：①角速度；②角加速度；③刚体上距轴为 r 的质点速度，切向加速度和法向加速度。

解 ① 由角速度定义式得

$$\omega = \frac{d\varphi}{dt} = 3t^2$$

② 由角加速度的定义式得

$$\alpha = \frac{d\omega}{dt} = 6t$$

③ 距轴为 r 的质点的速度大小为

$$v = r\omega = 3rt^2$$

方向为沿圆弧的切线方向，指向前进的一侧。

切向加速度为

$$a_\tau = r\alpha = 6rt$$

法向加速度为

$$a_n = r\omega^2 = 9rt^4$$

第二节　刚体转动动能定理

一、转动动能 (rotational kinetic energy)

当刚体以角速度 ω 绕轴转动时，刚体上各质点的角速度 ω 相等，而线速度 v 则不同。可以设想刚体由 N 个质点组成，如图 2-7 所示。先来考察第 i 个质点，此质点质量为 Δm_i，离转轴距离为 r_i，线速度大小为

$$v_i = r_i \omega$$

相应的动能为

$$\Delta E_{k_i} = \frac{1}{2} \Delta m_i v_i^2 = \frac{1}{2} \Delta m_i r_i^2 \omega^2$$

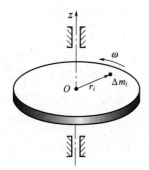

图 2-7　刚体的质量分割

整个刚体的总动能是刚体内所有质点的动能之和，即

$$E_k = \frac{1}{2}\Delta m_1 r_1^2 \omega^2 + \frac{1}{2}\Delta m_2 r_2^2 \omega^2 + \cdots + \frac{1}{2}\Delta m_i r_i^2 \omega^2 + \cdots + \frac{1}{2}\Delta m_N r_N^2 \omega^2 = \frac{1}{2}(\sum \Delta m_i r_i^2)\omega^2$$

式中，$\sum \Delta m_i r_i^2$ 称为**刚体对给定轴**的**转动惯量**，用 I 表示，即

$$I = \sum \Delta m_i r_i^2$$

这样，刚体绕定轴转动的动能可以写成

$$E_k = \frac{1}{2} I \omega^2 \tag{2-9}$$

式(2-9)表明：**刚体的转动动能等于它的转动惯量和角速度平方两者乘积的一半。**

把刚体的转动动能 $E_k = \frac{1}{2} I \omega^2$ 和刚体的平动（质点运动）动能 $E_k = \frac{1}{2} m v^2$ 相比较，可见，转动时的 ω 与平动时的 v 相对应，转动时的 I 与平动时的 m 相对应。

二、转动惯量 (moment of inertia)

从上述转动惯量的定义式

$$I = \sum \Delta m_i r_i^2 = m_1 r_1^2 + m_2 r_2^2 + \cdots + m_i r_i^2 + \cdots \tag{2-10}$$

可知，**刚体对某一转轴的转动惯量 I 等于刚体内所有质点的质量与它到转轴距离平方的乘积之和。**其单位为千克·米^2，用符号 $kg \cdot m^2$ 表示。

一般刚体的质量是连续分布的，式(2-10)可以写成积分形式

$$I = \int r^2 \, dm \tag{2-11}$$

从它的定义式可以看出，**刚体的转动惯量不仅与刚体的质量大小有关，还与质量的分布以及转轴的位置有关。**质量相同、形状不同的物体转动惯量一般不同，质量分布越靠近转轴，转动惯量越小；反之，则越大。例如，为了增大机器中的飞轮的转动惯量，常将飞轮制成边缘较厚中间较薄且挖有空洞，使大部分质量分布在飞轮边缘。又如，为了减小某些仪器中的转动部分的转动惯量，以提高灵敏度，设计时应使质量大部分分布在转轴附近，并采取轻质材料。同一物体，对不同的转轴一般转动惯量也不同。

转动惯量的数值可以用实验的方法测定，几何形状规则的物体可以用积分法算出，计算公式可以从表 2-1 查出。

表 2-1 几种质量均匀分布的刚体的转动惯量

图	说明	转动惯量 I
	半径为 r、质量为 M 的细圆环，转轴垂直于圆环平面且通过中心	Mr^2
	长为 l、质量为 M 的细长直杆，转轴垂直于细杆且通过杆中心	$\frac{1}{12} M l^2$

续表

图	说明	转动惯量 I
	半径为 r、质量为 M 的圆盘或圆柱，转轴垂直于盘面且通过中心	$\frac{1}{2}Mr^2$
	半径为 r、质量为 M 的实心球，转轴通过球心	$\frac{2}{5}Mr^2$

下面介绍有关转动惯量性质的一条规律，有助于计算转动惯量。

刚体的转动惯量与转轴的位置有关。若二轴平行，其中一轴过质心，则刚体对二轴的转动惯量有如下关系

$$I = I_c + md^2 \tag{2-12}$$

式中，m 为刚体的质量；I_c 为刚体对过质心轴的转动惯量；I 为刚体对另一与质心轴平行的轴的转动惯量；d 为两轴的垂直距离。这一关系称为**平行轴定理**（parallel axis theorem）。

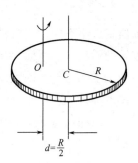

图 2-8 对二平行轴的转动惯量

【**例题 2-2**】 如图 2-8 所示，试求质量为 m、半径为 R 的均匀圆盘对于通过它边缘上某点 O 且垂直于盘面的轴的转动惯量。$\left(OC = \dfrac{R}{2}\right)$

解 质量为 m、半径为 R 的均匀圆盘对于通过质心且垂直于盘面的轴的转动惯量为

$$I_c = \frac{1}{2}mR^2$$

由式（2-12）可得

$$I_o = I_c + md^2 = \frac{1}{2}mR^2 + m\left(\frac{R}{2}\right)^2 = \frac{3}{4}mR^2$$

三、力矩的功

在工程技术上，对定轴转动物体形成力矩的力，最常见的是垂直于转动半径的切向力，如传动力、切削力、摩擦力等，常用 F_τ 来表示。

如图 2-9 所示，物体的转轴与纸面垂直并指向读者，在力 F_τ 的作用下，力的作用点沿半径为 r 的圆周转过弧长 ds，对应的角位移为 $d\theta$。力 F_τ 做的元功为

$$dW_e = F_\tau ds$$

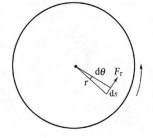

图 2-9 外力矩的功

因为 $ds = rd\theta$，$d\theta$ 表示与 ds 相应的角位移，代入上式可将 F_τ 的元功表示为

$$dW_e = F_\tau r d\theta$$

式中的 $F_\tau r$ 是力 F 对转轴的作用力矩 M_e，所以有

$$dW_e = M_e d\theta \qquad (2\text{-}13)$$

式(2-13)表明：**力矩作的元功等于力矩和角位移的乘积。**

当刚体从角坐标 θ_0 转到 θ，外力矩做的总功为

$$W_e = \int_{\theta_0}^{\theta} M_e d\theta \qquad (2\text{-}14)$$

如果有若干个外力作用在刚体上，首先分别求每个外力沿切向的分力，接着再求各切向分力对转轴的力矩（法向分力对转轴的力矩为零），然后再求这些外力矩的代数和，得合外力矩。式(2-14)中 M_e 若是合外力矩，则 W_e 就是合外力矩的功。

在国际单位制中，力矩的单位是牛·米，符号为 N·m。

【**例题 2-3**】 如图 2-10 所示，质量为 m、长为 l 的均匀细棒，其转轴在棒的上端点 O，若细棒从偏角为 60° 的位置自由释放，求细棒转到竖直位置（$\theta = 0°$）的过程中，重力矩所做的功。

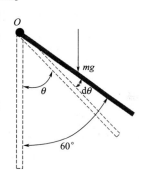

图 2-10 重力矩的功

解 由于细棒的重心在棒的中心，因此棒在任意位置 θ 受到的重力矩为

$$M = mg \times \frac{1}{2} l \sin\theta$$

显然，细棒下摆转过 $d\theta$ 时，重力矩做正功，使细棒的动能增加；由于 θ 减小，$d\theta < 0$，所以有

$$dW = M(-d\theta) = -\frac{1}{2} mgl \sin\theta d\theta$$

摆到竖直位置重力矩做的功为

$$W = \int_{60°}^{0°} -\frac{1}{2} mgl \sin\theta d\theta = \frac{1}{2} mgl(1 - \cos 60°) = \frac{1}{4} mgl$$

四、刚体定轴转动的动能定理 (kinetic energy theorem)

由质点系动能定理

$$W_e + W_i = E_k - E_{k0}$$

考虑到刚体运动时，它上面任何两质点之间没有相对位移，因而刚体的内力不做功。于是得到

$$W_e = E_k - E_{k0}$$

上式表明：刚体动能的增量只决定于外力做的功。把 $W_e = \int_{\theta_0}^{\theta} M_e d\theta$ 和 $E_k = \frac{1}{2} I \omega^2$ 代入，得

$$\int_{\theta_0}^{\theta} M_e d\theta = \frac{1}{2} I \omega^2 - \frac{1}{2} I \omega_0^2 \qquad (2\text{-}15)$$

式(2-15) 表明：**合外力矩对转动刚体所做的功，等于刚体转动动能的增量**。这就是**刚体定轴转动动能定理**。

与质点运动的情况相似，当外力矩做正功时，刚体的转动动能增大；当外力矩做负功时，刚体的转动动能减小。

【例题 2-4】 均质棒的质量为 m，长为 l，O 端为光滑的支点，最初处于水平位置，释放后向下摆动，如图 2-11，求杆摆至竖直位置时，其下端点 A 的线速度。

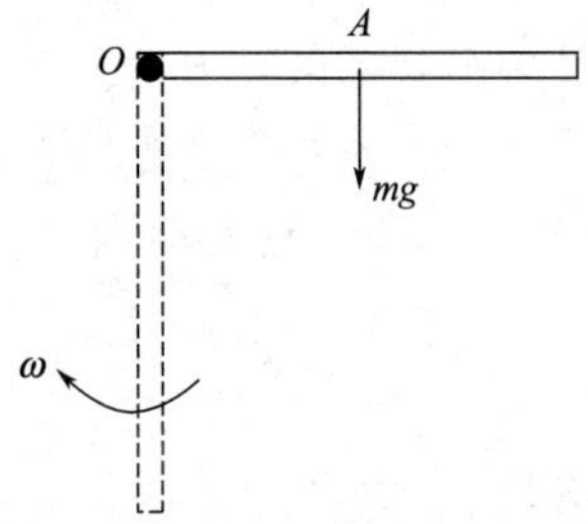

解 从水平位置摆到竖直位置重力矩做功

$$W = \int_{90°}^{0°} -\frac{1}{2}mgl\sin\theta\,d\theta = \frac{1}{2}mgl$$

由刚体转动的动能定理得

$$W = \frac{1}{2}I\omega^2$$

因此有

$$\frac{1}{2}mgl = \frac{1}{2}I\omega^2$$

根据平行轴定理，$I_O = \frac{1}{3}ml^2$

图 2-11 摆杆

因此有

$$\frac{1}{2}mgl = \frac{1}{2}\left(\frac{1}{3}ml^2\right)\omega^2$$

式中，$l\omega = v$，得

$$v = \sqrt{3gl}$$

v 的方向向左。

第三节　刚体转动定律

陀螺稳定转动时可以视为刚体的定轴转动。人们用力越大，陀螺转动越快。陀螺转动角速度的变化与受到的外力矩有何关系呢？

设有一刚体在外力矩 M_e 的作用下绕一固定轴转动，角加速度 α，理论和实践都证明有如下关系式：

$$M_e = I\alpha \tag{2-16}$$

式中，I 为刚体绕转轴的转动惯量。当刚体同时受到几个力矩 M_1、M_2、M_3、$\cdots$、M_n 作用时，则式中 M_e 为各力矩的代数和。

式(2-16) 表明，**刚体受到外力矩作用时，所获得绕定轴转动的角加速度 α，与合外力矩 M_e 的大小成正比，与刚体绕该轴的转动惯量 I 成反比**，角加速度的转向与作用力矩的转向一致。这一关系称为**刚体定轴转动定律**。

转动定律 $M_e = I\alpha$ 与牛顿第二定律 $F = ma$ 不仅形式相似，而且它在刚体力学中的地位就如同牛顿第二定律在质点力学中的地位。

【例题 2-5】 弧形闸门如图 2-12 所示，半径为 R 的放水弧形闸门，可绕定轴 O 转动，闸门及支架总重为 $G = mg$，重心在 C 处，闸门及支架对转轴的总转动惯量

$I=0.8mR^2$。若开始提升时，闸门的切向加速度为 $a_\tau=0.1g$（g 为重力加速度），并认为此时重心与转轴近似在同一水平高度。不计摩擦。求：①开始提升时，钢丝绳对闸门的拉力；②若以同样的加速度提升同样的平板闸门需拉力为多少？

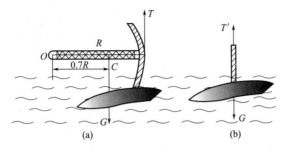

图 2-12 弧形闸门

解 ①以闸门及支架为隔离体，受力分析如图 2-12(a)。T 为钢丝绳的拉力，G 为重力。由转动定律得

$$TR - mg \times 0.7R = I\alpha$$

因为 $a_\tau = R\alpha = 0.1g$ 及 $I = 0.8mR^2$，得

$$T = 0.7mg + 0.08mg = 0.78mg$$

② 若用 T' 来提升重为 G 的平板闸门，如图 2-12(b)，对闸门应用牛顿第二定律，得

$$T' - mg = ma$$
$$T' = mg + ma = 1.1mg$$

比较上述结果，可见提升弧形闸门所用的拉力较小。此外，因弧形的抗弯能力较强，还可适当减小闸板的厚度。这样，不仅可节省材料，并且可进一步减小提升闸门所需的动力。宏伟的长江葛洲坝水利工程和黄河上游的刘家峡水电站都采用了弧形闸门。

如果一个物体系统中有若干个物体，其中有的物体在平动，有的物体在转动。处理的方法是：用"隔离法"把它们分别取出，平动的物体可看成质点，列出牛顿运动定律；定轴转动的物体列出转动定律。再找出每个隔离体之间关系，写出必要的关系式。然后，把所有的列式联立求解。

【例题 2-6】 用落体法测飞轮对其轴的转动惯量。如图 2-13(a) 所示，将飞轮支承，使之能绕水平轴转动。在轮缘上绕一细绳，在绳的一端系一质量为 m 的重物，已知飞轮的半径为 R。假定摩擦阻力可以忽略不计。测得重物由静止开始下落高度 H 的时间为 t，试确定飞轮的转动惯量。

解 首先分别对物体和飞轮进行受力分析，如图 2-13(b)、(c)，设重物下落的加速度为 a，则由切向加速度与角加速度的关系可知飞轮的角加速度为

$$\alpha = \frac{a}{R}$$

设细绳的拉力为 T，由牛顿第二定律可得

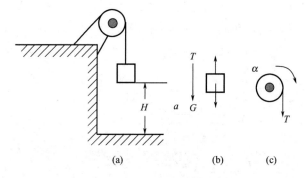

图 2-13 落体法测转动惯量

$$mg - T = ma \tag{1}$$

作用在飞轮上的力矩为 $M = TR$，故由转动定律得

$$TR = I\alpha = I\frac{a}{R} \tag{2}$$

由式(1)、式(2) 二式得

$$I = mR^2\left(\frac{g}{a} - 1\right)$$

上式中重物下落的加速度 a 由匀变速直线运动的公式 $H = \frac{1}{2}at^2$ 得出：

$$a = \frac{2H}{t^2}$$

于是飞轮的转动惯量为

$$I = mR^2\left(\frac{gt^2}{2H} - 1\right)$$

*第四节 角动量和角动量守恒定律

一、角动量 (angular momentum)

通过前面的学习已经知道，质量为 m，以速度 v 运动的质点，其动量为 $p = mv$。类似地，可以把转动惯量 I 和角速度 ω 的乘积称为定轴转动刚体的角动量，用符号 L 表示

$$L = I\omega \tag{2-17}$$

角动量是一个描述物体转动状态的物理量。

在国际单位制中，角动量的单位是千克·米²/秒，符号为 $kg \cdot m^2/s$。

二、角动量定理

式(2-16) 可改写为

$$M_e = I\frac{d\omega}{dt}$$

如果刚体绕定轴转动的过程中，I 是常量，那么上式为

$$M_e = I\frac{d\omega}{dt} = \frac{d(I\omega)}{dt} = \frac{dL}{dt}$$

进一步改写为

$$M_e dt = dL$$

对此式积分得

$$\int_{t_0}^{t} M_e dt = \int_{L_0}^{L} dL = L - L_0 \tag{2-18}$$

式(2-18)左方积分称为力矩 M_e 在时刻 t_0 到时刻 t 时间内的冲量矩。式(2-18)的物理意义是，**在 t_0 到 t 的时间内，作用于刚体的合外力矩的冲量矩等于刚体角动量的增量**，即冲量矩是角动量变化的量度。这一关系叫做**角动量定理**。

三、角动量守恒定律 (law of conservation of angular momentum)

如果物体所受的合外力矩 $M_e = 0$，由式(2-18)可得

$$L = L_0 \text{ 或 } I\omega = I_0\omega_0 \tag{2-19}$$

式(2-19)表明：**作用于物体的合外力矩等于零时，物体的角动量保持不变**。这就是**角动量守恒定律**。

角动量守恒有两种情况：①物体的转动惯量不变，角速度也保持不变。例如，绕轴转动的飞轮，当所受外力矩为零时，保持匀速转动；高速旋转的转子，当不受外力矩（或外力矩很小，可忽略不计）时，能保持转动的轴线及转速不变，回转仪就是根据这一原理制成，它可用作舰船、飞机、导弹上的定向装置。②物体的转动惯量发生变化，角速度同时发生变化，但两者的乘积保持不变。例如，跳芭蕾舞和花样溜冰时，往往先把手臂张开旋转，然后迅速将两臂靠拢身体，使自己的转动惯量迅速减小，因而使旋转加快。还有像跳水（图 2-14）或自由体操运动员在空中翻筋斗时，常把身体蜷缩起来，以加大翻转的角速度，当接近水面或地面时把身体展开，以利于减小转速，沿垂直方向进入水中或平稳地停在地面上。

图 2-14 跳水

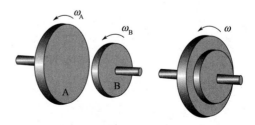

图 2-15 对心啮合

角动量守恒定律

【例题 2-7】 如图 2-15 所示，两个匀质的传动轮 A 和 B，它们的轴杆在同一直线上，两轮的转动惯量分别为 $I_A = 0.04 \text{kg} \cdot \text{m}^2$，$I_B = 0.02 \text{kg} \cdot \text{m}^2$，角速度分别为 $\omega_A = 50 \text{rad/s}$，$\omega_B = 200 \text{rad/s}$。试求两轮对心衔接（即啮合）后的角速度 ω。

解 在衔接过程中，对转轴没有外力矩作用，故由两轮构成的系统的角动量守恒，即衔接前两轮的角动量之和等于衔接后两轮的角动量之和。于是有

$$I_A \omega_A + I_B \omega_B = (I_A + I_B)\omega$$

$$\omega = \frac{I_A \omega_A + I_B \omega_B}{I_A + I_B} = \frac{0.04 \times 50 + 0.02 \times 200}{0.04 + 0.02} = 100 (\text{rad/s})$$

【物理与技术】

三大守恒定律

一、三大定律给予的启示

到目前为止，我们已经介绍了动量守恒定律、能量守恒定律、角动量守恒定律三大守恒定律。自然界里还存在着其他的守恒定律，例如质量守恒定律、电磁现象中的电荷守恒定律等。守恒定律是对于一个具体系统，其各个物体的某些物理特征量的总量，在满足一定的条件下可以保持不变。守恒思想是人类认识活动中的一份极为宝贵的精神财富。守恒定律的思想在科学研究中作出了巨大的贡献，如守恒思想帮助卢瑟福成功地解释了 α 粒子散射现象，奠定了原子有核模型的基础。康普顿根据能量守恒定律和动量守恒定律成功地解释了 X 射线的散射现象而荣获诺贝尔奖。守恒定律已是被无数事实证明了是描述自然界的一种客观规律。它深刻地反映了物质运动"变中有不变"的内在规律，在满足有关守恒定律的前提下，这条内在规律贯穿于系统运动过程的始终，因此守恒定律为解决实际问题提供了重要的途径。在处理问题时，对于一个待研究的物理过程，首先看其是否符合守恒条件，假如符合物体系统受到的合外力为零，那即便选择用动量守恒定律来处理，也只要考虑初态和末态，不必考虑中间过程，大大简化解决问题的过程。

二、三大定律的应用

(1) 动量守恒定律

动量守恒定律是物理学史上最早发现的守恒定律。它无论在工程技术，还是高新科技发展中，从锻造、反冲、打桩、测定子弹出膛的"膛口速度"、爆炸过程的研究到微观粒子的探索、火箭的飞行、卫星的发射与回收等，都有着广泛的应用。

下面以火箭、卫星的发射和回收为例，说明动量守恒定律的应用。

火箭是一种靠反冲原理飞行的运载工具，它既可以运载常规武器和核武器，也可以运载科学仪器和卫星、宇宙飞船。澳星一号卫星就是应用中国的长征二号捆绑式火箭发射上天的。如图 2-16 所示，火箭飞行时，装载的固体（或液体）燃料加上助燃剂，在燃烧室中发生爆炸性燃烧，并向火箭飞行的相反方向不断喷出速度很高的高温高压气体，根据动量守恒定律，火箭在飞行方向上便获得了推力，并由于火箭的有

效质量随着气体的不断喷出而减少，火箭在飞行方向上将获得很大的速度。正因为火箭是依靠喷出气体的推动力而上天的，所以，它可以在外层空间飞行。

下面以三级火箭为例，介绍卫星（或航天飞机）的发射与回收过程，并说明动量守恒定律的应用。当倒计时指令至 0 时，第一级火箭点火启动，达到额定推力（一般为起飞重量的 1.5 倍）时，火箭离开发射台，开始时速度较慢，以后逐渐加速，由于大气层中

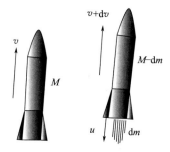

图 2-16 火箭

阻力很大，为了缩短火箭在大气层中的行程，第一级是垂直发射的。当火箭上升到一定高度后，地面测控中心发布指令，按预定程序转弯，慢慢转向斜上方飞行，一面加速，一面增高。当第一级火箭达到预定高度和速度后，给出关机信号，接着第二级火箭点火，并几乎同时使第一级分离。待第二级分离后，第三级火箭并不马上点火，而是靠所获得的速度，沿一条与地面倾斜的曲线轨道，靠惯性作自由飞行。火箭继续升高并转向水平，当在入轨点与预定轨道相切时，第三级点火加速至轨道速度并满足方向要求，此后，卫星头罩被抛掉，星、箭分离，卫星进入轨道，完成发射任务。

卫星或航天飞机不但要"送上去"，还要能"收回来"，因为诸如资源卫星和侦察卫星上的磁带、胶卷等所记录的信息和载人航天飞机等都需要回收。回收过程也运用了动量守恒定律。当运行轨道上的卫星需要返回时，在轨道的近地点附近，将卫星上的制动火箭点火，使卫星的飞行速度降低，卫星脱离运行轨道而转入返回轨道，并进入大气层，当距地面 20000m 左右时，打开降落伞，以每秒十几米的速度降落到预定回收区（陆地或海洋），或用大型飞机进行空中回收，中国的大部分卫星均在海上回收。

（2）能量守恒定律

能量守恒定律有两个方面意义：一是"转化"，是质方面的，即一种运动形式的能转化为另一种运动形式的能；二是"守恒"，是量方面的，即一种形式的能减少多少，另一种形式的能就增加多少，而各种形式的总能量保持不变。

能量守恒定律，是从无数事实中得出的结论，所以它是物理学中具有最大普遍性的定律之一，它适用于任何变化过程，不论是机械的、热的、电磁的、原子或原子核内的，还是化学的、生物的。

在工程技术上，根据能量守恒定律，可以按实际需要将一种运动形式能量转化为另一种运动形式的能量。如火力发电是将热能转化为电能；核电站是把核能转化为电能；在一些风力资源丰富的国家，用风来发电，使空气的流动动能转化为电能；传统的各种干电池能常是将化学能转化为电能；中国兴建的许多大型水力发电站，则是利用水的落差将重力势能转化为电能。举世瞩目的三峡水利工程就是利用长江中滔滔奔流的水的流动来为人类造福。同时有了电能，又可以在工农业生产中及日常生活中将它转化为其他形式的能量。如高频电磁感应炉是将电能转化为热能；电动机通电后，可以带动机床工作，把电能转化为机械能等。能量守恒的例子

是举不胜举的。它是自然界里最基本、最普遍的规律之一。

（3）角动量守恒定律

角动量守恒定律与前面介绍的动量守恒定律、能量守恒定律一样，是自然界中的普遍规律，它不仅适用于宏观物体，同样适用于分子、原子、电子等微观粒子以及它们组成的系统，在现代技术中有许多重要的应用。

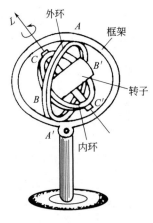

图 2-17 定向回转仪

图 2-17 所示的装置是定向回转仪，也叫"陀螺"。它的核心部分是装置在常平架上的一个质量很大的转子，常平架是套在一起、分别具有竖直轴和水平轴的两个圆环。转子装在内环上，其轴与内环轴垂直。转子是精确对称其转轴的圆柱，各轴承均高度润滑。这样的转子就具有三个相互垂直的可以自由转动的轴，不管常平架是如何移动或转动，转子都不会受到任何力矩作用，所以一旦转动起来，根据角动量守恒定律，它将保持其对称轴对空间的指向不变。因此把它安装在船、飞机、导弹或宇宙飞船上能起导航作用。试想一下，这些转子竟能在浩瀚的太空中认准一个方向并且使自己的转轴始终指向它而不变，是多么不可思议的现象啊！

【科技中国】

上九天揽月

中国的航天事业起始于 1956 年，经过 60 余年的发展，从"一穷二白"到"九天揽月"，取得了以载人航天、月球探索、火星探测等为代表的一系列辉煌成就，为经济建设、社会发展、国家安全和科技进步做出了重要贡献。

1964 年 7 月 19 日，第一枚内载小白鼠的生物火箭在安徽广德发射成功，这是中国空间探索迈出的第一步。1970 年 4 月 24 日，中国在酒泉卫星发射中心发射第一颗人造地球卫星"东方红一号"，成为继苏联、美国、法国、日本之后世界上第 5 个能独立发射人造卫星的国家。接着，1975 年 11 月 26 日，我国发射首颗科学探测回收卫星，正常运行了三天后，按预定计划返回地面，成为世界上第三个掌握卫星返回技术的国家。

1999 年 11 月 20 日 6 时 30 分，酒泉卫星发射中心用新型长征运载火箭成功发射"神舟"号无人飞船，21 小时后，飞船在内蒙古着陆。这一成果震惊了世界。2003 年 10 月 15 日，长征号运载火箭成功发射"神舟五号"载人飞船，几代中国人为之奋斗的飞天梦想终于实现，标志着中国已成为继俄罗斯和美国之后第三个迈进载人航天领域的大国。此后，神舟系列飞船不断进步，中国也不断进行新的实验，如多人飞行、多天飞行、出舱活动等。

2004 年，嫦娥探月工程正式启动。2007 年 10 月，我国成功将"嫦娥一号"月球探测卫星送到距月球表面200km的圆形轨道上执行科学探测任务。嫦娥一号发射成功，使我国成为世界第五个发射月球探测器的国家。

2010年10月，"嫦娥二号"成功发射，完成了一系列工程与科学目标。2013年12月2日，"嫦娥三号"月球探测器送入太空，当月14日成功软着陆于月球雨海西北部。"嫦娥三号"探测器是我国第一个月球软着陆的无人登月探测器，由月球软着陆探测器（简称着陆器）和月面巡视探测器（简称巡视器，又称玉兔号月球车）组成。自软着陆以来，"嫦娥三号"月球探测器创造了全世界在月工作最长纪录，拍摄了许多珍贵的照片，进行了多项科学研究，首次证明了月球表面没有水。

2019年1月3日，"嫦娥四号"和"玉兔二号"着陆月球背面，开展科学探测。为了实时把在月面背面着陆的"嫦娥四号"探测器发出的科学数据第一时间传回地球，我国提前于2018年5月21日在西昌卫星发射中心发射了"嫦娥四号"月球探测器的中继卫星"鹊桥"，作为地月通讯和数据中转站，这是中国首颗、也是世界首颗地球轨道外专用中继通信卫星。"鹊桥"具有重大的科学与工程意义，也是人类探索宇宙的又一有力尝试。

截至2022年1月3日，"嫦娥四号"累计获得探测数据3780GB，"玉兔二号"行驶距离已超过1000m，服务于它们的中继卫星"鹊桥"也一直保持良好的工作状态。2020年11月24日，"嫦娥五号"探测器升空进入预定轨道，在月球表明着陆后完成了月球钻取采样及封装，2月17日返回器携带月球样品着陆地球。至此，中国"嫦娥计划"宣告成功，成为世界上第三个能够在月球上取样返回的国家。

中国火星探测任务于2016年1月11日正式立项。2020年7月23日，"天问一号"火星探测器在文昌航天发射场由长征五号遥四运载火箭发射升空，成功进入预定轨道。"天问一号"探测器由环绕器、着陆器和巡视器组成，总重量达到5t。"天问一号"于2021年2月到达火星附近，实施火星捕获。2021年5月15日，携带"祝融号"火星车的着陆巡视器与环绕器分离，软着陆火星表面，火星车驶离着陆平台，开展巡视探测工作，对火星的表面形貌、土壤特性、物质成分、水冰、大气、电离层、磁场等进行科学探测，实现中国在深空探测领域的技术跨越。2021年11月8日，"天问一号"环绕器成功实施第五次近火制动，准确进入遥感使命轨道，开展火星全球遥感探测。

1992年，中国政府制定了载人航天工程"三步走"发展战略，建成空间站是发展战略的重要目标。2011年9月29日我国成功发射"天宫一号"目标飞行器，并分别于2011年11月3日、2012年6月18日、2013年6月13日与神舟八号、神舟九号和神舟十号飞船的成功对接。2018年4月2日，"天宫一号"再入大气层，绝大部分器件在再入大气层过程中烧蚀销毁。

2017年4月20日，中国在文昌航天发射中心通过长征7号遥二运载火箭成功发射了中国首艘货运飞船"天舟一号"。"天舟一号"具有与"天宫二号"空间实验室交会对接、实施推进剂在轨补加、开展空间科学实验和技术试验等功能。

2021年4月29日11时23分，长征五号B遥二运载火箭成功将空间站"天和核心舱"送入太空。5月29日20时55分，"天舟二号"货运飞船在海南文昌发射场成功发射。2021年6月17日9时22分,"神舟十二号"载人飞船顺利将聂海胜、刘伯明、汤洪波3名航天员送入太空。"神舟十二号"飞船先后与"天舟二号"货运飞船、"天和核心舱"成功对接,3名航天员进入"天和核心舱",成为"天和核心舱"的首批"入住人员",他们先后进行两次出舱活动和舱外作业,于9月17号成功返航。2021年10月16日0时23分,"神舟十三号"载人飞船顺利将翟志刚、王亚平、叶光富3名航天员送入太空;10月16日6时56分,"神舟十三号"载人飞船与空间站组合体完成自主快速交会对接;11月7日18时51分,航天员翟志刚成功开启天和核心舱节点舱的出舱舱门,截至20时28分,航天员翟志刚、王亚平身着中国新一代"飞天"舱外航天服,先后从天和核心舱节点舱成功出舱,圆满完成出舱活动期间全部既定任务,他们将首次在轨驻留6个月,进一步开展更多的空间科学实验与技术试验。

中国的航天技术取得了举世瞩目的成就,现在正朝着航天强国的目标阔步迈进。航天技术与国防有着密切的关系,我们不能忘记"落后要挨打"的沉痛历史教训,我们不能停止脚步,而是应该快速进步,赶上并超越美、俄等航天强国。回首走过的路,我们要感谢钱学森、任新民、屠守锷、黄纬禄、梁守槃、王礼恒、庄逢甘、梁思礼、崔国良等老一辈的科学家,是他们的埋头苦干、艰苦奋斗、协作创新,将中国带进了太空时代。我们要感谢一代代的航天人,他们不计得失、攻坚克难、默默奉献,在工作中形成了"特别能吃苦、特别能战斗、特别能攻关、特别能奉献"的航天精神,已经成为中华民族的精神财富。

本章小结

1. 描述刚体定轴转动的一些物理量

角坐标　$\theta = \theta(t)$

角位移　$\Delta \theta$ 或 $d\theta$

角速度　$\omega = \dfrac{d\theta}{dt}$

角加速度　$\alpha = \dfrac{d\omega}{dt} = \dfrac{d^2\theta}{dt^2}$

转动动能　$E_k = \dfrac{1}{2} I \omega^2$

力矩的功　$W_e = \int_0^{\Delta\theta} M_e d\theta$

转动惯量　$I = \sum \Delta m_i r_i^2$, $I = \int r^2 dm$

定轴转动的角动量　$L = I\omega$

2. 刚体定轴转动的基本规律

刚体定轴转动定律　$M_e = I\alpha$

刚体定轴转动定理 $\int_0^{\Delta\theta} M_e \mathrm{d}\theta = \frac{1}{2}I\omega^2 - \frac{1}{2}I\omega_0^2$

角动量定理 $\int_{t_0}^{t} M_e \mathrm{d}t = L - L_0$

角动量守恒定律 $L = L_0$ 或 $I\omega = I_0\omega_0$

3. 质点运动与刚体定轴转动基本公式

见表 2-2。

表 2-2 质点运动与刚体定轴转动基本公式

	质点的运动		刚体的定轴转动
位置	r	角位置	θ
位移	Δr	角位移	$\Delta\theta$
速度	$\boldsymbol{v} = \dfrac{\mathrm{d}\boldsymbol{r}}{\mathrm{d}t}$	角速度	$\omega = \dfrac{\mathrm{d}\theta}{\mathrm{d}t}$
加速度	$\boldsymbol{a} = \dfrac{\mathrm{d}\boldsymbol{v}}{\mathrm{d}t} = \dfrac{\mathrm{d}^2\boldsymbol{r}}{\mathrm{d}t^2}$	角加速度	$\alpha = \dfrac{\mathrm{d}\omega}{\mathrm{d}t} = \dfrac{\mathrm{d}^2\theta}{\mathrm{d}t^2}$
力	F	力矩	M
质量	m	转动惯量	I
牛顿第二定律	$F = ma$	转动定律	$M_e = I\alpha$
力的功	$\int_{ab} \boldsymbol{F} \cdot \mathrm{d}\boldsymbol{r}$	力矩的功	$\int_{\theta_0}^{\theta} M_e \mathrm{d}\theta$
动能	$\dfrac{1}{2}mv^2$	动能	$\dfrac{1}{2}I\omega^2$
动能定理	$W = \dfrac{1}{2}mv^2 - \dfrac{1}{2}mv_0^2$	动能定理	$W = \dfrac{1}{2}I\omega^2 - \dfrac{1}{2}I\omega_0^2$
动量	mv	角动量	$I\omega$
动量定理	$\boldsymbol{F} \cdot \Delta t = m\boldsymbol{v} - m\boldsymbol{v}_0$	角动量定理	$\int_{t_0}^{t} M_e \mathrm{d}t = I\omega - I_0\omega_0$
动量守恒定律	当 $F = 0$ 时,则 $\boldsymbol{p} = m\boldsymbol{v} = $ 常量	角动量守恒定律	当 $M_e = 0$ 时,则 $L = I\omega = $ 常量

练习题

一、讨论题

2.1 在题图 2-1 中,自行车脚踏板相对于车身的运动,是平动还是转动?有人说,这一运动既可看成平动又可看成转动,对不对?为什么?

2.2 "平动的物体,可以看成质点。"这句话应如何理解?

2.3 一个卫星在圆形轨道上运动时,大气阻力对它的角动量(相对于地球中心的)有何影响?卫星的速度将如何变化?

2.4 一个有固定轴的刚体,受到两个力作用。当这两个力的合力为零时,它们对轴的合力矩也一定为零吗?当这两个力对轴的合力矩为零时,它们的合力也一定为零吗?举例说明。

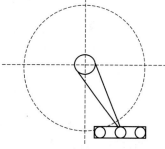

题图 2-1 习题 2.1 图

2.5 两个质量相同、直径相同的飞轮,以相同的角速度 ω 绕中心转轴转动,一个是圆盘形 A,一个是环状 B,在相同阻力矩作用下,谁先停下来?

2.6 一个系统的动量守恒和角动量守恒的条件有何不同？

2.7 机器中飞轮的转动惯量，通常比其他部件大得多，请说明飞轮因而可起稳定转速作用的原因。

二、选择题

2.8 一砂轮在电动机驱动下，以 1800r/min 的转速绕定轴做逆时针转动，关闭电源后，砂轮均匀地减速，经过 15s 而停止转动。则砂轮的角加速度为（　　）。

(A) 4rad/s^2 (B) -5.6rad/s^2

(C) -12.57rad/s^2 (D) 7.8rad/s^2

2.9 几个力同时作用于一个具有固定转轴的刚体上。如果这几个力的矢量和为零，则正确答案是（　　）。

(A) 刚体必然不会转   (B) 刚体转速必然会变

(C) 刚体转速必然不变   (D) 转速可能变，可能不变

2.10 花样滑冰运动员绕通过自身的竖直轴旋转，开始时二臂伸开，转动惯量为 I_0，角速度为 ω_0；然后双臂合拢，使其转动惯量变为 $2I_0/3$，则转动角速度变为（　　）。

(A) $\dfrac{2}{3}\omega_0$ (B) $\dfrac{2}{\sqrt{3}}\omega_0$ (C) $\dfrac{3}{2}\omega_0$ (D) $\dfrac{\sqrt{3}}{2}\omega_0$

2.11 细棒可绕光滑轴 O 转动，轴垂直地过棒的一个端点，今使棒从水平位置开始下摆，在棒转到竖直位置的过程中，下列说法正确的是（　　）。

(A) 角速度从大到小，角加速度从小到大

(B) 角速度从小到大，角加速度从大到小

(C) 角速度从小到大，角加速度从小到大

(D) 角速度从大到小，角加速度从大到小

2.12 三个完全相同的转动轮绕同一轴线转动。它们的角速度大小相同，但其中一轮的转动方向与另外两个相反。今沿轴的方向把三者紧靠在一起，它们获得相同的角速度。此时系统的动能与原来三轮的总动能相比，正确的是（　　）。

(A) 减少到 $\dfrac{1}{3}$ (B) 减少到 $\dfrac{1}{9}$ (C) 增大为 3 倍   (D) 增大到 9 倍

2.13 人造地球卫星绕地球做椭圆运动（地球在椭圆的一个焦点上），则卫星（　　）。

(A) 动量不守恒，动能守恒   (B) 动量守恒，动能不守恒

(C) 角动量守恒，动能不守恒   (D) 角动量不守恒，动能守恒

三、填空题

2.14 一转轮绕定轴转动，其转动规律为 $\theta=2+4t^3$（θ 的单位为 rad，t 的单位为 s），则 $t=2$s 时转轮的角速度为_____，角加速度为_____。

2.15 一质量可忽略不计的轻杆长为 L，质量均为 m 的二质点分别固定在杆的中央和一端。则此系统对于绕另一端点转动的转动惯量为_____，绕杆中心轴的转动惯量为_____。

2.16 一匀质棒长为 L、质量为 M，从水平位置绕水平轴 O 从静止摆下，如题图 2-2 所示。当棒摆到竖直位置的瞬间，棒的角速度为_____，棒的转动动能为_____。

2.17 如题图 2-3 所示，转动惯量为 $I=10\text{kg}\cdot\text{m}^2$ 的带轮，半径为 30cm，带轮主动边的拉力为 $T_1=200\text{N}$，从动边的拉力为 $T_2=100\text{N}$，且摩擦阻力不计。则皮带转动时的角加速度为_____。

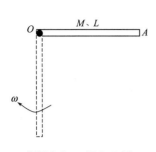

题图 2-2　习题 2.16 图

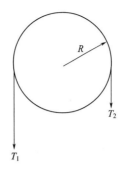

题图 2-3　习题 2.17 图

2.18　两质量为 m_1 和 m_2 的质点分别沿半径为 R 和 r 的同心圆做圆周运动，前者以角速度 ω_1 沿顺时针运动，后者以角速度 ω_2 沿逆时针运动。以逆时针方向为运动的正方向，则由两质点组成的质点系的角动量为 _____。

2.19　角动量为 L，质量为 m 的人造卫星，在半径为 r 的圆轨道上运行，则它的动能为 _____；势能为 _____；总能量为 _____。

四、计算题

2.20　一根长为 L、质量为 M 的杆子，在杆的两端分别固定质量为 m 的相同小球。如果取轴与杆垂直且与杆端相距 $L/4$。求这个系统对于该轴的转动惯量。

2.21　一电动机的电枢每分钟转 1800 圈，当切断电源后，电枢经 20s 停下。试求：①在此时间内电枢转了多少圈？②电枢经过 10s 时的角速度以及周边的线速度，切向加速度和法向加速度（设电枢的半径为 10cm）。

2.22　如题图 2-4 所示，绕中心轴转动的圆柱，设质量为 5kg，半径 $R=0.2$m，其所受到的外力为 $F_0=0.6$N，试计算：①作用在圆柱上的外力矩；②圆柱的角加速度。

2.23　一飞轮以每分钟 600 转的转速旋转，转动惯量为 2.5kg·m²。要使它在 1s 内停止转动。问需要的制动力矩要多大？设制动力矩在制动过程中保持不变。

2.24　一根长为 l，质量为 m 的均质细棒，其一端通过水平轴，铅直悬挂着的细棒可绕此轴在铅直平面内自由转动。今推动它一下，若它在经过铅直位置时的角速度为 ω，试求在摆动过程中，重心能升高多少？

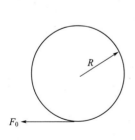

题图 2-4　习题 2.22 图

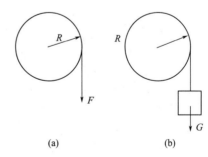

题图 2-5　习题 2.25 图

2.25　一条绳子绕在半径为 0.5m 的飞轮上，在绳的一端加 50N 的不变拉力，如题图 2-5(a) 所示。通过飞轮中心的轴杆水平地架在无摩擦的轴承上，轮的转动惯量为 4kg·m²。求：①试计算轮的角加速度；②如果 50N 的重物悬于绳端，在该图 (b) 中，求轮的角加速度。问此结果为什么与①中算出的不同？

2.26 一质量为 0.05kg 的小球系于绳的一端，绳的另一端则由光滑水平面上的小孔通过，如题图 2-6 所示。小球与小孔距离原为 0.2m，并以角速度 3rad/s 绕小孔旋转。现在向下拉绳使小球运动半径缩小为 0.1m，小球可视为质点。求：①这时小球的角速度为多少？②求小球动能的改变量。

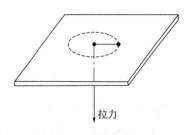

题图 2-6 习题 2.26 图

题图 2-7 习题 2.27 图

2.27 如题图 2-7 所示，一水平匀质圆形转台的质量 $M=200$kg、半径为 2m，可绕中心的铅直轴转动。质量为 50kg 的人站在转台的边缘。开始时，人和转台都静止。如果人在台上以 0.5rad/s 的角速度（相对于地）沿转台边缘逆时针奔跑，求此时转台转动的角速度。设轴承对转台的摩擦力矩和空气阻力不计。

2.28 轮的质量为 60kg，直径为 0.50m，转速为 1000r/min，现要求在 5s 内使其制动，求制动力 F。假定飞轮与闸瓦间的摩擦系数 $\mu=0.4$，飞轮质量全部分布在轮的外周上，尺寸如题图 2-8 所示。

2.29 题图 2-9 是测试汽车轮胎滑动阻力的装置。轮胎最初为静止，且被一轻质框架支撑着，轮轴可绕点 O 自由转动，其转动惯量为 0.75kg·m^2，质量为 15.0kg，半径为 30.0cm。

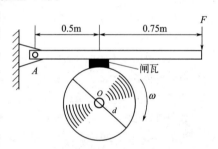

题图 2-8 习题 2.28 图

今将轮胎放在以速率 12.0m/s 移动的传送带上，并使框架 AB 保持水平。①如果轮胎与传送带之间的摩擦系数 $\mu=0.60$，则需要多长时间车轮才能达到最终的角速度？②在传送带上车轮滑动的痕迹长度是多少？

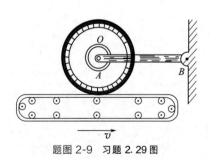

题图 2-9 习题 2.29 图

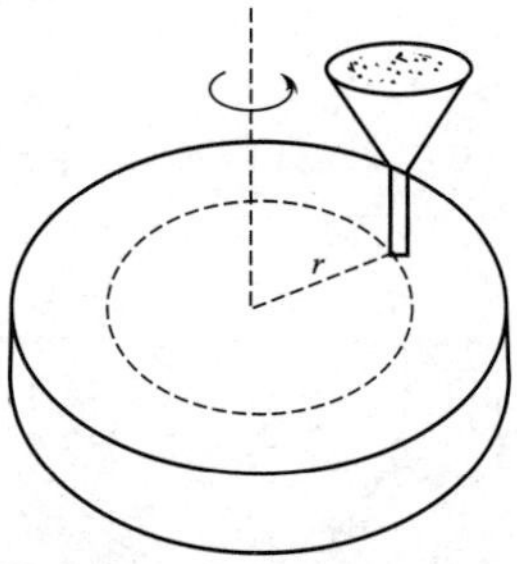

题图 2-10 习题 2.31 图

2.30 我国 1970 年 4 月 24 日发射的第一颗人造卫星，其近地点为 4.39×10^5m，远地点为 2.38×10^6m。试求卫星在近地点和远地点的速率（设地球的半径为 6.37×10^6m）。

2.31 如题图 2-10 所示，转台绕中心竖直轴以角速度 ω_0 做匀速转动。转台对该轴的转动惯量 $I=5\times10^{-5}$kg·m^2。现有砂粒以 1m/s 的速度落到转台，并粘在台面形成一半径 $r=0.1$m 的圆。试求砂粒落到转台，使转台角速度变为 $\frac{1}{2}\omega_0$ 所花的时间。

第三章

流体运动

  学习指南

1. 理解理想流体的一些基本概念。
2. 掌握连续性方程和伯努利方程，会进行简单的计算。
3. 掌握测量压强，流量及流速的方法。
4. 了解流体的黏滞性及牛顿黏滞定律。

  衔接知识

一、液体内压强

在液体内的同一深度，各个方向的压强都相同。深度越深，压强越大。压强的大小还与液体的密度有关，在深度相同时，液体的密度越大，压强越大。液面下深度为 h 处液体的压强为 $p=\rho g h$，ρ 为液体的密度。

二、流体的压强与流速的关系

物理学中把具有流动性的液体和气体统称为流体。许多实验表明，在气体和液体中，流速越大的区域，压强越小。

你见过足球场上的弧旋球吗？弧旋球又称"香蕉球"或"弧线球"，是足球运动中的技术名词，是指运动员运用脚法，踢出球后使球在空中向前作弧线运行的踢球技术。弧旋球常用于攻方在对方禁区附近获得直接任意球时，利用其弧线运行状态，避开人墙直接破门得分。图 3-1 是孙雯射出"香蕉球"的精彩一瞬。

"香蕉球"为什么能以弧线飞行？你想知道其中的奥秘吗？生活经验告诉我们，运动的流体与静止的流体之间有着不同的性质。通过本章流体的基本特征和规律的学习，我们就能够弄懂这些奥秘。

图 3-1 孙雯射出"香蕉球"的精彩一瞬

第一节 流体运动模型

一、理想流体 (ideal fluid)

流体在流动时具有两种性质：一是可压缩性，二是黏滞性。可压缩性是指流体的密度随着压力的大小而改变的性质，液体的可压缩性很小，通常都看作是不可压缩的，低速运动的气体也可认为是不可压缩的；黏滞性就是在流体中各部分之间存在的内摩擦特性，由于流体的黏滞性，当两层流体发生相对运动时，沿它们的切向会产生切向力，并且引起机械能的损耗。

在解决流体问题时，如果可压缩性和黏滞性都处于极次要的地位，就可以把它当作理想流体。**理想流体就是绝对不可压缩和完全没有黏滞性的流体。**

二、稳定流动 (steady flow)

观察一段河床较平缓的河水的流动状态，如果隔一段时间观察，发现河水各处的流速几乎不变。河水不断地流走，但这段河水的流动状态并不改变。河水的这种流动就是稳定流动。

流体是由许多微小的质点组成的，在流动的流体中，每一位置的质点将以某一速度运动，相当于在空间中的每一个点都有对应的流速。一般情况下，流体内各空间的流速是随时变化的。在特殊情况下，尽管**各空间的流速不一定相同，但任意空间点的流速不随时间而改变，这种流动称为稳定流动。**可以表示为

$$v = v(x, y, z)$$

本章只讨论稳定流动。

三、流线与流管、流速场

为了形象地描述流体的运动，在流体中画出了一系列的曲线，使曲线每一点的切线方向与流经该点流体的流速方向相同，这种曲线称为**流线** (stream line)，如

图 3-2 所示。一般说来，空间各点的流速随时间而变，因此流线的走向和分布也随时间而变化，流线的分布是时间的函数，只有在稳定流动中，流线是不随时间变化的。

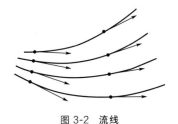

图 3-2 流线

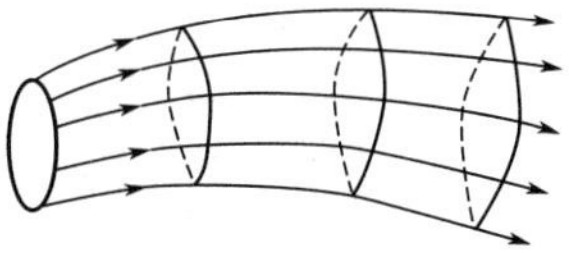

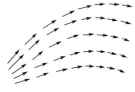

图 3-3 流管

在稳定流动中，通过流体中的每一点都可以画一条流线。由流线所围成的管状区域，称为**流管**（tube of flow），如图 3-3 所示。因为流管的外边界是由许多流线组成，所以流管内的流体不能流出管外，管外的流体也不能流入管内。

图 3-4 某一时刻的流速场

无论是稳定流动，还是非稳定流动，只要空间有流体流过，每一时刻在该空间的每一点必有一流速 v 存在。把**流速与之相应的空间叫做流速场**（velocity of flow field）（如图 3-4 所示）。

第二节　理想流体的运动规律

一、连续性方程（equation of continuity）

现在考察理想流体稳定流动时一段很细的流管。如图 3-5 所示，在流管的两处分别作两个与流管垂直的截面 S_1 和 S_2。由于管子很细，可以认为在同一截面上各处的流速都相同。假设流体流经 S_1 和 S_2 时的速率分别为 v_1 和 v_2，则在 Δt 时间内流过这两个截面流体的体积为

$$\Delta V_1 = S_1 v_1 \Delta t$$
$$\Delta V_2 = S_2 v_2 \Delta t$$

单位时间内流过某一截面的流体的体积，称为**流体流过该截面的体积流量**，简称**流量**，

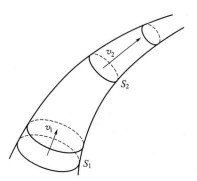

图 3-5 连续性方程图示

用 Q 表示。这样，流过截面 S_1 和 S_2 的流量可分别表示为

$$Q_1 = \frac{\Delta V_1}{\Delta t} = S_1 v_1$$

$$Q_2 = \frac{\Delta V_2}{\Delta t} = S_2 v_2$$

对于做稳定流动的理想流体来说,单位时间内由截面 S_1 进入流管的流体体积,应该等于同一时间内从截面 S_2 流出流管的流体体积,所以有

$$S_1 v_1 = S_2 v_2 \tag{3-1}$$

或

$$Q = 恒量 \tag{3-2}$$

上式就是理想流体的连续性方程,它表示:**理想流体做稳定流动时,通过流管各截面的流量相等**。在国际单位制中,体积流量的单位是 m^3/s。

二、伯努利方程(Bernoulli's equation)

伯努利(D. Bernoulli 1700—1782)方程是理想流体做稳定流动时压强与流速之间的关系式,是流体力学中的基本动力学方程。

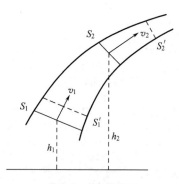

图 3-6 伯努利方程

在重力场中做稳定流动的理想流体内取一细流管,并在此流管中考察一段流体的流动情况。如图 3-6 所示,S_1 和 S_2 分别表示在流管中所截的两个横截面的面积,对于同一个水平考察面,它们的高度分别是 h_1 和 h_2。处在 S_1 和 S_2 之间的流体在 Δt 时间内流到 S_1' 和 S_2' 之间的位置上。流体流经截面 S_1 的流速为 v_1,流经 S_2 的流速为 v_2。由于理想流体是不可压缩的,所以从 S_1-S_2 位置流到 S_1'-S_2' 的流体体积不变,质量也不变。其中 S_1'-S_2 段为公共部分,虽段内流体有交换,但机械能不变,于是,在流体从位置 S_1-S_2 流到位置 S_1'-S_2' 的过程中,机械能增量 ΔE 为 S_2-S_2' 段与 S_1-S_1' 段内流体机械能之差。由连续性方程可知,两段流体质量相等,设为 Δm,则

$$\begin{aligned}\Delta E &= (E_{k2} + E_{p2}) - (E_{k1} + E_{p1}) \\ &= \left(\frac{1}{2}\Delta m v_2^2 + \Delta m g h_2\right) - \left(\frac{1}{2}\Delta m v_1^2 + \Delta m g h_1\right)\end{aligned}$$

它是作用在该段流体上外力作用的结果。对于理想流体,由于没有沿管壁的摩擦力,作用于流管侧面的力都垂直于侧面,与运动方向垂直,因而不做功。做功的仅是作用在该段流体端面的力。设截面 S_1 和 S_2 处的压强分别为 p_1 和 p_2,周围流体对该段流体的作用力分别为 $p_1 S_1$ 和 $p_2 S_2$,在 Δt 时间内截面 S_1 和 S_2 分别移动了 $v_1 \Delta t$ 和 $v_2 \Delta t$,但前者做正功,后者做负功,所以在 Δt 时间内外力对流体做的总功为

$$A = p_1 S_1 v_1 \Delta t - p_2 S_2 v_2 \Delta t = \Delta m (p_1 - p_2)/\rho$$

式中,ρ 为液体的密度。根据功能原理,外力做的功等于机械能的增量 $A = E_2 - E_1$,即有

$$\frac{\Delta m(p_1 - p_2)}{\rho} = \frac{1}{2}\Delta m v_2^2 + \Delta m g h_2 - \frac{1}{2}\Delta m v_1^2 - \Delta m g h_1$$

即

$$p_1 + \frac{1}{2}\rho v_1^2 + \rho g h_1 = p_2 + \frac{1}{2}\rho v_2^2 + \rho g h_2$$

由于截面 S_1 和 S_2 是任取的，因而对同一细流管中的任一截面，上式都成立，因此上式可写成

$$p + \frac{1}{2}\rho v^2 + \rho g h = 恒量 \tag{3-3}$$

式(3-3)即为**伯努利方程**。它描述了理想流体做稳定流动时同一流管（或流线）上任意两点的压强、流速及高度之间的关系。

【例题 3-1】 使用压水泵把水加压到 6.6×10^5 Pa，水以 5.0m/s 的流速，沿内直径 4.0cm 的地下管道向楼房供水。若进入楼房时，水管内直径为 2.0cm，水管升高 1.0m，计算进入楼房时水管内水流的速度和压强。

解 取地下管道处为点 1，这里 $p_1 = 6.6 \times 10^5$ Pa，$v_1 = 5.0$ m/s，$h_1 = 0$，管道的直径 $d_1 = 4.0$ cm。取进入楼房时为点 2，这里 $h_2 = 1.0$ m，管道的直径 $d_2 = 2.0$ cm。

由连续性方程得

$$v_2 = \frac{v_1 S_1}{S_2} = \frac{S_1}{S_2}v_1 = \left(\frac{d_1}{d_2}\right)^2 v_1 = 20 \text{m/s}$$

由伯努利方程得

$$p_2 + \rho g h_2 + \frac{1}{2}\rho v_2^2 = p_1 + \rho g h_1 + \frac{1}{2}\rho v_1^2$$

$$\begin{aligned}p_2 &= p_1 - \frac{1}{2}\rho(v_2^2 - v_1^2) - \rho g(h_2 - h_1) \\ &= 6.6 \times 10^5 - \frac{1}{2} \times 1.0 \times 10^3 \times (20^2 - 5^2) - 1.0 \times 10^3 \times 9.8 \times 1.0 \\ &= 4.6 \times 10^5 \text{(Pa)}\end{aligned}$$

第三节　流体的测量

一、压强的测量

在工程上把 $p + \rho g h$ 称为流动流体的静压强，简称**静压**；把 $\frac{1}{2}\rho v^2$ 称为流动流体中的动压强，简称**动压**。

流体的静压可以用压强计直接进行测量。动压虽然不能直接测量，但可用间接方法测量。如图 3-7 所示，在粗细均匀的水平管道中放置两个 U 形压强计，U 形管内充有密度为 ρ 的某种液体。两个压强计置于流体内的探头很小，使其置入后不至于明显影响流体的流动。它们的差别在于一个在侧面留有小孔 A；另一个则是在端头处开有小孔 B。忽略 A、B 的高度差。

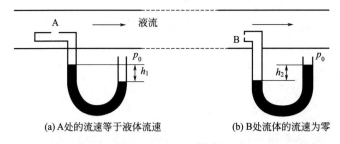

(a) A处的流速等于液体流速　　　　(b) B处流体的流速为零

图 3-7　动压的间接测量

由图 3-7 可知：图(a) 中 A 处流体的流速 v 等于管道中液流的速度；图(b) 中流体流到 B 处因受阻而流速为零，即 $v_B=0$。由伯努利方程可知

$$p_B = p_A + \frac{1}{2}\rho v^2 \tag{3-4}$$

式中，p_B 是 B 孔的静压，由压强计测得 $p_B = p_0 + \rho' g h_2$；p_A 是 A 孔的静压，由压强计测得 $p_A = p_0 - \rho' g h_1$；ρ' 是压强计管内液体的密度；v 是管道中流体的流速。它表明管中的动压 $\frac{1}{2}\rho v^2$ 等于 p_B 减去 p_A。

通常压强以环境大气压作为基准来表示。实际压强 p 以真空为基准时称为绝对压强，以大气压为基准时称为表压，记为 p_e。表压与绝对压强的关系为

$$p_e = p - p_0 \tag{3-5}$$

当绝对压强小于大气压强时，表压为负，这时的表压又称为**真空压强**或**真空度**。

在工业上常采用电测法来测压强。所谓电测法就是指非电学量电测，就是把压强之类的非电学量，经过转变成电学量，然后通过测定电学量来实现这一非电学量的测量。之所以把非电学量变成电学量，是因为电学量的测量比较简单、方便，也易于实现自动检测。实现把非电学量转换成电学量的器件是传感器。

用电测法测量压强最常见的是使用电阻应变片。它的主要结构是一个金属片，将应变片贴在基底上装在套管里，安装以后像普通的压强计一样装在流体的管道上。应变片通过基片受到流体压强的作用后产生形变。由于金属导体的电阻随几何形状的变化而变化，因而应变片的电阻会随其感受到的压强而变化，通过测定电阻可获知作用在其上的压强。

二、流量的测量

1. 文丘里流量计（Venturi meter）

如图 3-8 所示，管子中有一段比较细的部分，这种管子称为文丘里管。流体通过管子的流量可直接接上文丘里流量计来测量。为了保证流体的定常流动，中间一段细管和主管连接处都特别设计而逐渐变细。主管和细管处都接上竖直的开口细管，从竖直管中流体的高度差即可求得这两处流体的压强差。设主管的横截面为 S_1，该处的流速为 v_1，压强为 p_1；细管的横截面为 S_2，该处的流速为 v_2，压强为 p_2。两处竖直管中流体的高度差为 h。因为流量计是水平装置的，根据伯努利方程式有

$$p_1 + \frac{1}{2}\rho v_1^2 = p_2 + \frac{1}{2}\rho v_2^2$$

因 $v_1 < v_2$，所以有 $p_1 > p_2$。而

$$p_1 - p_2 = \rho g h$$

由连续性方程可得

$$v_2 = v_1 \frac{S_1}{S_2}$$

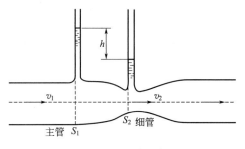

图 3-8　文特利管

由伯努利方程可得

$$p_1 - p_2 = \frac{1}{2}\rho(v_2^2 - v_1^2)$$

由上两式可得

$$v_1 = \sqrt{\frac{2gh}{\left(\dfrac{S_1}{S_2}\right)^2 - 1}}$$

S_1 是被测管的截面积，v_1 是被测的流速。所以所测的体积流量为

$$Q_v = S_1 v_1 = S_1 \sqrt{\frac{2gh}{\left(\dfrac{S_1}{S_2}\right)^2 - 1}} \tag{3-6}$$

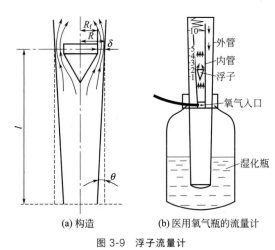

(a) 构造　　(b) 医用氧气瓶的流量计

图 3-9　浮子流量计

2. 浮子流量计

在一稍呈锥形的竖直玻璃管内，液体自下而上流动，放一浮子即构成浮子流量计（图 3-9）。流体流动时，浮子会上浮。浮子上下有一压强差，当它与内摩擦力平衡时，内摩擦力一定，则流体流过间隙的速度也固定，为了在不同流量下保持相同的流速，浮子需要改变位置以调节间隙的截面积，流量大时要求间隙截面积大，浮子就上升；流量小时要求间隙截面积小，浮子便下降。因而可以通过浮子的位置来测定流量，如图 3-9(a) 所示。

设浮子的半径为 R_f，所在处玻璃管的半径为 R，则间隙的面积为

$$S = \pi(R^2 - R_f^2) = \pi(R+R_f)(R-R_f) \approx 2\pi R_f \delta$$

式中，$(R-R_f) = \delta = l\theta$，$R + R_f \approx 2R_f$；$\delta$ 为浮子与玻璃管壁的间隙宽度；l 为浮子所在高度。则流量为

$$S_v = 2\pi R_f \delta v = 2v\pi R_f \theta l \tag{3-7}$$

可见流量与 l 呈线性关系。但实际应用时是在玻璃管上直接标出流量值以方便读

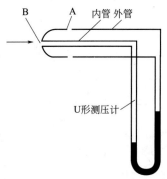

图 3-10 皮托管流速仪

数。医用氧气瓶常使用浮子流量计,如图 3-9(b) 所示,用以显示流量(单位为 L/min),使通过此流量计的氧气进入一个水瓶内冒泡上升,并使氧气湿化,从而使呼吸的气体不至于太干燥。

三、流速的测量

1. 皮托管(Pitot tube)

皮托管是测量流速的一种比较古老的仪器。它的式样很多,但原理相同。如图 3-10 所示皮托管是由内外两层圆头玻璃组成,圆头中心 B 处和外管侧面 A 处各有一个开口。A、B 两处与 U 形压强计相连。测量时,使管口 B 对着来流方向,流体流到 B 时的流速为零,$v_B = 0$,而流经点 A 时就是流体的流速 v,忽略 A 与 B 的高度差,由伯努利方程可得

$$p_B = p_A + \frac{1}{2}\rho v^2$$

由上式得
$$v = \sqrt{\frac{2(p_B - p_A)}{\rho}} \qquad (3-8)$$

式中,p_A 与 p_B 是 A、B 两点的压强,可通过 U 形压强计读出它们两者之间的压强差,从上面公式就可求得流速。

实际应用时,式(3-8)必须修正为 $v = C\sqrt{\dfrac{2(p_B - p_A)}{\rho}}$,其中 C 为皮托管的修正系数,由实验来确定。

皮托管流速仪既可测液体的流速,还可测量气体的流速。将皮托管用在飞机上,测出空气对于飞机的流速,也就等于测出飞机相对于空气的航速。

2. 流速的电测法

由于皮托管对流体压力的反应不快,只适用于稳定流动的测量。对于快速扰动的情况,常用电测法,电测法主要使用热线风速计或热膜流速计。热线风速计是在两根标针间焊上直径约为 0.01cm 的铂丝,通电后被加热。当气流以不同的流速流经铂丝时,若电阻固定,则流过的电流不同;若电流固定,则电阻不一样。这一电信号通过电子线路放大后可以实现流速的测量。在测量流体的流速时,沉积物可能损坏铂丝而改用铂膜,将铂膜覆在较厚的骨架上代替铂丝进行探测。图 3-11 中为热线风速计和热膜流速计的探头。

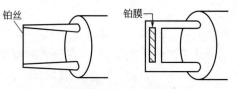

图 3-11 热线风速计和热膜流速计探头

上述对于流量与流速测量的讨论中,均将流体当理想流体来考虑。由于实际流体有黏滞性和可压缩性,通常在测量公式中要引进修正系数来实现修正。修正系数通过实验来确定。

*第四节 牛顿黏滞定律和泊肃叶公式

一、流体的黏滞性

前面我们讨论了理想流体的流动规律。虽然许多气体和液体在一定条件下，可以认为非常接近于理想流体，但是甘油、重油等液体和理想流体的差别却很大。观察玻璃管中甘油的流动，可以清楚地看到，轴心处流速最大，愈靠近管壁流速愈小，管壁处甘油附着于壁，流速为零。故甘油、重油等液体称为黏滞液体。观察结果说明，黏滞液体呈现出各流层流速不同的运动状态，**这种液体的分层流动称为层流或片流**（laminar flow）。黏滞流体在流速不太大时的流动均为层流（如图 3-12）。层流中相邻流体层的流速不同，各层之间发生相对运动，因而**在两层之间产生阻碍相对运动的作用力**，称为**内摩擦力或黏滞力**。流体的这种性质称为流体的黏滞性，它是流体流动时机械能损失的主要原因。

如果管内流体速度很大，流体分层流动的稳定性就被破坏了，这时流体中出现了沿垂直于管轴方向的速度分量，流动具有混杂、紊乱的特征，这种流动叫做**湍流**（turbulent flow）。

在图 3-13 所示中，把一根粗玻璃管 C 的侧管 A 和自来水龙头相接，让水从 A 处流入 C 管，另外从容器 B 通过细管把染上颜色的液体（加入红颜料的水）引入 C 管，再观察染色液体在水中的运动情况。当水龙头开得很小，使水在 C 管中的流速不大时，染色的液体成为一条很清晰的、与管轴平行的细流，它和周围的水毫不混杂。这时，C 管中的流动就是层流。当开大水龙头，使水在 C 管中流速的平均值超过某一临界速度时，染色的细液流就散开来，杂乱地掺混到水流中去，使 C 管中的水全部染上颜色。这时 C 管中的水不再分层流动，水流紊乱，而且出现许多涡旋。这就是湍流。

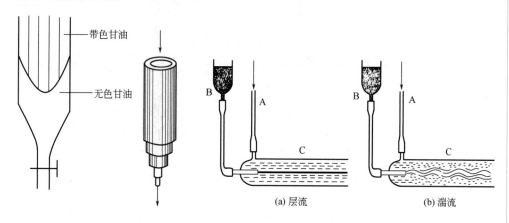

图 3-12 甘油的层流 　　　　　图 3-13 层流和湍流

管中流动的流体，由层流转变为湍流，不仅决定于流体的流速，还与管道内径 d、流体的密度 ρ、黏度 η 有关。雷诺根据大量的实验结果，给出如下的判据式

$$Re = \frac{dv\rho}{\eta} \tag{3-9}$$

式中，Re 称为雷诺数。对管内流动的流体而言，若 $Re \leqslant 2000$ 时为层流，$Re \geqslant 4000$ 时为湍流，Re 介于 2000～4000 之间的流动呈不稳定状态，可能是层流，也可能是湍流，这与外界的干扰有关。在实际生产中，常将 $Re > 3000$ 的情况按湍流考虑。在工程上，特别是在医药化工生产中，大多数流体的流动都属于湍流。

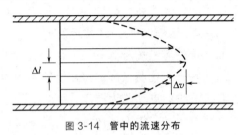

图 3-14 管中的流速分布

一般情况下，黏性较大的流体在直径较小的管道中慢慢流动，会出现层流，而黏性较小的流体在直径较大的管道中快速流动，就往往形成湍流。

二、牛顿黏滞定律

如图 3-14 所示，管中黏滞液体为层流时，管轴所在截面的各液层流速分布呈现一定规律。取距离为 Δl 的两相邻液层，两液层的速度差为 Δv，接触面积为 S。两液层间的内摩擦力为 F，由实验得到

$$F = \eta S \frac{\Delta v}{\Delta l} \tag{3-10}$$

式中，$\frac{\Delta v}{\Delta l}$ 为单位距离上的速度差，即速度对距离的变化率，称为速度梯度。单位是秒$^{-1}$，记作 s^{-1}。比例系数 η 称为黏度（viscosity）。式（3-10）表明：**黏滞液体的内摩擦力 F 与速度梯度 $\frac{\Delta v}{\Delta l}$ 以及液层接触面积 S 成正比。这一结论称为牛顿黏滞定律。**

黏度的单位是帕·秒，记作 Pa·s。根据牛顿黏滞定律，在液层接触面积和速度梯度一定的情况下，黏度愈大则内摩擦力愈大，即黏滞性愈强。因此黏度表示黏滞性的强弱。黏度的大小决定于流体的性质，并受温度的影响。表 3-1 列出了一些流体在不同温度时的黏度。

表 3-1 几种流体在不同温度时的黏度

液 体	温度/℃	黏度/10^{-3}Pa·s	液 体	温度/℃	黏度/10^{-3}Pa·s
水	0	1.80	甘油	0	10000
	20	1.00		20	1410
	37	0.69		60	81
发动机油	30	200	空气	20	0.018
				100	0.023

从表 3-1 可以看出，流体的黏度一般与温度有关。气体（如空气）的黏度随温度升高而增大。这是因为气体的黏滞性主要是不同流层间的分子掺和引起的，温度升高，分子热运动加剧，流层间分子交换加快，黏度就增大。而液体（如水）则相反，温度升高黏度下降。这是因为液体黏度主要是分子引力所致，温度上升，分子间作用减弱，黏度就减小。

三、泊肃叶公式

实际液体的流动中，要克服内摩擦产生的阻力，不断损耗能量。在一段水平均匀的直管中，要维持液体的持续流动，必须有外力克服内摩擦力的阻碍作用，这个外力来自管两端的压强差 Δp。在一定压强差的作用下，流速 v 大小与这段管的长度 L、截面积 S 及液体的黏度 η 有关，实验证明：

$$v = \frac{1}{8\pi} \times \frac{S\Delta p}{\eta L} \tag{3-11}$$

若管内半径为 r，$S = \pi r^2$，则 $Q = Sv$，可以得到：

$$Q = \frac{\pi r^4 \Delta p}{8\eta L} \tag{3-12}$$

式（3-12）称为泊肃叶公式。泊肃叶公式表明：流体在水平圆管中做层流运动时，其体积流量 Q 与管子两端的压强差 Δp、管的半径 r、长度 L 以及流体的黏滞系数 η 有关。泊肃叶公式是流体动力学的一个重要公式，常用于测定流体的黏滞系数。

若设 $R = \dfrac{8\eta L}{\pi r^4}$，则式（3-12）可改写为：

$$Q = \frac{\Delta p}{R} \tag{3-13}$$

式中，R 是由给定管道及液体决定的常量，反映黏滞流体在直管中流动时受到的阻滞程度，称为流阻，$N \cdot s \cdot m^{-5}$。

泊肃叶公式也可表述为：实际液体在水平均匀直管中流动，流量与管两端的压强成正比，与流阻成反比。从公式可知，人体血管收缩、舒张或变厚时，即使血管半径改变很小，血流量的变化也很显著。

【物理与技术】

伯努利方程与日常生活

人们或许都有这样的生活经验：当站在奔驰的列车旁边时，就会感到一股"吸力"把人吸向列车；而当列车停止时，你就是再靠近，也不会有这种感觉。当我们在江河中游泳时，如果游近航行着的船，就很容易被船"吸"入船底，船的速度越快，这种"吸力"越大，而在静止的船旁却不会有这种现象。这些现象表明，静止的流体与运动的流体有着不同的规律，探索这些规律，并将它们应用到人类改造自然的活动中，就成为流体力学这门学科的主要任务。

已经知道，如果在静止的流体中放入一个小木块，小木块的四周都将受到水的压力，这个压力与深度及流体密度成正比，这样小木块底面受到的压力要大于顶面的压力，两者的压力差就是小木块所受到的浮力。在运动流体中，物体表面也要受到水的压力，但由于物体（或流体）在运动，所以，压力就要比静止流体中的情况复杂。科学家丹尼尔·伯努利（Daniel Bernoulli）于1738年提出了流体力学的一个重要规律，即伯努利方程。

流体方程应用

这个公式表明，如果流体水平流动，重力势能无变化，那么流体的压强将随流动速度降低而增高。对静止的流体，$v=0$，那么伯努利方程就化为流体静压公式。近代流体力学研究证明，伯努利方程只是流体在一定特殊情况下才满足的运动规律，但是作为流体力学的一个重要公式，它在水利、机械、航天航空等工程领域被广泛应用，同时还可以应用它解释许多身边的诸如运动着的火车产生吸引力等流体力学现象。

一、运动着的轮船或火车旁为什么具有吸引力

当轮船在水中或火车在空气中运动时，由于水和空气都具有黏性，因此轮船周围的水或火车周围的空气会随运动的物体一起向前运动，而且越靠近物体的流体其运动速度越快。如图 3-15 所示，图中点 A 的流速要比点 B 的大，即 $v_A > v_B$，根据伯努利方程，有

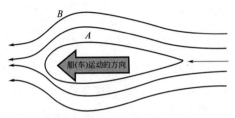

图 3-15　船（车）在流体中的运动

$$p_A + \frac{1}{2}\rho v_A^2 = p_B + \frac{1}{2}\rho v_B^2$$

因为 $v_A > v_B$，所以 $p_A < p_B$，因此在船（车）体的周围产生一个指向船（车）体的压力差，正是这个压力差将人吸向船（车）。另外由于水的密度比空气密度大许多，所以在相同速度下，河流中运动着的船产生的吸引力要比空气中运动着的火车产生的吸引力大许多。由伯努利方程可知，在游泳时要远离水中运动的物体，在火车或地铁站台上等车时要站在安全白线的后面。

二、龙卷风来了为什么要赶紧开门窗

龙卷风被人们称为大自然最狂暴的风，它的风速最高可达到 500km/h，其破坏力极大。全世界 90% 的龙卷风发生在美国，其中绝大多数在中西部。龙卷风是一种旋转风，当中是一个大漩涡，空气在其中快速旋转，由于速度很快，因此，根据伯努利方程，其中心的压强极低，这样，如果龙卷风经过某个建筑物时，就会在建筑物四周产生一个瞬时的超低气压，此时如果门窗紧闭的话，则因为屋内的空气不能迅速流向屋外，就产生了一个屋内压强相对屋外突然升高的过程，这极易将屋子从内部炸开。而在龙卷风到来时，迅即打开门窗，让屋内外空气迅速交流，则房屋的损失就要小一些。1974 年 4 月，在美国俄亥俄州的艾克塞尼亚发生一次大的龙卷风，当地有位查尔斯·斯坦福先生，他将家中门窗全部砸开。旋风过后，他家的房子是那个街区唯一一幢没有倒塌的房子。

三、飞机为什么能够飞起来

了解了伯努利方程，再搞清相对运动的概念，就可以理解飞机为什么可以飞起来了。相对运动原理表明："不管是物体静止、空气运动，还是空气静止、物体运动，只要运动速度远小于光速，只要空气与物体的相对运动速度相同，则物体和气体的相互作用力，或者说物体所受到的气动力是完全一样的。"

这样，如果要研究运动着的飞机所受的气动力，只要研究飞机不动，而空气以飞行速度迎面吹来的情况就可以了。或者说是站在飞机上研究问题。这个原理不但为理论研究带来方便，更重要的是力学家根据这一原理建立了研究空气动力学的重

要实验工具——风洞。图 3-16 是一台低速风洞及其原理结构图,图中箭头表示风的流向。风洞内风速等是可以调节控制的,将试验物体如飞机模型乃至真实飞机放入风洞的试验段,让气流流过物体,通过改变不同的气流速度和物体迎风角度等,观察与测量物体所受到的压力分布和其气动特性。应用风洞,可在流动条件容易控制的前提下重复取得实验数据。风洞的种类繁多,一般根据其试验段的气流速度大小分为低速、高速和高超音速风洞。

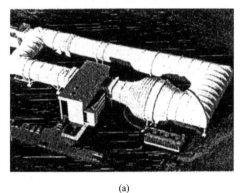

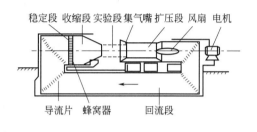

(a)   (b)

图 3-16   低速风洞及其原理结构

为了让飞机飞起来,只要设法在机翼上利用气流的速度差产生向上的气动压力差就可以做到。为此,可以将机翼制作成如图 3-17 所示的形状,上面凸,下面凹或平,这样空气在吹过这种形状的机翼表面时,由于上表面空气通过的路程要比下表面的长,因此上表面的空气速度要比下表面的快。根据伯努利方程,将产

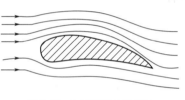

图 3-17   飞机机翼的横截面及流场

生一个向上的压力差,这个压力差称为飞机的升力,就是这个力将飞机送上天空的。例如,目前世界上最大的民用客机波音 747 的巡航速度约 250m/s,设空气密度 $\rho=1.29\text{kg/cm}^3$,机翼面积约 500m^2,只要在机翼上下产生 22m/s 的速度差,由伯努利方程可计算出升力为:$\frac{1}{2}\rho(v_2^2-v_1^2)S=\frac{1}{2}\rho(v_2-v_1)(v_2+v_1)S=0.5\times1.29\times22\times500\times500=352(\text{tf})$❶,这就足以举起自重为 180tf、载重达 66tf 的波音 747 客机。

四、足球场上"香蕉球"是如何踢出的

这里不妨先从流体的黏滞性说起。当我们把手伸进水中再拿出来,手的表面会粘上一层水。同样,在空气里的足球表面也附着一层薄薄的空气。为了使足球的轨迹弯曲,必须把足球踢得使它向前飞行的同时还绕自己的轴旋转,由于球向前运动,在球上看来,球周围的空气向后流动,如图 3-18(a),当足球一边飞行还一边自转时,会带动表面的空气一起旋转,如图 3-18(b),速度合成的结果使得球上方的空气流速大于下方的空气流速,于是带来了球的上下两侧气流速度不同。根据伯努利方程,流速越快压强越

---

❶ $1\text{tf}=9.8\times10^3\text{N}$。

小，球上方所受的空气的压强小于球运动前方较远处的压强，而球下方所受空气的压强则大于球运动前方较远处的压强，而在前方较远处的压强是一样的。所以足球下方受到的空气压强就大于上方受到的空气压强，足球便受到一个侧向的力，也称"马格纳斯力"，如图 3-18(c)，导致了足球飞行轨迹的弯曲。正是这弯曲，才使我们能目睹"香蕉球"的美妙弧线。这个现象是德国科学家 H. G. 马格纳斯于 1852 年发现的，所以称之为"马格纳斯效应"。乒乓球比赛中最常见的上旋、下旋、左旋或右旋球的弯曲轨道也都是同样的道理产生的。感兴趣的学生可上网搜索马格纳斯效应。

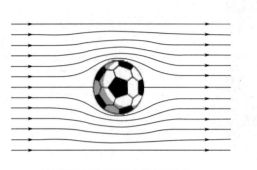

(a) 不旋转的球在流体中作水平运动　　　　(b) 旋转的球带动周围的流体旋转

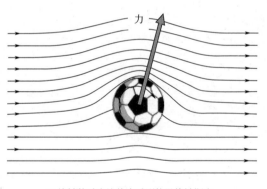

(c) 旋转的球在流体中受到的马格纳斯力

图 3-18　"香蕉球"的形成

【科技中国】

都江堰水利工程

　　都江堰水利工程位于四川成都平原西部都江堰市西侧的岷江上，距成都 56km，是世界上最古老的、至今还发挥着作用的伟大工程，距今已有两千两百多年的历史，是古人的治水智慧发挥到极致的一个杰作。

　　公元前 256 年，秦国蜀郡太守李冰率众修建都江堰水利工程，这项工程主要由鱼嘴分水堤、飞沙堰溢洪道、宝瓶口进水口三大主体工程和百丈堤、人字堤等附属工程构成，科学地解决了江水自动分流、自动排沙、控制进水流量等问题，保证了成都平原的用水，彻底消除了水患。

一、鱼嘴分水堤

鱼嘴分水堤是都江堰的分水工程，因其形如鱼嘴而得名，位于岷江江心。鱼嘴分水堤把岷江分成内外二江，西边的叫外江，俗称金马河，是岷江正流，主要用于排洪；东边沿山脚的叫内江，只有内江的水能进入成都平原。李冰治水时，使内江的河床低于外江，这样在秋冬季枯水时节，确保六成水进入内江，四成水排入外江；而在春夏丰水时节，因循弯道动力学规律，水流会大量冲向弯道的内侧，也就是外江，因为外江比内江宽，因此六成水排往外江，四成水排往内江，保证了进入成都平原水量的稳定。

二、飞沙堰溢洪道

飞沙堰具有泄洪排沙的显著功能，看上去十分平凡，但它的作用非常之大，可以说是确保成都平原不受水灾的关键要害。飞沙堰的作用主要是当内江的水量超过宝瓶口流量上限时，多余的水便从飞沙堰自行溢出，如遇特大洪水的情况，它还会自行溃堤，让大量江水回归岷江正流；它的另一作用是"飞沙"，从鱼嘴进入内江的水流，挟着大量泥沙、石块，流到飞沙堰附近，会被旁边狭窄的宝瓶口制约，加上离堆的顶托作用，在飞沙堰附近形成漩涡，水中的沙石大量被漩涡甩出飞沙堰，剩余的沙石在飞沙堰对面的回水区凤栖窝沉淀，每年由河工淘出，这样就有效防止了泥沙淤积问题。

三、宝瓶口进水口

宝瓶口是都江堰水利工程的最后一道关卡，这里本来是玉垒山的一段石壁，李冰父子带领百姓花了八年时间将石壁凿开，形成了如今千年不变的宽度。宝瓶口的作用就是限制进入成都平原的水量，起"节制闸"作用，是控制内江进水的咽喉，因它形似瓶口而功能奇持，故名宝瓶口。留在宝瓶口右边的山丘，因与其山体相离，故名离堆。

鱼嘴、飞沙堰、宝瓶口三大工程有机配合，相互制约，协调运行，分洪减灾，以引水灌溉为主，兼有防洪排沙、水运、城市供水等综合效用。

都江堰不仅是中国古代水利工程技术的伟大奇迹，也是世界水利工程的璀璨明珠。都江堰的创建，以不破坏自然资源，充分利用自然资源为人类服务为前提，变害为利，使人、地、水三者高度协合统一，开创了中国古代水利史上的新纪元，在世界水利史上写下了光辉的一章。都江堰水利工程是中国古代人民智慧的结晶，是中华文化的伟大杰作。

本章小结

1. 基本概念

理想流体：理想流体是绝对不可压缩和完全没有黏滞性的流体。

稳定流动：任意空间点的流速不随时间而改变的流动。

流线：流体中每一点的切线方向与流经该点流体的流速方向相同的假想曲线。

流管：由流线所围成的管状区域。

流速场：每一点均有一定流速与之相应的空间。

2. 基本规律

理想流体的连续性方程：$Sv = 恒量$

它表示理想流体做稳定流动时，通过流管各截面的流量相等。

伯努利方程：$p + \frac{1}{2}\rho v^2 + \rho g h = 恒量$

它描述了理想流体做稳定流动时同一流管（或流线）上任意二点的压强、流速及高度之间的关系。

3. 流体的测量

压强的测量：静压用压强计测量；动压用间接测量法。

流量的测量：文特利流量计和浮子流量计。

流速的测量：皮托管流速仪和电测法。

4. 牛顿黏滞定律

黏滞液体的内摩擦力 F，与速度梯度 $\frac{\Delta v}{\Delta l}$ 以及液层接触面积 S 成正比。

$$F = \eta S \frac{\Delta v}{\Delta l}$$

练习题

一、讨论题

3.1 什么是稳定流动与非稳定流动？工程上哪些流动可以看成是稳定流动？举例说明。

3.2 茶壶倒出的水流，越来越细还是越来越粗？为什么？

3.3 使用吸尘器时，如何应用流体运动规律来提高吸尘器的吸尘能力？

3.4 试解释水流抽气机（题图 3-1）的工作原理。

3.5 虹吸管截面均匀，水自开口处泄出（题图 3-2）。有人说：1、2 和 3 处位于同一高度，压强相等，即 $p_1 = p_2 = p_3$，2、4 两点的压强差为 $\rho g(h_2 - h_4)$。此判断是否正确？为什么？

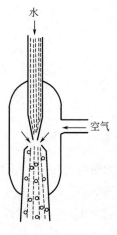

题图 3-1　习题 3.4 图

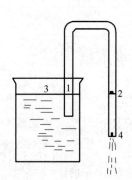

题图 3-2　习题 3.5 图

3.6 为什么风吹过烟囱顶时，能使烟更快地升起？

3.7 两艘轮船彼此相距很近而并行前进，则可能彼此相撞，造成危险。试用伯努利方程解释。

3.8 层流和湍流有何不同？

二、选择题

3.9 理想流体指的是（　　）。
   (A) 不可压缩、无黏滞性的流体
   (B) 不可压缩、无黏滞性、做稳定流动的流体
   (C) 不可压缩、做稳定流动的流体
   (D) 无黏滞性、做稳定流动的流体

3.10 理想流体的不可压缩性表现在（　　）。
   (A) 它会流动
   (B) 在一个流管中，流过任一截面的体积流量是常量
   (C) 任意两条流线不会相交
   (D) 流体内部没有内摩擦力

3.11 稳定流动是指（　　）。
   (A) 流体质元做匀速运动
   (B) 流体质元流过空间某点的速度不随时间变化
   (C) 没有黏滞力存在时流体的运动
   (D) 理想流体所做的流动

3.12 连续性方程主要适用于（　　）。
   (A) 理想流体
   (B) 不可压缩流体
   (C) 无黏滞性流体
   (D) 不可压缩流体做稳定流动

3.13 伯努利方程的适用条件是（　　）。
   (A) 理想流体
   (B) 稳定流动
   (C) 无黏滞性流体
   (D) 理想流体做稳定流动

三、填空题

3.14 伯努利方程的实质是_____对理想流体的运用。

3.15 在_____和_____情况下，流体的流速与流管的横截面积成反比，在流管较窄处，流速较大。

3.16 由流量保持恒定可以推测，在流管窄的部分，流线分布较_____；而粗的部分，流线分布较_____。

3.17 对一根水平流管，当满足_____时，流速大处流线分布较密，压强较_____；而流速小处流线分布较疏，压强较_____。

3.18 通常气体的黏度随温度升高而_____；液体黏度随温度升高而_____。

四、计算题

3.19 将直径为 2.0 cm 的软管连接到草坪洒水器上，洒水器装了一个有 24 个小孔的莲蓬头，每个小孔直径均为 0.12 cm，如果水在软管中的速率为 1.0 m/s，求由洒水器各小孔喷出的水的速率。

3.20 有人在盛有水的 U 形管的一边顶端吹气，使空气以 15 m/s 的速率流过管的顶端，问两管中水面高度相差多少？（已知空气密度为 $1.29 kg/m^3$）

3.21 水库放水，水塔经管道向城市输水以及挂瓶为病人输液等，其共同特点是液体自大容器

经小孔出流。由此得下面研究的理想模型：大容器下部有一小孔，小孔的线度与容器内液体自由表面至小孔处的高度相比很小（题图 3-3）。液体视为理想流体，求在重力场中液体从小孔流出的速度。

3.22 利用压缩空气把水从密封的大筒内通过一管子以 1.2m/s 的流速压出（题图 3-4）。当管子的出口处高于筒内液面 60cm 时，问筒内空气的压强有多大？

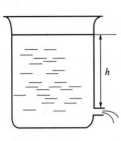

题图 3-3 习题 3.21 图

题图 3-4 习题 3.22 图

3.23 如题图 3-5 所示管道中有水流动，粗处截面积为 A，细处截面积为 a，$A = 16a$，设 A 处压强为 2.0×10^5 Pa。①当 a 处的压强为 1.1×10^5 Pa 时，试计算 A 处的流速 v_A 和 a 处的流速 v_a。②设 A 处管道直径为 5.0cm，试计算相应的流量。

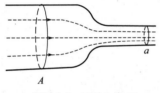

题图 3-5 习题 3.23 图

3.24 水以 5.0m/s 的速率通过横截面积为 4.0cm^2 的管道流动。当管道横截面积增加到 8.0cm^2 时，管道高度逐渐下降了 10cm，试问：
① 低处管道内的水流速是多少？
② 如果高处管道内的压强为 1.5×10^5 Pa，则低处管道内的压强是多少？

3.25 一段直径为 2cm 的水平管道内的压强为 142kPa，水以 2.80L/s 的流量流过该管。试问要使管道某一段的压强为大气压（101kPa），则该段管道的直径应缩小为何值？

3.26 一截面为 40cm^2 的水平管子有一细小处，其截面积为 20cm^2。水在粗管中稳定流动的速度为 1m/s。求：①水在细小处的流速和粗、细二处的压强差；②粗管中每分钟的体积流量有多少？

3.27 某制冷装置如题图 3-6 所示，高压储液罐内的氨液制冷剂经节流降压后直接送到 100kPa 的低压系统。已知储液罐内液面压强为 600kPa，供液管内直径为 50mm。管内限定流量为 $0.002 \text{m}^3/\text{s}$，液氨密度为 636kg/m^3。试确定氨液被压送的最大高度 h。

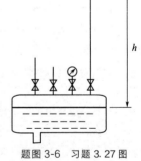

题图 3-6 习题 3.27 图

3.28 一安装在飞机上的皮托管，如图 3-10，在飞机飞行时压强计指示的水银柱高度差为 1.5cm，若空气密度为 1.23kg/m^3。求：① 由皮托测得的飞机飞行速度。② 由于实际流体具有黏滞性和可压缩性，而且皮托管构造各异，因此需要对由伯努利方程求出来的流速计算公式乘以校正系数 C 来进行修正。若该装置的校正系数为 0.88，则飞机的实际速度为多大？

3.29 水在管中流动，在距管壁 2.0m 远处的流速为 1.5m/s，而管壁处的水是静止的，若水的黏度为 1.0×10^{-3} Pa·s，试求管壁上每平方米受到的黏滞力为多少？

第四章

热运动　热力学定律

 学习指南

1. 了解热运动的基本特征和研究方法。
2. 初步了解理想气体的速率分布规律。
3. 了解压强和温度的微观意义。
4. 了解准静态过程，会计算准静态过程中理想气体的功。
5. 掌握能量均分定理及理想气体的内能公式，会进行一些简单的计算。
6. 掌握热力学第一定律，会计算理想气体各等值过程和绝热过程中的热量、功和内能的增量。
7. 了解循环过程的特征，了解热机和制冷机的工作原理，会分析计算简单热机的效率。
8. 了解热力学第二定律的内容及其本质。
9. 了解热传递的三种方式。

 衔接知识

一、分子运动理论

物体由大量分子组成，分子在做永不停息的无规则运动，分子之间存在着斥力和引力。这是物质结构的基本图像。在热学研究中常常以这样的基本图像为出发点，把物质的热学性质和规律看做微观粒子热运动的宏观表现。这就是分子运动理论。

二、温度和温标

（1）两个系统处于热平衡时，它们必定具有某个共同的热学性质，我们就把表征这一"共同热学性质"的物理量叫做温度。

（2）如果要定量地描述温度，就必须有一套方法，这套方法就是温标。现代科学中常用的是热力学温标。热力学温标表示的温度称为热力学温度，用符号 T 来表示，单位是 K。

（3）摄氏温标与热力学温标的关系：摄氏温标是由热力学温标导出，摄氏温标所确定的温度用 t 表示，它与热力学温度 T 的关系是 $T=t+273.15$。

三、内能

物体中所有分子的热运动动能与分子势能的总和，叫做物体的内能。组成任何物体的分子都在做无规则的热运动，所以任何物体都有内能。

四、理想气体状态方程

一定质量的理想气体，从状态 1 变到状态 2，尽管其 p、V、T 都可能改变，但是压强跟体积的乘积与热力学温度的比值保持不变，即

$$\frac{p_1V_1}{T_1}=\frac{p_2V_2}{T_2} \quad \text{或} \quad \frac{pV}{T}=C$$

式中，p、V、T 是描述气体状态的基本物理量；C 是与 p、V、T 无关的常数。

五、热力学第一定律

（1）一个热力学系统的内能增量等于外界向它传递的热量与外界对它所做功的和。即 $\Delta E=Q+A$，式中 ΔE 是内能增量，Q 是外界向系统传递的热量，A 是外界对系统做的功。如将热力学第一定律表示为：$Q=\Delta E+A$，则式中 A 表示系统对外界做的功，Q、ΔE 含义不变。

（2）能量守恒定律：能量既不会凭空产生，也不会凭空消失，它只能从一种形式转化为另一种形式，或者从一个物体转移到别的物体，在转化或转移的过程中，能量的总量保持不变。热力学第一定律实际上是内能与其他能量发生转化的能量守恒定律。

六、热力学第二定律

（1）热量不能自发地从低温物体传到高温物体。（克劳修斯表述）

（2）不可能从单一热库吸收热量，使之完全变成功，而不产生其他影响。（开尔文表述）

炎热的夏天，寒冷的冬天，冷热的本质是什么？调节冷热的空调、冰箱、热泵又是怎么回事？本章从微观角度出发探讨热运动本质，又从宏观角度出发研究物态变化过程中有关热和功的基本概念及它们之间相互转换关系和条件。通过学习，你会领悟到安装在汽车、火车、飞机上的发动机怎样从燃料里提取"力量"，将热能转化为机械能，同时，你也会意识到这个转化也会给我们带来能源危机、环境污染等一系列社会问题。

第一节 热运动的特点和研究方法

一、热运动的特点

分子的永恒运动和分子之间频繁的相互碰撞是气体分子运动的最根本的特征。

在标准状态（即压强为 100kPa，温度为 273.15K）下，1mol 任何气体的体积为 $22.4\times10^{-3}m^3$，具有的分子数为 6.023×10^{23}（通常用 N_0 表示，称为阿伏伽德罗常数）个，因此每立方厘米含有的分子数约为 2.7×10^{19} 个。由于气体分子间距离较大，分子的分布相对稀疏，分子间的相互作用力除了在碰撞一瞬间外是极其微弱的，因而可以忽略不计。在连续两次碰撞之间，分子不受外力作用，可以看成是惯性支配下的自由运动。自由运动所经历的路程平均约为 10^{-5}cm，而分子的平均速率很大，约为 500m/s，因此大约经过 10^{-10}s 分子与分子之间就会碰撞一次。尽管每次碰撞都遵从力学规律，但由于分子的碰撞如此频繁，已达到了瞬息万变的程度，因而称每个分子做的是无规则的运动。

这种无规则运动的剧烈程度与物质的温度有关，温度越高，分子无规则运动就越剧烈。所以，**温度是物质内部分子无规则运动剧烈程度的标志**。正因为这样，可以把物质内**分子的无规则运动叫做热运动**（thermal motion）。

二、统计法（statistical method）

宏观物体内大量分子的热运动是瞬息万变的。如考察其中一个分子，它在运动过程中要不断与其他分子发生碰撞，它的运动方向和速度大小都随时变化。某一时刻，其速度的大小和方向，都是不可能准确预测的，完全带有偶然性或者说随机性。在日常生活中有大量随机性的事例，例如，掷骰子出现什么点数；一个家庭生育孩子性别是男是女。对于这类随机现象，从次数不多的实验来看，出现的结果是没有规律的。然而，若在一定条件下做大量重复的实验，就会发现结果有明显的规律性。如掷骰子，每掷一下，出现 1~6 点中任何一点都是偶然的，是无规律的。但在相同条件下，只要投掷的次数足够多，就会发现骰子中的各点出现的次数近乎相同。再如，城市中的居民是否乘公交车，是早还是晚，这也是一随机事件。然而，从整个城市来看，乘公交车的高峰时间和低谷时间却表现出明显的规律。这就表明：大量的偶然性中存在着某种规律性。这种**大量偶然事件中呈现的规律，称为统计规律**。研究偶然事件的规律性的方法称为**统计法**。

在研究分子的热运动时，若把注意力从个别分子移到全体分子，就会发现，大量分子的运动速率呈现一定的规律性，这就是分子的速率分布。

三、实验法（experimental method）

实验法即人们按照一定的研究目的，借助特定的仪器设备，人为地控制或模拟自然现象，使自然现象以比较纯粹或比较典型的形式表现出来，进而对其进行反复地观察和测试，探索其内部规律的一种方法。

从前面可知，宏观物体内分子做永不停息的热运动，其每个分子运动速率大小有很大的偶然性，但全体分子的集体行为又有一定的必然性。这样，可通过特定的、有效的实验来观测全体分子速率分布的规律。

图 4-1 是葛正权（中国物理学家）和蔡特曼于 1930～1940 年测定分子速率分布的实验装置的原理图。

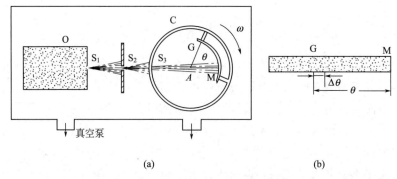

图 4-1 实验法测定分子速率分布

图 4-1(a) 中小炉 O 内，金属银（汞）熔化蒸发。银原子束通过炉孔逸出，再经过狭缝 S_1、S_2 射出。圆筒 C 可绕通过点 A 垂直于纸平面的轴旋转。整个装置放置于真空环境中。如果圆筒静止不动，分子束通过狭缝 S_3 进入圆筒投射到弯曲玻璃板 M 处，并黏附于玻璃板上。如果圆筒以角速度 ω 旋转，分子只能在狭缝 S_3 正对分子束的短时间内进入圆筒。若圆筒以角速度 ω 顺时针旋转，当分子穿过直线路径到达玻璃板时，玻璃板已转过了角度 θ，分子落在 G 处。设分子速率为 v，圆筒半径为 R，则分子通过 $2R$ 的时间为 t，有

$$2R = vt$$

又因为

$$\theta = \omega t$$

因此有

$$v = \frac{2R\omega}{\theta}$$

式中，R 和 ω 为常量。上式表明：速率为 v 的分子黏附在玻璃板上相对于角度 θ 的 G 处。不同的速率 v 的分子黏附在不同角度 θ 的位置。图 4-1(b) 右侧是黏附分子的玻璃板。分子密集处，黑点较多（黑度大）；分子稀疏处，黑点较少（黑度小）。即分子数的大小与黑度成正比。

通过实验，就可看出不同速率的分子数是不同的。通过测微光度计对黑度的测量可以确定不同速率区间内的分子数。

第二节　理想气体的统计描述

一、理想气体模型

从气体动理论的观点出发，能够描述气体热运动情况，在此基础上，为了使研

究问题简单化，常把实际气体抽象为理想气体（ideal gas）。理想气体是一种理想模型，它有以下主要特征。

① 气体分子的大小与气体分子间平均距离相比可以忽略不计，故可把分子看成质点，它们的运动遵从牛顿运动定律。

② 每个气体分子可以看作是完全弹性的小球，分子之间或分子与器壁相撞时，遵守能量守恒定律和动量守恒定律。

③ 除弹性碰撞瞬间外，分子间及分子与容器壁间没有相互作用。

从以上特征可知，只有当实际气体密度足够低时，它的行为才接近理想气体。

二、气体分子速率分布

考虑到气体分子数目 N 甚大，要想逐个查清每个分子的速率，然后统计具有不同速率的分子各有多少个，这在实际上是不可能的，也是不必要的。切实可行的做法是先把分子的速率划分为若干个相等的间隔 Δv（速率的范围），如表 4-1（氧气分子速率在温度为 273K 时的分布情况）所示，把速率区间取得相等，为的是进行比较，从而显示出分子的速率分布情况。在某一温度下，将速率属于各间隔内的分子数 ΔN 占总分子数 N 的百分比（$\Delta N/N$）（即相对分子数）统计出来，这就是速率分布。

表 4-1 氧气在 273K 时分子速率的分布情况

速率间隔 Δv/(m/s)	分子数的百分比($\Delta N/N$)/%	速率间隔 Δv/(m/s)	分子数的百分比($\Delta N/N$)/%
100 以下	1.4	400~500	20.6
100~200	8.1	500~600	15.1
200~300	16.5	600~700	9.2
300~400	21.4	700 以上	7.7

从表中可看出，低速或高速运动的分子数目较少，而多数分子呈中等速率运动的分布情况。上述规律是氧气分子在 273K 时的速率分布情况，其实对处于任何温度下的任何一种气体来说，情况都大体如此，这就是分子速率分布的统计规律性。

如果以速率 v 为横坐标，以速率在 $v \sim (v+\Delta v)$ 间隔内的分子数 ΔN 与总分子数 N 及速率间隔 Δv 的比值 $\Delta N/(N\Delta v)$，即单位速率间隔内的相对分子数作为纵坐标，则速率分布为图 4-2(a) 所示的直方图。为了更详细地反映速率分布的真实性，把速率区间取得小些，如图 4-2(b)，这样就更接近于实际的分布图形。如把速率区间取得足够小，并把速率间隔和间隔内的分子数分别用 dv 和 dN 表示，这时便能得到一条平滑的气体分子速率分布曲线，如图 4-3 所示。

这条曲线表示了 $dN/(Ndv)$ 与 v 之间的函数关系，将 $dN/(Ndv)$ 写成 v 的函数 $f(v)$，则

$$f(v) = \frac{dN}{Ndv} \quad (4-1)$$

$f(v)$ 称为速率分布函数。因为 dN/N 是速率在 $v \sim (v+dv)$ 间隔内的分子数占总分子数的百分比，也是每个分子速率在 $v \sim (v+dv)$ 间隔内的概率。因此，由

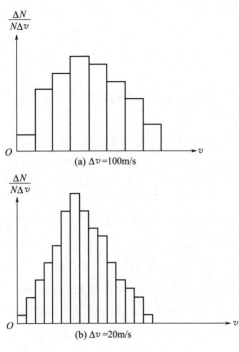

图 4-2 气体速率分布的直方图

由式(4-1)可知，$f(v)$表示：**在速率v附近的单位速率间隔内的分子数占总分子数的百分比，或者表示一个分子在速率为v附近的单位速率间隔内出现的概率。**

由速率分布函数意义，可得

$$\int_0^\infty f(v)\mathrm{d}v = 1$$

这叫速率分布函数的归一化条件，它是$f(v)$必须满足的条件。

1860年，麦克斯韦从理论上导出了气体的速率分布律，同时得出了气体分子的速率分布函数的表达式为

$$f(v) = 4\pi \left(\frac{m}{2\pi kT}\right)^{\frac{3}{2}} \mathrm{e}^{-\frac{mv^2}{2kT}} v^2$$

式中，m是一个分子的质量；T是气体的热力学温度；k是玻尔兹曼常量。

三、三种速率

利用麦克斯韦速率分布函数，可以推导出反映分子热运动状态的三种统计速率。

1. 最概然速率（most probable speed）

从分子速率分布曲线看，与$f(v)$的极大值对应的速率v_p，称为最概然速率。其表达式为

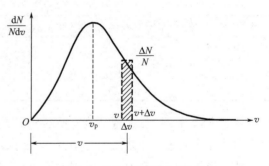

图 4-3 气体分子速率分布曲线

$$v_\mathrm{p} = \sqrt{\frac{2kT}{m}} = \sqrt{\frac{2RT}{\mu}} \tag{4-2}$$

式中，k为玻尔兹曼常量；m为分子的质量；R为气体常量；μ为气体的摩尔质量。最概然速率表示的物理意义是，在该速率附近单位速率间隔内的分子数占总分子数比率最大，或者说分子的速率出现在最概然速率附近的可能性最大。

2. 平均速率（mean speed）

大量气体分子的速率的算术平均值，即气体分子的平均速率用$\bar{v}$表示。它的表达式为

$$\bar{v} = \sqrt{\frac{8kT}{\pi m}} = \sqrt{\frac{8RT}{\pi \mu}} \tag{4-3}$$

3. 方均根速率 (root-mean-square speed)

将大量气体分子的速率平方后，求平均值，然后再开方，所得的结果称为方均根速率，用 $\sqrt{\overline{v^2}}$ 表示。它的表达式为

$$\sqrt{\overline{v^2}} = \sqrt{\frac{3kT}{m}} = \sqrt{\frac{3RT}{\mu}} \qquad (4-4)$$

上述三式表明：气体分子的三种速率都正比于 $\sqrt{T}$，反比于 $\sqrt{m}$ 或 $\sqrt{\mu}$。对于同一种气体，在相同的温度下，有 $\sqrt{\overline{v^2}} > \overline{v} > v_p$。

四、压强的微观本质

图 4-4 中，在一个容器中，大量分子对器壁不断碰撞，使得容器壁受到宏观上可以测出的压强。压强是气体的一个宏观状态量。假设在边长为 l 的正方形容器中，储有处于平衡态的 N 个同类气体分子，每个分子质量为 m。由于处在平衡态，所以容器中各处的压强完全相同。因此，只要计算与 Ox 轴垂直的侧壁所受的压强就可以了。

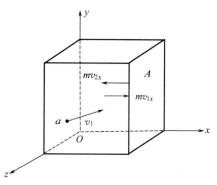

图 4-4　理想气体压强公式推导图示

首先考虑一个速度为 v_1 的质点分子 a 对垂直于 Ox 轴的器壁的一次碰撞中对器壁的作用。其速度沿 Ox、Oy、Oz 三轴的分量分别为 v_{1x}、v_{1y}、v_{1z}。对理想气体来说，碰撞是完全弹性的，所以分子的碰撞前后沿 Oy、Oz 轴方向的速度分量大小不变，而沿 Ox 轴的分量由 v_{1x} 变成 $-v_{1x}$。此分子在碰撞前后的动量变化为 $-mv_{1x} - (mv_{1x}) = -2mv_{1x}$，根据动量定理，它等于气体分子受到器壁作用力的冲量。由牛顿第三定律，分子作用于器壁的力的冲量就是 $2mv_{1x}$。

分子 a 与 A 面连续两次碰撞之间，它在 Ox 轴方向经过的距离为 $2l$，因此所需的时间为 $\dfrac{2l}{v_{1x}}$，于是单位时间内就要与 A 面碰撞 $\dfrac{v_{1x}}{2l}$ 次。这样，单位时间内这个分子对器壁 A 的作用力为 $f_1 = (2mv_{1x}) \dfrac{v_{1x}}{2l} = \dfrac{mv_{1x}^2}{l}$。

同理，求出其他分子对器壁 A 的作用力 $f_2 = \dfrac{mv_{2x}^2}{l}$，$f_3 = \dfrac{mv_{3x}^2}{l}$，…，$f_N = \dfrac{mv_{Nx}^2}{l}$。因此，所有分子对 A 面的作用力为 $F = f_1 + f_2 + \cdots + f_N = \dfrac{m}{l}(v_{1x}^2 + v_{2x}^2 + \cdots + v_{Nx}^2)$。

对所有分子沿 Ox 轴方向速度分量的平方取平均值，这个平均值用 $\overline{v_x^2}$ 表示，则

$$\overline{v_x^2} = \frac{v_{1x}^2 + v_{2x}^2 + \cdots + v_{Nx}^2}{N}$$

因此
$$F = \frac{Nm\overline{v_x^2}}{l}$$

所以，A 面上所受的压强为

$$p = \frac{F}{l^2} = \frac{N}{l^3} m\overline{v_x^2}$$

式中，$\dfrac{N}{l^3}$ 是指单位体积内的分子数即气体分子数密度，用 n 表示。

由于在平衡态下，气体分子沿各方向运动的机会均等，没有在哪个方向更占优势。所以，对大量分子而言，三个速度分量平方的平均值应该相等，即

$$\overline{v_x^2} = \overline{v_y^2} = \overline{v_z^2}$$

又因为 $\overline{v^2} = \overline{v_x^2} + \overline{v_y^2} + \overline{v_z^2}$，因此

$$\overline{v_x^2} = \overline{v_y^2} = \overline{v_z^2} = \frac{1}{3}\overline{v^2}$$

于是就得到压强公式

$$p = \frac{1}{3}nm\overline{v^2} = \frac{2}{3}n\left(\frac{1}{2}m\overline{v^2}\right) = \frac{2}{3}n\overline{\varepsilon_k} \tag{4-5}$$

式中，$\overline{\varepsilon_k} = \dfrac{1}{2}m\overline{v^2}$ 称为分子热运动的平均平动动能。

式 (4-5) 表明：**理想气体的压强 p 是大量分子对容器器壁无规则碰撞的平均结果**。容器内单位体积的分子数越多，分子热运动的平均平动动能越大，容器壁受到的压强也越大。由于 $\overline{\varepsilon_k}$ 所反映的是大量分子热运动的平均效果。因此压强具有统计的意义。

五、温度的统计描述

由压强公式和理想气体状态方程，可以导出理想气体的温度与分子的平均平动动能之间的关系。如果用 N 表示质量为 M 的气体的分子数，而 N_0 表示 1mol 气体的分子数，m 表示一个分子的质量，则有 $M = Nm$，摩尔质量 $\mu = N_0 m$，把此关系式代入理想气体状态方程

$$pV = \frac{M}{\mu}RT$$

得

$$p = \frac{MRT}{\mu V} = \frac{NR}{N_0 V}T = \frac{NR}{VN_0}T = nkT$$

式中，n 是分子数密度；$k = \dfrac{R}{N_0}$ 称为玻尔兹曼常数，其值为

$$k = \frac{R}{N_0} = \frac{8.31}{6.023 \times 10^{23}} = 1.38 \times 10^{-23} \text{J/K}$$

将上式代入压强公式得

$$nkT = \frac{2}{3}n\overline{\varepsilon_k}$$

所以有

$$T = \frac{2}{3k}\overline{\varepsilon_k} \quad 或 \quad \overline{\varepsilon_k} = \frac{3}{2}kT \tag{4-6}$$

式(4-6)表明：**气体的平均平动动能只与宏观量温度有关**。同样，由于 $\overline{\varepsilon_k}$ 是大量分子做无规则热运动时平动动能的统计平均值，因此，温度这个概念是用来表示大量分子无规则运动所表现的宏观性质的，它具有统计意义。

第三节　热力学第一定律

一、平衡态，准静态过程

在不受外界影响（不做功、不传热）的条件下，系统所有可观测的宏观性质都不随时间变化的状态称为**平衡态**。它是热力学系统宏观状态中简单而又重要的特殊情况。如取气缸内被封闭的气体为热力学系统，当活塞压缩气缸内气体时，靠近活塞的气层的密度会增大，气缸内的密度不均匀。当压缩停止后，亦即外界不向气缸施加影响时，由于分子热运动的结果，气缸内气体的密度差异逐渐减小，直至各处均匀一致。此后，气体的状态保持不变，系统便处于平衡态。这时，气体的状态可用一组状态参量来描述。例如对一定质量的气体系统，其状态可用压强 p、体积 V 和温度 T 来描述。在以 p 为纵坐标、V 为横坐标的 p-V 图中，气体的平衡态可用确定的点来表示。本章主要讨论的是平衡态，为了方便简称状态。

在实际问题中，一个热力学系统在外界的作用下，其状态随时间不断变化。热力学系统状态变化的过程，称为热力学过程。

在任何一个热力学过程中，当系统从一个平衡态开始变化时，就必然要破坏原来的平衡态，而需要经过一段弛豫时间才能到达新的平衡态。然而，实际的过程往往进行得较快，在系统还未能达到新的平衡态前，早已继续进行下一步的变化了。这样，系统的整个过程必然要经历一系列非平衡态。这种过程叫非平衡态过程。

如果系统在整个过程中，每一时刻所经历的中间状态都非常接近于平衡态，则这一过程叫做准静态过程（quasi-static process）。因此，在准静态过程中，系统每一时刻可看成处在平衡态，它在每一时刻的状态都可用确定的状态参量（p，V，T）来描述。如系统从初始状态 $I(p_1, V_1, T_1)$ 经历无数中间准静态变到末状态 $II(p_2, V_2, T_2)$，则可用连续的曲线来表示。

二、理想气体准静态过程的功

设如图 4-5 所示的气缸中的气体为理想气体，气体的压强为 p，活塞的截面积

为 S。此气体系统从初始状态 $I(p_1, V_1, T_1)$ 沿图中曲线膨胀到末状态 $II(p_2, V_2, T_2)$，见图 4-6。在此准静态过程中，压强不是常量，因而气体对活塞的压力 $f = pS$ 是一变力。当活塞移动 dl 时，气体对外所做的元功为

$$dW = pS\,dl = p\,dV$$

式中，dV 是气体体积的增量。系统从状态 I 膨胀到状态 II，气体对外做的总功为

$$W = \int_{V_1}^{V_2} p\,dV \tag{4-7}$$

它等于 p-V 图中从状态 I 到状态 II，曲线与横坐标之间的曲边梯形的面积。

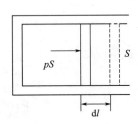

图 4-5 气体膨胀示意图

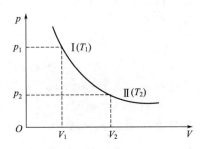

图 4-6 气体膨胀的 p-V 图

三、能量均分定理　理想气体内能

式(4-6)给出了气体分子热运动的平均平动动能的表达式，只要知道气体分子总数，就可进一步求得气体中所有分子的总平均平动动能，不仅如此，根据统计规律，还可求出气体中所有分子的总动能。不过，此时必须考虑分子的内部结构。

分子是由原子构成，按每个分子含有原子的多少可将气体分为三类：①单原子分子气体（如 He、Ne 气体等）；②双原子分子气体（如 H_2、N_2 气体等）；③多原子分子气体（如 CH_4、H_2O 气体等）。前面在讨论气体的压强公式和温度公式时，还是把气体分子简化为质点处理，在讨论分子动能时就不能简单地将气体分子看成质点。因为，一般气体分子的运动除了平动外，还可能有转动、振动等，总动能还应包括转动动能和振动动能。为了用统计的方法计算分子的总动能，先介绍自由度的概念。

确定一个物体在空间的位置所需要的独立坐标数目，叫做这个物体的自由度（free degree）。常用 i 表示。一个质点在空间运动，需要三个独立的坐标来确定它的位置，它的自由度是 3；对于一个定轴转动的刚体，只需一个独立坐标就能确定它的位置，因此它的自由度为 1。

图 4-7(a) 是单原子分子气体，如 He、Ne、Ar 等。由于原子小，其转动可忽略，因此，可以看成一个质点，三个独立坐标便可确定其位置。所以，单原子分子的自由度是 3。通常，把这 3 个自由度叫做**平动自由度**。图 4-7(b) 是双原子分子，如 O_2、H_2、N_2 等。它们的分子是由一化学键把两个原子连接而成，如两个原子之间的距离不变，这样的双原子分子称为刚性双原子分子。要确定刚性双原子分子的质心位置需要三个独立坐标，确定连线的方位需要两个独立坐标 α 和 β。因此，刚性双原子分子共有 5 个自由度，其中有 3 个平动自由度和 2 个转动自由度。三原

学习笔记　能量按自由度均分定理

子或多原子的分子如图 4-7(c)，还应增加一个独立坐标，以描述分子绕其中任意两个原子间连线的转动（相当于绕该连线自转）。所以，三原子以上分子有 6 个自由度，即 3 个平动自由度和 3 个转动自由度。

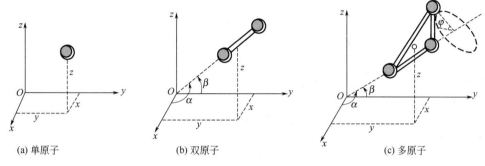

(a) 单原子　　　(b) 双原子　　　(c) 多原子

图 4-7　分子的自由度

严格地说，双原子分子和多原子分子还有原子间的相对振动。在本章讨论的范围内，把双原子分子和多原子分子当作刚性分子看待，不讨论分子的振动。

对于理想气体来说，一个理想气体分子所具有的分子平均平动动能为

$$\overline{\varepsilon_k} = \frac{1}{2}m\overline{v^2} = \frac{3}{2}kT$$

式中，$\overline{v^2} = \overline{v_x^2} + \overline{v_y^2} + \overline{v_z^2}$，且 $\overline{v_x^2} = \overline{v_y^2} = \overline{v_z^2}$，因此有

$$\frac{1}{2}m\overline{v_x^2} = \frac{1}{2}m\overline{v_y^2} = \frac{1}{2}m\overline{v_z^2} = \frac{1}{2}kT \tag{4-8}$$

式(4-8)表明，温度为 T 的气体，其分子具有的平均平动动能 $\frac{3}{2}kT$，均匀地分配到每一个平动自由度，因为每个分子有 3 个平动自由度，所以每个平动自由度上都分配到相同的平动动能 $\frac{1}{2}kT$。

这一结论可推广到分子的转动自由度。这是因为气体分子间不断地碰撞，在达到平衡状态后，任何一种运动都不会比另一种运动占优势。在各个自由度上，运动的机会均等。因此，可以认为在分子的每个转动自由度上，也和平动一样分配有 $\frac{1}{2}kT$ 的动能。于是将得到这样的结论：**在平衡态下，分子的每个自由度上都具有相同的平均动能，其大小等于 $\frac{1}{2}kT$**。这一规律称为**能量按自由度均分定理**。

根据能量按自由度均分定理，如果某种气体分子的自由度为 i，则这种气体平均每个分子的平均动能为

$$\overline{\varepsilon_k} = \frac{i}{2}kT \tag{4-9}$$

能量按自由度均分定理是关于分子热运动动能的统计规律，是对系统内大量微观粒子统计平均的结果。对于个别分子来说，某一自由度上的能量可能严重偏离

理想气体内能

$\frac{1}{2}kT$,能量均分定理是不适用的。能量按自由度均分定理的微观意义在于,由于大量分子频繁地无规则地碰撞,分子的运动动能将平均分配于每一种可能的运动形式和每一个可能的自由度上。

上面从微观上讨论了分子的能量,下面可以从宏观上来计算气体的能量。气体的内能是气体所有分子的总动能和分子间的作用势能的总和。对于理想气体,由于分子之间相互作用可以忽略不计,因而不存在分子间的作用势能。所以理想气体的内能只是分子各种运动形式的动能之和。

这样,对于温度为 T 的某种理想气体,若分子的自由度为 i,则平均每个分子的总能量为 $\frac{i}{2}kT$。1mol 理想气体的内能为

$$N_0\left(\frac{i}{2}kT\right)=\frac{i}{2}RT$$

则物质的量为 $\frac{m}{\mu}$mol 的理想气体的内能为

$$E=\frac{mi}{2\mu}RT \tag{4-10}$$

四、热力学第一定律 (first law of thermodynamics)

无数事实表明,外界对系统做功或热传递都能使其内能发生变化,从使内能变化的角度看,做功和热传递是等效的。

通常把包括热现象在内的能量守恒定律称为热力学第一定律。其数学表达式如下

$$Q=\Delta E+W \tag{4-11}$$

式中,Q 表示系统从外界吸收的热量;ΔE 表示系统内能的增量;W 表示系统对外做的功。当 $Q<0$ 时,系统从外界吸收的热量为负值,即系统对外放热;当 $W<0$ 时,系统对外做负功,即外界对系统做正功。

式(4-11) 说明:系统从外界吸收的热量,一部分使系统的内能增加,一部分用于系统对外做功。

历史上,有人企图制造一种机器,使系统状态经过变化后又回到初始状态(即 $\Delta E=0$),在状态变化过程中机器不断地对外做功,而无需外界提供能源向它传递热量。这种机器称为第一类永动机。热力学第一定律指出,第一类永动机是不可能实现的。

第四节 热力学第一定律在理想气体几个过程中的应用

热力学第一定律适用于自然界中的一切热力学过程,是自然界的一条普遍规律,不论是气体、液体或固体的系统都适用。在本节中,将讨论在理想气体的各种等值过程以及绝热过程中,热力学第一定律的应用。

一、等体过程 等体摩尔热容

在气体状态变化过程中,其体积保持不变的过程叫做等体过程 (isochoric process)。等体过程的特征是:$V=$常量或 $\Delta V=0$,活塞没有移动,所以系统对外

做功为 $W=0$。

热力学第一定律在等体过程中的表达式为
$$Q_V = \Delta E$$

此式表明：**在等体过程中，气体吸收的热量 Q_V 全部用来增加气体的内能**，如图 4-8(a) 所示。若气体对外放热，则内能减少。

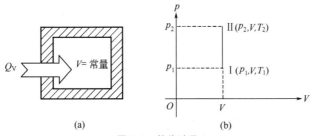

图 4-8 等体过程

图 4-8(b) 中，系统从 I 经等体过程变到 II，内能的增量为

$$\Delta E = E_2 - E_1 = \frac{m}{\mu} \times \frac{i}{2} RT_2 - \frac{m}{\mu} \times \frac{i}{2} RT_1 = \frac{m}{\mu} \times \frac{i}{2} R(T_2 - T_1)$$

所以有

$$Q_V = \Delta E = \frac{m}{\mu} \times \frac{i}{2} R(T_2 - T_1) \tag{4-12}$$

令 $C_V = \frac{i}{2} R$，则

$$Q_V = \Delta E = \frac{m}{\mu} C_V (T_2 - T_1) \tag{4-13}$$

C_V 称为理想气体的等体摩尔热容（molar heat capacity at constant volume），其物理意义是：**在体积不变的条件下，1mol 理想气体温度升高（或降低）1K 时吸收或放出的热量**。C_V 的单位为 J/(mol·K)。

需要强调的是，虽然 $\Delta E = \frac{m}{\mu} C_V (T_2 - T_1)$ 是由等体过程推导得来，但由于理想气体的内能只是温度的单值函数，因此，只要 T_1、T_2 一定，无论经历什么过程，内能的增量 ΔE 均可用 $\frac{m}{\mu} C_V (T_2 - T_1)$ 来确定。

二、等压过程 等压摩尔热容

在气体状态变化过程中，其压强保持不变的过程叫做等压过程（isobaric process）。等压过程的特征是：$p=$ 常量或 $\Delta p = 0$。若气体从外界吸热，温度升高，为了保持压强不变，必然膨胀。如图 4-9 所示。

在等压过程中，气体所做的功在数值上等于等压线下的矩形面积，即 $W_p = p(V_2 - V_1)$，这时，热力学第一定律可表示为
$$Q_p = \Delta E + p(V_2 - V_1)$$

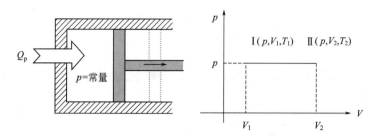

图 4-9 等压过程

由理想气体状态方程 $pV=\dfrac{m}{\mu}RT$，有 $p(V_2-V_1)=\dfrac{m}{\mu}R(T_2-T_1)$，且内能的增量依然为 $\dfrac{m}{\mu}C_V(T_2-T_1)$，因此上式可表示为

$$Q_p=\dfrac{m}{\mu}C_V(T_2-T_1)+\dfrac{m}{\mu}R(T_2-T_1)=\dfrac{m}{\mu}(C_V+R)(T_2-T_1)$$

令 $C_p=C_V+R$，则

$$Q_p=\dfrac{m}{\mu}C_p(T_2-T_1) \tag{4-14}$$

C_p 称为理想气体等压摩尔热容（molar heat capacity at constant pressure），其物理意义是：**在压强不变的条件下，1mol 理想气体温度每升高（或降低）1K 时，吸收或放出的热量**。C_p 的单位为 J/(mol·K)。

比较式(4-13)和式(4-14)会发现，一定量的理想气体，升高同样的温度时，等压过程吸收的热量比等体过程多。这是因为：在等体过程中，气体吸收的热量全部用于增加内能；而在等压过程中，气体吸收的热量不仅要用于增加同样多的内能，还要同时对外做一定量的功。

【例题 4-1】 有 0.5mol、压强为 1.013×10^5Pa 的氮气，温度从 300K 变到 400K。①设在加热过程中体积不变，问气体内能增加多少？吸收热量是多少？②设在加热过程中压强不变，问气体内能增加多少？吸收热量又是多少？

解 氮气是双原子分子，其自由度为 5，则

$$C_V=\dfrac{5}{2}R=20.8\text{J/(mol·K)}$$

$$C_p=C_V+R=\dfrac{7}{2}R=29.1\text{J/(mol·K)}$$

① 当气体体积不变时，系统做功 $W=0$，因此气体吸收的热量与内能的变化相同。

$$Q_V=\Delta E=\dfrac{m}{\mu}C_V(T_2-T_1)=0.5\times20.8\times100=1.04\times10^3\text{J}$$

② 当气体压强不变时，因系统的始末温度与等体过程一样，因此内能变化相同

$$\Delta E=1.04\times10^3\text{J}$$

气体吸收热量 $Q_p=\dfrac{m}{\mu}C_p(T_2-T_1)=0.5\times29.1\times100=1.46\times10^3\text{J}$

三、等温过程（isothermal process）

在气体状态变化时，气体的温度保持不变的过程叫做等温过程。等温过程的特征是：温度 $T=$ 常量，气体的内能不变，即 $\Delta E=0$。

在等温过程中，热力学第一定律表达式为

$$Q_T = W_T$$

此式表示：**在等温膨胀过程中，气体所吸收的热量全部用于对外做功；而在等温压缩过程中，外界对气体所做的功全部转化为气体对外所放出的热量。**

在 p-V 图中，等温线是一条双曲线。如图 4-10 所示，系统从状态 I 经等温过程变到状态 II，气体对外做的功等于等温线下的面积，即

$$W_T = \int_{V_1}^{V_2} p\,dV = \frac{m}{\mu}RT\int_{V_1}^{V_2}\frac{dV}{V} = \frac{m}{\mu}RT\ln\frac{V_2}{V_1} \tag{4-15}$$

或

$$W_T = \frac{m}{\mu}RT\ln\frac{p_1}{p_2} \tag{4-16}$$

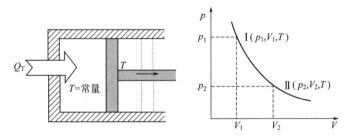

图 4-10 等温过程

四、绝热过程（adiabatic process）

在气体状态变化时，气体和外界没有热量交换的过程叫做绝热过程。例如，气体在具有绝热套的气缸中膨胀或压缩，就可看作是绝热过程。绝热过程的特征是：$Q=0$。所以在绝热过程中，热力学第一定律的表达式为

$$0 = W_Q + \Delta E$$

或

$$W_Q = -\Delta E$$

上式表明：**在绝热过程中，气体对外做功是以等量的内能减少为代价来完成的。** 气体绝热膨胀对外做功时，体积增大，温度降低，而压强必然减少。因此，在绝热过程中，气体的 p、V、T 三个状态量同时在改变，理论上可证明任意两个之间满足以下关系

$$pV^\gamma = 常量 \tag{4-17}$$

或

$$V^{\gamma-1}T = 常量 \tag{4-18}$$

或

$$p^{\gamma-1}T^{-\gamma} = 常量 \tag{4-19}$$

这三个方程称为理想气体的绝热方程（adiabatic equation），它们是等价的。式中 γ 是等压摩尔热容和等体摩尔热容的比值，即 $\gamma = C_p/C_V$，它是无量纲的量。在具体应用时，根据所给的条件可任意选用其中的一个式子。

【例题 4-2】 设有质量为 8g、温度为 300K 的氧气，体积从 $0.41×10^3 \text{m}^3$ 膨胀到 $4.10×10^3 \text{m}^3$。①在膨胀过程中温度不变，问气体做功多少？②设在膨胀过程中是绝热的，则气体做功又是多少？

解 氧气的质量为 $m=8\text{g}$，摩尔质量为 $\mu=0.032\text{kg/mol}$，因此物质的量

$$\frac{m}{\mu}=\frac{0.008}{0.032}=0.25(\text{mol})$$

① 若是等温膨胀，则内能不变，即 $\Delta E=0$。于是有

$$Q_T=W_T=\frac{m}{\mu}RT\ln\frac{V_2}{V_1}=0.25×8.31×300×\ln\frac{4.10×10^3}{0.41×10^3}=1.44×10^3(\text{J})$$

② 若是绝热膨胀，没有热交换，则

$$W_Q=-\Delta E=-\frac{m}{\mu}C_V(T_2-T_1)$$

由绝热方程 $V_1^{\gamma-1}T_1=V_2^{\gamma-1}T_2$ 得

$$T_2=T_1\left(\frac{V_1}{V_2}\right)^{\gamma-1}=\left(\frac{1}{10}\right)^{1.40-1}×300=119(\text{K})$$

代入 W_Q 的表达式得

$$W_Q=-\frac{m}{\mu}×\frac{5}{2}R×(119-300)=0.25×20.8×181=9.41×10^2(\text{J})$$

第五节 循环过程

一、循环

系统经历一系列状态后又回到原来状态的过程称为循环过程，简称循环（cycling）。循环过程的特征是：内能的变化为零。在 p-V 图上循环过程表示为一闭合曲线，如图 4-11 中的 $abcda$ 就表示一个循环过程。

按照过程进行的方向不同，可以把循环分成两类：在 p-V 图上按顺时针方向进行的循环称为正循环或热机循环；在 p-V 图上按逆时针方向进行的循环称为逆循环或制冷循环。

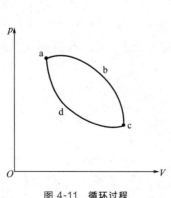

图 4-11 循环过程

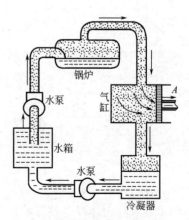

图 4-12 蒸汽机的工作过程

二、热机　热机效率

工作物质做正循环的机器叫热机（heat engine）（如蒸汽机、内燃机）。工作物质（简称工质）主要是指来实现热功转换的物质系统。下面以蒸汽机为例简单介绍热机的循环过程。如图 4-12 所示，水泵将水箱内的水抽入锅炉后把水加热，变成高温、高压的蒸汽，这是一个吸热而使内能增加的过程。蒸汽通过管道进入气缸，在气缸内膨胀，推动活塞对外做功；同时蒸汽内能减小。在这一过程中，一部分内能通过做功转化为机械能。最后，蒸汽成为废气，进入冷凝器，在冷凝器中通过冷却水，放出热量被冷却，凝结成水。水泵将冷凝器中水唧入水箱，并经水泵再次将水唧入锅炉加热，使蒸汽恢复原始状态。然后，再进行第二次循环过程。这样，在工质如此循环不息地工作下去时，每一次循环，作为工质的蒸汽，从高温热源（即工质从中取热量的环境，这里是指锅炉）中吸收热量，增加内能，并将一部分内能通过做功转化为机械能，另一部分内能在低温热源（即工质向它放出热量的环境，这里是指冷凝器）中通过放热而传给外界，使工质又回到原始状态。其他如汽油机、柴油机、汽轮机等，虽然它们的工作过程不尽相同，但热转换为功的工作原理均与上述一致。

从上可知，工质做正循环过程中，对外做的功有时为正，有时为负，但总功，或者说净功为正值；工质有时从外界吸收热量，有时向外界放出热量，但吸热大于放热。每一循环中，设工质从高温热源吸收热量为 Q_1，向低温热源释放的热量为 $|Q_2|$ ❶，用于对外做功为 W。则上述热功转换关系可用图 4-13 所示的能流图（a）表示，其 p-V 图为图(b)。

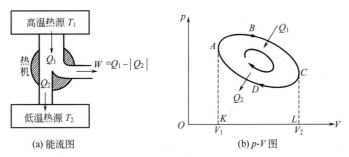

图 4-13　热机的工作循环过程

为了描述热机对所吸收热量的利用率，**把工质对外做的净功 W 与从高温热源吸收的热量 Q_1 的比值定义为热机的效率**（efficiency of heat engine），用符号 η 表示

$$\eta = \frac{W}{Q_1} \qquad (4\text{-}20)$$

又因为
$$W = Q_1 - |Q_2|$$
于是得到效率 η 的另外形式

$$\eta = 1 - \frac{|Q_2|}{Q_1} \qquad (4\text{-}21)$$

---

❶ 热力学第一定律中规定，吸热 Q 为正，放热 Q 为负，此处的 Q_2 为负值，加绝对值使符号与热力学第一定律中规定相一致。

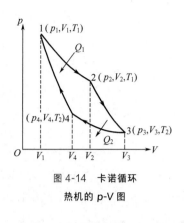

图 4-14 卡诺循环
热机的 p-V 图

热机的效率是热机重要的性能指标。对不同的热机而言，由于循环过程不同，因而有不同的效率。η 恒小于 1。

【例题 4-3】 如图 4-14 所示，由两条等温线和两条绝热线构成的循环称为卡诺循环。理想气体从状态 1（p_1，V_1，T_1）等温膨胀到状态 2（p_2，V_2，T_1），再由状态 2 绝热膨胀到状态 3（p_3，V_3，T_2），此后，从状态 3 等温压缩到状态 4（p_4，V_4，T_2），最后从状态 4 绝热压缩回到状态 1。试计算卡诺循环的效率。

解 卡诺循环中，只有在两等温过程中气体与外界有热量的交换，在两绝热过程中，气体与外界无热量交换。

在 1→2 等温膨胀过程中，理想气体从高温热源吸收的热量为

$$Q_1 = \frac{m}{\mu} R T_1 \ln \frac{V_2}{V_1}$$

在 3→4 等温压缩过程中，理想气体向低温热源放出的热量为

$$|Q_2| = \frac{m}{\mu} R T_2 \ln \frac{V_3}{V_4}$$

由式(4-21) 得

$$\eta = 1 - \frac{|Q_2|}{Q_1} = 1 - \frac{T_2 \ln \dfrac{V_3}{V_4}}{T_1 \ln \dfrac{V_2}{V_1}}$$

再由从 2→3 和 4→1 两个绝热过程方程

$$T_1 V_2^{\gamma-1} = T_2 V_3^{\gamma-1}$$

和

$$T_2 V_4^{\gamma-1} = T_1 V_1^{\gamma-1}$$

比较上两式得

$$\frac{V_2}{V_1} = \frac{V_3}{V_4}$$

最后得卡诺循环的效率为

$$\eta = 1 - \frac{T_2}{T_1}$$

由结论可知，卡诺循环的效率只与两个热源的热力学温度有关。如果高温热源温度 T_1 越高，低温热源温度 T_2 越低，则卡诺循环的效率越高。卡诺循环是由法国工程师卡诺于 1824 年提出的。这是一种高效率的循环过程，在热力学中具有重要的意义，它从理论上指明了提高热机效率的途径。

四冲程汽油机工作过程是由两个绝热过程和两个等容过程组成。该过程称为奥托循环。奥托循环热机的效率取决于气缸的压缩比 V_1/V_2，压缩比越大，效率越高。但压缩比过大，油气混合物会因绝热压缩升温而提前燃烧。为防止提前燃烧，以往在汽油中掺入含四乙基铅之类的添加剂，但这种汽油燃烧后的废气因重金属铅

的存在而污染环境。为保护环境，现在使用的无铅汽油只能降低压缩比而限制效率的提高。实际压缩比不大于 7。

按照热能转化为机械能方式的不同，热机可分为活塞发动机、涡轮发动机和喷气发动机。活塞式蒸汽机的效率较低，约为 10%～15%，内燃机的效率较高，约为 25%～55%，所以汽车、飞机、小型轮船和拖拉机都使用它。

三、制冷机　制冷系数

工作物质做逆循环的机器，则称为制冷机（refrigerator）。逆循环过程（如图 4-15 所示）反映了制冷机的工作过程，它与热机的循环过程恰恰相反，即依靠外界对工作物质做功 $|W|$，使工作物质由低温热源（如冰箱中的冷库）处吸取热量 Q_2，然后将外界对工作物质所做的功 $|W|$ 和由低温热源处所吸收的热量 Q_2，一起释放给高温热源，即 $Q_2 + |W| = |Q_1|$。这样，在完成一个循环时，系统恢复原来状态。如此循环不已的工作，就可使低温热源的温度逐步降得更低，这就是制冷机的工作原理。在制冷机内工质实现的逆循环中，热量可从低温热源向高温热源传递；但要完成这样的循环，必须以消耗外界的功作为代价。制冷机工作时，在外界消耗一定功 W 情况下，总希望从低温热源吸取尽量多的热量 Q_2。为此，评价制冷机的工作效益，可定义

$$\varepsilon = \frac{Q_2}{|W|} = \frac{Q_2}{|Q_1| - Q_2} \tag{4-22}$$

ε 为制冷机的制冷系数。若外界做功越小，从低温热源吸收热量 Q_2 越多，则制冷机制冷系数越大，其工作效益就越好。

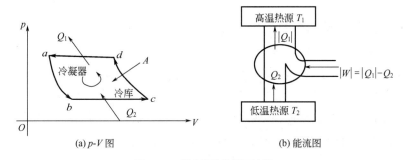

图 4-15　制冷机的逆循环过程

以理想气体为工质的卡诺制冷循环的制冷系数为

$$\varepsilon = \frac{T_2}{T_1 - T_2}$$

这也是在温度 T_1 和 T_2 的两热源间工作的各种制冷机的制冷系数的最大值。

家用电冰箱是常用的制冷机，其制冷工作过程如图 4-16 所示，工质用较易液化的物质（干燥的氟利昂蒸气）。工质进入压缩机 A 后，经绝热压缩成为高温高压的过热蒸气，进入冰箱背壁冷凝器 B 后对外放热冷凝为比室温稍高的高压液态。液态氟利昂在高压作用下进入毛细管 C 中，从毛细管出来的氟利昂经一节流装置

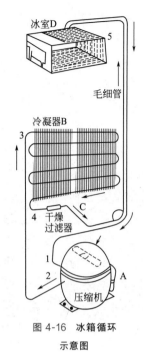

图 4-16 冰箱循环示意图

进入冰箱内管道较粗的蒸发皿时,压强迅速减小,此刻,液态的氟利昂在低压条件下迅速汽化,类似绝热膨胀过程,从冰室(冷库)D 吸取汽化热,使冰室温度下降。流出蒸发皿的氟利昂蒸汽再度进入压缩机的下一个循环。

利用逆循环向高温热源提供热量,以保持或进一步提高其温度的设备,称为**热泵**。热泵与制冷机工作原理相同,都是利用逆循环从低温热源吸热向高温热源放热,但工作目标不同。制冷机是要进一步降低低温热源温度,而热泵是要进一步提高高温热源的温度。热泵是以逆循环中工质向高温热源放出的热量 Q_1 与 W 的比值来衡量其效率,称为制热系数

$$\varepsilon_p = \frac{Q_1}{|W|} = 1 + \frac{Q_2}{|W|} = 1 + \varepsilon$$

可见,同一台组装置用作热泵时的效率要高于制冷机。目前市场上家用空调多数是热泵型空调器,夏季用其室内制冷,室外散热,冬季时,用其室外制冷,室内制热。它的优点是功效较高,缺点是适用温度范围较小,一般当温度在 −5℃ 以下就会停止工作。

*第六节 热力学第二定律

一、热力学第二定律的描述

1. 开尔文表述

由热力学第一定律可知,效率高于 100% 的热机是第一类永动机,它是不可能制成的。但是,是否可能制成效率等于 100% 的热机呢?也就是说,是否可能制成一种热机,它从一个高温热源吸收热量,将热量全部变为功,而不必放出热量到低温热源中去呢?这种热机并不违背热力学第一定律,然而,所有尝试都失败了。这就意味着,这里存在着一个新的客观规律。

热力学第二定律就是以上事实的总结。开尔文(Kelvin,1824—1907)把热力学第二定律叙述为:**不可能从单一热源吸收热量并把它全部用来做功,而不引起其他变化。**

应当注意表述中的"其他变化",是指除单一热源放热和对外界做功以外的任何变化。其实,并非热不能完全转变为功,而是在不引起其他变化的条件下热不能完全变为功。例如,在理想气体从单一热源吸热做等温膨胀时,气体只从一个热源吸热,把它全部变为功而不放出热量。但是,在这一过程中却引起了其他变化,即气体体积膨胀,不能自动地缩回。

人们把能够从单一热源吸收热量,并使之完全变为有用功而不产生其他变化的机器叫做第二类永动机。这种永动机并不违背热力学第一定律,因为在它工作过程

中能量仍是守恒的。如果能制成第二类永动机，将是人类的福音。如使它从海水吸热而做功，那么，海水的温度只要稍为降低一点，所做的功就可供全世界所有工厂用许多年。但遗憾的是，自然界的规律使我们永远无法制成这种热机。在发现热力学第二定律以后，人们知道，第二类永动机显然只是一种幻想而已。

2. 克劳修斯表述

还有这样的经验，如果在一个与外界之间没有能量传递的孤立系统中，有一个温度为 T_1 的高温物体和一个温度为 T_2 的低温物体，那么，经过一段时间后，整个系统将达到温度为 T 的热平衡态。这说明在一孤立系统内，热量是由高温物体向低温物体传递的。同样，人们从未见过在一个孤立系统中低温物体的温度会越来越低，高温物体的温度会越来越高，即热量能自动地由低温物体向高温物体传递。

克劳修斯（Clausius，1822—1888）在观察自然现象时发现，热量在传递时也有一种特殊规律，他把热力学第二定律叙述为：**不可能使热量从低温物体传向高温物体而不引起其他变化**。这里的"其他变化"是指除高温物体吸热和低温物体放热以外的任何变化。如果允许引起其他变化，热量从低温物体传入高温物体也是可能的。例如，通过制冷机，热量可以从低温物体传到高温物体，但这不是热量自动传递的，需要外界对系统做功，自然引起了其他变化。

初看起来，热力学第二定律的克劳修斯叙述和开尔文叙述并无关系。然而，实际上两者是完全等价的。

按其内容来说，热力学第二定律与热力学第一定律根本不同，第一定律说明任何过程中能量必须守恒，第二定律却说明并非所有能量守恒的过程均能实现。因此，可以认为热力学第二定律是热力学第一定律的补充。热力学第二定律指出：自然界中的过程是有方向性的，某些方向的过程可以实现，而另一些方向的过程则不能实现。

二、热力学第二定律的本质

热力学第二定律指出，一切与热现象有关的实际宏观过程都是不可逆的。由于热现象是大量分子无规则运动的宏观表现，而大量分子无规则运动遵循着统计规律。下面，可以通过解释不可逆过程的统计意义，进一步认识热力学第二定律的本质。

用日常生活中简单的事例来说明这种不可逆性。假设有 N 个小球，黑白各半，分开放在一个盘子的两半边。如果把盘子摇几下，黑白两种球必然要混合。再多摇几下，黑白球仍然是混合的，会不会分开来呢？不能说不可能，但是机会极少。摇几千次或上万次，不一定会碰上一次。黑白球数目愈大，分开的机会就愈小。

由于气体可以自动地膨胀，但不能自动地收缩。从宏观上说，气体自由膨胀是一个不可逆过程。从微观上来看，不可逆过程是这样的过程，与此过程相反的过程，其发生的概率极小。这相反的过程从原则上说并非不可能发生，但因概率太小，实际上是观察不到的。从上述气体自由膨胀的结果表明，**在一个与外界隔绝的封闭系统内，所发生的过程总是由概率小的宏观状态向概率大的宏观状态进行**。

对于热传递来说，由于高温物体分子比低温物体分子的平均动能大，因此，在它们的相互作用中，能量从高温物体传到低温物体的概率也就比反向传递的概率来得大。对热功转换来说，功转变为热的过程是表示在外力作用下宏观物体的有规则的定向运动转变为分子的无规则运动，这种转变的概率大。而热转变为功则是表示分子的无规则运动转变为宏观物体有规则的运动，这种转变的概率小。所以，阐明热传递的不可逆性和热功转换的不可逆性的**热力学第二定律，本质上是一种统计性的规律**。

第七节　传导　对流　辐射

在日常生活中，人们都有热传递的体验。在工程技术中，与热传递有关的技术应用比比皆是。锅炉、汽轮机、高低压加热器的运行，冷凝器、机加工工件的冷却，建筑物的采暖通风，航天器重返大气层时壁面的热防护，甚至服装材料的选用，都会遇到传热问题。

两个温度不同的物体或者同一物体中温度不同的各部分发生热传递时，热量总是由高温物体向低温物体传递，结果使高温物体的温度下降，内能减少；低温物体的温度上升，内能增加。如果传热过程中不伴随做功，由热力学第一定律可知，传递的热量等于内能的变化，这时热量是内能变化的量度。但在习惯上把内能的传递说成热量的传递。

热传递有三种形式：传导、对流和辐射。本节讨论这三种传热形式的基本规律及其应用。

一、传导

手持金属棒的一端，把另一端放入火焰，手持的一端会感觉到越来越热。这一事实说明，热量可以通过物体的内部进行传递。这种**物体内部或直接接触的物体之间，通过分子、原子、电子等粒子的相互作用来实现的热传递过程称为热传导**（heat conduction）。气体、液体和固体都可以进行热传导。

1. 传导的机理

热传导的机理是不同温度的物体或物体不同温度的各部分之间，通过分子、原子、电子等粒子间的相互作用，分子动能的互相传递，即动能较大（温度较高）的分子把能量传给动能较小（温度较低）的分子，此外，还依靠自由电子运动而传递能量。在宏观上表现为热量（内能）从高温区传输到低温区。

固体、液体和气体都可通过热传导的方式传递热量。不过，由于导热的微观机理和物质构造的差异，不同材料的物体，其热传导的性能有很大的差别。金属是良好的导电体，同时也是良好的导热体。

2. 傅里叶导热定律

如图 4-17 所示，有一块平板状物体，厚度为 δ，垂直于 Ox 轴的面积为 S。设左侧面处（$x=0$）的温度为 T_1，右侧面处（$x=\delta$）温度为 T_2，而且 $T_1 > T_2$。物体中各点的温度沿 Ox 轴方向逐渐降低，温度 T 是位置 x 的函数。

图中，x 和 $x+dx$ 处是两个无限靠近的面。x 处的温度为 T，$x+dx$ 处的温度为 $T+dT$。温度 T 对 x 的导数 $\dfrac{dT}{dx}$ 称为 x 附近的温度梯度。

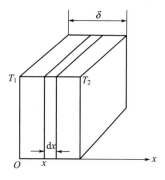

图 4-17　傅里叶导热定律图示

由实验得到：**在稳定情况下的单位时间内，通过垂直于热量传递方向（Ox 轴）面积 S 传递的热量 ϕ 与温度梯度 $\dfrac{dT}{dx}$ 及面积 S 的乘积成正比**。这就是**傅里叶导热定律**。这是法国数理学家傅里叶（Joseph Fourier）总结固体导热的实践经验在 1822 年提出的。用公式表示为

$$\phi = -\lambda \frac{dT}{dx} S \tag{4-23}$$

式中，ϕ 是单位时间内传过面积 S 的热量，简称该截面的**热流量**；$\dfrac{dT}{dx}$ 是沿 Ox 轴方向温度的变化率，即温度梯度；负号表示热量沿温度降低的方向传递；S 是垂直于导热方向截面的面积；比例系数 λ 称为热导率。

热导率 λ 是表征材料导热性能的物理量。单位是瓦每米开，符号是 W/(m·K)。一般，良导电体也是良导热体。如表 4-2 所示，金属材料的热导率最高，液体的热导率次之，气体的热导率最小。非金属固体热导率的范围较宽，数值大者与液体的热导率接近，数值低者（例如某些绝热材料）与空气的热导率有相同的数量级。同种材料在不同状态下热导率也有差异。特别是一些建筑材料和绝缘材料，它们的热导率往往与材料的物质结构、密度、成分、温度和湿度等因素有关。如干燥砖头的热导率是潮湿砖头热导率的 3 倍；沿木材纹理方向的热导率约为垂直于木材纹理方向的热导率的 2～4 倍。

表 4-2　某些材料的热导率 λ　　　　　W/(m·K)

材料	λ	材料	λ	材料	λ
银	430	碳钢（$w_C=1.5\%$）	36.7	水	0.599
纯铜	398	混凝土	1.2	耐火黏土砖	0.71～0.85
铝	204	玻璃	0.8	超细棉玻璃毡	0.037
铁	80	松木	1.2	干空气	0.0259

3. 热流和热阻

在图 4-17 中如果各处的热导率都相同（即导热性能均匀的材料），当 T_1 和 T_2 保持恒定时，温度梯度可用平均温度梯度来代替，即

$$\frac{dT}{dx} = \frac{T_2 - T_1}{\delta}$$

傅里叶导热定律可表示为

$$\phi = -\lambda S \frac{T_2 - T_1}{\delta} \tag{4-24}$$

将式(4-24)做如下变换

$$\phi = \frac{T_1 - T_2}{\delta/\lambda S}$$

令

$$R = \frac{\delta}{\lambda S}$$

上式可表示为

$$\phi = \frac{T_1 - T_2}{R} \tag{4-25}$$

式中，$T_1 - T_2$ 是温差，用 ΔT 表示；$R = \frac{\delta}{\lambda S}$ 称为**热阻**。$\phi = \frac{\Delta T}{R}$ 和电学中欧姆定律很相似。

通过与热量传递方向垂直的单位面积上的热流量称为热流密度，记作 q。

$$q = \frac{\phi}{S} = -\lambda \frac{dT}{dx} \tag{4-26}$$

在工程实际中，为了减小热交换设备的尺寸，一般要求热流密度大，但在要求防止热量散失或保持低温的场合，则要求热流密度小。比起热流量，热流密度更便于测量，实用性也更强。

【**例题 4-4**】 一气缸壁，宽为 0.50m，高为 1m，厚为 10cm。已知缸内温度为 227℃，外壁温度为 37℃，缸壁材料的热导率为 0.24W/(m·K)。试计算通过气缸壁的热流量及热流密度。

解 ① 计算热流量

由题目所给条件可知：$T_1 - T_2 = 227 - 37 = 190K$，$\lambda = 0.24 W/(m·K)$，$S = 0.50 \times 1 = 0.50 m^2$，$\delta = 10cm = 0.1m$。

由式(4-24) 得

$$\phi = \lambda S \frac{T_1 - T_2}{\delta} = 0.24 \times 0.50 \times \frac{190}{0.1} = 2.28 \times 10^2 \, W$$

② 计算热流密度

$$q = \frac{\phi}{S} = \frac{228}{0.5} = 4.56 \times 10^2 \, W/m^2$$

二、对流

1. 对流及影响对流的因素

温度不同的各部分流体之间发生宏观相对运动而引起的热量传递过程，称为热对流，简称对流。由于微观粒子的热运动总是存在的，所以热对流的同时必定伴随着热传导。

由于流体的密度差而引起的流体的自然流动，称为自然对流。由外界作用迫使流体运动而引起的对流称为强制对流。例如用暖气片对室内供热，暖气片附近的空气受热膨胀，密度减小而上升，附近的冷空气补充过来而被加热，结果使室内空气温度上升，这是自然对流。夏天，用空调器向室内吹冷风，冬天向室内吹热风，这就是强制对流的实例。

实际上，常会遇到传导和对流两种基本方式同时出现，而形成较复杂的传热过程。如工程上常遇到的情况是流动着的流体与固体壁面接触而发生热量交换，这种热传递过程称为对流换热。对流换热是一个极复杂的热交换过程。一定温度的表面与另一温度的流体接触时传递的热量与许多因素有关。首先与流体运动状态、受热物体的大小、几何形状及相对位置有关，例如同样情况的流体横向或是纵向掠过物体表面时，其换热情况就不一样。此外，流体的性质，诸如密度、黏度、比热容、热导率、膨胀系数等也是影响对流换热的重要因素。

2. 牛顿冷却定律

如图 4-18 所示一板状物体，其上表面积为 S，温度是 T_1。由于自然对流或强制对流，有流体流过该表面。流体的温度是 T_2，且设 $T_1 > T_2$。此流体将按对流传热方式从物体表面带走热量，传至它处。

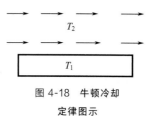

图 4-18 牛顿冷却定律图示

从实验总结出如下规律：单位时间内经对流方式从表面 S 传出的热量（即热流量）ϕ 与温度差 $T_1 - T_2$ 和表面积 S 的乘积成正比，即

$$\phi = \alpha S(T_1 - T_2) \tag{4-27}$$

式中，比例系数 α 称为对流传热系数，其单位为瓦每平方米开，符号为 $W/(m^2 \cdot K)$。上式是对流传热的基本关系，称为牛顿冷却定律，它是牛顿（Isaac Newton）在 1701 年提出的。

对流传热系数 α 与流体的性质、流体的速度以及传热表面的形状等因素有关。可以通过实验测量和理论分析来确定不同情况下的 α 值。表 4-3 给出几种对流传热系数的大致范围。

表 4-3 几种对流传热系数 α 的大致范围

换热情况	对流传热系数 $\alpha / [W/(m^2 \cdot K)]$	换热情况	对流传热系数 $\alpha / [W/(m^2 \cdot K)]$
空气自然对流	3～10	水自然对流	200～1000
空气强制对流	20～100	水强制对流	1000～15000

把式(4-27) 改写为

$$\phi = \frac{T_1 - T_2}{\dfrac{1}{\alpha S}}$$

令 $R = \dfrac{1}{\alpha S}$，则有

$$\phi = \frac{T_1 - T_2}{R} \tag{4-28}$$

把 R 称为对流传热热阻。

实际上，常常会遇到两层或两层以上的导热材料叠放在一起的情况。例如，热水瓶胆是在两层玻璃中间夹有一层非常稀薄的空气（称真空），再在玻璃上镀以反射层；锅炉或传热管道使用日久，往往会在内外两侧沉积上污垢（例如水垢等）。锅炉壁和两侧的污垢，是叠置在一起的导热性能不同的材料。在这些情况下，整个导热层的总热阻 R 等于各导热层的热阻之和，即

$$R = R_1 + R_2 + R_3 + \cdots \tag{4-29}$$

热阻的单位为开/瓦，符号为 K/W。

【例题 4-5】 窗玻璃既可透光，还可保温。当没有空气流动时，玻璃内、外表面都附有一层薄薄的空气。此空气层厚度约为 3.0mm，设玻璃厚度为 0.50cm，面积为 0.50m²。已知空气的热导率 $\lambda_1 = 0.0259\text{W}/(\text{m}\cdot\text{K})$，玻璃的热导率为 $\lambda_2 = 0.8\text{W}/(\text{m}\cdot\text{K})$，空气的对流传热系数为 $\alpha = 100\text{W}/(\text{m}^2\cdot\text{K})$。①当窗内、外空气不流动时，窗的热阻有多大？②当窗外有风，形成空气对流时，窗的热阻又是多大？

解 ① 计算空气不流动时的热阻

由题意可知，当空气不流动时，内外玻璃的表面均有一层空气，窗的热阻应是两层空气的热阻 $2R_1$ 和玻璃的热阻 R_2 之和。即

$$\begin{aligned} R &= 2R_1 + R_2 = 2\frac{\delta_1}{\lambda_1 S} + \frac{\delta_2}{\lambda_2 S} \\ &= 2 \times \frac{0.0030}{0.0259 \times 0.50} + \frac{0.0050}{0.80 \times 0.50} \\ &= 0.47 \text{K/W} \end{aligned}$$

② 计算窗外有风时窗的热阻

当窗外有风时，窗的热阻是室内空气的热阻 R_1、玻璃的热阻 R_2 和窗外对流的热阻 R_3 之和。即

$$\begin{aligned} R &= R_1 + R_2 + R_3 = \frac{\delta_1}{\lambda_1 S} + \frac{\delta_2}{\lambda_2 S} + \frac{1}{\alpha S} \\ &= 0.23 + 0.013 + \frac{1}{100 \times 0.50} = 0.26 \text{K/W} \end{aligned}$$

从上面的例题可见，空气薄层的保温性比玻璃好。当窗外有风时，热阻会变小，通过玻璃流失的能量较多。因此为了增强保温效果，中国寒带地区的建筑物常采用双层玻璃窗。

三、辐射

当人们把手与散热面接触时，热量经散热器壁传导到人手，若将手放在靠近散热器的上方，热量由热空气向上运动的对流也到达手上。若将手放在散热器的侧面，仍会感到热，这是热传递的又一方式，能量通过辐射传递到人手上。辐射是物体中的微观粒子受到激发后以电磁波的方式释放能量的现象，辐射能是电磁波所携带的能量。与热传导和对流不同，辐射传热不需要任何中间介质，在真空中也可以进行。一切宏观物体都在以电磁波形式辐射能量。对给定的物体而言，在单位时间

内辐射能量的多少,以及辐射能量按波长的分布情况都决定于物体的温度。因而这种借助电磁波传递能量的方式称为热辐射。太阳通过辐射将热量传到地面,太阳能的利用正是这种辐射能的利用。工业上有很多辐射传热设备,红外线干燥器、高温工业窑炉都是辐射传热应用的例子。此外,热辐射的规律在科学研究和工程技术上也有着广泛的应用。

任何物体在任何温度下,不但能辐射电磁波,还会吸收电磁波。实验证明,良好的辐射体一定也是良好的吸收体。**在任何温度下,能够全部吸收投射在它上面所有辐射能量的物体称为黑体**。一个密闭空腔上的小孔就是一个非常接近黑体的模型。经小孔入射的辐射能在空腔内壁多次反射,每次反射都被吸收一部分,多次反射后能量所剩无几,很少有机会从小孔射出。实验表明:黑体辐射的情况只与黑体的温度有关,而与组成黑体的材料无关,因而它是研究热辐射性质的一种理想模型。

单位时间内从辐射体表面单位面积上所发射的总辐射能叫做辐出度,单位为 W/m^2。辐射体的辐出度与表面温度、物质类型和表面状况有关。工程上辐出度又称为**辐射功率**。

实验指出,黑体的辐出度 E_0 与热力学温度 T 的四次方成正比。这一规律称为斯特藩-玻尔兹曼定律。它是由斯特藩(Stefan)在 1879 年实验得出,玻尔兹曼(Boltzmann)在 1884 年又从热力学原理导出。其表达式为

$$E_0 = \sigma T^4 \tag{4-30}$$

式中,$\sigma = 5.67 \times 10^{-8} \, W/(m^2 \cdot K^4)$ 称为斯特藩常量。

【例题 4-6】 太阳可近似地认为是温度约 5500K 的黑体,试计算太阳表面的辐出度。

解 根据斯特藩-玻尔兹曼定律,太阳表面的辐出度为

$$E_0 = 5.67 \times 10^{-8} \times 5500^4 = 5.19 \times 10^7 \, W/m^2$$

在辐射传热问题中,传递的净热量是表面所发射的辐射能与其吸收其他辐射源的辐射能之差。它决定于所有有关表面的辐射能和它们的空间关系、辐射能在它们上面的分布以及表面对入射辐射能的吸收和反射等有关的表面特性。处于一定环境中的物体一方面向环境辐射能量,同时也从它的周围吸收辐射来的能量。如果物体的温度高于环境温度,则辐射的能量比吸收的多。单位时间从辐射体表面净散失的热流 ϕ 与物体温度 T 和环境温度 T_s 的四次方的差成正比:

$$\phi = S\sigma(T^4 - T_s^4)$$

式中,S 为物体的表面积。

第八节 热能的有效利用

一、人类可利用的各种能源

从人类学会用火到蒸汽机、内燃机的发明应用,人类文明前进的每一步,都和

能源的开发利用息息相关。人类文明前进的过程，是开发利用能源的规模与水平不断提高的过程。在当代，能源的开发利用水平是衡量一个国家经济发展、科技水平与民众生活质量的重要标志。科学技术的发展、国民经济的繁荣、国防建设的加强、社会生活质量的提高、人类文明的进步等，都必须以充足的能量供应为支柱。

能源是指能为人类生活与生产提供某种形式能量的物质资源。世界能源委员会推荐的能源类型分为：固体燃料、液体燃料、气体燃料、水能、电能、太阳能、生物质能、风能、核能、海洋能和地热能。按能源形成过程中是否经过加工，又可将能源分为一次能源与二次能源。一次能源包括化石能源、太阳能、风能、水能、地热能、核能、海洋能、生物质能等。一次能源按其是否循环使用与不断得到补充，又分为非再生能源与再生能源。二次能源包括煤气、焦炭、洁净煤、蒸汽、液化气、酒精、汽油、柴油、重油、电力、激光和沼气等。在这些种类繁多的能源中，绝大多数是首先经过热能形式而被利用的。例如，石油、煤炭、天然气等燃料的化学能常通过燃烧将其转换成热能；太阳能常通过集热器将其辐射能转换为热能；核能是通过聚变反应或裂变反应释放出热能；海洋温差发电利用的也是热能；地热本身提供的就是热能。因此，热能在能源利用中有着极其重要的意义。

在生活与生产中热能直接利用极为广泛，但应用最广的能量形式是机械能和电能。绝大多数的机械能与电能是热能转换而来，水能与风能的利用目前仍极为有限，因此，将热能转换为机械能或电能是能量生产与利用结构体系的主干线。

二、热能的品质

能量是做功的本领。机械能、电磁能这些能量能够完全转化为功。热力学第二定律告诉我们，热能不能完全转化为功。可见，**从做功的角度来看，能量的品质有高有低。能量可利用的成分越多，该能量的品质就越好。**

石油、煤炭等燃料一旦燃烧把自己的热量释放出来被利用一次后，就不会再次自动聚集起来，因此，石油、煤炭储存的化学能的品质要比被利用后释放出的热能的品质高；电池中的化学能转化为电能，又通过灯泡转化成内能和光能，热和光被其他物质吸收后最终变为周围环境的内能，成为难于利用或不可利用的能量。热机从高温热源取出的热能只有一部分被利用，其余部分热能被释放到周围的环境中，最终也成为不可利用能量。由此可见，能量在被人类利用的过程中数量上并没有减少，但在可利用的品质上降低了，从便于利用变为不便于利用，这种现象叫做**能量的耗散**。

热源温度愈高，它所输出的热能转变为功的潜力就愈大，即较高温度的热能有较高的品质。当热量从高温热源不可逆地传到低温热源时，尽管能量在数量上守恒，但能量品质在降低。提高热机的效率是提高热能品质的一种有效手段。

三、能量的退化

能量的使用价值在于它能转化，在转化过程中做的功、供的热可为人类所用。

能量的可用性和其可转化性是一致的。机械能可以全部转化为内能，而内能却不能全部转化为机械能。那部分不能再转化的能量不再具有可用价值，它变为无用的能量。内能的转化性不如机械能或其他形式的能量，因而其可用程度低。机械能转化成内能后，该能量的可用程度就降低了，**可用程度降低标志着能量的品质变坏或者说能量的退化**。

由于自然界的实际过程总存在着摩擦等耗散作用，因而总伴随着其他形式的能量转变为内能的转化过程。从热力学第二定律来看，随着实际过程的进行，能量总在退化，其可用程度（做功能力、供热能力）总在不断降低。

四、节能

1. 节能意义

热力学第二定律指出，每经历一个实际过程，总有一部分能量无可挽回地失去其可用性，尽管能量仍然守恒，但可用的能量在不断减少。因而，节能和开发新能源是人类社会的重要课题。开发新能源需要长期探索，节能更具现实性。我国的人均能量资源不多，但能源的利用率却又比较低。目前世界上能源利用综合效率的先进指标已超过 50%，而我国的平均指标约为 35%，因而节能的潜力很大。

2. 节能分析

节能分析的根本依据是热力学第一定律和热力学第二定律。从能量守恒的角度把能量的来龙去脉绘成能流图，从中寻找有多少能量在中间环节损失，有多少能量到达终端得到应用，这种方法称为第一定律分析法。

在节能初期，第一定律分析法能对节能实践起到较好的指导作用。然而这种方法没有考虑到过程中能量品质的降低，或者说能量的退化，因而必须引入第二定律进行分析。用第二定律的观点，系统的能量可分两部分，一部分是可利用的能量 E，另一部分是不可利用的能量 A；能量的品质，亦称为品位，用 R 表示，即 $R=\dfrac{E}{E+A}$。机械能和电能最容易转化为其他形式的能，其品位最高，为 1；而系统的内能只能部分转化为其他形式的能量，其品位小于 1；而环境的内能无法转化，因而其品位为零。使用能量品位的概念，有助于节能问题的全面分析。

例如，有甲乙两个工厂，甲的燃料消耗有 70% 用于供热，30% 用于发电。如供热效率为 60%，发电效率为 30%，则其能量利用总效率是 51%。而乙厂用 70% 的燃料发电，30% 的燃料供热，同样的供电效率和发电效率用第一定律分析法，其能源利用率只有 39%，比甲厂低得多。但实际上能源供热的结果使能量的品位变为零，而用于发电的那部分能量依然有较高的品位。乙厂使用的能源中转化为电能的部分为 70%×30%=21%，其他 79% 最终变为环境的内能。而甲厂转化为电能的部分仅有 9%，91% 的能量变为环境内能。也就是说第一次使用能量的结果，乙厂依然有 21% 的能源保持高品位，而甲厂仅有 9% 保留高品位，因而恰恰是乙厂对能源作了更有效的应用。甲厂的高效率是由于大的供热成分而获得的，而这恰好是对能源的低水平的利用。甲厂使用能量后其退化要比乙厂严重得多。

从节能的角度出发，实际用能过程应充分利用能源的可用部分，尽量保持能量处于较高的品位。为此，能量应多次逐级利用。工业生产中不同场合对能量的要求是不同的，在要求使用高品位的场合，提供了低品位的能量，达不到工艺的目的；反之会造成能量的损失（通过互联网了解中国的能源状况和节能的途径）。

【知识拓展】

全球气候变暖及应对措施

一、温室效应与全球气候变暖

人们焚烧化石燃料如石油、煤炭、天然气等，或砍伐森林并将其焚烧，都会产生大量的温室气体，如图 4-19 所示，这些气体包括二氧化碳、甲烷、氯氟碳化合物、臭氧、氮的氧化物和水蒸气等，其中与人们生活关系最密切的是二氧化碳。这些温室气体对来自太阳辐射的可见光（3.8～7.6nm，波长较短）具有高度透过性，而对地球发射出来的长波辐射具有高度吸收性，能强烈吸收地面辐射中的长波热辐射，导致地球的热辐射难以逸出高空，最终使得地球温度上升，产生温室效应，如图 4-20 所示。温室效应自地球形成以来就一直在起作用。如果没有温室效应，地球表面会寒冷无比，海洋就会结冰，生命就不会形成。因此，目前我们面临的问题，不是有没有温室效应的问题，而是人类通过燃烧化石燃料把大量温室气体排入大气层，致使温室效应不断加剧，导致地球气候持续变暖的问题。

图 4-19　温室气体排放

矿物燃料的燃烧和大量森林的砍伐，致使地球大气中的二氧化碳等气体浓度增加，导致地球大气系统吸收与发射的能量不平衡，能量不断在大气系统中累积，从而导致温度逐渐上升。在过去 100 年里，全球地面平均温度大约已升高了 0.3～0.6℃。如果不加以控制，到 2030 年估计将再升高 1～3℃。

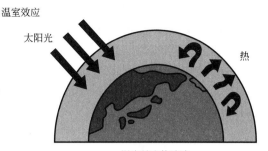

正常的地球　　　　　　　　　温室效应的地球

图 4-20　地球的温室效应

全球气温升高导致了各地区不均衡的降水，一些地区降水增加，而另一些地区降水减少。如西非的萨赫勒地区从 1965 年起发生持续 6 年的干旱，由于缺少粮食和牧草，牲畜被宰杀，饥饿致死者超过 150 万人。中国华北地区从 1965 年起，降水连年减少，与 20 世纪 50 年代相比，华北地区的降水已减少了 1/3，水资源减少了 1/2；中国每年因干旱受灾的面积约 4 亿亩，正常年份全国灌区每年缺水 300 亿立方米，城市缺水 60 亿立方米。气温升高导致冰川融化，在过去 100 年中全球海平面每年以 1~2mm 的速度在上升，预计到 2050 年海平面将继续上升 30~50cm，这将淹没沿海大量低洼土地；此外，由于气候变化导致旱涝、低温等气候灾害加剧，造成了全世界每年数百亿美元以上的经济损失。

专家预测，若全球的平均温度升高 3℃，由气候变暖造成的洪水和干旱将会使大约 2 亿人流离失所。全球气候变暖还将导致世界上四分之一（也就是 100 多万）物种在未来 50 年内灭绝。因此，全球气候变暖不仅危害自然生态系统的平衡，还威胁着人类的生存。

二、应对措施和《巴黎协定》

适宜的气候是人类赖以生存的宝贵资源。气候变暖是人类自身活动造成的灾难。因此，控制废气排放，减少化石燃料的使用，大力开展植树造林，以降低大气中二氧化碳等温室气体的含量，才能有效抑制全球气候变暖带来的灾难。

为阻止全球变暖趋势，1992 年联合国专门制定了《联合国气候变化框架公约》，该公约于同年在巴西城市里约热内卢签署生效。依据该公约，不少发达国家同意在 2000 年之前将他们释放到大气层的二氧化碳及其他"温室气体"的排放量降至 1990 年时的水平，另外，这些每年二氧化碳总排放量占到全球二氧化碳总排放量 60% 的国家还同意将相关技术和信息转让给发展中国家，这些技术和信息有助于后者积极应对气候变化带来的各种挑战。1997 年 12 月，联合国在日本东京召开气候变化大会，制定《联合国气候变化框架公约》的补充条款《京都议定书》，其目标是"将大气中的温室气体含量稳定在一个适当的水平，进而防止剧烈的气候改变对人类造成伤害"。截至 2004 年 5 月，已有 189 个国家正式成为《联合国气候变化框架公约》缔约国。截至 2005 年 8 月 13 日，全球已有 142 个国家和地区签署《京都议定书》。

2015年12月12日,全球气候变化大会在法国巴黎召开,气候变化大会通过了全球气候变化新协定——《巴黎协定》。当晚,《联合国气候变化框架公约》近200个缔约方一致同意通过《巴黎协定》。此协定将为2020年后全球应对气候变化行动做出安排。2016年4月22日,175个国家领导人齐聚纽约联合国总部,共同签署了气候变化问题巴黎协定,协定共29条,包括目标、减缓、适应、损失损害、资金、技术、能力建设、透明度、全球盘点等内容。

《巴黎协定》指出,各方将加强对气候变化威胁的全球应对,把全球平均气温较工业化前水平升高控制在2℃之内,并为把升温控制在1.5℃之内而努力。全球将尽快实现温室气体排放达到峰值,21世纪下半叶实现温室气体净零排放,才能降低气候变化给地球带来的生态风险以及给人类带来的生存危机。

2021年11月10日,中美两国宣布达成《中美关于在21世纪20年代强化气候行动的格拉斯哥联合宣言》,承诺各自在21世纪20年代关键十年采取加速行动,以减缓气候变暖。此外有40多个国家承诺到2050年前逐步淘汰煤炭;100个国家的领导人承诺到2030年结束或减少森林砍伐;美国和欧盟宣布将合作减少甲烷排放。2021年11月13日,联合国气候变化大会闭幕。大会达成《巴黎协定》实施细则的一系列决议,开启国际社会全面落实《巴黎协定》的新征程。

【科技中国】

清洁能源

清洁能源,即绿色能源,是指能够直接用于生产生活,在生产和使用过程中不产生有害物质排放的能源,它包括可再生能源和核能。传统意义上,清洁能源指的是对环境友好的能源,意思为环保,排放少,污染程度小。清洁能源的准确定义应是:对能源清洁、高效、系统化应用的技术体系,其含义有三点:第一,清洁能源不是对能源的简单分类,而是指能源利用的技术体系;第二,清洁能源不但强调清洁性,同时也强调经济性;第三,清洁能源的清洁性指的是符合一定的排放标准。

1.可再生能源

可再生能源是指原材料消耗后可得到恢复补充,不产生或极少产生污染物,如太阳能、风能、生物质能、水能、地热能、氢能等。可再生能源不存在能源耗竭的可能,因此,可再生能源的开发利用,日益受到许多国家的重视,尤其是能源短缺的国家。

太阳能是将太阳的光能转换成为热能、电能、化学能,能源转换过程中不产生有害气体或固体废料,是一种环保、安全、无污染的新型能源。

风能是地球表面大量空气流动所产生的动能。由于地面各处受太阳辐照后气温变化不同,空气中水蒸气的含量不同,各地气压存在差异,在水平方向高压空气向低压地区流动,即形成风。风能资源受地形的影响较大,世界风能资源多集中在沿海和开阔大陆的收缩地带。

生物质能是以生物为载体将太阳能以化学能形式储存的一种能量，它直接或间接地来源于植物的光合作用，其蕴藏量极大。生物质是一种唯一可再生的碳源，可转化成常规的固态、液态和气态燃料。所有生物质都有一定的能量，而作为能源利用的主要是农林业的副产品及其加工残余物，也包括人畜粪便和有机废弃物。生物质能为人类提供了基本燃料。

水能是指水体的动能、势能和压力能等能量资源。广义的水能资源包括河流水能、潮汐水能、波浪能、海流能等能量资源；狭义的水能资源指河流的水能资源。

地热能是由地壳抽取的天然热能，这种能量来自地球内部的熔岩，并以热力形式存在，是引致火山爆发及地震的能量。通过地下水和熔岩的流动，地球内部深处的热力被转送至较接近地面的地方，高温的熔岩将附近的地下水加热，这些加热了的水最终会渗出地面。运用地热能最简单和最合乎成本效益的方法，就是直接取用这些热源，并抽取其能量。

氢在地球上主要以化合态的形式出现，是宇宙中分布最广泛的物质，它构成了宇宙质量的75%。氢能在21世纪有可能在世界能源舞台上成为一种举足轻重的能源，氢的制取、储存、运输、应用技术也将成为21世纪备受关注的焦点。氢的燃烧热值高，是汽油的3倍，酒精的3.9倍，焦炭的4.5倍。氢燃烧的产物是水，因而氢能是世界上最干净的能源。

2. 核能

核能是人类历史上的一项伟大发现，是人类永续发展最具希望的清洁能源。全世界核电发电占总发电份额的10%。目前世界上还在运行的核电站有450多座。不同的能源利用形式对环境的影响不同。目前用得最多的是火电，它是由燃煤来发电。但燃煤生成的二氧化碳、PM2.5颗粒、氮氧化物、二氧化硫等物质对环境会造成影响，形成酸雨，不仅污染环境，也对人类的健康和作物的生长产生危害。而核电不产生这些污染物，我们看到的核电站的大烟囱，其实是冷却塔，水喷淋下来变成水蒸气，然后再扩散到环境里，增加了环境的湿度，对环境没有任何污染，只是环境的一个加湿器。

核能发电在技术成熟性、经济性、可持续性等方面具有无间隙性、受自然条件约束少等优点，是可以大规模替代化石能源的清洁能源。核能虽然属于清洁能源，但消耗铀燃料，不是可再生能源，投资较高。我国已经建有的核电站有秦山核电站、大亚湾核电站、岭澳核电站等，这些核电站运行情况良好，是我国主要的发电来源之一。

目前全世界已有五十多个国家制定了激励可再生能源发展的政策，四十多个国家对可再生能源发展提供了财政补助和优惠措施。国际能源署发布的《可再生能源2020》报告显示，中国是2020年全球可再生能源容量增长的主要推动力之一。作为全球最大的可再生能源市场和设备制造国，中国始终致力于加强与世界各国在可再生能源领域的合作，为全球能源转型和绿色发展提供中国产品，贡献中国智慧，发挥中国力量。我国在光伏、风电、水电、热能等领域已与全球一百多个国家开展了合作，在共建"一带一路"沿线国家和地区，可再生能源项目投资每年均维持在

20 亿美元以上。截至 2021 年 10 月底，我国可再生能源发电装机容量超 10 亿千瓦，占全国发电总装机容量的 43.5%。我国的水电、风电、太阳能发电和生物质发电装机容量稳居世界第一。

本章小结

1. 热运动研究的两种方法：统计法和实验法。

2. 理想气体的速率分布及三种速率。

① 速率分布函数：$f(v) = \dfrac{\mathrm{d}N}{N\mathrm{d}v}$

② 三种速率：$v_p = \sqrt{\dfrac{2kT}{m}} = \sqrt{\dfrac{2RT}{\mu}}$ （最概然速率）

$$\bar{v} = \sqrt{\dfrac{8kT}{\pi m}} = \sqrt{\dfrac{8RT}{\pi \mu}} \quad \text{（平均速率）}$$

$$\sqrt{\overline{v^2}} = \sqrt{\dfrac{3kT}{m}} = \sqrt{\dfrac{3RT}{\mu}} \quad \text{（方均根速率）}$$

3. 理想气体压强与温度的微观本质

① 气体的压强是大量分子在单位时间内作用于容器壁单位面积上作用力的统计平均值：

$$p = \dfrac{2}{3} n \overline{\varepsilon_k}$$

② 气体的温度只与气体的平均平动动能有关：

$$T = \dfrac{2}{3k} \overline{\varepsilon_k}$$

4. 能量按自由度均分定理和理想气体的内能

① 能量按自由度均分定理：气体分子的能量按自由度分配，每一个自由度平均分配到 $\dfrac{1}{2}kT$ 的能量。

② 理想气体的内能是分子各种运动动能之和。即

1mol 理想气体的内能为 $E_0 = \dfrac{i}{2}RT$；$\dfrac{m}{\mu}$ 摩尔理想气体的内能为 $E = \dfrac{mi}{2\mu}RT$。

5. 热力学第一定律及在理想气体等值过程的应用

通常把包括热现象在内的能量守恒定律称为热力学第一定律。其数学表达式如下

$$Q = \Delta E + W$$

式中，Q 表示系统从外界吸收的热量；ΔE 表示系统内能的增量；W 表示系统对外所做的功。

上式表示：系统从外界吸收的热量，一部分使系统的内能增加，一部分用于系统对外做功。

对于理想气体，三个量可分别表示为

$$Q = \frac{m}{\mu} C_p \Delta T \text{（等压过程）} \text{ 或 } Q = \frac{m}{\mu} C_V \Delta T \text{（等体过程）}$$

$$\Delta E = \frac{m}{\mu} C_V \Delta T$$

$$W = \int_{V_1}^{V_2} p \, dV$$

式中，C_p 为等压摩尔热容；C_V 为等体摩尔热容。两者的关系为

$$C_p = C_V + R$$

6. 循环和制冷循环

① 循环：系统经历一系列状态后又回到原来状态的过程。

在 $p\text{-}V$ 图上按顺时针方向进行的循环称为正循环或热机循环；在 $p\text{-}V$ 图上按逆时针方向进行的循环称为逆循环或制冷循环。

② 热机的效率

$$\eta = 1 - \frac{|Q_2|}{Q_1}$$

式中，Q_1 是从高温热源吸收的热量；$|Q_2|$ 是向低温热源放出的热量。

③ 制冷机的制冷系数

$$\varepsilon = \frac{Q_2}{|W|} = \frac{Q_2}{|Q_1| - Q_2}$$

式中，Q_2 是从低温热源处所吸收的热量；$|Q_1|$ 是向高温热源释放的热量。

7. 热力学第二定律

开尔文表述：不可能从单一热源吸收热量并把它全部用来做功，而不引起其他变化。

克劳修斯表述：不可能使热量从低温物体传向高温物体而不引起其他变化。

两种表述是完全等价的。因此，阐明热传递的不可逆性和热功转换的不可逆性的热力学第二定律，本质上是一种统计性的规律。

8. 传递的三种方式

① 传导：物体内部或直接接触的物体之间，通过分子、原子、电子等粒子的相互作用来实现的热传递过程。

傅里叶导热定律：热流量 ϕ 与热导率 λ、温度梯度 $\frac{dT}{dx}$ 及面积 S 的乘积成正比：

$$\phi = -\lambda \frac{dT}{dx} S$$

② 对流：温度不同的各部分流体之间发生宏观相对运动而引起的热量传递过程。

牛顿冷却定律：单位时间内经对流方式从表面 S 传出的热量（即热流量）ϕ 与温度差 $T_1 - T_2$ 和表面积 S 的乘积成正比。即

$$\phi = \alpha S (T_1 - T_2)$$

③ 热辐射：物体中的微观粒子受到激发后以电磁波的方式释放能量的现象，辐射能是电磁波所携带的能量。与热传导和对流不同，辐射传热不需要任何中间介质，在真空中也可以进行。

斯特藩-玻尔兹曼定律：黑体的辐出度 E_0 与热力学温度 T 的四次方成正比。其表达式为

$$E_0 = \sigma T^4$$

式中，$\sigma = 5.67 \times 10^{-8} \text{W}/(\text{m}^2 \cdot \text{K}^4)$，称为斯特藩常量。

练习题

一、讨论题

4.1 气体分子的平均速率可达到几百米每秒，那么，为什么在房间角落打开一汽油瓶，并非瞬间在房间内都嗅到汽油味？

4.2 试述气体分子三种统计速率的含义。它们与温度和摩尔质量关系如何？对于同一种气体而言，在同一温度下比较这三种统计速率的大小。

4.3 试说明下列各量的物理意义

① $f(v)\mathrm{d}v$ ② $Nf(v)\mathrm{d}v$ ③ $\int_{v_1}^{v_2} f(v)\mathrm{d}v$

4.4 气体在平衡状态时有何特征？热力学中的平衡和力学中的平衡有何不同？

4.5 何谓准静态过程？如何计算准静态过程中系统做的功？

4.6 给汽车轮胎打气，使其达到所需的压强。请问在夏天与冬天，打入轮胎内的空气质量是否相同？

4.7 如题图 4-1 所示，一定质量的理想气体从体积 V_1 膨胀到 V_2，分别经历等压过程 $A \to B$、等温过程 $A \to C$、绝热过程 $A \to D$，问：

① 从 p-V 图上看，哪一过程中做功最大？哪一过程做功最小？

② 经历哪一过程内能增加？哪一过程内能减少？

③ 经历哪一过程吸热较多？

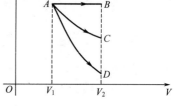

题图 4-1 习题 4.7 图

4.8 解释 C_V 与 C_p 的物理意义，说明为何对同种理想气体有 $C_p > C_V$。

4.9 1mol 的氧气，其温度从 10℃升到 60℃，若温度升高是在下列情况下发生的：①体积不变；②压强不变。两种情况下其内能各改变多少？

4.10 等温膨胀时，系统所吸收的热量全部用来对外做功，这和热力学第二定律是否矛盾？为什么？

4.11 热机的效率是热机重要的性能指标，试问如何来提高热机的效率？

4.12 热机循环输出净功越多，热机的效率越高，这种说法是否正确？

4.13 在一个房间里，有一冰箱正在工作，如果打开冰箱的门，室内的温度是升高还是降低？

4.14 手拉开可乐罐拉环，在听到"砰"声的同时，还常见罐口上方会出现一缕"薄雾"，试说明道理。

4.15 你用过带压的喷罐吗？随着喷罐中物质的喷出，你会发现罐子变凉了，这是为什么？

二、选择题

4.16 $f(v_p)$ 表示在最概然速率 v_p 附近单位速率区间内的分子数占总分子数的百分比。那么，当温度降低时，下列说法正确的是( )。

(A) v_p 变小，$f(v_p)$ 不变
(B) v_p 和 $f(v_p)$ 都变小
(C) v_p 变小，$f(v_p)$ 变大
(D) v_p 不变，$f(v_p)$ 变大

4.17 在一个封闭容器内，将理想气体分子的平均速率提高到原来的 2 倍，则( )。

(A) 温度和压强都提高为原来的 2 倍
(B) 温度为原来的 2 倍，压强为原来的 4 倍
(C) 温度和压强都提高为原来的 4 倍
(D) 温度为原来的 4 倍，压强为原来的 2 倍

4.18 关于热量，下列说法正确的是( )。

(A) 热量是物体中储存的内能
(B) 热量是物体含热能的量度
(C) 热量是物体的内能从一处向另一处转移的量度
(D) 热量可以自发地从低温区域向高温区域传递

4.19 $\dfrac{5}{2}R$ 是( )。

(A) 理想气体等体摩尔热容
(B) 双原子分子理想气体等体摩尔热容
(C) 气体的等体摩尔热容
(D) 刚性双原子分子理想气体等体摩尔热容

4.20 热流量是指( )。

(A) 热量的流动
(B) 单位时间内通过截面传递的热量
(C) 单位时间内通过单位截面传递的热量
(D) 单位时间内通过垂直于传递方向单位面积上传递的热量

三、填空题

4.21 如题图 4-2 所示的两条曲线分别表示氢、氧两种气体在相同温度 T 时的分子速率分布曲线，其中：①曲线 I 是表示 _____ 的分子速率分布曲线，曲线 II 表示 _____ 的分子速率分布曲线；②阴影部分的小长面积表示 _____；③分布曲线下包围的面积为 _____。

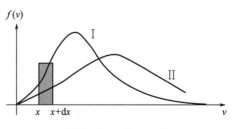

题图 4-2 习题 4.21 图

4.22 物体的内能包括 _____，理想气体的内能是 _____。

4.23 系统在某一过程中吸热 250J，对外做功 900J，那么，在此过程中，系统内能的变化为 _____。

4.24 1mol 单原子理想气体，从 300K 等体加热到 500K，则吸收热量为 _____ J，内能增量为

_____ J，对外做功为 _____ J。

4.25 绝热过程中内能的变化是 750J。在此过程中，系统做功为 _____ J。

4.26 热机循环的效率为 25%，那么，经一循环吸收 800J 的热量，它所做的净功为 _____ J，放出的热量为 _____ J。

4.27 热机的效率必定 ____ 于 1，这是因为 _____。而制冷机的制冷系数必定 ____ 于 1，这是因为 _____。

四、计算题

4.28 求 $T=273\text{K}$ 时氧气分子的方均根速率。

4.29 计算 300K 时氧气分子的三种速率 v_p，$\bar{v}$，$\sqrt{\overline{v^2}}$。

4.30 日冕的温度为 $2\times 10^6\text{K}$，求其中电子的方均根速率。星际空间的温度为 2.7K，其中气体主要是氢原子，求那里氢原子的方均根速率。1994 年曾用激光冷却的方法使一群 Na 原子几乎停止运动，相应的温度是 $2.4\times 10^{-11}\text{K}$，求这些 Na 原子的方均根速率。

4.31 铀原子裂变后的粒子具有 $1.1\times 10^{-11}\text{J}$ 的平均平动动能。设想由这些粒子组成的"气体"，其温度的近似值是多少？

4.32 室温为 300K 时，1mol 氧气的平动动能和内能各是多少？14g 氮气的内能为多少？将 1g 氢气从 10℃ 加热到 30℃，其内能增加多少？

4.33 一个能量为 10^{12} eV 的宇宙射线粒子射入氖管中，氖管中含有氖气 0.05mol，如果宇宙射线粒子的能量全部被氖气分子所吸收而变为热运动的能量，氖气温度能升高多少？

4.34 在压强保持不变时，100g 氧气温度自 283K 升高到 353K，问吸收了多少热量？对外做了多少功？

4.35 体积为 10L 的钢筒，内储若干氧气，若压强从 7.09×10^5 Pa 增加到 8.10×10^5 Pa，问气体吸热多少？内能增加多少？

4.36 压强为一个标准大气压，体积为 8.2×10^{-3} m³ 的氮气，从 27℃ 加热到 127℃。①体积不变时，气体内能增加多少？吸热多少？②压强不变时，气体内能的增量是多少？吸收的热量是多少？

4.37 若保持温度为 300K，14g 氮气的体积膨胀为原来的 3 倍，问气体对外做了多少功？（ln3＝1.10）

4.38 有 25℃，1mol 的氢气。①体积等温膨胀为原来的 3 倍，气体对外做功多少？②体积绝热膨胀为原来的 3 倍，气体对外做功是多少？此时气体温度降低了多少？

4.39 有可能利用表层海水和深层海水的温差来制成卡诺热机。已知某海域表层水温为 25℃，300m 深水处水温为 5℃，则在这两个温度间工作的卡诺热机效率为多大？

4.40 设单原子理想气体经历等温压缩、等压膨胀、等容降温三个分过程构成一循环过程，等温压缩时的体积比为 $V_1:V_2=5$。
① 在 p-V 图中画出该循环的循环图。
② 该循环是代表热机还是制冷机？
③ 如果是热机循环，请求出循环效率，如果是制冷循环，试求出制冷系数。

4.41 如题图 4-3 所示，0.32kg 的氧气做如图所示的 $abcda$ 循环，ab 为等温过程，$T_1=300\text{K}$；cd 也为等温过程，$T_2=200\text{K}$；bc 和 da 均为等体

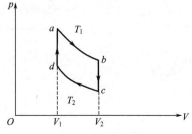

题图 4-3 习题 4.41 图

过程，且 $V_2=2V_1$，求循环的效率。

4.42 1mol 的理想气体，在 $T_1=400$K 的高温热源与 $T_2=300$K 的低温热源间做卡诺循环，在 $T_1=400$K 的等温过程中，开始时的体积为 0.001m^3，末态的体积为 0.005m^3，试求该气体在每一循环中：①从高温热源吸收的热量；②气体所做的净功；③气体传给低温热源的热量。

4.43 在夏季，假设室外恒定温度为 35℃，启动空调使室内温度始终保持在 20℃。如果每天有 2.0×10^8J 的热量通过热传导等方式自室外流入室内，则空调一天耗电多少？（设该空调制冷机的制冷系数为同条件下卡诺制冷机制冷系数的 50%，卡诺制冷机的制冷系数可用 $e=\dfrac{T_2}{T_1-T_2}$ 表示，其中 T_1 为高温热源的温度，T_2 为低温热源的温度。）

4.44 某一平壁材料厚 10cm，截面积为 1.5m^2，两侧的温度为 100℃ 和 300℃，平壁材料的热导率为 $0.099\text{W}/(\text{m}\cdot\text{K})$。求通过平壁的热流量。

4.45 墙厚 250mm，内侧壁温为 25℃，外界空气的温度为 -10℃，设砖墙的热导率为 $0.42\text{W}/(\text{m}\cdot\text{K})$，空气侧的对流传热系数为 $35\text{W}/(\text{m}^2\cdot\text{K})$。求通过单位壁面积的热损失。

第五章

静 电 场

学习指南

1. 认识电荷守恒定律、电荷的量子化和真空中库仑定律的矢量表达式。
2. 领会电场强度、电势、电势差、电势能和电场强度通量等概念，掌握这些物理量的性质、物理意义和计算方法。
3. 理解引入点电荷模型的意义，熟悉点电荷的电场强度分布和电势分布的规律。
4. 懂得引入电力线描述电场的方法和意义，领会电场叠加原理和电势叠加原理，并能进行相应的计算。
5. 正确理解高斯定理和静电场环路定理的内容及其数学表达式，并能应用高斯定理计算某些具有特殊分布电荷的电场强度和电势分布。
6. 了解电介质的极化现象及其对电场强度分布的影响。
7. 理解电容器电容的概念，熟悉平行板电容器的计算公式和电容器的储能公式，理解电场能量公式的物理意义。

衔接知识

一、带电的本质和基本电荷

当两个物体发生摩擦时，一个物体上的电子转移到另一个物体上，原来呈电中性的物体因为失去电子带正电，或因为得到电子而带负电。带电的本质就是电荷的转移。电子是带电量最小的负电荷，质子是带电量最小的正电荷，它们所带电荷量的绝对值相等，都等于 1.60×10^{-19} C，用符号 e 表示。任何带电体的带电量不论多还是少，都是一个质子（或一个电子）所带电量的整数倍，所以把 e 称为基本电荷或元电荷。

二、电荷守恒定律

电荷既不能凭空产生，也不能凭空消失，它只能从一个物体转移到另一个物体，或者从物体的一个位置转移到另一个位置，在任何物理变化过程中，电荷的代数和保持不变，这个规律叫做电荷守恒定律。

三、电荷之间的相互作用和电场

电荷之间存在相互作用力，并且同种电荷相互排斥，异种电荷相互吸引。电荷周围存在着一种特殊的物质叫做电场，电荷之间的相互作用力就是通过各自产生的电场发生的。电场会对放入其中的电荷产生力的作用，这种力称为电场力。电场具有力的性质和能的性质，这是电场的两个基本性质。真空中两个点电荷之间的作用力可以用库仑定律来表示。

四、电场强度

电场强度是用来描述电场大小和方向的物理量。把放入电场中某一点的检验电荷受到的电场力 F 与它的电荷量 q 的比值，叫做该点的电场强度。通常用 E 表示，即 $E=\dfrac{F}{q}$。将正检验电荷受到的电场力的方向规定为该点的电场强度方向。

五、电场线

为了形象地描绘电场，在电场中作出一系列假想的曲线，使这些曲线上每一点的切线方向都和该点的电场强度方向一致，这种曲线称为电场线。电场线起始于正电荷，终止于负电荷，电场线不相交、不闭合，电场强度大的地方电场线密，电场强度小的地方电场线疏。匀强电场的电场线互相平行。

六、电场力做功和电势能

放在电场中的电荷，由于受到电场力的作用，具有势能，称为电势能。当电荷在电场力的作用下，移动一段距离时，电场力对电荷做了多少功，电荷的电势能也就变化多少，电场力做功等于电势能变化的负值。电荷在电场中移动时，电场力做的功只与电荷的始末位置有关，与电荷的运动路径无关。电荷在某一点的电势能等于静电力将它从该点移动到电势能为零的点时电场力所做的功。

七、电势和电势差

放在电场中某一位置的电荷的电势能与电荷量的比值称为该点的电势，也叫做电位；电场中任意两点之间电势的差值称为电势差，也称为电压。在匀强电场中两点间的电势差等于电场强度与这两点沿电场方向的距离的乘积。

八、电容器和电容

任意两个相互靠近且彼此绝缘的导体就构成一个电容器，两个导体称为电容器的两个电极。如果两个导体是由平行金属板构成的，这样的电容器叫做平行板电容器。电容器可以充电和放电，电容器任一极板所带电荷量的绝对值，称为电容器的电荷量。电容器所带的电荷量与两极板间电势差的比值，叫做电容器的电容，即 $C=\dfrac{Q}{U}$。

九、静电感应和静电平衡

当把导体放入电场中时，导体中的自由电荷将受到电场力的作用而产生定向移动，使得导体中电荷重新分布，原本呈电中性的导体两端出现等量异种电荷，这种现象叫做静电感应。静电感应时感应电荷产生的场强与外电场的方向相反，最终使得导体内部的合场强为零，导体内的自由电子不再做定向移动。把导体中没有电荷定向移动的状态，叫做静电平衡状态。当导体处于静电平衡状态时，电荷只分布在导体的外表面上；导体内部任意一点的场强处处为零；导体表面上各点的电场强度和导体表面处处垂直。

十、电流的形成和电路

如果在一段导体的两端维持稳定的电势差，导体中的自由电荷就会持续地做定向移动，从而形成电流。电源可以提供稳定的电势差。由电源、导线、电阻以及用电器连接起来就构成电路，常见的电路有串联电路和并联电路。

电磁运动是物质的一种基本运动形式。电磁运动的规律，不仅是人类深入探索自然的理论武器，而且在工程技术中有着十分广泛的应用。研究和掌握静电场的基本规律是继续研究电磁运动理论的基础。

本章将会在中学研究点电荷和匀强电场的基础上，运用叠加原理研究分布电荷产生的电场的电场强度和电势等物理量，运用静电场的两个基本定理——高斯定理和环路定理研究某些具有特殊分布电荷的电场强度和电势分布。另外本章还研究了电介质中的电场。电场具有能量性质是电场基本性质之一，本章将会在研究电容器储存电能公式的基础上，引入一般电场的能量公式。在自然界中，物质与运动是不可分的，物质具有能量，电场具有能量，电场是一种物质。

第一节 库仑定律 电场强度

一、电荷

自然界中的电荷只有两种，即正电荷和负电荷。带同种电荷的物体相互排斥，带异种电荷的物体相互吸引。用摩擦等方法可使物体带电。处于带电状态的物体叫做**带电体**或**电荷**，物体所带电荷的量叫做**电量**，用符号 Q 或 q 表示。在 SI 中，电量的单位是库，符号为 C。

1. 电荷守恒定律

在摩擦起电时，两个物体总是同时带等量而异种的电荷。不仅如此，其他的起电实验事实都表明，电荷是物质固有的，一切起电过程都是使物体上正、负电荷分离或转移的过程。在这种过程中，电荷既不能被消灭，也不能被创生，只能从一个物体转移到另一个物体，或从物体的一部分转移到另一部分。而**系统中所有正、负电荷的代数和在任何物理过程中始终保持不变，这就是电荷守恒定律**。电荷守恒定律是自然界中的基本守恒定律之一，在宏观和微观领域中普遍适用。

2. 电荷的量子化

在中学学过元电荷的概念，即把 $e=1.60\times10^{-19}$ C 叫做**元电荷**。并且指出，电子带有最小的负电荷，质子带有最小的正电荷，它们电量的绝对值相等，都用 e 表示。任何带电的粒子，所带电量或者等于电子或质子的电量，或者是它们电量的整数倍。

事实确实如此，大量的实验表明，电子是自然界具有最小电荷的带电粒子。任意一个带电体的电荷都是电子电荷 e 的整数倍，也就是说，e 是一个电荷的基本单元，故又称 e 为**基本电荷**。电荷总是以基本电荷的整数倍出现。当带电体的电荷发生改变时，它不能做连续的任意改变，而只能按 e 的整数倍变化。在近代物理中，电荷的这种不连续性称为**电荷的量子化**，电荷的量子就是 e。

1913 年，密立根用著名的油滴实验测出了基本电荷的量值为

$$e=1.602\times10^{-19}\text{C}$$

需要指出的是，因为电子的电量极小，在实际物体的宏观带电数值中反映不出电荷的量子性。

3. 点电荷模型

在电学中，几何尺寸可以忽略不计的带电体称为**点电荷**（point charge）。与力学中"质点"的概念相类似，它是从实际带电体中抽象出来的一种理想化模型，真正的点电荷是不存在的。在实际问题中，当所研究的带电体本身的几何线度比它到其他带电体的距离小得多时，就可以不考虑带电体的大小和形状，而用一个具有带电体全部电荷的几何点来表示，这样就可以很准确地确定它在空间的位置，大大地方便研究。

如果一个带电体不能视作点电荷，可以把这个带电体分割成无穷多个可视为点电荷的电荷元来处理。

二、真空中的库仑定律

电荷之间有力的相互作用。1785 年，法国物理学家库仑（C. A. de Coulomb，1736—1806）用扭秤实验对电荷间的相互作用力进行了定量研究，总结出了真空中两个点电荷之间的作用力满足如下的**库仑定律**（Coulomb Law）：

在真空中，两个点电荷之间的作用力跟它们的电量的乘积成正比，跟它们之间的距离的平方成反比，作用力的方向在它们的连线上。其数学表达式为

$$F=k\frac{q_1q_2}{r^2}$$

式中，k 为静电恒量，其值 $k=9.0\times10^9\text{N}\cdot\text{m}^2/\text{C}^2$；$q_1$、$q_2$ 分别为两点电荷的电量；r 为两点电荷之间的距离。库仑定律的矢量表达式为

$$\boldsymbol{F}=k\frac{q_1q_2}{r^2}\boldsymbol{r}^0 \tag{5-1}$$

式中，$\boldsymbol{F}$ 表示 q_1 对 q_2 的作用力；$\boldsymbol{r}^0$ 表示从 q_1 指向 q_2 的单位矢量。显然，式

(5-1) 中，若 q_1 与 q_2 是同种电荷，乘积 $q_1q_2>0$，则 F 沿 r^0 方向，表现为斥力，如图 5-1(a)；若 q_1 与 q_2 是异种电荷，乘积 $q_1q_2<0$，则 F 沿 r^0 的反方向，表现为引力，如图 5-1(b)。

在 SI 中，$k=8.987776\times10^9\text{N}\cdot\text{m}^2/\text{C}^2$。通常用另一个新的常量 ε_0 来取代 k。令 $k=\dfrac{1}{4\pi\varepsilon_0}$，于是式(5-1) 便可以表示成如下的常用形式

$$F=\frac{1}{4\pi\varepsilon_0}\times\frac{q_1q_2}{r^2}r^0 \tag{5-2}$$

式中，ε_0 叫做**真空电容率**或**真空介电常数**，其值为

$$\varepsilon_0=\frac{1}{4k\pi}=8.85\times10^{-12}\text{C}^2/(\text{N}\cdot\text{m}^2)$$

从表面上来看，引入 4π 因子后，用 ε_0 取代了 k，库仑定律的表达式变得较为复杂了，但是以后将看到，正是由于这一取代，由此推导出来的一些重要公式，反而因为不出现 4π 因子而变得较为简单，这种方法叫做单位制的有理化。

需要强调的是，真空中的库仑定律只适用于两个点电荷的情况。

【例题 5-1】 计算氢原子内电子和原子核之间的静电力和万有引力之比值。已知电子质量 $m=9.10\times10^{-31}\text{kg}$，氢原子核的质量 $M=1.67\times10^{-27}\text{kg}$，电子和原子核所带的电量相等，即 $q_1=q_2=1.6\times10^{-19}\text{C}$，万有引力恒量 $G=6.67\times10^{-11}\text{N}\cdot\text{m}^2/\text{kg}^2$。

解 设氢原子内电子和原子核之间的距离为 r。因氢原子的核外只有一个电子，核内只有一个质子，原子核的线度约为 10^{-15}m，故可将它们视作点电荷。根据库仑定律，电子和原子核之间静电力（吸引力）的大小为

$$F_e=\frac{1}{4\pi\varepsilon_0}\times\frac{q^2}{r^2}$$

电子和原子核之间的万有引力为

$$F_m=G\frac{mM}{r^2}$$

将上两式相比，有

$$\frac{F_e}{F_m}=\frac{\dfrac{1}{4\pi\varepsilon_0}q^2}{GmM}=\frac{9.0\times10^9\times(1.6\times10^{-19})^2}{6.67\times10^{-11}\times9.10\times10^{-31}\times1.67\times10^{-27}}=2.27\times10^{39}$$

上述结果表明，$F_e\gg F_m$，即在原子内部静电力远大于万有引力。因此，在考察原子内电子与原子核之间相互作用时，万有引力可忽略不计。在原子结合成分子、原子或分子组成液体或固体时，它们的结合力在本质上也都是静电力。然而，在讨论行星、恒星、星系等大型天体之间的相互作用力时，则主要考虑万有引力，因为它们都是电中性的。

三、电场

凡是有电荷的地方，四周就存在着**电场**（electric field），即任何电荷都在自己

的周围空间激发电场。两个电荷之间的相互作用正是通过电场来实现的，它们间并不直接接触。电场是一种特殊的物质，它的最基本性质是它对于处在其中的电荷有力的作用，称为**电场力**（electric field force）。本章只讨论相对于观察者静止的电荷在其周围空间产生的电场，叫做**静电场**（electrostatic field）。

1. 电场强度

电场中不同点处的电场强弱是不同的。电场强度就是一个用来描述电场强弱程度的物理量。那么，如何确定静电场中各点电场的强弱呢？

由于电场是一种看不见、摸不着的特殊物质，它与日常所理解的由分子、原子等微粒构成的物质在表现形态上不同。所以，为了显示静电场的存在，通常把另一个带电量为 q_0 的点电荷放在该电场中的各点，通过测定其所受的力来测试此电场的强弱。人们把一个电量足够小又不致影响原电场的点电荷 q_0 叫做**检验电荷**。

如图 5-2 所示，将检验电荷依次放入静电场中的不同位置 P_1、P_2、P_3，q_0 所受电场力 F 的大小和方向将随场点位置的变化而变化（图中的场源电荷 q 和检验电荷 q_0 均为正电荷）；如果在电场中某个确定的位置依次放入电量不同的检验电荷，实验表明，各检验电荷所受力 F 的大小也不同，但不管 F 如何变化，F 与 q_0 之比这个矢量却是恒定不变的，即 $\dfrac{F}{q_0}$ 与检验电荷的电量无关，只与电场中的位置有

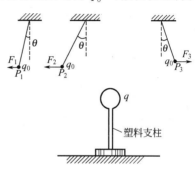

图 5-2 检验电荷在电场中不同位置的受力情况

关。由此可见，$\dfrac{F}{q_0}$ 所反映的是静电场在各场点所表现出来的一种性质，于是把 $\dfrac{F}{q_0}$ 作为描述静电场性质的一个物理量，并称之为**电场强度**（electric field strength），即**放入电场中某一点的电荷所受到的电场力跟它的电量的比值**。电场强度是一个矢量，用符号 E 表示

$$E = \frac{F}{q_0} \tag{5-3}$$

也就是说，电场中某处的电场强度定义为这样一个矢量，其大小等于单位正电荷在该点所受电场力的大小，其方向与正电荷在该点所受电场力的方向一致。在 SI 中，电场强度的单位是 N/C（牛顿/库仑）或 V/m（伏特/米），这两个单位是等同的，1N/C=1V/m。

必须指出，只要有电荷存在，就有电场存在，电场的存在与否是客观的，与是否引入检验电荷 q_0 无关。

2. 电场线

静电场可以用电场线形象地描绘。它是由英国物理学家法拉第（Faraday）首先提出来的，是用来表示电场的一种直观方法。在电场中，电场线实际上是不存在的，是为了让抽象的电场描述起来更为形象、直观而假想出来的一系列曲线，而且

只有当这些**曲线**上的每一点的切线方向都跟该点的电场强度方向一致时，这些曲线才叫做**电场线**（electric field line）。电场线的形状可以借助于实验模拟出来。图 5-3 画出了几种带电体周围的电场线。

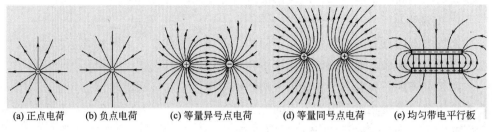

(a) 正点电荷　(b) 负点电荷　(c) 等量异号点电荷　(d) 等量同号点电荷　(e) 均匀带电平行板

图 5-3　电场线

在图 5-3(e) 中，两块靠得很近的带电平行板内部的电场线为平行的、均匀分布的等间距（疏密均匀）的直线，这样的电场称为**匀强电场**。匀强电场中各点电场强度的大小和方向均相同，这是一种很有实用意义的电场。

由图 5-3 可知，用电场线来表示电场时，电场线的疏密程度在同一电场中是不同的。为了使电场线不仅能表示场强的方向，而且还能表示场强的大小，因此规定：**电场中任一点处的电场线密度在数值上等于该点电场强度的大小**，即

$$\frac{\Delta N}{\Delta S}=E \tag{5-4}$$

式中，ΔS 为垂直于电场方向上的面积元；ΔN 为通过面积元 ΔS 的电场线条数；$\Delta N/\Delta S$ 称为**电场线密度**，它就是垂直通过单位面积上的电场线条数。按此规定画出的电场线，电场强度越大的地方电场线越密，电场强度越小的地方电场线越稀。

电场线有以下两个基本性质。

① 电场线总是起始于正电荷（或无穷远处），终止于负电荷（或无穷远处），它既不闭合也不中断，这是静电场的重要特性。

② 任何两条电场线不会相交（请读者自行证明这一性质）。

根据式(5-3)，若已知静电场中某点的电场强度 E，则可求出置于该点的点电荷 q 所受的电场力

$$\boldsymbol{F}=q\boldsymbol{E} \tag{5-5}$$

若 $q>0$，则 $\boldsymbol{F}$ 与 $\boldsymbol{E}$ 的方向相同；若 $q<0$，则 $\boldsymbol{F}$ 与 $\boldsymbol{E}$ 的方向相反。带电粒子在电场中运动时，不一定沿电场线运动。

【**例题 5-2**】　求电偶极子在匀强电场中所受到的力矩。

解　等量异号的两个点电荷 $+q$ 和 $-q$ 之间的距离 l 比它们到场点的距离 r 小得多时，此电荷系统叫做**电偶极子**，用 l 表示从负电荷到正电荷的矢量线段。电荷 q 与 l 的乘积叫**电偶极矩**，简称电矩，用 p 表示。即 $p=ql$，它的方向从负电荷指向正电荷。

如图 5-4 所示，电偶极子在匀强电场中，其电矩 p 的方向与电场强度 E 的方

向之间的夹角为 θ。正、负两点电荷所受的电场力的大小都是 qE，方向相反，间距为 $l\sin\theta$。两个大小相等、方向相反、不在同一直线上的力叫做**力偶**。力偶对于平面上任何一点产生的力偶矩都等于力与它们之间距离的乘积，用 M 表示力偶矩，有

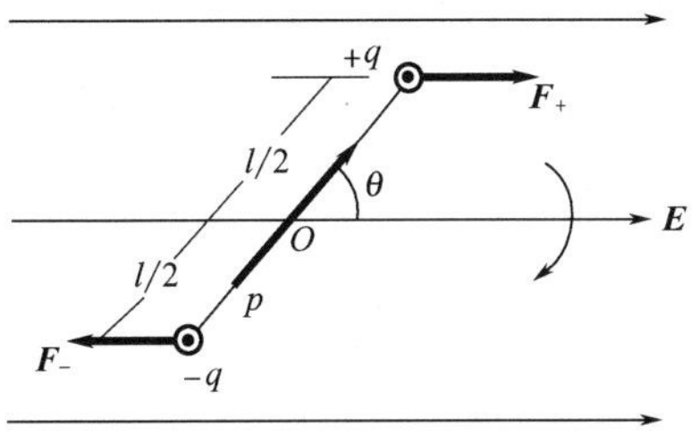

$$M = qEl\sin\theta = pE\sin\theta$$

图 5-4 电偶极子在匀强电场中的力矩

考虑到 M、p、E 三个矢量及它们之间的关系，上式写成矢量式

$$\boldsymbol{M} = \boldsymbol{p} \times \boldsymbol{E}$$

力偶矩的作用是使电矩 p 向电场 E 的方向转动。

电偶极子是一个很重要的物理模型，在讨论电介质的极化和电磁波的发射等问题时，都要用到它。

第二节　电势能　电势

一、电势能

1. 静电场力做功

已经知道，物体在重力场中运动时，重力要做功，且重力做功与物体的运动路径无关，只与物体的始末位置有关。重力做功的这个特点，静电场力也同样具有。

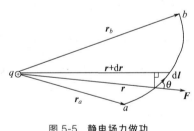

图 5-5　静电场力做功

在点电荷 q 产生的电场中，把检验电荷 q_0 从点 a 沿任意路径运动到点 b，其位矢分别为 r_a 和 r_b（如图 5-5 所示），由于在 q_0 的运动过程中 F 的大小和方向都在变化，所以为了求出从点 a 到点 b 变力 F 所做的功，可以把运动路径分割成无限多个位移元，任取其中一位移元 dl，则电场力 F 对 q_0 所做的元功为

$$dW = \boldsymbol{F} \cdot d\boldsymbol{l} = F\,dl\cos\theta \tag{5-6}$$

因为 $\qquad dl\cos\theta = dr$

$$F = \frac{1}{4\pi\varepsilon_0} \times \frac{qq_0}{r^2}$$

所以，q_0 从点 a 运动到点 b，电场力做功为

$$A_{ab} = \int_{r_a}^{r_b} dW = \int_{r_a}^{r_b} \frac{1}{4\pi\varepsilon_0} \times \frac{qq_0}{r^2} dr = \frac{qq_0}{4\pi\varepsilon_0}\left(\frac{1}{r_a} - \frac{1}{r_b}\right) \tag{5-7}$$

式中，r_a 和 r_b 分别为点电荷 q 到点 a 和点 b 的距离。式（5-7）表明，**检验电荷 q_0 在静电场中运动时，电场力所做的功只与起点和终点的位置以及检验电荷的电量 q_0 有关，而与电荷所经历的路径无关**。也就是说，**静电场力沿任意闭合回路**

做功为零。可以证明，这个结论对任何带电体产生的静电场都适用，这是静电场力做功的一个显著特点。由此可见，静电场力和重力一样同是保守力。

根据式(5-5) 和式(5-6) 不难得到，在任一静电场中，检验电荷 q_0 从点 a 运动到点 b 时，电场力做功 W_{ab} 和电场强度 E 的关系为

$$W_{ab} = \int_a^b \boldsymbol{F} \cdot \mathrm{d}\boldsymbol{l} = q_0 \int_a^b \boldsymbol{E} \cdot \mathrm{d}\boldsymbol{l} \tag{5-8}$$

2. 电势能

对于保守力，可以引进势能的概念，它是空间位置的函数。在重力场中引入了重力势能，与此相仿，电荷在电场中任何一个位置也都具有一定的势能，称为**电势能**，用符号 E_P 表示。由力学中的功能关系可知，**保守力的功等于势能增量的负值**，即

$$W_{ab} = -\Delta E_P = -(E_{P_b} - E_{P_a}) \tag{5-9}$$

式中，E_{P_a} 和 E_{P_b} 就是 q_0 在 a、b 两点的电势能。由式(5-8) 和式(5-9) 得到

$$E_{P_a} - E_{P_b} = q_0 \int_a^b \boldsymbol{E} \cdot \mathrm{d}\boldsymbol{l} = q_0 \int_a^b E\cos\theta \, \mathrm{d}l \tag{5-10}$$

式(5-10) 表明，a、b 两点的电势能之差等于 q_0 从电场中点 a 运动到点 b 时电场力所做的功。显然，在电场力的作用下，电荷从一点移动到另一点时，电场力对电荷做功，电荷的电势能减少。电场力对电荷做了多少功，电荷的电势能就减少多少，减少的电势能转化成电荷的动能或其他形式的能量。

电势能是一个相对量。要确定 q_0 在电场中某点的电势能，就必须要首先选定某一参考位置为电势能零点。如若选 b 点为电势能零点，即 $E_{P_b}=0$，则有

$$E_{P_a} = q_0 \int_a^b \boldsymbol{E} \cdot \mathrm{d}\boldsymbol{l} \tag{5-11}$$

对于有限电荷分布的电场，一般取无穷远处为电势能零点，此时 q_0 在电场中某点 a 的电势能为

$$E_{P_a} = q_0 \int_a^\infty \boldsymbol{E} \cdot \mathrm{d}\boldsymbol{l} \tag{5-12}$$

二、电势

从式(5-11) 中不难看出，电势能与检验电荷的电量成正比，比值 E_P/q_0 与检验电荷的电量无关，只与电场中的位置有关，它是一个反映电场中给定点的性质的物理量。因此，**把电荷在电场中某点的电势能与它的电量的比值，称为该点的电势**(electric potential)，用符号 V 表示

$$V_a = \frac{E_{P_a}}{q_0} = \int_a^\infty \boldsymbol{E} \cdot \mathrm{d}\boldsymbol{l} \tag{5-13}$$

显然，若 $E_{P_a}=0$ 则 $V_a=0$。所以，电势能为零处电势也为零。电势为零的点（面）称为零电势点（面）。式 (5-13) 表明，电场中某点的**电势，在数值上等于把单位正电荷从该点移到无穷远处（或零电势处）过程中电场力所做的功**；或者说，**在数值上等于单位正电荷在该点所具有的电势能**。

电势是描述电场性质的物理量,与检验电荷存在与否无关。电势的定义式(5-13)建立了电场强度与电势的积分关系,如果已知电场中的电场强度分布,就可以利用这一关系求出电场中的电势分布。

电势是一个标量,有正负之分,电势的正负是相对于零电势来说的。若取 $V_\infty = 0$,则可以证明:在正电荷形成的电场中各处的电势为正,在负电荷形成的电场中各处的电势为负。在静电场中,沿着电场线的方向前进,电势将逐渐降低;同一电场线上,任意两点的电势并不相等。

在静电学中,任意两点 a 和 b 之间的电势之差称为**电势差**(electric potential difference)或叫做电压,用 U_{ab} 表示。由式(5-13)得

$$U_{ab} = V_a - V_b = \int_a^b \boldsymbol{E} \cdot \mathrm{d}\boldsymbol{l} \qquad (5\text{-}14)$$

由此可见,在静电场中任意两点 a、b 间的电势差,在数值上等于把单位正电荷从 a 点移到 b 点电场力所做的功。在 SI 中,电势和电势差的单位都是 V(伏)。

由式(5-8)和式(5-14),可以得到静电力做功和 a、b 两点电势的关系为

$$W_{ab} = q_0 U_{ab} = q_0 (V_a - V_b) \qquad (5\text{-}15)$$

在实际应用中,需要的往往是电势差而不是电势,因为电场中某点的电势随零电势点的选取而改变,但任意两点间的电势差则不随零电势点的选取而改变。在电工、电子技术等实际应用中,常常需要知道对地球的电势差,故常把地球的电势取为零。

【例题 5-3】 设无穷远处的电势能为零。现将一个正点电荷从无穷远处移到电场中的一点 a,反抗静电场力做功为 600J。问该点的电势能为多少?在无穷远处的电势能比在该点的电势能大还是小?

解 正点电荷从无穷远处移到点 a,因为是外力反抗静电场力做功,所以静电场力做负功,即 $W_{\infty a} = -600\text{J}$。根据式(5-9)得

$$W_{\infty a} = E_{P_\infty} - E_{P_a}$$

因为 $E_{P_\infty} = 0$,所以

$$E_{P_a} = -W_{\infty a} = -(-600) = 600\text{J}$$

可见,该点电荷在点 a 的电势能大于在无穷远处的电势能。

请思考,本例中的功如果是静电场力所做的,则结果将如何?(答:$E_{P_a} < E_{P_\infty}$)

第三节 静电场中的叠加原理

一、电场叠加原理

1. 点电荷的电场强度

利用库仑定律和电场强度的定义,很容易求得场源电荷 Q 在其周围空间产生的电场强度。把检验电荷 q_0 放置在距场源电荷 Q 为 r 的点 P,根据库仑定律,q_0 受到的电场力为

$$F = \frac{1}{4\pi\varepsilon_0} \times \frac{Qq_0}{r^2} r^0$$

由电场强度定义，得点 P 的电场强度为

$$E = \frac{F}{q_0} = \frac{1}{4\pi\varepsilon_0} \times \frac{Q}{r^2} r^0 \tag{5-16}$$

式(5-16)为点电荷的电场强度分布公式。式中的 r^0 是从场源电荷 Q 指向点 P 的单位矢量，若 $Q>0$，则 E 与 r^0 同向，即电场强度的方向沿 Q 和点 P 的连线背离 Q；若 $Q<0$，则 E 与 r^0 反向，即电场强度的方向沿 Q 和点 P 的连线指向 Q（如图 5-6 所示）。由此可见，点电荷的电场具有球对称性。

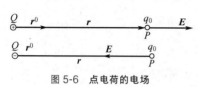

图 5-6 点电荷的电场

2. 点电荷系的电场强度

如果是一个由 n 个点电荷 Q_1、Q_2、$\cdots$、Q_n 组成的点电荷系，如何求出在它们产生的电场中任意一点 P 的电场强度呢？

仍将检验电荷 q_0 放在点 P，显然，q_0 所受的电场力 F 等于各点电荷单独存在时 q_0 所受电场力的矢量和，即

$$F = F_1 + F_2 + \cdots + F_n$$

将上式等号两边同除以 q_0 得

$$\frac{F}{q_0} = \frac{F_1}{q_0} + \frac{F_2}{q_0} + \cdots + \frac{F_n}{q_0}$$

根据式(5-16)，点电荷系中任意一点 P 的电场强度为

$$E = E_1 + E_2 + \cdots + E_n \tag{5-17}$$

式(5-17)表明，**点电荷系电场中任意一点的电场强度，等于各点电荷单独存在时在该点产生的电场强度的矢量和**。这一结论称为**电场叠加原理**。

根据式(5-16)，点电荷系电场中某点的电场强度还可以表示为

$$E = \frac{1}{4\pi\varepsilon_0} \times \frac{Q_1}{r_1^2} r_1^0 + \frac{1}{4\pi\varepsilon_0} \times \frac{Q_2}{r_2^2} r_2^0 + \cdots + \frac{1}{4\pi\varepsilon_0} \times \frac{Q_n}{r_n^2} r_n^0 = \frac{1}{4\pi\varepsilon_0} \sum_{i=1}^{n} \frac{Q_i}{r_i^2} r_i^0$$

式中，r_i 是第 i 个点电荷 Q_i 到该场点 P 之间的距离；r_i^0 是由 Q_i 指向该点的单位矢量。

【例题 5-4】 求电偶极子中垂线上任意一点 P 的电场强度。

解 设两正、负点电荷间的距离为 l，点 P 到 l 的距离为 r，点 P 到正、负点电荷的距离相等，即

$$r_+ = r_- = \sqrt{r^2 + (l/2)^2}$$

正、负电荷在点 P 产生的电场强度大小相等

$$E_+ = E_- = \frac{q}{4\pi\varepsilon_0 [r^2 + (l/2)^2]}$$

方向如图 5-7 所示。

点 P 的合电场强度是 E_+ 和 E_- 的矢量和，即

$$E_P = E_+ + E_-$$
$$= -(E_+\cos\theta + E_-\cos\theta)\mathbf{i} + (E_+\sin\theta - E_-\sin\theta)\mathbf{j}$$
$$= -2E_+\cos\theta\,\mathbf{i}$$

由图中可知 $\cos\theta = \dfrac{l/2}{\sqrt{r^2+(l/2)^2}}$

所以 $E_P = -\dfrac{ql}{4\pi\varepsilon_0[r^2+(l/2)^2]^{3/2}}\mathbf{i}$

因为 $r \gg l/2$，故 $[r^2+(l/2)^2]^{3/2} \approx r^3$

所以 $E_P = -\dfrac{ql}{4\pi\varepsilon_0 r^3}\mathbf{i}$

因为电偶极矩 $\mathbf{p} = q\mathbf{l}$，$\mathbf{l}$ 的方向由 $-q$ 指向 $+q$，故上式可表示为

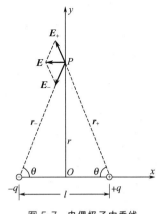

图 5-7 电偶极子中垂线上任一点电场强度

$$E_P = \dfrac{-\mathbf{p}}{4\pi\varepsilon_0 r^3}$$

上式表明，电偶极子中垂线上各点的电场强度与电偶极子的电偶极矩成正比，与该点到电偶极子中心的距离的三次方成反比，方向与电偶极矩的方向相反。

3. 电荷连续分布的带电体的电场强度

利用电场叠加原理，可以计算出电荷连续分布的带电体的电场强度。当带电体的电荷是连续分布时，可设想将带电体上的电荷分割成无限多的电荷元 $\mathrm{d}q$，每一电荷元可视作一个点电荷。则任一电荷元 $\mathrm{d}q$ 在电场中某点 P 产生的电场强度为

$$\mathrm{d}\mathbf{E} = \dfrac{1}{4\pi\varepsilon_0} \times \dfrac{\mathrm{d}q}{r^2}\mathbf{r}^0$$

式中，r 是电荷元 $\mathrm{d}q$ 到该场点 P 的距离；$\mathbf{r}^0$ 是 $\mathrm{d}q$ 指向点 P 的单位矢量。由电场强度叠加原理即可求出整个带电体的电场强度为

$$\mathbf{E} = \int \mathrm{d}\mathbf{E} = \int \dfrac{1}{4\pi\varepsilon_0} \times \dfrac{\mathrm{d}q}{r^2}\mathbf{r}^0 \tag{5-18}$$

在实际应用时，$\mathrm{d}q$ 的选取通常根据电荷分布的特点而定。如果电荷分布在一条曲线或一个曲面或一定体积内，相应的就有电荷线密度 λ、电荷面密度 σ、电荷体密度 ρ，分别取其线元 $\mathrm{d}l$、面元 $\mathrm{d}S$ 和体元 $\mathrm{d}V$，则电荷元 $\mathrm{d}q$ 分别为

$\mathrm{d}q = \lambda \cdot \mathrm{d}l$ （线分布）

$\mathrm{d}q = \sigma \cdot \mathrm{d}S$ （面分布）

$\mathrm{d}q = \rho \cdot \mathrm{d}V$ （体分布）

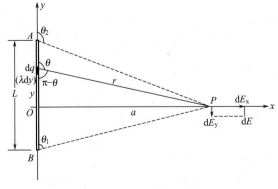

图 5-8 均匀带电直线的电场强度

【例题 5-5】 如图 5-8 所示，细棒 AB 均匀带电，长为 L，单位长度上的电量为 λ，点 P 为细棒外任意一点，距细棒的距离为

a,求点 P 的电场强度。

解 细棒可看作带电的直线。建立如图所示的坐标系,在带电直线上任取一线元 $\mathrm{d}y$,它所带的电量 $\mathrm{d}q = \lambda \mathrm{d}y$,$\mathrm{d}q$ 到点 P 的距离为 r,它在点 P 产生的电场强度大小为

$$\mathrm{d}E = \frac{\mathrm{d}q}{4\pi\varepsilon_0 r^2} = \frac{\lambda \mathrm{d}y}{4\pi\varepsilon_0 r^2}$$

方向如图 5-8 所示。取 $\mathrm{d}q$ 指向点 P 的方向与 y 轴正方向之间的夹角为 θ,$\mathrm{d}E$ 在 Ox 轴方向的分量与 Oy 轴方向的分量分别为

$$\mathrm{d}E_x = \mathrm{d}E \sin\theta = \frac{\lambda \mathrm{d}y}{4\pi\varepsilon_0 r^2} \sin\theta$$

$$\mathrm{d}E_y = -\mathrm{d}E \cos\theta = -\frac{\lambda \mathrm{d}y}{4\pi\varepsilon_0 r^2} \cos\theta$$

根据电场强度叠加原理,全部电荷在点 P 产生的电场强度为

$$E_x = \int_L \mathrm{d}E_x$$

$$E_y = \int_L \mathrm{d}E_y$$

积分号的下端 L 表示积分沿整个细棒。因为被积函数中有 θ、y 和 r 等多个彼此有关联的变量,为进行积分运算,需将它们转换为一个积分变量。这里选取 θ 为积分变量,由图中可知

$$y = \arctan(\pi - \theta) = -\arctan\theta$$

$$\mathrm{d}y = \frac{a}{\sin^2\theta} \mathrm{d}\theta$$

$$r^2 = \frac{a^2}{\sin^2\theta}$$

将其代入积分式得

$$E_x = \int_L \mathrm{d}E_x = \int_{\theta_1}^{\theta_2} \frac{\lambda}{4\pi\varepsilon_0 a} \sin\theta \mathrm{d}\theta = \frac{\lambda}{4\pi\varepsilon_0 a}(\cos\theta_1 - \cos\theta_2)$$

$$E_y = \int_L \mathrm{d}E_y = \int_{\theta_1}^{\theta_2} \left(-\frac{\lambda}{4\pi\varepsilon_0 a}\right) \cos\theta \mathrm{d}\theta = \frac{\lambda}{4\pi\varepsilon_0 a}(\sin\theta_1 - \sin\theta_2)$$

所以,P 点电场强度为

$$\boldsymbol{E} = E_x \mathbf{i} + E_y \mathbf{j}$$

若 $L \gg a$,则可把带电直线看作"无限长",因而 $\theta_1 = 0$,$\theta_2 = \pi$,代入上两式得

$$E_y = 0$$

$$E = E_x = \frac{\lambda}{2\pi\varepsilon_0 a} \tag{5-19}$$

方向沿 x 轴的正方向。

可见,无限长均匀带电直线附近电场强度的大小与距离成反比,方向由 λ 的正、负确定。当 λ 为正时,电场强度方向沿 Ox 轴正向;λ 为负时,电场强度方向沿 Ox 轴负向。

【例题 5-6】 如图 5-9 所示，电量 q 均匀分布在一个半径为 R 的细圆环上，求圆环轴线上距环心为 x 处一点 P 的电场强度。

解 建立如图 5-9 所示坐标系，在圆环上任取一线元 $\mathrm{d}l$，其上所带电量为 $\mathrm{d}q = \lambda \mathrm{d}l$，电荷线密度 $\lambda = \dfrac{q}{2\pi R}$。设点 P 到 $\mathrm{d}q$ 的距离为 r，$\mathrm{d}q$ 在点 P 处产生的电场强度大小为

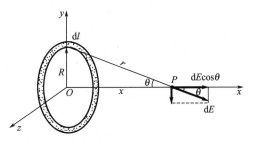

图 5-9 均匀带电圆环轴线上一点的电场强度

$$\mathrm{d}E = \frac{\mathrm{d}q}{4\pi\varepsilon_0 r^2} = \frac{\lambda \mathrm{d}l}{4\pi\varepsilon_0 (R^2 + x^2)}$$

若 $q > 0$，则 $\mathrm{d}E$ 的方向如图中所示。显然，各电荷元 $\mathrm{d}q$ 在点 P 处激发的电场强度，其方向各不相同；但根据对称性，各电荷元的电场强度在 Oy 轴方向上的分量 $\mathrm{d}E_y$ 相互抵消，而沿 Ox 轴方向的分量 $\mathrm{d}E_x$ 的方向一致。所以，点 P 的合电场强度是平行于 Ox 轴的那些分量 $\mathrm{d}E_x$ 的总和，即

$$E = \int_L \mathrm{d}E_x = \int_L \mathrm{d}E \cos\theta$$

式中，θ 是 $\mathrm{d}E$ 与 Ox 轴的夹角，上式积分遍及整个圆环。对于给定点 P 来说，x 和 θ 都是定值不是变量。所以

$$E = \int_L \frac{\lambda \mathrm{d}l}{4\pi\varepsilon_0 (R^2 + x^2)} \cos\theta = \frac{\lambda \cos\theta}{4\pi\varepsilon_0 (R^2 + x^2)} \int_0^{2\pi R} \mathrm{d}l = \frac{q}{4\pi\varepsilon_0 (R^2 + x^2)} \cos\theta$$

因为 $\cos\theta = \dfrac{x}{\sqrt{R^2 + x^2}}$，代入上式得

$$E = \frac{1}{4\pi\varepsilon_0} \times \frac{qx}{(R^2 + x^2)^{3/2}}$$

当 $x \gg R$ 时，$(R^2 + x^2)^{3/2} \approx x^3$，则上式变成

$$E = \frac{1}{4\pi\varepsilon_0} \times \frac{q}{x^2} \tag{5-20}$$

即在远离环心的地方，带电圆环的电场强度可视为电荷全部集中于环心处所产生的电场强度，计算时可用点电荷的电场强度公式来求。

【例题 5-7】 设真空中有一"无限大"均匀带电平面，电荷面密度为 $+\sigma$。求平面外附近一点的电场强度。

解 如图 5-10 所示，在带电平面附近任取一点 P。设点 P 到平面的垂直距离为 a，垂足设为坐标原点 O。以 O 为圆心，y 为半径，作

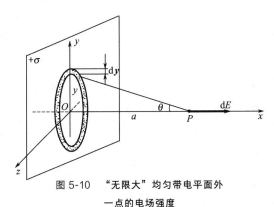

图 5-10 "无限大"均匀带电平面外一点的电场强度

一宽度为 dy 的细圆环，环的面积为 d$s=2\pi y$dy，细圆环上的带电量为 d$q=\sigma$d$s=\sigma 2\pi y$dy。根据例题 5-6 的结果，该细圆环在点 P 产生的电场强度大小为

$$dE = \frac{a\,dq}{4\pi\varepsilon_0(a^2+y^2)^{3/2}} = \frac{a2\pi\sigma y\,dy}{4\pi\varepsilon_0(a^2+y^2)^{3/2}}$$

方向沿 Ox 轴的正方向。

无限大均匀带电平面可视为由无限多个带电圆环组成的，点 P 的总电场强度应是这无限多个带电圆环产生的电场强度的叠加：

$$E = \int dE = \int_0^\infty \frac{a2\pi\sigma y\,dy}{4\pi\varepsilon_0(a^2+y^2)^{3/2}} = \frac{a\sigma}{2\varepsilon_0}\int_0^\infty \frac{y\,dy}{(a^2+y^2)^{3/2}} = \frac{\sigma}{2\varepsilon_0}$$

可见，在无限大均匀带电平面外的电场中，各点的电场强度和到平面的距离无关，是一匀强电场，其方向垂直于平面。当 $\sigma>0$ 时，方向背离平面；当 $\sigma<0$ 时，方向指向平面。对于有限大的带电平面，在靠近平面的中部且离开平面的距离比平面的线度小得多的区域内，其电场也是匀强电场，各点电场强度大小均为

$$E = \frac{\sigma}{2\varepsilon_0} \tag{5-21}$$

二、电势叠加原理

1. 点电荷的电势

在点电荷 q 的电场中，若取无限远处电势为零，则在距 q 为 r 处一点 P 产生的电场强度为

$$\boldsymbol{E} = \frac{q}{4\pi\varepsilon_0 r^2}\boldsymbol{r}^0$$

根据电势的定义式(5-13)得点 P 的电势为

$$V_P = \int_P^\infty \boldsymbol{E}\cdot d\boldsymbol{l} = \int_r^\infty \frac{q}{4\pi\varepsilon_0 r^2}dr = \frac{q}{4\pi\varepsilon_0 r} \tag{5-22}$$

这就是计算点电荷电势的公式。在式(5-22)积分计算中，由于电场力与做功无关，所以选取了最便于计算的沿矢径的直线为积分路径。

由此可见，点电荷电场中某点的电势与该点到点电荷的距离 r 成反比。当场源电荷 q 为正时，它的电场中电势处处为正；反之，若 q 为负电荷时，电势处处为负。

2. 点电荷系的电势

若电场是由一个点电荷系 q_1、q_2、$\cdots$、q_n 共同产生的，根据电场强度叠加原理和电势的定义式，不难得到，**在点电荷系的电场中，任意一点的电势等于各点电荷单独存在时在该点产生的电势的代数和**，这就是**电势叠加原理**。即

$$V = V_1 + V_2 + \cdots + V_n = \frac{q_1}{4\pi\varepsilon_0 r_1} + \frac{q_2}{4\pi\varepsilon_0 r_2} + \cdots + \frac{q_n}{4\pi\varepsilon_0 r_n}$$

$$= \sum_{i=1}^n \frac{q_i}{4\pi\varepsilon_0 r_i} \tag{5-23}$$

式中，r_i 是点电荷系中第 i 个点电荷到所求场点的距离；n 是点电荷系中点电荷的总数。

3. 电荷连续分布的带电体的电势

如果电荷连续分布在一个物体上，则可把带电体看成是由无限多个可视为点电荷的电量为 $\mathrm{d}q$ 的电荷元组成，每个电荷元 $\mathrm{d}q$ 产生的电势为

$$\mathrm{d}V = \frac{\mathrm{d}q}{4\pi\varepsilon_0 r}$$

根据电势叠加原理，整个带电体产生的电势为

$$V = \int \mathrm{d}V = \int_V \frac{\mathrm{d}q}{4\pi\varepsilon_0 r} \tag{5-24}$$

式中，r 是电荷元 $\mathrm{d}q$ 到场点的距离，积分号下的 V 表示对整个带电体求积分。这样，只要已知带电体的电荷分布，就可以利用上式求出电场中任一点的电势。

【例题 5-8】 如图 5-11 所示，电量均为 $4.0 \times 10^{-8} \mathrm{C}$ 的四个点电荷，分别放置在一正方形的四个顶角上，已知各顶角与正方形中心 O 的距离 $r = 5.0 \mathrm{cm}$，求：①O 点的电势；②若将 $q_0 = 1.0 \times 10^{-8} \mathrm{C}$ 的检验电荷从无限远处移至 O 点，静电力所做的功是多少？③求电势能的改变量，并说明其是增加还是减少。

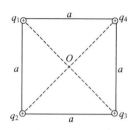

图 5-11 例题 5-8 图

解 ① 取无限远处的电势为零。因为 $q_1 = q_2 = q_3 = q_4$，且 4 个点电荷到 O 点的距离都相等，所以每个点电荷在 O 点产生的电势也都相等，即

$$\begin{aligned} V_1 = V_2 = V_3 = V_4 &= \frac{1}{4\pi\varepsilon_0} \times \frac{q}{r} \\ &= 9.0 \times 10^9 \times \frac{4.0 \times 10^{-8}}{5.0 \times 10^{-2}} \\ &= 7.2 \times 10^3 \ (\mathrm{V}) \end{aligned}$$

根据电势叠加原理，4 个点电荷在 O 点产生的总电势为

$$V_O = V_1 + V_2 + V_3 + V_4 = 4V_1 = 4 \times 7.2 \times 10^3 = 2.88 \times 10^4 \ (\mathrm{V})$$

② 若将 q_0 从无限远处移至 O 点，静电场力做功为

$$W_{\infty O} = q_0 U_{\infty O} = q_0 (V_\infty - V_O) = 1.0 \times 10^{-8} \times (0 - 2.88 \times 10^4) = -2.88 \times 10^{-4} \ (\mathrm{J})$$

③ 静电力做功是电势能改变的量度。静电力做正功，电势能减少；静电力做负功，电势能增加。q_0 从无限远处移至 O 点时，电势能的改变量为

$$\Delta E_P = E_{PO} - E_{P\infty} = -W_{\infty O} = 2.88 \times 10^{-4} \ (\mathrm{J})$$

$\Delta E_P > 0$，说明电势能增加了，静电力做负功。

【例题 5-9】 一均匀带电圆环，半径为 R，带电量为 q。求其轴线上任意一点 P 的电势。

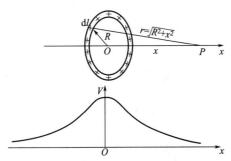

图 5-12 均匀带电圆环轴线上的电势分布

解 建立如图 5-12 所示的坐标系，设轴线上任一点 P 离环心的距离为 x，圆环的电荷线密度 $\lambda = q/2\pi R$，把圆环分成无穷多个线元 $\mathrm{d}l$，每个线元的电量 $\mathrm{d}q = \lambda \mathrm{d}l$，设线元 $\mathrm{d}q$ 至点 P 的距离为 r，则电荷元 $\mathrm{d}q$ 在点 P 产生的电势为

$$\mathrm{d}V_P = \frac{1}{4\pi\varepsilon_0} \times \frac{\mathrm{d}q}{r} = \frac{1}{4\pi\varepsilon_0} \times \frac{\lambda \mathrm{d}l}{r}$$

由于无论 $\mathrm{d}l$ 选在圆环上的何处，r 值均不变，故根据电势叠加原理，整个带电圆环在点 P 产生的电势为所有电荷元在该点产生的电势的代数和，即

$$V_P = \oint_L \mathrm{d}V_P = \frac{\lambda}{4\pi\varepsilon_0 r} \oint_L \mathrm{d}l = \frac{\lambda}{4\pi\varepsilon_0 r} \times 2\pi R$$

将 $\lambda = q/2\pi R$，$r = \sqrt{R^2 + x^2}$ 代入，得

$$V_P = \frac{q}{4\pi\varepsilon_0 r} = \frac{q}{4\pi\varepsilon_0 \sqrt{R^2 + x^2}} \tag{5-25}$$

若点 P 在环心，则 $x=0$，所以

$$V = \frac{q}{4\pi\varepsilon_0 R}$$

上式表明，虽然环心的电场强度 $E=0$，但该点的电势却不为零。

若点 P 远离环心，即 $x \gg R$，则

$$V = \frac{q}{4\pi\varepsilon_0 x} \tag{5-26}$$

可见，圆环轴线上远离环心处的电势与电荷全部集中在环心的点电荷的电势相同。

4. 等势面

电场强度和电势是描述静电场性质的两个基本物理量。电场强度的分布可以用电场线形象地表示，同样，电势的分布也可以用等势面形象地描绘。在电场中，**由电势相等的点组成的面称为等势面**。图 5-13 用虚线画出了几种电场的等势面，图中的实线表示电场线。

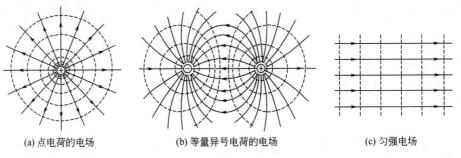

图 5-13 电场线和等势面

关于等势面，有如下结论：
① 在等势面上任意两点间移动电荷时，电场力不做功。
② 等势面与电场线处处相互垂直。
③ 电场线总是从电势较高的等势面指向电势较低的等势面，即沿着电场线的方向电势降低。
④ 若规定相邻两等势面的电势差相等，则等势面越密的地方电场强度越大，等势面越稀的地方电场强度越小。

第四节　静电场的基本规律

一、静电场中的高斯定理

1. 电场强度通量

电场是一个空间分布的矢量场。为了进一步描述静电场的基本规律，需要引入电场强度通量的概念。

在静电场中任一点处，取一与该点电场强度 E 的方向相垂直的面积元 ΔS，把**电场强度大小 E 与面积元 ΔS 的乘积**，称为穿过该面积元 ΔS 的**电场强度通量**，用 $\Delta \Phi_e$ 表示，即

$$\Delta \Phi_e = E \cdot \Delta S$$

另由式(5-4) 得

$$\Delta N = E \Delta S$$

这里，ΔN 是垂直穿过 ΔS 面积的电场线的条数。

以上两式相等，说明穿过给定面积 S 的电场强度通量 Φ_e 可以用穿过该面积的电场线条数来表示。即**电场强度通量就是穿过给定面积 S 的电场线条数**。

在匀强电场中，电场强度的大小 E 处处相等。若一个面积为 S 的平面与电场强度 E 的方向相垂直，如图 5-14(a) 所示，则穿过该面积的电场强度通量为

$$\Phi_e = ES$$

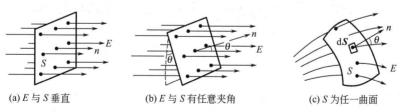

(a) E 与 S 垂直　　(b) E 与 S 有任意夹角　　(c) S 为任一曲面

图 5-14　电场强度通量的计算

若平面 S 与电场强度 E 不垂直，设电场强度 E 与平面法向单位矢量 n 的夹角为 θ，如图 5-14(b) 所示，则穿过平面 S 的电场强度通量为

$$\Phi_e = ES\cos\theta \tag{5-27}$$

显然，电场强度通量是一个标量，其正、负取决于电场强度 E 与平面法向单位矢量 n 的夹角 θ。

如果是非匀强电场，并且 S 也不是平面，而是一个任意曲面，如图 5-14(c) 所示。那么，如何求穿过这个曲面 S 的电场强度通量呢？其方法是：将曲面 S 分割成无限多个小面元 dS，这样每一个小面元 dS 上的电场强度 E 就可以看成是均匀的，根据式(5-27)，通过每一个小面元 dS 的电场强度通量为

$$d\Phi_e = E\cos\theta dS = \boldsymbol{E} \cdot d\boldsymbol{S}$$

式中，θ 是面积元 dS 的法线 $\boldsymbol{n}$ 与电场强度 $\boldsymbol{E}$ 的夹角。d$\boldsymbol{S}$ 为面积元矢量，其大小为 dS，方向为面积元正法线 $\boldsymbol{n}$ 的方向，即 d$\boldsymbol{S}$ = d$S\boldsymbol{n}$。$\boldsymbol{E} \cdot d\boldsymbol{S}$ 是两个矢量的标积。于是，通过整个曲面 S 的电场强度通量可用积分方法求得

$$\Phi_e = \int_S d\Phi_e = \int_S E\cos\theta dS = \int_S \boldsymbol{E} \cdot d\boldsymbol{S} \tag{5-28}$$

如果曲面是闭合的，则通过任一闭合曲面 S 的电场强度通量可用下式求得

$$\Phi_e = \oint_S \boldsymbol{E} \cdot d\boldsymbol{S}$$

式中，$\oint_S$ 表示对整个闭合曲面 S 进行积分。对于闭合曲面，电场线有穿出和穿入之分，一般规定从内向外的指向为面元 d$\boldsymbol{S}$（即法线 $\boldsymbol{n}$）的正方向。这样，当电场线从内部穿出时，$\theta < 90°$，电场强度通量为正；当电场线从外面穿入时，$\theta > 90°$，电场强度通量为负。

2. 静电场的高斯定理

先将真空中高斯（C. F. Gauss，1777—1855）定理的内容表述如下：**在真空中的静电场内，通过任意闭合曲面 S 的电场强度通量等于该闭合曲面所围的所有电荷电量代数和的 $1/\varepsilon_0$ 倍**。用公式表示为

$$\oint_S \boldsymbol{E} \cdot d\boldsymbol{S} = \frac{1}{\varepsilon_0} \sum_{(S内)} q_i \tag{5-29}$$

显然，高斯定理给出的是通过任意一个闭合曲面的电场强度通量与闭合面内部电荷之间的关系，式中所取积分的闭合曲面 S 习惯上称为**高斯面**。下面从点电荷电场出发进行推导。

在点电荷的电场中，以 q 为球心，r 为半径作一球面 S，如图 5-15(a) 所示。因为球面上任一点的电场强度数值都是 $q/(4\pi\varepsilon_0 r^2)$，各点的方向都沿半径向外，处处与球面正交，所以通过球面 S 的电场强度通量为

$$\Phi_e = \oint_S \boldsymbol{E} \cdot d\boldsymbol{S} = \oint_S E dS = \oint_S \frac{q}{4\pi\varepsilon_0 r^2} dS = \frac{q}{4\pi\varepsilon_0 r^2} \times 4\pi r^2 = \frac{q}{\varepsilon_0}$$

这个结果与球面的半径无关，只与球面内的电量 q 有关。这就意味着对以 q 为中心的任意大小的球面来说，通过球面的电场强度通量都是 q/ε_0。

若取包围 q 的任意形状的闭合曲面 S'，如图 5-15(b) 所示，仍可以在 S' 的外面作一个以点电荷 q 为中心的球面 S，S 和 S' 包围同一个点电荷，它们之间无其他电荷存在。由于电场线不会在没有电荷的地方中断，所以通过 S' 的电场线必定全部通过球面 S，即通过闭合曲面 S' 和球面 S 的电场线条数是相等的。因此，通过包围点电荷 q 的任意形状的闭合曲面 S' 的电场强度通量也为 q/ε_0。

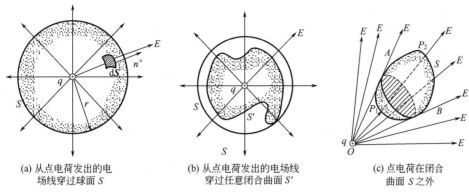

(a) 从点电荷发出的电场线穿过球面 S
(b) 从点电荷发出的电场线穿过任意闭合曲面 S'
(c) 点电荷在闭合曲面 S 之外

图 5-15 高斯定理的证明

若点电荷 q 在闭合曲面 S 之外，如图 5-15(c) 所示，则每一条穿入该曲面的电场线，必定从另一处穿出该曲面，即穿入该曲面的电场线条数与穿出该曲面的电场线条数相等。根据规定，电场线从曲面穿入，电场强度通量为负，电场线从曲面穿出，电场强度通量为正，一进一出，正负抵消，因此，穿过这一闭合曲面的电场强度通量为零。即

$$\oint_S \boldsymbol{E} \cdot \mathrm{d}\boldsymbol{S} = 0$$

若闭合曲面 S 内包围有 n 个点电荷，根据电场强度叠加原理和式(5-29)，不难证明通过闭合曲面 S 的电场强度通量为

$$\oint_S \boldsymbol{E} \cdot \mathrm{d}\boldsymbol{S} = \frac{1}{\varepsilon_0} \sum_{i=1}^n q_i$$

此结论可据所学自行证明。由此可见，不管闭合曲面的形状如何，只要点电荷 q 在其内部，通过它的电场强度通量都等于 q/ε_0，即通过该闭合曲面的电场线条数都是 q/ε_0，这就是高斯定理。

在理解高斯定理时必须注意以下问题。

① 高斯定理表达式中的 $\boldsymbol{E}$ 为闭合曲面上的电场强度，它是由闭合曲面 S 内、外所有电荷共同产生的合电场强度。

② 高斯定理表明，通过 S 面的电场强度通量只与 S 面内包围的电荷有关，与 S 面外的电荷无关。所以，高斯定理反映的是静电场中任意闭合曲面的电场强度通量与面内总电荷之间的关系，而不是描述场与场源电荷的具体分布关系。例如，若已知闭合面内 $\sum q_i = 0$，则可得出通过该闭合面的电场强度通量 $\Phi_e = 0$，而不能得出闭合面上各点的 E 一定为零的结论；反之，若通过闭合面的电场强度通量 $\Phi_e = 0$，则只能得出闭合面内 $\sum q_i = 0$，而不能得出闭合面内一定没有电荷的结论。

根据高斯定理，若任一闭合曲面内包围的净电荷（即正负电荷的代数和）不为零而有多余的正电荷时，$\sum q_i > 0$，则 $\Phi_e > 0$，从而必有电场线从此曲面穿出；若闭合曲面内包围有多余的负电荷时，$\sum q_i < 0$，则 $\Phi_e < 0$，从而必有电场线从此曲面穿入。由于此曲面可任意缩小直至趋于零，因此，电场线必起源于正电荷，也必终止于负电荷。所以，**静电场是有源场**。

二、静电场的环路定理

在本章第一节中,曾经得出结论:静电场力做功只与检验电荷的电量和其始、末位置有关,与所经历的路径无关,静电场是保守力场,静电场力是保守力。

由于静电场力做功与路径无关,所以,**静电场力沿任意闭合路径所做的功等于零**。也就是说,若将 q_0 从静电场中的某点出发沿任一闭合路径再回到该点,电场力做功必然为零。即

$$W_{ab} = \oint \boldsymbol{F} \cdot \mathrm{d}\boldsymbol{l} = \oint q_0 \boldsymbol{E} \cdot \mathrm{d}\boldsymbol{l} = 0$$

因为 $q_0 \neq 0$,所以有

$$\oint \boldsymbol{E} \cdot \mathrm{d}\boldsymbol{l} = 0 \tag{5-30}$$

式中,$\oint \boldsymbol{E} \cdot \mathrm{d}\boldsymbol{l}$ 表示电场强度 E 沿闭合路 l 的线积分,称为电场强度 E 的环流。式(5-30)表明,**静电场中电场强度 E 的环流恒等于零**。这是电场力做功与路径无关的必然结果,称为**静电场的环路定理**。它再一次证明了静电场力是保守力,静电场是保守力场这一重要特征。

静电场的高斯定理和环路定理是描述静电场规律的两个基本定理。它们从不同侧面反映了静电场的两个重要特征。要想完整地认识和描述静电场,必须联合应用这两条基本定理。

第五节 高斯定理的应用

高斯定理是一条反映静电场规律的基本定理,在电学研究中有着重要的应用。这里只用它来计算某些对称带电体所激发的电场中的电场强度。可以看到,这个方法比应用电场强度叠加原理来计算电场强度更为方便。

在应用高斯定理计算对称分布的电荷所激发的电场强度时,关键是要找出一个合适的闭合曲面,使这个闭合曲面上各点(或某一部分上)的电场强度大小为一恒量,且电场强度方向与高斯面处处相垂直。这样,式(5-29)中左边的电场强度通量计算就可以简化成

$$\oint_S \boldsymbol{E} \cdot \mathrm{d}\boldsymbol{S} = E \oint_S \mathrm{d}S$$

若高斯面的形状是球面或圆柱面等一些简单的闭合曲面,此时,如果高斯面所包围的电荷代数和 $\sum q_i$ 已知,则利用下式就可以求出电场强度大小 E。即

$$E \oint_S \mathrm{d}S = \frac{1}{\varepsilon_0} \sum_{(S\text{内})} q_i$$

下面举例说明高斯定理的这种应用。

【例题 5-10】 已知一无限大均匀带电平面上的面电荷密度为 σ,应用高斯定理求此带电平面外一点 P 处的电场强度。

解 由于电荷均匀分布在无限大平面上，电场分布对该平面对称，如图 5-16 所示。即在两侧等远处的电场强度大小相等，方向在 $\sigma>0$ 时垂直且背离平面，在 $\sigma<0$ 时方向垂直且指向平面（图中设 $\sigma>0$）。

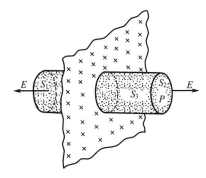

图 5-16 用高斯定理求无限大均匀带电平面的电场强度

选取一个底面积为 S_1、轴线垂直于带电平面的圆桶式的高斯面，使带电平面平分此圆桶，且使点 P 位于圆桶的一个底面上。显然，通过这个高斯面的电场强度通量等于通过两个底面 S_1、S_2 和侧面 S_3 的电场强度通量之和。因为侧面 S_3 上电场强度方向与面元法线方向处处相垂直，所以通过侧面的电场强度通量为

$$\int_{S_3} \boldsymbol{E} \cdot \mathrm{d}\boldsymbol{S} = 0$$

所以，通过高斯面的总电场强度通量为

$$\Phi_e = \oint_S \boldsymbol{E} \cdot \mathrm{d}\boldsymbol{S} = \int_{S_1} \boldsymbol{E} \cdot \mathrm{d}\boldsymbol{S} + \int_{S_2} \boldsymbol{E} \cdot \mathrm{d}\boldsymbol{S} + \int_{S_3} \boldsymbol{E} \cdot \mathrm{d}\boldsymbol{S} = \int_{S_1} \boldsymbol{E} \cdot \mathrm{d}\boldsymbol{S} + \int_{S_2} \boldsymbol{E} \cdot \mathrm{d}\boldsymbol{S}$$
$$= E\int_{S_1} \mathrm{d}S + E\int_{S_2} \mathrm{d}S = ES_1 + ES_2 = 2ES_1$$

根据高斯定理得

$$\oint_S \boldsymbol{E} \cdot \mathrm{d}\boldsymbol{S} = \frac{\sigma S_1}{\varepsilon_0}$$

由上两式求得点 P 处的电场强度大小为

$$E = \frac{\sigma}{2\varepsilon_0} \tag{5-31}$$

式（5-31）表明，无限大均匀带电平面产生的场空间中任一点的电场强度大小均为 $\sigma/2\varepsilon_0$，方向均垂直于带电平面，所以，该电场为匀强电场。与例题 5-7 相比，应用高斯定理求解比应用电场叠加原理求解简便得多。

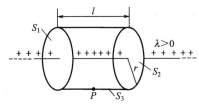

图 5-17 无限长均匀带电直线的电场

【例题 5-11】 求无限长均匀带电直线外任意一点 P 的电场强度。

解 如图 5-17 所示，设一无限长均匀带正电的直线，其线电荷密度为 λ（$\lambda>0$）。经分析不难发现，与带电直线距离相等的各点的电场强度大小相等，方向垂直于带电直线。电场线呈辐射状，电场强度分布具有轴对称性。

因此，可选取经过点 P 且以直线为轴的闭合圆柱面作为高斯面，设其半径为 r，长为 l。这样，就可以使圆柱侧面上各点的电场强度 $\boldsymbol{E}$ 的大小相等，θ 均为零；而圆柱两端面上的 θ 都是 90°。显然，通过闭合圆柱高斯面的电场强度通量为

$$\Phi_e = \oint_S \boldsymbol{E} \cdot \mathrm{d}\boldsymbol{S} = \int_{S_1} \boldsymbol{E} \cdot \mathrm{d}\boldsymbol{S} + \int_{S_2} \boldsymbol{E} \cdot \mathrm{d}\boldsymbol{S} + \int_{S_3} \boldsymbol{E} \cdot \mathrm{d}\boldsymbol{S} = \int_{S_3} \boldsymbol{E} \cdot \mathrm{d}\boldsymbol{S} = E\int_{S_3} \mathrm{d}S = E 2\pi r l$$

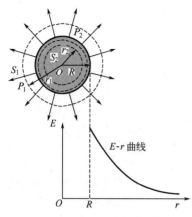

图 5-18 均匀带电球面的电场

由于该高斯面所包围的电荷为 λl，故根据高斯定理有

$$E 2\pi r l = \frac{\lambda l}{\varepsilon_0}$$

所以

$$E = \frac{\lambda}{2\pi\varepsilon_0 r}$$

该结果与例题 5-5 用积分方法计算的结果完全一致，但这里用高斯定理求解，显然要简便得多，同时也验证了高斯定理的正确性。

【例题 5-12】 设电荷 $q(>0)$ 均匀分布在半径为 R 的球面上，如图 5-18 所示。试求：①球面内、外的电场强度；②空间任意一点的电势。

解 ① 设球面外任意一点 P_1 与球心相距为 r_1，取以 r_1 为半径的同心球面作为高斯面。由于均匀带电球面的电场分布是球对称的，所以高斯面上各点电场强度 E 的大小处处相等，方向各沿其半径（与球面相垂直）而指向球外。通过此高斯面的电场强度通量为

$$\Phi_e = \oint_{S_1} \boldsymbol{E}_1 \cdot \mathrm{d}\boldsymbol{S} = \oint_{S_1} E_1 \cos 0° \mathrm{d}S = E_1 \oint_{S_1} \mathrm{d}S = E_1 4\pi r_1^2$$

根据高斯定理得

$$E_1 4\pi r_1^2 = \frac{q}{\varepsilon_0}$$

所以球面外的任意一点电场强度

$$E_1 = \frac{q}{4\pi\varepsilon_0 r_1^2} \quad (r_1 > R)$$

如果点 P_2 位于带电球面内，设 P_2 与球心相距为 r_2，同样可以取以 r_2 为半径的同心球面作为高斯面。通过此高斯面的电场强度通量为

$$\Phi_e = \oint_{S_2} \boldsymbol{E}_2 \cdot \mathrm{d}\boldsymbol{S} = \oint_{S_2} E_2 \cos 0° \mathrm{d}S = E_2 \oint_{S_2} \mathrm{d}S = E_2 4\pi r_2^2$$

由于球面内没有电荷，即 $\sum_i q_i = 0$，根据高斯定理有

$$E_2 4\pi r_2^2 = \frac{0}{\varepsilon_0}$$

所以球面内的任意一点电场强度

$$E_2 = 0 \quad (r_2 < R)$$

由此可见，均匀带电球面外任意一点的电场强度与该点离球心的距离平方成反比，并和将球面上的电荷全部集中于球心的点电荷所激发的电场强度一样；球面内任意一点的电场强度则为零。

均匀带电球面的电场强度分布，可用其 E 的大小与距离 r 的关系曲线来表示，称为 E-r 曲线，如图 5-18 所示。这条 E-r 曲线在 $r = R$ 处是间断的，即电场强度 E 的大小分布在该处是不连续的。

② 因为均匀带电球面的电场强度分布为

$$E = \begin{cases} \dfrac{q}{4\pi\varepsilon_0 r^2} & (r>R) \\ 0 & (r<R) \end{cases}$$

若选取无穷远处的电势为零，则球面外任意一点 P 的电势为

$$V_P = \int_r^\infty E\,\mathrm{d}l = \int_r^\infty \dfrac{q}{4\pi\varepsilon_0 r^2}\mathrm{d}r = \dfrac{q}{4\pi\varepsilon_0 r} \quad (r>R)$$

当点 P 在球面上时，$r=R$，所以球面上的电势为

$$V_P = \dfrac{q}{4\pi\varepsilon_0 R} \quad (r=R)$$

因为球面内外的电场强度不同，所以，计算球面内任一点的电势时，积分要分两段计算，即

$$V = \int_r^\infty E\,\mathrm{d}l = \int_r^R E_{内}\,\mathrm{d}l + \int_R^\infty E_{外}\,\mathrm{d}l$$

$$= 0 + \int_R^\infty \dfrac{q}{4\pi\varepsilon_0 r^2}\mathrm{d}r = \dfrac{q}{4\pi\varepsilon_0 R} \quad (r<R)$$

于是，均匀带电球面空间的电势分布为

$$V = \begin{cases} \dfrac{q}{4\pi\varepsilon_0 r} & (r>R) \\ \dfrac{q}{4\pi\varepsilon_0 R} & (r\leqslant R) \end{cases}$$

上述结果表明，均匀带电球面外任意一点的电势与电荷全部集中在球心时的点电荷电势一样；均匀带电球面内各点的电势相同，且与球面上的电势相等。

第六节　电介质中的静电场

一、电介质分子的极化

电介质一般又称为绝缘体。和导体不同，电介质的主要特征是其原子外层的电子被原子核紧紧地束缚着，因此电介质内部没有自由电子，故而不能导电。

按照电介质分子内部电结构的不同，可以把电介质分子分为两大类：一类如 H_2、N_2、O_2、CO_2、CH_4 和惰性气体等，在无外电场存在时，它们分子中的正电荷中心和负电荷中心重合在一起，如图 5-19(a) 所示，这类分子称为**无极性分子**；另一类如 H_2O、SO_2、HCl、NH_3、CO 等，它们分子中的正、负电荷中心不重合在一起，它们的分子可以看成是一个电偶极子，如图 5-20(a) 所示，这类分子称为**有极性分子**。

无极性分子电介质在外电场中时，由于正、负电荷中心将受到方向相反的电场力的作用，从而使分子的正、负电荷中心发生相对位移而成为等效电偶极子，其方

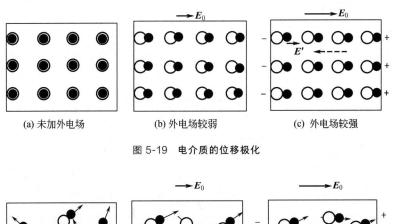

图 5-19 电介质的位移极化

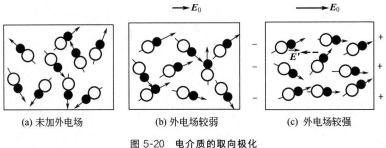

图 5-20 电介质的取向极化

向都沿着外电场方向，如图 5-19(b) 所示。于是在电介质的两个和外电场 E_0 相垂直的表面上，分别出现了正、负电荷。电介质两侧表面上的这些电荷是和介质分子连在一起的，不能离开电介质而独立存在，也不能在电介质内部自由移动，故称为**束缚电荷**。这种**在外电场作用下，电介质表面出现束缚电荷的现象叫作电介质的极化**。无极性分子的这种由于正负电荷中心发生相对位移而造成的极化现象称为**位移极化**。

在均匀电介质中，对由无极性分子组成的电介质整体来说，每个分子在外电场中都成为电偶极子，其方向都沿外电场方向，所以在和外电场相垂直的两个表面上分别出现了正、负束缚电荷，电介质内部不产生净电荷。而且外电场越强，产生的等效电偶极子的电矩越大，表面的束缚电荷就越多，电介质的极化也就越强，如图 5-19(c) 所示。

在有极性分子的电介质中，每一个分子等效于一个电偶极子，有一定的电矩，在没有外电场时，由于分子的热运动，分子电矩的取向是杂乱无章的，如图 5-20(a) 所示。因此，无论是整个电介质或是其中的一部分，其分子电矩的代数和为零。因而整个电介质在宏观上不呈现电性，对外不产生电场。

如果把这种电介质放在外电场 E_0 中，由于每个分子的电偶极子都受到一个力偶矩的作用，使分子的电矩都趋向外电场方向。但由于分子热运动的原因，并不能使所有分子电矩都完全转向外电场的方向整齐地排列起来，如图 5-20(b) 所示。随着外电场的增强，分子电矩的趋向加剧，分子电矩的排列也愈加整齐，如图 5-20(c) 所示，对于整个电介质来说，电偶极子趋向外电场的结果，在垂直于外电场 E_0 方向的两个介质表面上也出现了束缚电荷，这种极化现象称为**取向极化**。

二、电介质中的电场强度

上述两类电介质，其极化的微观过程虽然不同，但却有同样宏观效果，即介质极化后，都在介质的表面上出现了束缚电荷，这些束缚电荷也要产生自己的电场，称为**附加电场**，设其电场强度为 E'。根据电场叠加原理，介质内的电场强度 E 应该是外电场 E_0 与束缚电荷产生的电场 E' 的矢量和。即

$$E = E_0 + E'$$

从图 5-19 和图 5-20 可以看到，E' 的方向总是与 E_0 的方向相反，所以介质内的合电场强度 E 在数值上总是小于外电场 E_0 的数值。实验证明，当各向同性的电介质充满电场时，介质内的电场强度为

$$E = \frac{E_0}{\varepsilon_r} \tag{5-32}$$

式中，ε_r 是与电介质有关的常数，叫做电介质的**相对电容率**，且由式(5-32)可知，ε_r 是一个无量纲的量。真空的相对电容率 $\varepsilon_r = 1$，其他电介质的相对电容率都大于 1。表 5-1 列出了几种物质的相对电容率。

表 5-1 几种常见电介质的相对电容率

物 质	相对电容率 ε_r	物 质	相对电容率 ε_r	物 质	相对电容率 ε_r
真空	1.00000	硫黄	4	玻璃	5.5~7
空气	1.00054	蜡	7.8	瓷	5.7~6.3
水	78	石蜡	2.1	硬橡胶	2.6
纸	3.5	云母	6~7	煤油	2.0

由式(5-32)可知，电介质的极化改变了空间的电场强度，由于束缚电荷的出现，使电介质中的电场有所减弱。

三、电介质的耐压

电介质在通常情况下是不导电的。当电介质内的电场强度超过某一极限时，其绝缘性就会被破坏，这种现象叫做电介质的**击穿**，这个电场强度极限值就称为电介质的**击穿电场强度**。不同介质的击穿电场强度是不同的，如空气的击穿电场强度为 3kV/m，云母的击穿电场强度为 80~200kV/m。多数介质的击穿电场强度都比空气的击穿电场强度大。在电容器中充入电介质，可以提高电容器的耐压能力。

第七节　电容　静电场的能量

一、电容器和电容

被电介质分隔开的两个相距较近的导体所组成的系统，称为**电容器**。它是储存电荷和电能的电子元件，在电子技术和电工技术中有着十分重要的应用。组成电容器的两个导体，不管它们的形状如何，都称为极板。电容器充电后，它的两个极板

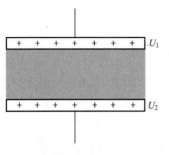

图 5-21 平行板电容器

分别带上等量异号的电荷，两极板之间便存在电场，并产生电势差。电势差随电容器所带电量的增加而增大。最常见的电容器是平行板电容器，它是在两块平行的金属板或金属箔中间夹以薄层电介质（如云母、介质纸）构成的，如图 5-21 所示。另外还有由两个共轴圆柱形极板组成的圆柱形电容器，由两个同心的球壳形极板组成的球形电容器等。

在电容器工作时，通常使电容器的两个金属板相对的两个表面上分别带上等量异号电荷 $+Q$ 和 $-Q$，Q 就称为电容器的带电量。此时，极板间的电场可视为是均匀的，两板间产生一定的电势差 $U=U_1-U_2$。对于给定的电容器，它所带的电量 q 与两极板间的电势差 U 的比值是一个由电容器本身特性确定的常量，将这一比值定义为电容器的**电容**，用符号 C 表示。即

$$C=\frac{Q}{U} \tag{5-33}$$

在 IS 中，电容的单位是法拉（F），常用的单位还有微法（μF）和皮法（pF），它们间的换算关系为

$$1\text{F}=10^6 \mu\text{F}=10^{12}\text{pF}$$

电容是反映电容器本身性质的物理量，它决定于电容器本身的结构，与电容器两极板的形状、大小、极板间的距离以及极板间的电介质有关，与极板是否带电无关。

由式(5-33) 知，电容在数值上等于两极板间电势差为 1 单位时，电容器所带的电量。不同电容器的电容不同，表明电容器两极板间电势差为 1 单位时，电容器所带的电量多少不同，也就是说，不同电容器增加相同的电势差所需的电量不同，即电容器储存电荷能力的大小不同。因此，电容是表征电容器容纳电荷或储存电能本领的物理量。

下面介绍平行板电容器的计算。设两极板的面积为 S，板间的距离为 d，两板间充满相对电容率为 ε_r 的均匀电介质。两极板通常靠得很近，使极板面积的尺度比极板间的距离大很多，从而可以把极板视为无穷大平面。因此，当两极板分别带上电荷 $+Q$ 和 $-Q$ 后，除极板边缘部分外，可把两板间的电场看成由两块无限大均匀带电平板产生的电场。由 $E=\sigma/2\varepsilon_0$ 和 $E=E_0/\varepsilon_r$ 得两极板间的电场强度大小为

$$E=\frac{\sigma}{\varepsilon_0 \varepsilon_r}=\frac{Q}{\varepsilon S}$$

于是，两极板间的电势差为

$$U=\int_0^d E\,\mathrm{d}l=Ed=\frac{Qd}{\varepsilon S}$$

代入式(5-33) 得

$$C = \varepsilon \frac{S}{d} \tag{5-34}$$

这就是平行板电容器电容的计算公式。式中 $\varepsilon = \varepsilon_0 \varepsilon_r$，称为电介质的电容率。$\varepsilon$ 的单位和 ε_0 的单位相同。

二、带电电容器的能量

把一个已经充电的电容器两极板用导线短路，可以看到放电的火花。这说明充电后的电容器中具有能量。"电容焊"就是利用这种放电火花的热能熔焊金属的。

电容器的能量是充电时由电源提供的。给电容器充电的过程实际上是把一种电荷从电容器的一个极板移送到另一个极板的过程。在这个过程中，外界不断做功使电容器的能量不断增加。

下面计算当电容器带有电量 Q，两极板间的电势差为 U 时所具有的能量。这个能量可以根据电容器在充电过程中电源对电荷的做功来计算。设电容器的电容为 C，充电过程中的某时刻电容器两极板所带电量为 q，这时，两极板间的电势差 $U = q/C$，如果再把正电荷从负极板移向正极板，则外力必须要克服静电力做功。设移动电荷元 dq 时，外力所做的元功为 dA，则

$$dA = U dq = \frac{q}{C} dq$$

在整个充电过程中，两极板从不带电到分别带 $+Q$ 和 $-Q$ 的电量，外力所做的总功为

$$A = \int dA = \int_0^Q \frac{q}{C} dq = \frac{1}{2} \times \frac{Q^2}{C}$$

根据能量守恒定律，迁移电荷所做的功 A 等于电容器所储存的静电能

$$W_e = \frac{1}{2} \times \frac{Q^2}{C} \tag{5-35}$$

利用 $Q = CU$ 的关系，式(5-35) 又可写成

$$W_e = \frac{1}{2} CU^2 = \frac{1}{2} QU \tag{5-36}$$

三、电场的能量

电容器带电的过程，也是两极板间建立电场的过程；电容器的能量实际上是储存在电容器的电场中。这里以平行板电容器为例加以说明。

设一平行板电容器的极板面积为 S，两板间的距离为 d，中间充满相对电容率为 ε_r 的电介质。当电容器的带电量为 Q 时，电容器储存的能量为

$$W_e = \frac{1}{2} \times \frac{Q^2}{C}$$

将电容器的电容公式 $C = \varepsilon_0 \varepsilon_r \frac{S}{d}$ 代入上式得

$$W_e = \frac{1}{2} \times \frac{Q^2 d}{\varepsilon_0 \varepsilon_r S} = \frac{\varepsilon_0 \varepsilon_r}{2} \left(\frac{Q}{\varepsilon_0 \varepsilon_r S} \right)^2 Sd$$

当带电量为 Q 时,电容器两极板间的电场强度为

$$E = \frac{Q}{\varepsilon_0 \varepsilon_r S}$$

将 E 代入 W_e 得

$$W_e = \frac{1}{2}\varepsilon_0 \varepsilon_r E^2 S d \tag{5-37}$$

这样就把平行板电容器的能量用电场强度表示了出来。式中 Sd 是平行板电容器两极板间的体积,也就是电场的体积。

式(5-37)表明,能量是和电场相联系的,能量应属于电场。这个观点也是符合实际情况的,如电视台发射的电磁波由近及远独立地向外传播,传播出去的实际上是能量,这样才使千家万户收看到电视节目。另一方面,能量是物质的固有属性之一,电场具有能量也是电场物质性的一种表现。

如果电场是均匀分布的,它储存的能量也是均匀分布的。由上式可得单位体积中电场储存的能量,称为**电场能量密度**,用 w_e 表示,即

$$w_e = \frac{W_e}{Sd} = \frac{1}{2}\varepsilon_0 \varepsilon_r E^2 \tag{5-38}$$

这一结果虽然是由平行板电容器这个特例导出的,但可以证明它是一个普遍结论,对任何电场都适用。

对于不均匀分布的电场,各点的电场强度 E 大小不同,电场能量密度 w_e 是空间位置的函数。如果知道了空间的电场分布,则该电场储存的全部能量必须通过下面的积分求出,即

$$W_e = \int_V w_e \, \mathrm{d}V = \int_V \frac{1}{2}\varepsilon_0 \varepsilon_r E^2 \, \mathrm{d}V \tag{5-39}$$

式中,$\mathrm{d}V$ 是体积元,积分遍及整个电场所在区域。

【**例题 5-13**】 一电容器标有"$10\mu\mathrm{F}$,$450\mathrm{V}$",问当充电到 $400\mathrm{V}$ 时,它所储存的电能是多少?

解 根据电容器的储能公式得

$$W_e = \frac{1}{2}CU^2 = \frac{1}{2} \times 10 \times 10^{-6} \times 400^2 = 0.8\mathrm{J}$$

一般的电容器虽然储能不多,但是,如果使电容器的能量在极短的时间内释放出来,却可以获得较大的即时功率。如在照相机的闪光灯中,甚至在受控的热核反应实验中,都利用到电容器快速放电而获得瞬间的大功率。

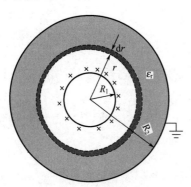

图 5-22 球形电容器

【**例题 5-14**】 球形电容器是由半径分别为 R_1 和 R_2 的两个同心金属球壳组成的,两球壳间充满相对电容率为 ε_r 的电介质,如图 5-22 所示。若电容器的带电量为 Q,求:①电容器所储存的能量;②此电容器的电容。

解 ① 当电容器的带电量为 Q 时，其内外球壳分别带有 $+Q$ 和 $-Q$，根据高斯定理可求出这两球面间的电场强度为

$$E = \frac{Q}{4\pi\varepsilon_0\varepsilon_r r^2} \quad (R_1 < r < R_2)$$

能量密度为

$$w_e = \frac{1}{2}\varepsilon_0\varepsilon_r E^2 = \frac{1}{2}\varepsilon_0\varepsilon_r \left(\frac{Q}{4\pi\varepsilon_0\varepsilon_r r^2}\right)^2$$

取半径为 r，厚度为 dr 的球壳为体积元，则 $dV = 4\pi r^2 dr$。整个球形电容器储存的能量为

$$W_e = \int_V w_e dV = \int_{R_1}^{R_2} \frac{1}{2}\varepsilon_0\varepsilon_r \left(\frac{Q}{4\pi\varepsilon_0\varepsilon_r r^2}\right)^2 4\pi r^2 dr = \frac{Q^2}{8\pi\varepsilon_0\varepsilon_r}\left(\frac{1}{R_1} - \frac{1}{R_2}\right)$$

② 由 $W_e = \frac{1}{2} \times \frac{Q^2}{C}$ 可得

$$C = \frac{1}{2} \times \frac{Q^2}{W_e} = 4\pi\varepsilon_0\varepsilon_r \frac{R_1 R_2}{R_2 - R_1}$$

【物理与技术】

静电的利用及危害的预防

一、静电的产生

静电普遍存在于我们的周围，除了摩擦产生静电外，物体在受压、撕裂、剥离、拉伸、受热、电解或受到带电体的感应时都可能产生静电。常见的产生静电的方式主要有：橡胶底的鞋子在绝缘的地面上行走，传动带与带轮发生摩擦，纸张在压光时与棍轴摩擦，橡胶原料及塑料制品压制以及用化纤等材料作为抹布抹物体表面。液体在流动、过滤、喷射及剧烈晃动过程中也会产生静电，如汽油、苯、乙醚等易燃液体在运输过程中，或在管道、贮罐、槽车中发生冲击和摩擦，都很容易产生静电。水蒸气或各种气体在管道中流或喷射时也都会产生静电。粉状物料在研磨、搅拌、筛分及高速运动中，或粉尘在通风管道内也会产生静电。可见，固体、液体、气体、粉尘等都可能产生和积累静电。产生静电的物体如果与周围绝缘，电荷就会逐渐积累。当静电荷逐渐积累或物体的电容量减小时，都可能形成高电位。

二、静电的利用

静电技术已经广泛应用于工农业生产中，现在我们来看看几种常见的应用。

1. 静电在医疗方面的应用

① 静电臭氧杀菌。静电臭氧杀菌技术主要是指静电臭氧发生技术。臭氧是一种强氧化物，可用于消毒灭菌，具有净化空气、消除臭味之功效。应用静电臭氧杀菌技术能使臭氧发生量与传统技术相比增加几十倍。因此，成本迅速降低。国际上

正在进行工业自来水臭氧杀菌技术的研究试验,将用以取代化学杀菌方法。

② 静电治疗。静电具有活血化瘀、消炎消肿的作用,医学上常用带有静电的驻极体膜治疗各种软组织损伤。

2. 静电在农业方面的应用

① 静电育种。静电能够引起生物遗传因子的明显变化,是培养新品种的有效手段。经高压静电处理过的农作物种子生物活性大大增强,出苗可提早三天左右,苗壮色深,可平均增产5%以上。

② 静电喷药。利用数百到数千伏的高压直流电源通电到喷头,使药液雾滴或药粉颗粒带电,从而使所喷植物外部由于静电感应而产生异性电荷,带电的药液雾滴或药粉颗粒在静电场作用下奔向防治目标,可大大增强防治效果,减少药剂损失和对环境的污染。

3. 静电在工业生产和日常生活中的应用

静电在工业生产和日常生活中也有着广泛的应用,例如静电除尘、静电喷涂、静电纺纱、静电植绒、静电复印等。在高新技术上静电也有很多应用,例如静电火箭发动机、静电轴承、静电陀螺仪、静电透镜等。在生产和生活中,如能巧妙应用静电,能给我们生活和生产带来很多益处。

三、静电的危害

静电的主要危害是由于静电放电而引起爆炸和火灾,其次还会发生电击和妨碍生产。

① 爆炸和火灾。静电在高压下放电会产生火花,如果周围存在爆炸性物质,就有可能引起爆炸和火灾。矿井下的静电能引起瓦斯爆炸,手术台上的静电能引起麻醉剂乙醚爆炸。

② 妨碍生产。静电还会干扰正常生产和影响产品质量。例如纺纱机上纤维带电后互相排斥,难以拈成纱;印刷机上纸张因静电吸附在滚筒上,影响连续印刷;粉尘加工时吸附在设备上造成筛目变小,影响产品质量并使生产效率降低。静电放电过程中所产生的电磁场是射频辐射源,会使计算机及其他设备受到干扰而失灵,使通信中断。

四、静电的防护措施

防静电的措施主要是针对火灾和爆炸的防护。一方面是减小静电的产生和积累,另一方面是将产生的静电尽快地消除掉。

1. 减小摩擦

带传动时应保持正常的拉力,防止打滑,或以齿轮传动代替带传动;气体、液体或粉尘物质在管道内传输时,应使用光滑管道,降低流速;倾倒或注入液体时应沿器壁流下或用管道引致容器底部,防止液体冲击和飞溅。

2. 自然消散

静电消散有两条途径:一是通过绝缘物向大地消散,二是与空气中的电子或离子中和。易于产生静电的机械零件应尽量用导电材料做成,必须使用橡胶、塑料和化纤等绝缘材料时,可在加工工艺或配方中适当改变其成分,例如掺入导电添加剂如炭黑、金属粉尘、导电杂质。对于易产生静电的液体，也可以注入某些溶液，以增加其导电性能。

3. 导体接地

凡用来加工、储存、运输各种易燃液体、气体和粉料的金属容器、管道和设备均应接地。

4. 静电中和

静电中和法是用静电消除器产生相反极性的电荷去中和物体上所带的静电。常见的静电消除器有感应式、高压式、放射式及离子流式等。

静电的应用已经渗透到方方面面，有关静电的更多应用请同学们课后查阅相关资料学习更多有关静电的知识。

【科技中国】

我国科学家首次测定并验证了人体静电电位的极端值

弹药火工品在储存和运输过程中突燃突爆的"反常发火"现象，困扰世界军事领域几十年。我国工程院院士刘尚合和他的同事们勇于面对挑战，经过二十年的艰辛研究，最终解决了电火工品"反常发火"疑难问题，先后获国家科技进步一等奖和全国科学大会奖等奖项。导致弹药火工品"反常发火"而爆炸的幕后黑手正是来无影、去无踪的静电，静电已经成为现代兵器中的隐形杀手。

多大能量的静电会引起不同弹药发火？人体带上多大的静电电压才是非常危险的？我国静电安全工程学科的奠基者和开拓者刘尚合，在攻克"静电与弹药"这个困扰世界军事领域几十年的难题时，经过对不同的弹药进行实验，首次提出了"信号自屏蔽——电荷耦合"动态电位测试原理，并和同事们一起成功研制出静电电位动态测试仪等5种仪器。为了验证自己研制的静电电位测试仪，他大胆提出对人体直接进行高电压实验，并提议由他自己亲身来完成。助手们通过专门仪器，让电压从2万伏起步进入刘尚合的身体，他的头发、汗毛一根根竖了起来，4万伏、5万伏……已达到国外资料认定的最高值时，助手们停了下来，但刘尚合却毫不犹豫下令继续加压，5.5万伏、6万伏、7万伏……静电电位测试仪的荧屏上显示，他身体上的静电电压已经达到了7100万伏，这是一个可以载入史册的时刻，也是人类首次测定并验证了人体静电电位的最高极端值。一次次无畏的挑战，使刘尚合一步步登上了国际静电研究领域的高峰，也因此获得了"兵器安全的保护神"的美誉。

本章小结

1. 库仑定律

其数学表达式为 $F = \dfrac{1}{4\pi\varepsilon_0} \times \dfrac{q_1 q_2}{r^2} r^0$。需要注意的是：①库仑定律是一个实验

定律，它只对真空中的点电荷适用。"点电荷"这个物理模型与力学中质点的概念相类似，可以忽略带电体的大小和形状，用一个几何点来表示带电体在空间的位置，从而使研究更为简化。②当空间存在两个以上的点电荷时，作用在某一电荷上的力等于各个点电荷单独存在时作用在该电荷上的力的矢量和。③电荷之间的相互作用不能超越时间、空间直接地相互作用，而是以电场作为媒介来实施的，因为任何电荷周围都存在着电场。

2. 电场强度和电势

电场强度的定义式为

$$E = \frac{F}{q_0}$$

电势的定义式为

$$V_a = \frac{E_{P_a}}{q_0} = \int_a^\infty E \cdot dl$$

需要注意的是，在计算电势时，必须要首先选取零电势点，一般取无穷远处为零电势点，也可以取地面或其他点作为零电势点。

电场中任意两点之间的电势之差称为**电势差**，其定义式为

$$U_{ab} = V_a - V_b = \int_a^b E \cdot dl$$

电势差与电场力做功之间的关系为

$$A_{ab} = q_0 U_{ab} = q_0 (V_a - V_b)$$

3. 电场强度叠加原理和电势叠加原理

电场强度和电势都满足叠加原理。对点电荷系有

$$E = E_1 + E_2 + \cdots + E_n = \frac{1}{4\pi\varepsilon_0} \sum_{i=1}^n \frac{Q_i}{r_i^2} r_i^0$$

$$V = V_1 + V_2 + \cdots + V_n = \sum_{i=1}^n \frac{q_i}{4\pi\varepsilon_0 r_i}$$

对电荷连续分布的带电体有

$$E = \int dE = \int \frac{1}{4\pi\varepsilon_0} \times \frac{dq}{r^2} r^0$$

$$V = \int dV = \int_V \frac{dq}{4\pi\varepsilon_0 r}$$

需要说明的是，由于电场强度是矢量，故其叠加原理满足矢量和；而电势是标量，其叠加原理满足代数和。

4. 高斯定理和静电场的环路定理

高斯定理公式为

$$\oint_S E \cdot dS = \frac{1}{\varepsilon_0} \sum_{(S内)} q_i$$

式中，E 是由闭合曲面 S 内、外所有电荷共同激发的电场；$\sum_{(S内)} q_i$ 是指被闭合

曲面 S 所包围的电荷的代数和,即 S 面内的净电荷。若 $\sum_{(S内)} q_i = 0$,则表示通过该闭合曲面的电通量 $\oint_S \boldsymbol{E} \cdot \mathrm{d}\boldsymbol{S} = 0$,而不能得出 E 一定等于零的结论。

应用高斯定理可以计算具有对称分布的电荷的电场强度。在实际应用时,要选取适当的闭合曲面(即高斯面),其选取原则是:①高斯面必须经过所求的场点;②在所取的高斯面的全部或一部分上电场强度的数值相等,且可以从积分号 $\oint_S \boldsymbol{E} \cdot \mathrm{d}\boldsymbol{S}$ 中提出来;③为了简化计算,本章中选取的高斯面一般是有一个面(如球面)或几个面(如圆柱体有两个底面和一个侧面)组成。这样,当电场强度垂直于某个面并且各点电场强度数值相等,则该面上的电通量 $\varPhi = \boldsymbol{E} \cdot \boldsymbol{S}$;当电场强度平行于某个面时,则该面上的电通量 $\varPhi = 0$。

静电场的环路定理反映了电场力做功与路径无关这一特性,它表明静电场是保守力场,它和重力场相同,都是一种有势场;另一方面,高斯定律指出静电场是有源的。因此,要想完全地描述一个静电场,必须联合应用这两条定理。

5. 电容和电场能量

电容是描述导体或导体组储存电荷能力的物理量。电容器的电容定义为 $C = Q/U$。它只决定于电容器本身的大小、形状和其内部的电介质,与电容器是否带电无关。在电容器中充以一定的电介质,电容器的电容将会增加。

电容器可以储能,其公式为 $W_e = \dfrac{1}{2} \times \dfrac{Q^2}{C}$;电场也具有能量,其计算公式为

$$W_e = \int_V w_e \mathrm{d}V = \int_V \dfrac{1}{2} \varepsilon_0 \varepsilon_r E^2 \mathrm{d}V$$

式中,V 为有电场存在的空间。

6. 基本公式

表 5-2 中列出了一些带电体的电场强度和电势公式。

表 5-2 真空中电场强度和电势的基本公式

电荷分布	电场强度	电势
点电荷	$E = \dfrac{q}{4\pi\varepsilon_0 r^2}$	$V = \dfrac{q}{4\pi\varepsilon_0 r}$
无限长均匀带电直线	$E = \dfrac{\lambda}{2\pi\varepsilon_0 a}$	
均匀带电细圆环(轴线上)	$E = \dfrac{qx}{4\pi\varepsilon_0 (R^2 + x^2)^{3/2}}$	$V = \dfrac{q}{4\pi\varepsilon_0 (R^2 + x^2)^{1/2}}$
无限大均匀带电平面	$E = \dfrac{\sigma}{2\varepsilon_0}$	
均匀带电球面	$E_内 = 0$ $E_外 = \dfrac{q}{4\pi\varepsilon_0 r^2}$	$V_内 = \dfrac{q}{4\pi\varepsilon_0 R}$ $V_外 = \dfrac{q}{4\pi\varepsilon_0 r}$

练习题

一、讨论题

5.1 根据点电荷的电场强度公式 $E=\dfrac{1}{4\pi\varepsilon_0}\times\dfrac{q}{r^2}$，当所考察的点到点电荷的距离 $r\to 0$ 时，电场强度 $E\to\infty$，这有没有意义？为什么？

5.2 在一个带正电的大导体附近的一点 P，放置一个检验电荷 $q_0(q_0>0)$，实际测得它所受力的大小为 F。若电荷 q_0 不是足够小，则 F/q_0 的值比点 P 原来的电场强度 E 大还是小？若大导体带负电，情况又将如何？

5.3 有人问："对于电场中的某定点，从电场强度的公式 $E=F/q_0$ 看，E 似与检验电荷 q_0 成反比，为什么却说 E 与 q_0 无关？"你能回答这个问题吗？

5.4 计算电场强度有哪些方法？计算电势有哪些方法？根据问题的条件，怎样恰当地选择计算电场强度和电势的方法从而使计算较为简便？

5.5 为什么不用电势能而用电势来描述电场？电势和电势差及其单位是如何规定的？如何从电势差计算电场力所做的功？

5.6 电场强度和电势是描写静电场性质的两个重要物理量，它们各描写电场的哪种属性？它们之间有何联系？

5.7 如果闭合曲面内所包围的电荷的代数和为零，能否肯定闭合曲面上的电场强度处处为零？如果闭合曲面上的电场强度处处为零，能否肯定闭合曲面内一定没有净电荷？

5.8 应用高斯定理求电场强度时，为什么要求高斯面上各点的电场强度一定是大小相等或是零？

5.9 应用环路定理证明静电场中的电场线不闭合。

5.10 无限长均匀带电直线或无限大均匀带电平面外附近的点，其电势是否无限大？任意两点间的电势差是否为一确定的有限量值？

二、选择题

5.11 在任意电场中，下列说法正确的是（　　）。
(A) 通过某一面元的电场线条数越多，面元所在处的电场越强
(B) 通过与电场线垂直的面元的电场线条数越多，面元所在处的电场越强
(C) 面元所在处的电场线越密，该处的电场越强
(D) 通过与电场线垂直的单位面积的电场线条数越多，则该处的电场越强

5.12 在电场强度为 E 的匀强电场中，有一个半径为 R 的半球面，若电场强度 E 的方向与半球面的对称轴平行，则通过这个半球面的电场强度通量的大小为（　　）。
(A) $\pi R^2 E$　　(B) $2\pi R^2 E$　　(C) $\sqrt{2}\pi R^2 E$　　(D) $\dfrac{1}{\sqrt{2}}\pi R^2 E$

5.13 下列叙述中正确的是（　　）。
(A) 电势等于零的物体一定不带电
(B) 电势高的地方，电场强度一定大
(C) 电场强度为零时，电势一定为零
(D) 负电荷沿着电场线方向移动，它的电势能增加

5.14 真空中两块相互平行的无限大均匀带电平板，其面电荷密度分别为 $+\sigma$ 和 $+2\sigma$，两板间距离为 d，则两板间的电势差为（　　）。
(A) 0　　(B) $\dfrac{3\sigma}{2\varepsilon_0}d$　　(C) $\dfrac{\sigma}{\varepsilon_0}d$　　(D) $\dfrac{\sigma}{2\varepsilon_0}d$

5.15 如题图 5-1 所示，一圆环均匀带电 $-q_0$，另有两个带电量都为 $+q$ 的点电荷位于环的轴线上，分居于环的两侧，它们到环的距离都等于环的半径 R。当此电荷系统处于平衡时，则 q 与 q_0 的数值之比为（　　）。
(A) $1/\sqrt{2}$ 　　　(B) $2\sqrt{2}$ 　　　(C) $\sqrt{3}$ 　　　(D) $\sqrt{2}$

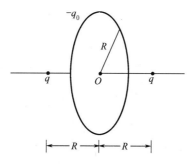

题图 5-1　习题 5.15 图

5.16 高斯定理 $\oint_S E \cdot dS = \dfrac{1}{\varepsilon_0} \sum q$ 说明静电场的性质是（　　）。
(A) 电场线不是闭合曲线　　　　(B) 静电力是保守力
(C) 静电场是有源场　　　　　　(D) 静电场是保守力场

5.17 静电场的环路定理 $\oint_S E \cdot dl = 0$ 说明静电场的性质（　　）。
(A) 电场线不是闭合曲线　　　　(B) 静电力是保守力
(C) 静电场是有源场　　　　　　(D) 静电场是保守力场

5.18 平行板电容器充电后仍与电源相连接，若用绝缘手柄将两极板间的距离拉大，则极板上电量 Q、电场强度 E 和电场能量 W_e 将作如下变化，正确者是（　　）。
(A) Q 增大，E 增大，W_e 增大　　　(B) Q 减小，E 减小，W_e 减少
(C) Q 增大，E 减小，W_e 增大　　　(D) Q 减小，E 增大，W_e 增大

三、填空题

5.19 在点电荷 $-Q$ 的电场中有 a 和 b 两点，距 $-Q$ 的距离分别为 r_a 和 r_b，且 $r_a > r_b$，则 _____ 点的电场强度大，_____ 点的电势高。一正电荷 q 置于 b 点时具有的电势能等于 _____，若将此点电荷从点 b 移到点 a，则电场力做 _____（正、负）功，电势能将 _____（填增大、减小或不变）。

5.20 如题图 5-2 所示，在边长为 a 的正六边形的六个顶点分别放置六个点电荷 $+q$（或 $-q$），则在图示的四种情况下，六边形中心 O 处的电场强度大小分别为 $E_{(a)} = $_____，$E_{(b)} = $_____，$E_{(c)} = $_____，$E_{(d)} = $_____。并分别在图中画出电场强度 E 的方向。

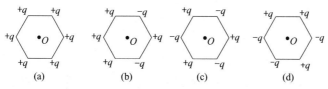

题图 5-2　习题 5.20 图

5.21 真空中两块相互平行的无限大均匀带电平板，其中一块的面电荷密度为 $+\sigma$，另一块的面电荷密度为 $+2\sigma$，则两板间的电场强度大小为_____。

5.22 如题图 5-3 所示，在同一电场线上有 A、B、C 三点，若选点 A 电势为零，则 B、C 两点的电势分别为 V_B _____，V_C _____；若选点 B 电势为零，则 V_A _____，V_C _____；若选点 C 电势为零，则 V_A _____，V_B _____。（填大于或小于零）

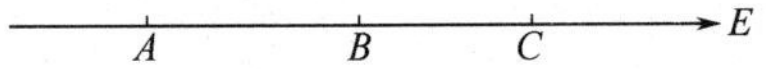

题图 5-3　习题 5.22 图

5.23 一均匀带电的空心橡胶球，在维持球状吹大的过程中，球内任意点的电场强度 _____，电势 _____；始终在球外的任意点的电场强度 _____，电势 _____（填增大、减小或不变）。

5.24 平行板电容器充电后与电源断开，然后充满相对电容率为 ε_r 的均匀介质，其电容 C 将 _____，两板间的电势差将 _____（填增大、减小或不变）。

5.25 电荷线密度分别为 λ_1 和 λ_2 的两平行均匀带电直线，相距为 d，则单位长度上的电荷受到的静电力大小为 _____。

5.26 一半径为 R 的球体均匀带电，电荷体密度为 ρ，则球体外距球心为 r 点的电场强度大小为 _____；球体内距球心为 r 点的电场强度为 _____。

四、计算题

5.27 如题图 5-4 所示，两个小球的质量均为 0.1×10^{-3} kg，分别用两根长 1.20m 的细线悬挂着。当两球带有等量的同种电荷时，它们相互推斥分开，在彼此相距 5×10^{-2} m 处达到平衡，试求每个球上所带的电量 q。

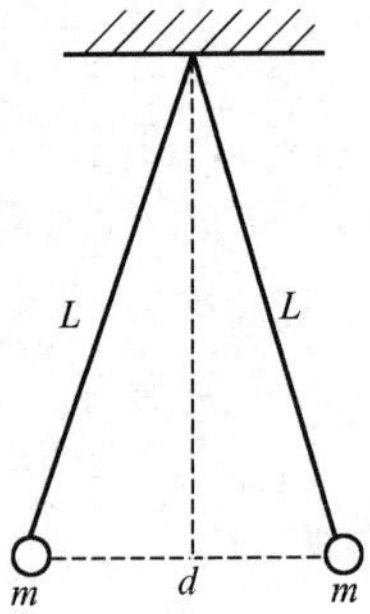

5.28 试计算电偶极子两电荷连线的延长线上任意一点 P 的电场强度。设点 P 到电偶极子轴中心的距离为 r。

5.29 两个带电量分别为 -10×10^{-9}C 和 30×10^{-9}C 的点电荷相距 20cm，求连线中点 O 处的电场强度和电势。

5.30 将 $q=1.7\times 10^{-8}$C 的点电荷从电场中的点 A 移到点 B，外力需要做功 5.0×10^{-6}J。问 A、B 两点间的电势差是多少？哪点电势高？若选点 B 电势为零，则点 A 电势为多大？

题图 5-4　习题 5.27 图

5.31 一个电量为 $+3\times 10^{-9}$C 的带电粒子在匀强电场中逆着电场线方向移动了 0.05m，外力对它做功为 6×10^{-6}J，此粒子的动能增加了 4.5×10^{-6}J，求：①电场力对粒子所做的功；②此匀强电场的电场强度。

5.32 长为 L 的均匀带电细棒 AB，其电荷线密度为 λ，求 AB 棒的延长线上距一端为 a 处的电场强度。

5.33 一竖直放置的大平板的一侧表面上均匀带电，面电荷密度为 0.33×10^{-4}C/m²。一条长 5cm 的棉线，一端固定于该平板上，另一端悬有质量 1g 的带正电的小球，若线与竖直成 30°角而达到平衡，求小球上所带的电荷 q。

5.34 一半径为 R 的无限长直圆筒，表面上均匀带电，沿轴线每单位长度所带的电荷为 λ（$\lambda>0$）。求圆筒内、圆筒外的电场强度。

5.35 如题图 5-5 所示，在同一水平面上，点电荷 $+Q$ 和 $-Q$ 分别置于点 O 和 O' 处，若沿着以点 O 为圆心，R 为半径的水平半圆弧 ABC，把质量为 m、带电 $+q$ 的质点从点 A 移到点 C，求电场力和重力分别对它所做的功。

5.36 一无限大平行板电容器，A、B 两板相距 5.0×10^{-2}m，板的电荷面密度 $\sigma=3.3\times 10^{-6}$C/m²，A 板带正电，B 板带负电并接地，如题图 5-6 所示。求：①在两板间距 A 板

1.0×10^{-2} m 处点 P 的电势；②A 板的电势；③若换成 A 板接地，以上结果又将如何？

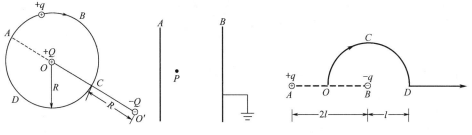

题图 5-5　习题 5.35 图　　　题图 5-6　习题 5.36 图　　　题图 5-7　习题 5.38 图

5.37　有一点电荷 $q=2.0\times10^{-8}$C，放在一原不带电的金属球壳的球心，球壳的内外半径分别为 $R_1=0.15$m，$R_2=0.30$m，求离球心 r 分别为 0.1m、0.2m 和 0.5m 处的电势。

5.38　如题图 5-7 所示，点 A 有点电荷 $+q$，点 B 有点电荷 $-q$，$AB=2l$，OCD 是以点 B 为中心，l 为半径的半圆。求：①将单位正电荷从点 O 沿 OCD 移动到点 D，电场力做多少功？②将单位负电荷从点 D 沿 AB 延长线移到无穷远处，电场力做多少功？

5.39　在半径分别为 R_1 和 R_2 的两个同心球面上，分别均匀带电 Q_1 和 Q_2，且 $R_1<R_2$。求下列区域内的电势分布：①$r<R_1$；②$R_1<r<R_2$；③$r>R_2$。

5.40　两块平行的导体平板，面积都是 2.0m^2，放在空气中，并相距 5.0mm，两极板间的电势差为 1000V，略去边缘效应。求：①该电容器的电容；②两极板上的带电量和面电荷密度；③两板间的电场强度。

5.41　一平行板电容器，圆形极板的半径为 8.0cm，极板间距为 1.0mm，中间充满相对电容率为 5.5 的均匀电介质，若对它充电到 100V 时，则它储存的电能为多少？

5.42　电容传感器在工业生产和科学研究过程中应用广泛。在化工、制药、食品、仪表、检测、控制等过程中，常用电容传感器测量压力、位移等物理量。例如由于压力、位移等物理量的变化，引起电容器的两极间的距离变化，通过测定电容的变化，就可以确定压力或位移等待测量。电容器是一种重要的传感元件。你能利用电容传感器设计一个测定微小位移的测量电路吗？查阅相关资料，画出设计图，并说明测量原理。

5.43　如题图 5-8 所示的金属油筒，金属油筒可构成一个圆筒形电容器，当油筒中的油量变化时，电容也产生变化，请据此设计一个油量自动检测装置，查阅相关资料，画出设计图，并说明测量原理。

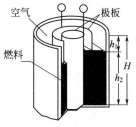

题图 5-8　习题 5.43 图

第六章

磁　　场

 学习指南

1. 理解磁感应强度的概念，熟悉磁通量的计算公式。
2. 理解毕奥-萨伐尔定律的内容及其数学表达式，领会磁场叠加原理，知道应用毕奥-萨伐尔定律和磁场叠加原理计算电流的磁场中磁感应强度 B 分布的方法。
3. 理解磁场的高斯定理、安培环路定理的内容及其所反映的磁场的性质，掌握其数学表达式，并学会相应的计算。
4. 熟悉磁场对运动电荷的作用，理解安培定律的内容及其矢量表达式，掌握计算载流导体所受安培力、运动电荷所受洛伦兹力以及载流线圈在均匀磁场中所受力矩的方法。
5. 了解霍尔效应及其应用。
6. 初步了解两种磁介质——顺磁质和抗磁质的区别，了解铁磁质的特性及其应用。

 衔接知识

一、磁场和磁场方向

两个磁铁（或具有磁性的物体）相互靠近时，能够产生力的作用，并且，同名磁极相互排斥，异名磁极相互吸引。把磁铁之间的相互作用力称为磁场力。与电荷之间相互作用力相似，两个磁铁之间的相互作用力也不需要磁铁相互接触，这是由于磁铁周围存在着一种类似于电场的物质，磁铁之间的相互作用力就是通过这个场来发生的，物理学中把磁铁产生的场叫做磁场。磁场是有方向的，物理学中规定：**磁场中某点磁场方向是小磁针在磁场中静止时 N 极所指的方向。**

二、电流磁场及其判别

在电流（或运动的电荷）周围存在着磁场，电流周围的磁场方向可以用右手螺旋定则（又叫安培定则）进行判别。实际上一切磁现象的根源就是电流，由于电子在原子核外旋转形成分子电流，从而使得分子具有磁性，物质的磁性就是物质中所有分子电流磁效应的总和。

三、磁感应强度

磁感应强度是用来描述磁场强弱和方向的物理量，磁场中某点的磁感应强度的方向就是该点的磁场方向。把垂直于磁场方向的载流导线受到的磁场力 F 跟电流 I 和导线长度 L 的乘积 IL 的比值，规定为导线所在处的磁感应强度，用 B 表示，即 $B = \dfrac{F}{IL}$。

四、磁感应线

磁感应线是为了形象地描绘磁场而引入的假想曲线，在磁场中画一系列带箭头的曲线，使这些曲线上每一点的切线方向与该点的磁场方向一致，这样的曲线叫作磁感应线，磁感线是闭合的，在磁体外部磁感线由 N 极指向 S 极（或者由 N 极指向无穷远，或者由无穷远指向 S 极），在磁体内部磁感线由 S 极指向 N 极；任意两条磁感线不相交；磁感线的疏密程度反映了磁场的相对强弱，磁感线越密的地方磁场越强，磁感线越疏的地方，磁场越弱。

五、磁场对通电导线以及运动电荷的作用

在匀强磁场中，当载流直导线与磁场方向垂直时，导线所受安培力的大小等于导线中的电流 I、导线的长度 L 及磁感应强度 B 的乘积，即 $F = BIL$。这一规律是由安培首先发现的，所以称为安培定律。磁场对运动电荷同样具有力的作用，人们把运动电荷在磁场中受到的力叫做洛伦兹力。实验表明，当电荷的运动方向与匀强磁场的方向垂直时，运动电荷所受的洛伦兹力等于电荷的带电量、运动速度及磁感应强度三者的乘积，即洛伦兹力 $F = qvB$。安培力和洛伦兹力的方向用左手定则进行判别。

六、磁通量

把穿过某一面积的磁感线的条数，叫作穿过该面积的磁通量，当磁场方向与平面垂直时，穿过该平面磁通量的大小为 $\varPhi = BS$。

磁现象和电现象很早就被发现了。根据记载，中国首先发现磁铁，也首先应用磁现象。约在公元前 300 年（战国末年）就发现了磁铁矿石吸引铁片的现象；11 世纪，已经制造出了航海用的指南针，并且发现了地磁偏角。

在中学的学习过程中，我们已经学会了用磁感应强度来描述磁场的强弱和方向，用磁感应线形象地描绘磁场。本教材将介绍计算电流周围磁感应强度的方法——毕奥-萨伐尔定律，并应用叠加原理计算常见载流导体周围的磁感应强度。

磁场的高斯定理和环路定理是磁场的两个基本定理，这两个定理也揭示了磁场

的基本性质。利用磁场的环路定理还能够简化计算一些特定的载流导体周围的磁感应强度。

本章在中学基础上将继续研究磁场对载流导体和运动电荷的作用，还将学习磁场对载流导体的一种特殊现象——霍尔效应现象及其在工程中的应用。

磁介质对磁场会产生影响，不同的磁介质对磁场的影响是不同的，工程中广泛应用的铁磁质能够显著增强和影响外磁场，因此被广泛应用在变压器的铁芯和磁屏蔽设备中。本教材介绍磁介质对磁场影响以及在磁介质中的磁场的基本规律。

磁场和电场虽然是两种不同的场，但在探讨思路和研究方法上却有许多类似之处。在学习本章时应随时对照第五章的有关内容，进行类比和借鉴，以便能更好地掌握本章内容。

第一节　描述磁场的基本物理量

一、磁感应强度

1. 磁场

众所周知，磁铁周围存在着磁场（magnetic field）。**磁场的方向**是这样规定的：在磁场中的任意一点，小磁针静止时 N 极所指的方向就是该点的磁场方向。由于磁场和电场一样是一种看不见、摸不着的特殊物质，为了形象地描述磁场，人们就像在电场中引入电场线那样，在磁场中引入磁感应线，用磁感应线来形象地描述空间各点的磁场方向。所谓**磁感应线**，就是在磁场中画出一些有方向的曲线，使曲线上每一点的切线方向与该点的磁场方向相同，这种曲线就叫做磁感应线（magnetic induction line）。

1820 年，丹麦物理学家奥斯特（H. C. Oersted，1777—1851）从实验中偶然发现，当磁针放在一根长载流导线下方时，磁针转向垂直于载流导线的方向，从而推断出通电导线和磁铁一样，在周围空间存在着磁场。

2. 磁现象的电本质

1822 年，法国学者安培（A. M. Ampere，1775—1836）提出了有关物质磁性本质的假说。他认为，一切磁现象的根源是电流，宏观物质的内部有**分子电流**（molecular current）（或叫环行电流），每个分子电流均有自己的磁效应，**物质的磁性就是物质中所有分子电流磁效应的总和**。当各分子电流取向一致时，物质便会对外显示出磁性；当各分子电流取向杂乱无章时，各电流的磁效应相互抵消，物质便不对外表现出磁性。安培的磁性起源的假说，揭示了磁现象的电本质。即**磁铁的磁场和电流的磁场一样，都是由电荷的运动产生的**。安培的分子电流假说已被现代分子结构所证实。

根据这一假说，一切磁现象都可以归结为电流的磁效应，而电流是由大量电荷的定向运动形成的。因此，电流与电流之间、电流与磁铁之间、磁铁与磁铁之间的相互作用，都可以看作是运动电荷之间的相互作用。可见，运动电荷之间除了和静止电荷一样有电场力的相互作用外，还有磁力的相互作用。

在静电学中，电荷之间的相互作用力是通过电场来施加的。与此相似，运动电荷之间相互作用的磁力是通过磁场来施加的。实验发现，若将一静止电荷置于磁场中时，我们观察不到有什么特殊的力作用在该电荷上；然而，当电荷在磁场中运动时，则除了引力相互作用和电荷间相互作用的力之外，还观察到了一种新的力——磁场力作用在运动电荷上，这就是磁场的基本性质。也就是说，任何运动电荷的周围空间都存在着磁场，这个磁场对置于其中的任何运动电荷都有磁力作用。即

$$运动电荷（电流）\Longleftrightarrow 磁场 \Longleftrightarrow 运动电荷（电流）$$

所以，磁力也叫磁场力（magnetic force）。

值得指出的是，运动电荷与静止电荷的不同之处在于：静止电荷的周围空间只存在静电场，而运动电荷（或电流）的周围空间，除了和静止电荷一样存在电场之外，还存在磁场。电场对处于其中的电荷（不论运动与否）都有电场力的作用，而磁场则只对处于其中的运动电荷有磁场力作用。

由于磁场对磁铁、运动电荷、载流导体有磁场力的作用，所以，可以考察处于磁场中的运动电荷或放置于磁场中的磁铁、载流导线以及载流线圈所受的磁场力，来探测磁场的强弱。下面通过运动电荷在磁场中的受力来描述磁场的强弱。其他描述方法可参阅相关书籍。

3. 磁感应强度

在研究电场时，根据检验电荷 q 在电场中受力的性质，引入了描述电场性质的物理量——电场强度。与此相似，可以用运动电荷 q 在磁场中的受力来定义磁感应强度 B（magnetic induction）。当然，作为检验用的运动电荷，其本身产生的磁场必须足够弱，不至于影响被检验的磁场分布。

实验发现，运动电荷在某一磁场中受到的磁场力不仅与电荷的电量有关，而且与电荷运动的速度大小和方向有关。

① 若一带电粒子 q，以速度 v 进入磁场，当该带电粒子的运动方向和磁场方向平行时，它不发生偏转，说明带电粒子所受的磁场力为零，即 $F=0$，如图 6-1(a) 所示。

② 当带电粒子的运动方向和磁场方向垂直时，它所受到的磁场力最大，用 F_{max} 表示，方向垂直于磁场方向和点电荷运动方向所组成的平面，如图 6-1(b) 所示。

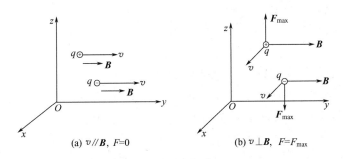

(a) $v // B$, $F=0$ (b) $v \perp B$, $F=F_{max}$

图 6-1 运动点电荷在磁场中受力的两种情况

（B 的方向即为磁场方向）

③ 当带电粒子的运动方向和磁场方向既不平行也不垂直时，它所受到的磁场力 F 的大小为 $0<F<F_{max}$，方向随带电粒子运动方向的不同而变化，但始终垂直于磁场方向和点电荷运动方向所组成的平面。

精确的实验测定表明，具有不同电量 q（$q>0$）、不同速率 v 的带电粒子，沿垂直于磁场方向运动，在通过磁场中某点 P 时，它所受到的最大磁场力 F_{max} 的大小是不同的，但比值 $\dfrac{F_{max}}{qv}$ 却都相同。在磁场中的不同场点，这一比值一般不同；但对于给定的场点，这一比值具有确定的量值。可见，比值 $\dfrac{F_{max}}{qv}$ 与作为检验用的带电运动粒子无关，它只是磁场中场点位置的函数，是一个反映该点磁场强弱性质的物理量，把这一比值定义为**磁感应强度的大小**，即

$$B = \frac{F_{max}}{qv} \tag{6-1}$$

磁感应强度的方向与该点磁场方向一致，即与放置于该点的可转动的小磁针静止时 N 极的指向一致。可见，磁感应强度 B 是一个矢量。它是描述磁场强弱程度的物理量。

在 SI 中，磁感应强度 B 的单位是特斯拉（Tesla），简称特，符号为 T。$1\mathrm{T} = 1\mathrm{N}/(\mathrm{A} \cdot \mathrm{m})$。

地球表面附近磁场的 B 值约为 $0.5 \times 10^{-4}\mathrm{T}$；一般磁电式电表中的永久磁铁在气隙内的 B 值约为 $10^{-1}\mathrm{T}$；大型电磁铁激发的磁场，其 B 值约为 $2\mathrm{T}$；用超导材料制成的超导磁体激发的磁场，其 B 值可达 $10\mathrm{T}$ 左右。

二、毕奥-萨伐尔定律

1. 电流元模型

在静电学中，引入了点电荷的概念，并根据电场叠加原理，将任意带电体所产生的电场看成是由许多电荷元所产生的电场的叠加。即把任意带电体分割成无穷多个可视为点电荷的电荷元 $\mathrm{d}q$，在求出每个电荷元 $\mathrm{d}q$ 在某点的电场强度 $\mathrm{d}E$ 后，再根据电场叠加原理，将所有电荷元在该点的 $\mathrm{d}E$ 叠加，得到带电体在该场点的场强 E。实验表明，磁场也和电场一样遵从叠加原理。而磁场是由电流产生的，因此与此相仿，可以把任意形状的导线电流分成无穷多个小段，每个小段的长度为 $\mathrm{d}l$，若 $\mathrm{d}l$ 中通过的恒定电流强度为 I，则把 $I\mathrm{d}l$ 表示为矢量 $I\mathrm{d}\boldsymbol{l}$，其方向指向电流的流向，大小为 $I\mathrm{d}l$，这一载流线元矢量 $I\mathrm{d}\boldsymbol{l}$ 就称为**电流元**。这样，整个载流导线所产生的磁场就是这些电流元所产生的磁场的叠加。

电流元模型是为了研究问题的方便而引入的，和电荷元一样，其分割过程也是假想出来的，这种将整体无限细分的方法源于高等数学中的微积分。在应用已有的知识或理论无法直接求出整体的情况下，先将其分割成无限多个很小的微元，求出每一微元的数学表达式，最后应用定积分的方法将其进行叠加求和，从而达到求解整体的目的。这是一种求解具有可加性几何量和物理量的重要方法。本章引入的电

流元模型对于求解载流导线周围的磁场十分方便。

2. 毕奥-萨伐尔定律

式(6-1)是磁场中各点磁感应强度 B 的定义式。而在真空里稳恒电流所激发的磁场中，各点的磁感应强度 B 与稳恒电流在数量上的关系如下。

设有一段长为 L 的任意形状的载流导线，通有稳恒电流 I，其在周围空间产生的磁场称为**稳恒磁场**。为了求出此稳恒磁场中任意一点的磁感应强度，可在导线上任取一电流元 $I\mathrm{d}l$，它在周围空间某点 P 产生的磁感应强度设为 $\mathrm{d}B$，如图 6-2 所示。1820 年法国物理学家毕奥（J.B. Biot，1774—1862）和萨伐尔（F. Savart，1791—1841）在实验工作的基础上，在数学家拉普拉斯的帮助下，导出了电流元 $I\mathrm{d}l$ 产生的磁感应强度 $\mathrm{d}B$ 的表达式，称为**毕奥-萨伐尔**

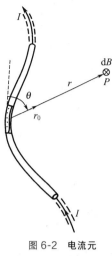

图 6-2 电流元产生的磁场

定律（Biot-Savart law），即**电流元 $I\mathrm{d}l$ 在真空中给定点 P 所产生的磁感应强度 $\mathrm{d}B$ 的大小与电流元的大小成正比，与电流元的方向和由电流元到 P 点的矢径 r 之间的夹角 θ 的正弦成正比，并与电流元到点 P 的距离的平方成反比**。即

$$\mathrm{d}\boldsymbol{B} = \frac{\mu_0}{4\pi} \times \frac{I\mathrm{d}l \sin\theta}{r^2} \tag{6-2}$$

式中，μ_0 是真空中的磁导率，其值为

$$\mu_0 = 4\pi \times 10^{-7}$$

$\mathrm{d}\boldsymbol{B}$ 的方向是垂直于电流元 $I\mathrm{d}l$ 与矢径 r 所组成的平面，其指向按右手螺旋法则判定，即用右手四指从 $I\mathrm{d}l$ 经小于 180° 角转到 r，则伸直的大拇指所指的方向就是 $\mathrm{d}\boldsymbol{B}$ 的方向。

综上所述，毕奥-萨伐尔定律可用如下的矢量式表示，即

$$\mathrm{d}\boldsymbol{B} = \frac{\mu_0}{4\pi} \times \frac{I\mathrm{d}\boldsymbol{l} \times \boldsymbol{r}^0}{r^2} \tag{6-3}$$

式中，$\boldsymbol{r}^0$ 是沿 r 的单位矢量；$\mathrm{d}\boldsymbol{B}$ 就是电流元 $I\mathrm{d}l$ 在点 P 产生的微小磁感应强度。

实验证明，整个载流导线 L 在空间某点所激发的磁感应强度 $\boldsymbol{B}$，就等于这段导线上所有电流元在该点激发的磁感应强度 $\mathrm{d}\boldsymbol{B}$ 的矢量和，这叫做**磁场的叠加原理**。即

$$\boldsymbol{B} = \int_L \mathrm{d}\boldsymbol{B} = \int_L \frac{\mu_0}{4\pi} \times \frac{I\mathrm{d}\boldsymbol{l} \times \boldsymbol{r}^0}{r^2} \tag{6-4}$$

式(6-4)是一个矢量积分，积分号下的 L 表示对整个导线中的电流求积分。

3. 毕奥-萨伐尔定律的应用

应用毕奥-萨伐尔定律计算磁场中各点磁感应强度 B 的具体步骤如下。

① 首先，在载流导线上任选一个电流元 $I\mathrm{d}l$，并标出 $I\mathrm{d}l$ 到场点（即欲求磁感应强度 B 的一点）的位矢 r，由此确定两者的夹角 θ。

② 根据式(6-2),求出电流元 $I\mathrm{d}l$ 在该点所激发的磁感应强度 $\mathrm{d}\boldsymbol{B}$ 的大小,并由右手螺旋法则确定 $\mathrm{d}\boldsymbol{B}$ 的方向。

③ 就整个载流导线对 $\mathrm{d}\boldsymbol{B}$ 进行积分,求出磁感应强度 $\boldsymbol{B}$。鉴于 $\mathrm{d}\boldsymbol{B}$ 是矢量,因此积分时必须注意它的方向。由于同方向的矢量才是它们的矢量和(即代数和),因此只有当各电流元在该点的磁感应强度 $\mathrm{d}\boldsymbol{B}$ 的方向都相同时,才能用标量积分来求该点磁感应强度 $\boldsymbol{B}$ 的大小,即

$$B = \int_L \mathrm{d}B = \int_L \frac{\mu_0}{4\pi} \times \frac{I\mathrm{d}l \cdot \sin\theta}{r^2}$$

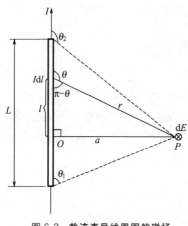

图 6-3 载流直导线周围的磁场

否则,可先选取直角坐标系,求出 $\mathrm{d}\boldsymbol{B}$ 在各坐标轴上的正交分量式,分别求它们的积分,就可得出整个载流导线在该点激发的磁感应强度 $\boldsymbol{B}$ 的各分量,然后再由这些分量求出它的大小和方向。

下面举例来说明毕奥-萨伐尔定律的应用。由下面这些典型例子所获得的结论和公式,在今后解题时可直接应用。

【例题 6-1】 设有一段长为 L 的通有电流 I 的直导线,P 为此载流直导线周围任意一点,到直线的距离为 a,求点 P 的磁感应强度。

解 如图 6-3 所示,在直导线上任取一电流元 $I\mathrm{d}l$,它到点 P 的位矢为 $\boldsymbol{r}$,点 P 到直线的垂足为 O,电流元 $I\mathrm{d}l$ 到点 O 的距离为 l,$I\mathrm{d}l$ 与 $\boldsymbol{r}$ 的夹角为 θ。根据毕奥-萨伐尔定律,该电流元在点 P 产生的磁感应强度 $\mathrm{d}\boldsymbol{B}$ 的大小为

$$\mathrm{d}B = \frac{\mu_0}{4\pi} \times \frac{I\mathrm{d}l \sin\theta}{r^2}$$

$\mathrm{d}\boldsymbol{B}$ 的方向垂直于纸面向里,图中用⊗表示。由于直导线上所有电流元在点 P 的磁场方向相同,所以,整个载流导线 L 在点 P 产生的磁感应强度的大小为

$$B = \int_L \mathrm{d}B = \int_L \frac{\mu_0}{4\pi} \times \frac{I\mathrm{d}l \sin\theta}{r^2}$$

为便于积分,必须将上式中的 l、r、θ 等变量统一为一个变量。由图中可知

$$l = \arctan(\pi - \theta) = -\arctan\theta$$

两边求微分得

$$\mathrm{d}l = \frac{a}{\sin^2\theta}\mathrm{d}\theta$$

而

$$r = \frac{a}{\sin(\pi - \theta)} = \frac{a}{\sin\theta}$$

代入上式有

$$B = \int_{\theta_1}^{\theta_2} \frac{\mu_0}{4\pi} \times \frac{I}{a} \sin\theta \mathrm{d}\theta = \frac{\mu_0 I}{4\pi a}(\cos\theta_1 - \cos\theta_2) \tag{6-5}$$

式中，θ_1 和 θ_2 分别为直导线两端的电流元与它们到点 P 的位矢之间的夹角。对于无限长直载流导线来说，$\theta_1=0$、$\theta_2=\pi$，所以，无限长直载流导线外一点的磁感应强度大小为

$$B=\frac{\mu_0}{2\pi}\times\frac{I}{a} \tag{6-6}$$

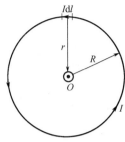

图 6-4 圆形电流圆心处的磁场

【例题 6-2】 设在半径为 R 的圆形线圈上通有电流 I，求圆心 O 处的磁感应强度。

解 如图 6-4 所示，在圆线圈上任取一电流元 $I\mathrm{d}\boldsymbol{l}$，它到圆心 O 的位矢为 $\boldsymbol{r}$，因 $I\mathrm{d}\boldsymbol{l}$ 与 $\boldsymbol{r}$ 之间的夹角为 $\frac{\pi}{2}$，所以，该电流元在圆心 O 处的磁感应强度 $\mathrm{d}\boldsymbol{B}$ 的大小为

$$\mathrm{d}B=\frac{\mu_0}{4\pi}\times\frac{I\mathrm{d}l\sin\frac{\pi}{2}}{r^2}=\frac{\mu_0 I\mathrm{d}l}{4\pi r^2}=\frac{\mu_0 I\mathrm{d}l}{4\pi R^2}$$

$\mathrm{d}\boldsymbol{B}$ 的方向垂直于纸面向外。由于所有电流元在点 O 产生的磁场方向都相同，所以，圆形电流中心的磁感应强度大小为

$$B=\int_L \frac{\mu_0 I}{4\pi R^2}\mathrm{d}l=\frac{\mu_0}{2}\times\frac{I}{R} \tag{6-7}$$

第二节　磁场的基本规律

一、磁通量

上节中为了形象地描述磁场，引入了磁感应线。它只是假想出来的曲线，实际上并不存在，但可以借助实验方法把它模拟出来。因为磁感应线上任意一点的切线方向都和该点的磁场方向一致，所以磁感应线可以表示磁场中各处磁感应强度 B 的方向；为了使磁感应线也能够定量地描述磁场的强弱，有如下规定：**磁感应线密度——通过某点上垂直于 B 矢量的单位面积的磁感应线条数，在数值上等于该点 B 矢量的大小**。这样，磁场较强的地方磁感应线就较密；反之，磁场较弱的地方磁感应线就较疏。如果磁感应线是一组间隔相等的同方向的平行线，该磁场就称为**匀强磁场**。载流螺线管内部（靠近中央部分）的磁场就是匀强磁场。

图 6-5 给出了几种情形下的磁感应线。从图中可以看到，磁感应线是闭合曲线。因此，磁感应线无头无尾，这与静电场有头有尾的电场线截然不同。这是与正负电荷被分离，而 N、S 极不能被分离的事实相联系的。因为磁感应线是闭合曲线，所以磁场是涡旋场。磁感应线的回转方向与电流流向之间的关系遵从**右手螺旋定则**：用右手握住导线，让伸直的大拇指所指的方向跟电流的方向一致，其余四指自然弯曲，那么弯曲的四指所指的方向就是磁感线的环绕方向，如图 6-6(a) 所示；对于圆电流，可以**将右手四指沿圆电流 I 的流向自然弯曲成环行，则伸直的大拇指**

所指的方向即为穿过圆电流内部的磁感应线方向,如图 6-6(b) 所示。螺旋管电流 I 是由许多圆电流串联而成的,所以其内部的磁感应线方向用右手螺旋定则判定如图 6-6(c) 所示。

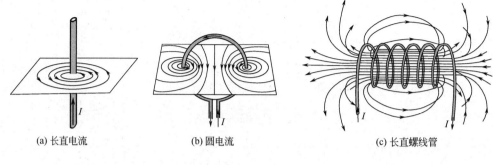

图 6-5 磁感应线

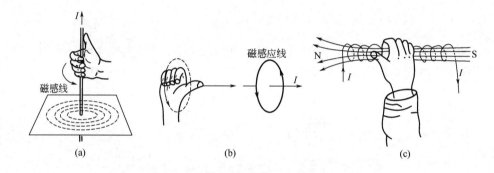

图 6-6 右手螺旋定则

根据对磁感应线密度的规定,可以计算出穿过一给定曲面的**磁通量**(magnetic flux),即穿过该曲面的磁感应线条数。取与 B 垂直的面元 $dS_\perp$,用 Φ_m 表示通过此面元的磁通量,那么,该处 B 的大小就是

$$B = \frac{d\Phi_m}{dS_\perp}$$

上式又可以写成 $d\Phi_m = B dS_\perp$。若在磁场中某处,面元 dS 的法线 n 与该处 B 的夹角为 θ,如图 6-7 所示,那么

$$d\Phi_m = B\cos\theta dS = \boldsymbol{B} \cdot d\boldsymbol{S} \tag{6-8}$$

穿过整个曲面 S 的磁通量为

$$\Phi_m = \int_S d\Phi_m = \int_S B\cos\theta dS = \int_S \boldsymbol{B} \cdot d\boldsymbol{S} \tag{6-9}$$

磁通量 Φ_m 是一个具有量纲的物理量,在 SI 中,它的单位是韦伯,简称韦,符号为 Wb。$1\text{Wb} = 1\text{T} \cdot \text{m}^2$。

二、磁场中的高斯定理

在磁场中任取一个闭合曲面,规定:曲面法线的正方向为垂直于闭合曲面向外。这样,由式(6-9)可知,从闭合曲面穿出来的磁通量为正,穿入闭合曲面的磁通量为负。由于每一条磁感应线都是闭合的,因此,有几条磁感应线进入闭合曲面,就必然有相同条数的磁感应线穿出该闭合曲面,如图 6-8 所示。所以,**通过任意一个闭合曲面的磁通量恒为零**,即

$$\oint_S \boldsymbol{B} \cdot \mathrm{d}\boldsymbol{S} = 0 \tag{6-10}$$

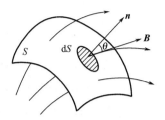
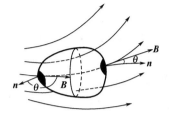

图 6-7 穿过一曲面上的磁通量　　　图 6-8 穿过一闭合曲面的磁通量

这一结论称为**磁场的高斯定理**。它反映了自然界还没有发现单一的磁极存在,这是磁场的一个重要特性,表明磁场是一个无源场、涡旋场。

三、安培环路定理

静电场中的环路定理为 $\oint_L \boldsymbol{E} \cdot \mathrm{d}\boldsymbol{l} = 0$,它表明静电场是保守场,这是静电场的重要特性之一。在稳恒电流磁场中,$\boldsymbol{B}$ 的环流,即磁感应强度 $\boldsymbol{B}$ 沿任意闭合环路的线积分 $\oint_L \boldsymbol{B} \cdot \mathrm{d}\boldsymbol{l}$ 等于什么呢?

设在真空中有一无限长载流直导线,其电流为 I,取一平面与电流垂直,平面与电流相交于点 O,如图 6-9 所示。在平面内取以 O 为圆心、r 为半径的闭合回路 L。则根据式(6-6),在圆周上各点磁感应强度 $\boldsymbol{B}$ 的大小为

$$B = \frac{\mu_0 I}{2\pi r}$$

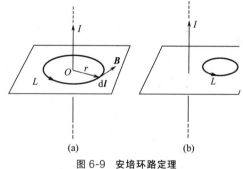

图 6-9 安培环路定理

若 $\boldsymbol{B}$ 的方向与积分的绕行路径 L 上各处 $\mathrm{d}\boldsymbol{l}$ 的方向相同,即 $\boldsymbol{B}$ 与 $\mathrm{d}\boldsymbol{l}$ 的夹角 $\theta = 0$,则 $\boldsymbol{B}$ 的环流为

$$\oint_L \boldsymbol{B} \cdot \mathrm{d}\boldsymbol{l} = \frac{\mu_0 I}{2\pi r} \oint_L \mathrm{d}l = \mu_0 I$$

若积分的绕行方向反向,即 $\boldsymbol{B}$ 与 $\mathrm{d}\boldsymbol{l}$ 的方向相反,$\theta = \pi$,则 $\boldsymbol{B}$ 的环流为

$$\oint_L \boldsymbol{B} \cdot \mathrm{d}\boldsymbol{l} = \frac{-\mu_0 I}{2\pi r} \oint_L \mathrm{d}l = -\mu_0 I$$

若所取的回路内有 n 条载流导线,根据磁场叠加原理 $\boldsymbol{B} = \boldsymbol{B}_1 + \boldsymbol{B}_2 + \cdots + \boldsymbol{B}_n$ 可得

$$\oint_L \boldsymbol{B} \cdot \mathrm{d}\boldsymbol{l} = \oint_L \boldsymbol{B}_1 \cdot \mathrm{d}\boldsymbol{l} + \oint_L \boldsymbol{B}_2 \cdot \mathrm{d}\boldsymbol{l} + \cdots + \oint_L \boldsymbol{B}_n \cdot \mathrm{d}\boldsymbol{l}$$
$$= \mu_0 I_1 + \mu_0 I_2 + \cdots + \mu_0 I_n$$

即
$$\oint_L \boldsymbol{B} \cdot \mathrm{d}\boldsymbol{l} = \mu_0 \sum I \tag{6-11}$$

这就是真空中**安培环路定理**的数学表达式。可以证明，该表达式对于任何闭合曲线都成立。它表明，**在真空中，稳恒磁场的磁感应强度 $\boldsymbol{B}$ 沿任何闭合回路 L 的线积分，等于穿过这个回路所包围的电流强度代数和的 μ_0 倍**。

需要注意的是，积分回路中的 $\boldsymbol{B}$ 是回路内、外所有电流共同产生的。回路内、外的电流都对 $\boldsymbol{B}$ 值有影响，但 $\boldsymbol{B}$ 的回路线积分只与回路所包围的电流有关。若回路内没有电流，而回路外有电流，则 $\boldsymbol{B}$ 的回路线积分为零，但不能理解为回路上各点的 $\boldsymbol{B}$ 一定等于零。在式(6-11)中，穿过回路的电流的正、负与回路的绕行方向，遵守右手定则，即取右手螺旋的旋转方向（四指弯曲方向）为积分回路 L 的绕行方向，与右螺旋前进方向（大拇指指向）一致的电流为正，反之为负。例如，在如图 6-10 所示电流的磁场中，所取的闭合路径和回路的绕行方向如图中所示，根据右手定则，$I_1 > 0$，$I_2 < 0$，$I_5 > 0$，I_3、I_4 不穿过闭合回路，所以安培环路定理表示为

$$\oint_L \boldsymbol{B} \cdot \mathrm{d}\boldsymbol{l} = \mu_0 (2I_1 - I_2 + I_5)$$

显然，当闭合回路中不包围电流，或虽包围电流，但所围电流的代数和为零时，$\boldsymbol{B}$ 的环流等于零。

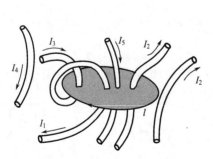

图 6-10 安培环路定理的应用

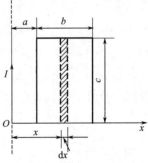

图 6-11 通过矩形回路的磁通量

安培环路定理表明稳恒磁场不是保守场，一般称环流不等于零的场为涡旋场。稳恒磁场是涡旋场，这是不同于静电场的又一特征。

【**例题 6-3**】 设在真空中有一无限长载流直导线，在其旁有一与之共面的矩形回路，且有一边与直导线平行，回路的有关尺寸如图 6-11 所示。求通过该回路所围面积的磁通量。

解 建立如图中所示的坐标系。由于长直导线周围的磁场是非匀强磁场，所以必须选取适当的面元 $\mathrm{d}\boldsymbol{S}$，先求出通过该面元的磁通量 $\mathrm{d}\Phi_m$，再通过积分求出整个回路所围面积的磁通量。

根据式(6-6)，距长直导线为 x 处的磁感应强度 $\boldsymbol{B}$ 的大小为

$$B = \frac{\mu_0 I}{2\pi x}$$

方向垂直纸面向里。在此处取面元 $dS = c\,dx$，则通过此面元的磁通量为

$$d\Phi_m = \boldsymbol{B} \cdot d\boldsymbol{S} = \frac{\mu_0 I}{2\pi x} c\,dx$$

于是，通过整个回路所围面积的磁通量为

$$\Phi_m = \int_S d\Phi_m = \frac{\mu_0 I c}{2\pi} \int_a^{a+b} \frac{1}{x} dx = \frac{\mu_0 I c}{2\pi} \ln \frac{a+b}{a}$$

第三节　安培环路定理的应用

安培环路定理的主要应用是求磁感应强度。在静电场中，利用高斯定理可以十分简便地计算某些对称性分布的电场强度。在稳恒电流的磁场中，也可以利用安培环路定理比较方便地计算某些具有一定对称性的载流导线的磁感应强度。

应用这一定理的要求和步骤如下。

① 根据问题的性质，分析磁场分布的对称性，选取适当的闭合路径。在选取闭合路径时，要使它通过所求磁感应强度的点；且曲线上各点 $\boldsymbol{B}$ 的大小处处相等，$\boldsymbol{B}$ 的方向与环路切向相同，从而使 $\boldsymbol{B}$ 能以标量形式提到积分号的外面来，使积分易于计算。

② 在所选闭合曲线上任意规定一个积分路线的绕行方向，按这个绕行方向用右手螺旋定则判定电流的正负。

③ 根据安培环路定理列出等式，求出磁感应强度 $\boldsymbol{B}$。

下面举例说明。

【例题 6-4】　一长直螺线管，若每匝线圈中的电流均为 I，单位长度上有 n 匝线圈。求螺线管内磁感应强度。

解　一很长而又绕得较紧密的螺线管称为长直螺线管，如图 6-12(a) 所示，在通有电流 I 后，其管内的中央部分是匀强磁场，各处的 $\boldsymbol{B}$ 大小相等、方向相同，如图 6-12(b) 所示。管外的磁场很弱，可以看作为零。为求管内任意一点 P 的 $\boldsymbol{B}$，可过点 P 作一长方形的闭合路径 $abcda$，使其一边平行于管轴。如图 6-12(b) 所示。于是，沿此闭合路径，$\boldsymbol{B}$ 的环流为

$$\oint_L \boldsymbol{B} \cdot d\boldsymbol{l} = \int_{ab} \boldsymbol{B}_1 \cdot d\boldsymbol{l} + \int_{bc} \boldsymbol{B}_2 \cdot d\boldsymbol{l} + \int_{cd} \boldsymbol{B}_3 \cdot d\boldsymbol{l} + \int_{da} \boldsymbol{B}_4 \cdot d\boldsymbol{l}$$

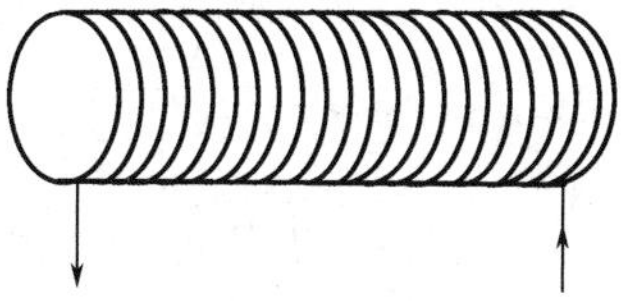

(a) 长直螺旋管 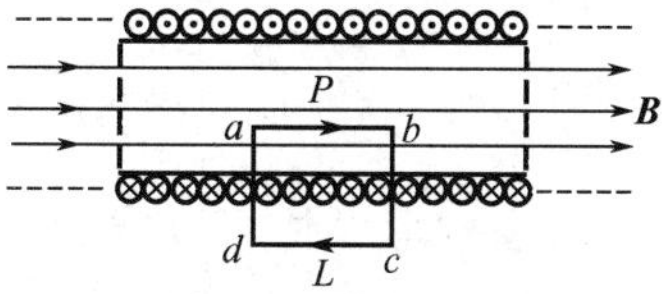　　(b) 长直螺旋管内的磁场

图 6-12　长直螺线管及其磁场

因为 cd 段在管的外侧，$B_3 = 0$，所以

$$\int_{cd} \boldsymbol{B}_3 \cdot \mathrm{d}\boldsymbol{l} = 0$$

bc 和 da 段的一部分在管内、一部分在管外，管内部分的 B 与 $\mathrm{d}l$ 垂直，$\theta = \dfrac{\pi}{2}$，$\cos\theta = 0$，因此

$$\int_{bc} \boldsymbol{B}_2 \cdot \mathrm{d}\boldsymbol{l} = \int_{da} \boldsymbol{B}_4 \cdot \mathrm{d}\boldsymbol{l} = \int_{bc} B_2 \mathrm{d}l \cos\theta = 0$$

ab 段上各点 B 的大小相等，方向与 $\mathrm{d}l$ 相同，$\theta = 0$，$\cos\theta = 1$ 所以

$$\oint_L \boldsymbol{B} \cdot \mathrm{d}\boldsymbol{l} = \int_{ab} \boldsymbol{B}_1 \cdot \mathrm{d}\boldsymbol{l} = \int_{ab} B \mathrm{d}l \cos\theta = B \cdot \overline{ab}$$

由安培环路定理 $\oint_L \boldsymbol{B} \cdot \mathrm{d}\boldsymbol{l} = \mu_0 \sum I$ 得

$$\oint_L \boldsymbol{B} \cdot \mathrm{d}\boldsymbol{l} = B \cdot \overline{ab} = \mu_0 \sum I = \mu_0 \overline{ab} nI$$

所以 $\qquad\qquad B = \mu_0 nI \qquad\qquad\qquad\qquad (6\text{-}12)$

式(6-12)表明，无限长直载流螺线管，在真空情况下，管内任一点磁感应强度 B 的大小与螺线管中所通电流 I 成正比，B 的方向与电流的流向可由右手螺旋定则确定。

【例题 6-5】 如图 6-13 所示，设一长直圆柱形导体的半径为 R，所通电流为 I，方向如图中所示，且沿横截面均匀分布，求磁感应强度分布。

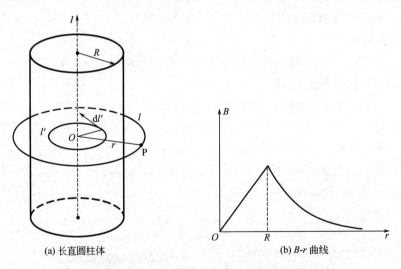

图 6-13 长直圆柱体及其周围磁场 $B\text{-}r$ 曲线

解 由于长直圆柱形导体可以视为无限长，且电流均匀分布，所以，它们产生的磁场必然是轴对称的。设点 P 为磁场中任意一点，以 OP 为半径做一回路，回路的绕行方向与电流方向满足右手定则，则回路上 B 的大小处处相等，回路上任意点 B 的方向为沿该点的切向方向。

当点 P 在圆柱体内时，$r < R$，回路所包围的电流为

$$I' = \frac{I}{\pi R^2}\pi r^2 = \frac{r^2}{R^2}I$$

由安培环路定理得

$$\oint \boldsymbol{B} \cdot \mathrm{d}\boldsymbol{l} = B\oint \mathrm{d}l = B \times 2\pi r = \mu_0 I'$$

所以

$$B = \frac{\mu_0 I'}{2\pi r} = \frac{\mu_0 I}{2\pi R^2}r$$

可见，圆柱体内任一点 $\boldsymbol{B}$ 的大小与场点 P 到轴线的距离 r 成正比。

当点 P 在圆柱体外时，$r > R$，则 $\oint \boldsymbol{B} \cdot \mathrm{d}\boldsymbol{l} = B \times 2\pi r = \mu_0 I$

所以

$$B = \frac{\mu_0 I}{2\pi r}$$

可见，圆柱体外任一点 $\boldsymbol{B}$ 的大小与场点 P 到轴线的距离 r 成反比，且与电流都集中在轴线上的长直导线电流产生的磁场相同。其 B-r 曲线如图 6-13(b) 所示。

第四节　磁场对运动电荷的作用

一、洛伦兹力

运动电荷在磁场中所受到的磁力作用称为**洛伦兹力**（Lorentz force）。根据磁感应强度 $\boldsymbol{B}$ 的定义式(6-1)可知，正电荷 q 以速度 $\boldsymbol{v}$ 垂直于磁感应强度 $\boldsymbol{B}$ 的方向通过磁场中某点时，运动电荷所受到的磁力大小为

$$f_{\max} = qvB$$

当电荷的运动速度 $\boldsymbol{v}$ 与 $\boldsymbol{B}$ 之间的夹角为 θ 时，如图 6-14 所示，可将速度 $\boldsymbol{v}$ 分解为平行于磁感应强度 $\boldsymbol{B}$ 和垂直于磁感应强度 $\boldsymbol{B}$ 的两个分量，即

$$v_{/\!/} = v\cos\theta$$
$$v_{\perp} = v\sin\theta$$

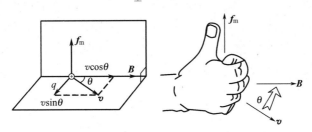

图 6-14　洛伦兹力

因为运动电荷在平行于磁场方向运动时不受磁力作用，所以，运动电荷所受洛伦兹力就只考虑垂直于磁场方向的分量，即

$$f_{\mathrm{m}} = qvB\sin\theta$$

当 $\theta=0$ 时，$f_m=0$；$\theta=\dfrac{\pi}{2}$ 时，f_m 最大。上式又可写成矢量形式

$$\boldsymbol{f}_m = q\boldsymbol{v} \times \boldsymbol{B} \tag{6-13}$$

这就是洛伦兹力的表达式。从上式可以看出以下结论。

① 洛伦兹力 $\boldsymbol{f}_m$ 总是垂直于 $\boldsymbol{v}$ 和 $\boldsymbol{B}$ 决定的平面。当 $q>0$ 时，$\boldsymbol{f}_m$、$\boldsymbol{v}$、$\boldsymbol{B}$ 三个矢量的方向符合右手螺旋定则；当 $q<0$ 时，$\boldsymbol{f}_m$ 的方向与上面相反。

② 由于洛伦兹力 $\boldsymbol{f}_m$ 的方向总是垂直于带电粒子运动的方向，因此，洛伦兹力对运动电荷不做功。这是洛伦兹力的一个重要特性，它只改变运动电荷的速度方向，不改变运动电荷速度的大小。

图 6-15 带电粒子在磁场中做圆周运动

由此可见，洛伦兹力起着向心力的作用，它使带电粒子在垂直于磁场 $\boldsymbol{B}$ 方向的平面内做圆周运动，如图 6-15 所示。根据牛顿第二定律，质量为 m、带电量为 q 的粒子，以速度 v 沿垂直于 B 的方向 $\left(\theta=\dfrac{\pi}{2}\right)$ 进入匀强磁场时，受到的洛伦兹力 f_m 就等于该带电粒子做圆周运动所需的向心力，即

$$f_m = qvB = m\dfrac{v^2}{R}$$

由此可得圆周运动的轨道半径为

$$R = \dfrac{mv}{qB} \tag{6-14}$$

运动周期为

$$T = \dfrac{2\pi R}{v} = \dfrac{2\pi m}{qB} \tag{6-15}$$

可见，对质量 m 和电量 q 一定的带电粒子，圆周运动的半径 R 与 v 成正比，与 $\boldsymbol{B}$ 的大小成反比；在磁感应强度 $\boldsymbol{B}$ 一定时，对质量 m 和电量 q 一定的粒子，圆周运动的周期（回转频率）与运动速率和轨道半径无关。作为原子核物理、高能物理等实验研究的基本设备——回旋加速器，就是根据这一特性工作的。

在磁场 $\boldsymbol{B}$ 和电场 $\boldsymbol{E}$ 同时存在的空间，速度为 $\boldsymbol{v}$ 的带电粒子 q 既受到洛伦兹力 $\boldsymbol{f}_m$ 的作用，又受到电场力 $\boldsymbol{f}_e$ 的作用。所以，运动电荷在电场和磁场共存时所受的合力为

$$\boldsymbol{f} = \boldsymbol{f}_m + \boldsymbol{f}_e = q(\boldsymbol{v} \times \boldsymbol{B} + \boldsymbol{E}) \tag{6-16}$$

式(6-16) 称为**洛伦兹关系式**。从中可以看出，设法改变磁场和电场的分布，可以实现对带电粒子运动的控制。

二、安培定律

电流能够产生磁场，同样，通电导线在磁场里要受到力的作用。如中学物理中所述，垂直于磁场方向的通电直导线，受到的磁场的作用力大小跟导线中电流的大

小和导线在磁场中的长度有关，在长度相同时，电流大，作用力大，电流小，作用力小；而若保持电流大小不变，则导线长，作用力大，导线短，作用力小。同时，通电导线在磁场中所受作用力的方向跟磁场方向、电流方向之间的关系，可以用如下的**左手定则**来判定：伸开左手，使大拇指跟其余四个手指垂直，并且都跟手掌在同一平面内，将手放入磁场中，让磁感线垂直穿入手心，并使伸开的四指指向电流的方向，那么，大拇指所指的方向，就是通电导线在磁场中的受力方向，如图 6-16 所示。

以上只是一种定性描述，下面将进行定量讨论，以找出载流导线在磁场中所受力的一般表达式。

如前所述，磁场的基本性质是对处于磁场中的运动电荷施以力的作用。在载流导线中，电流是由自由电子的定向移动形成的。因此，如果将载流导线置于磁场中，这些定向移动的自由电子将都会受到洛伦兹力的作用，而且方向均相同，如图 6-17 所示，这在宏观上就表现为载流导线在磁场中受到了磁场力的作用，这个力称为**安培力**（Ampere force）。也就是说，安培力就是洛伦兹力的结果。

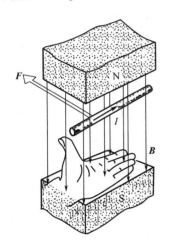

图 6-16　左手定则

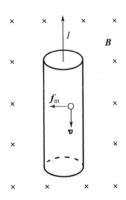

图 6-17　安培力的形成

关于磁场对载流导线的作用力，1820 年，安培在观察和分析了大量实验事实的基础上，总结出了关于载流导线上一段电流元 $I\mathrm{d}l$ 受力的基本规律，即**电流元 $I\mathrm{d}l$ 所受磁场力 $\mathrm{d}\boldsymbol{F}$ 的大小，等于电流元的大小、电流元所在处的磁感应强度 B 的大小以及电流元 $I\mathrm{d}l$ 与 $\boldsymbol{B}$ 之间夹角 θ 正弦的乘积**。这个规律称为**安培定律**（Ampere law）。其数学表达式为

$$\mathrm{d}F = BI\mathrm{d}l\sin\theta$$

矢量形式为

$$\mathrm{d}\boldsymbol{F} = I\mathrm{d}\boldsymbol{l} \times \boldsymbol{B}$$

为了得到有限长载流导线 L 在磁场中所受到的安培力，可将该载流导线分割成许多电流元，则整个载流导线所受到的安培力就是各电流元所受到的安培力的矢量和，即

$$F = \int_L dF = \int_L I dl \times B \qquad (6-17)$$

这是一个矢量积分，积分遍及整个载流导线。

【例题 6-6】 如图 6-18 所示，一段长为 L 的通电直导线放置在均匀磁场 B 中，导线与磁场方向之间的夹角为 θ，试计算该导线所受的安培力。

解 在导线上任取一电流元 Idl，该电流元所受的安培力大小为

$$dF = BIdl\sin\theta$$

方向垂直纸面向里。由于直导线上所有电流元所受的安培力 dF 的方向都相同，因此，整个导线 L 所受的安培力就是它们的矢量和，大小为

$$F = \int_L dF = \int_L BIdl\sin\theta = BI\sin\theta\int_L dl = BIL\sin\theta$$

当导线与 B 的方向相垂直时，$\theta = \dfrac{\pi}{2}$，则

$$F = BIL$$

力 F 的方向垂直纸面向里。

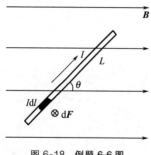

图 6-18　例题 6-6 图

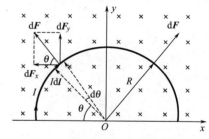

图 6-19　例题 6-7 图

【例题 6-7】 通有电流 I，半径为 R 的半圆周载流导线放在匀强磁场 B 中，B 与圆周平面垂直，求该载流导线所受到的安培力。

解 建立如图 6-19 所示坐标系，在半圆环上任取一电流元 Idl，它与 B 的夹角为 $\dfrac{\pi}{2}$，所受到的安培力大小为

$$dF = BIdl\sin\dfrac{\pi}{2} = BIdl$$

方向沿电流元所在处的位矢方向。因为半圆环上每一电流元所受安培力的方向各不相同，所以，为求其合力，就必须要将 dF 进行分解，得各分量大小为

$$dF_x = dF\cos\theta = BIdl\cos\theta$$
$$dF_y = dF\sin\theta = BIdl\sin\theta$$

因为 $dl = Rd\theta$，所以

$$F_x = \int dF_x = \int_0^\pi BIdl\cos\theta = \int_0^\pi BIR\cos\theta d\theta = 0$$

$$F_y = \int dF_y = \int_0^\pi BIdl\sin\theta = \int_0^\pi BIR\sin\theta d\theta = 2BIR$$

所以，整个半圆周载流导线所受到的合力大小为

$$F = F_y = 2BIR$$

与长为 $2R$ 的载流直导线在匀强磁场中的受力相同，方向沿 Y 轴正方向。

三、磁场对载流线圈的作用

设有一平面矩形刚性载流线圈 $abcd$，边长分别为 l_1 和 l_2，通有电流 I。为确定线圈的方位，通常规定：线圈平面法线 $\boldsymbol{n}$ 与线圈中电流的绕向成右手螺旋关系。现将线圈 $abcd$ 放入磁感应强度为 $\boldsymbol{B}$ 的匀强磁场中，$\boldsymbol{B}$ 与线圈平面法线 $\boldsymbol{n}$ 的夹角为 θ，$\boldsymbol{B}$ 与线圈平面的夹角为 $\alpha = \dfrac{\pi}{2} - \theta$，如图 6-20(a) 所示。根据安培定律，线圈 ab 和 cd 两边所受的安培力大小分别为

$$F_{ab} = IBl_1 \sin\alpha$$
$$F_{cd} = IBl_1 \sin(\pi - \alpha) = IBl_1 \sin\alpha$$

这两个力大小相等、方向相反，在同一直线上，对整个线圈来说，它们的合力为零。

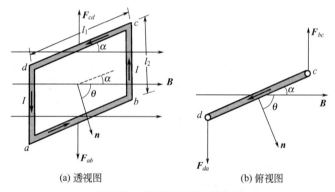

(a) 透视图 (b) 俯视图

图 6-20 磁场对载流线圈的作用

线圈 bc 和 da 两边与磁场方向始终保持垂直，所受安培力的大小分别为

$$F_{bc} = IBl_2 \sin\dfrac{\pi}{2} = IBl_2$$

$$F_{da} = IBl_2 \sin\dfrac{\pi}{2} = IBl_2$$

这两个力大小相等、方向相反，但不在同一直线上，如图 6-20(b) 所示，因此它们对线圈形成了一个**磁力矩 M**，其大小为

$$M = F_{bc} l_1 \sin\theta = IBl_1 l_2 \sin\theta = IBS \sin\theta$$

式中，$S = l_1 l_2$，为矩形线圈的面积。如果线圈有 N 匝，则线圈所受的磁力矩为

$$M = NIBS \sin\theta \tag{6-18}$$

这就是磁力矩公式，它虽然是由矩形线圈的特例得出的，但可以证明，它适用于一切形状的平面线圈。由此可见，均匀磁场作用于载流线圈的磁力矩 $\boldsymbol{M}$，与磁

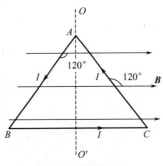

图 6-21 例题 6-8 图

感应强度 **B** 的大小、线圈匝数 N、通过线圈的电流 I 以及线圈的面积 S 成正比;磁力矩还与线圈在磁场中的方位有关,当线圈平面与磁场方向垂直(即 $\theta=0$)时,$M=0$;当线圈平面与磁场方向平行(即 $\theta=\dfrac{\pi}{2}$)时,M 有最大值。

【例题 6-8】 如图 6-21 所示,一个边长为 $l=0.1\text{m}$ 的三角形载流线圈,放在均匀磁场 **B** 中,磁场与线圈平面平行。设 $I=10\text{A}$,$B=1.0\text{Wb/m}^2$,求线圈所受磁力矩的大小。

解 由题意得到 $N=1$,$S=\dfrac{l^2}{2}\sin60°$,因为线圈平面与磁场方向平行,所以线圈法线方向与 B 方向垂直,即 $\theta=\dfrac{\pi}{2}$。根据磁力矩公式,该线圈所受的磁力矩大小为

$$M = NIBS\sin\theta = IBS = IB\dfrac{l^2}{2}\sin60°$$

$$= 10\times1.0\times\dfrac{0.1^2}{2}\times\dfrac{\sqrt{3}}{2} = 4.33\times10^{-2}(\text{N}\cdot\text{m})$$

线圈绕其中心轴 OO' 的转向请读者自行判断。

霍尔效应

第五节 霍尔效应

一、霍尔效应

若在磁感应强度为 **B** 的均匀磁场中放入一个载流导体平板,情况又会怎样呢?美国物理学家霍尔(E. H. Hall,1855—1929)于 1879 年在实验中发现,**当电流垂直磁场方向通过导体时,在垂直于磁场和电流方向的导体的两个端面之间出现电势差**。这一现象称为**霍尔效应**(Hall effect),所产生的电势差称为霍尔电势差,也叫霍尔电压。霍尔效应可以用带电粒子在磁场中运动时受到洛伦兹力的作用来解释。

如图 6-22 所示,设一宽为 a、厚度为 d 的导体平板中,有电流 I 自右向左通过,均匀磁场 **B** 的方向由里向外,若平板内自由移动电荷 q 的平均速率为 v,则它受到的洛伦兹力大小为 $F_\text{m}=qvB$,方向向下,因此,它将发生横向漂移。结果在平板的下端面有负电荷积累,而

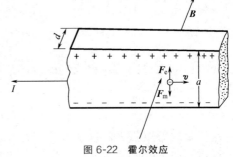

图 6-22 霍尔效应

在平板的上端面有正电荷积累。随着电荷的积累，在两端面之间将出现一个电场，称为**霍尔电场**，用 E_H 表示。霍尔电场又将对电荷施加一个与洛伦兹力方向相反的电场力 F_e，两端面上积累的电荷愈多，这个电场力也愈大。当电场力大到与洛伦兹力相等时，就达到了动态平衡。这时两端面间就产生了一个稳定的**霍尔电压**，用 U_H 表示。理论和实践都可证明，对于一定的材料，霍尔电压 U_H 与通过导体平板的电流强度 I 和磁感应强度 B 的大小成正比，与导体平板的厚度 d 成反比，即

$$U_H = R_H \frac{IB}{d} \tag{6-19}$$

式中，R_H 称为**霍尔系数**，它与导体材料单位体积内的载流子数 n，即载流子浓度、载流子的电量 q 有关。其关系式为

$$R_H = \frac{1}{nq}$$

在金属导体中，由于自由电子的密度很高，相应的 R_H 值很小，因而霍尔电压很低；在半导体材料中，相应的 R_H 值要比金属大得多，所以，半导体的霍尔效应很明显。

二、霍尔元件

因为半导体具有较强的霍尔效应，所以可以用半导体材料制成霍尔元件。霍尔元件是在长方形的半导体薄片上分别装上两对金属电极后，再用陶瓷、环氧树脂或非金属材料将它包起来而制成的，如图 6-23 所示。其中电极 1、2 用以导入控制电流，电极 3、4 用于输出霍尔电压。因为一般霍尔电压很小，通常 3、4 两端接在微伏表或毫伏表上。

三、霍尔元件的应用

由于霍尔元件有对磁场敏感、结构简单、体积小、频率响应宽、输出电压变化范围大和使用寿命长等优点，因此，在测量技术、电子信息技术、自动化技术、磁流体发电技术等方面有着广泛的应用。

1. 磁场的测量

从霍尔效应公式(6-19)可以看出，当保持控制电流不变（即霍尔元件的输入端输入稳恒电流），并使霍尔元件所在处的磁场与霍尔元件的表面垂直时，由输出端所接伏特表读出霍尔电压 U_H，就可求出待测磁感应强度 B 的大小，即

$$B = \frac{U_H d}{R_H I}$$

对于一定的霍尔元件，d 和 R_H 是一个定值，一般在元件上有标注。磁感应强度仪就是根据这一原理而设计的，图 6-24 画出了它的测量原理图，用它可测量高达 $(7 \sim 8) \times 10^4 \text{T}$ 的超导线圈内的强磁场。

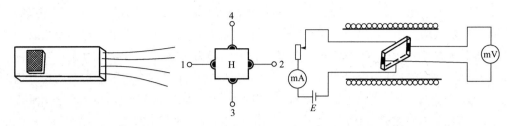

图 6-23 霍尔元件　　　　　图 6-24 用霍尔元件测磁场

2. 强大直流电流的测量

几千乃至数万安培的强大直流电流是不能直接用直流电流表串接在电路中去测量的。因为通电导线周围要产生磁场，而磁感应强度的大小和导线中的电流 I 成正比，因此，可利用霍尔元件测磁场的方法先求出它的磁场，再进而求得导线中的电流 I。

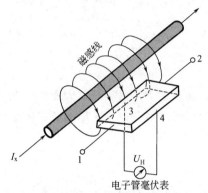

图 6-25 用霍尔元件测大电流

图 6-25 是一测量强大直流电流的原理图。它是将霍尔元件放在待测电流 I_x 流经的导线旁，输入端 1、2 通以一已知稳恒电流 I，测出霍尔电压，便可间接测量出待测电流 I_x。这种方法的优点是不需要断开待测电流，不消耗电源功率，对被测回路无任何影响，没有其他磁场干扰。

【例题 6-9】 一块铜质导体板，宽 $a=1.0\text{cm}$，厚 $d=0.50\text{mm}$，载有电流 $I=100\text{A}$，当放在横向磁场 $B=1.8\text{T}$ 中时，求霍尔电压。已知铜导体内的电子密度为 $n=8.4\times10^{28}\,\text{m}^{-3}$。

解 根据霍尔效应公式有

$$U_H = \frac{IB}{nqd} = \frac{100\times1.8}{8.4\times10^{28}\times1.6\times10^{-19}\times0.5\times10^{-3}} = 2.7\times10^{-5}(\text{V}) = 27(\mu\text{V})$$

第六节　磁场中的磁介质

一、磁介质的磁化

在磁场中，原来不显示磁性的物质因受外磁场的作用而获得磁性，这种现象称为**磁化**（magnetization）。在外磁场中因磁化而能反过来影响（增强或减弱）磁场的物质，称为**磁介质**（magnetic medium）。事实上，各种物质都具有一定的磁性，都能对磁场产生影响，因此一切物质都可以认为是磁介质。

已知电介质放在外电场中时会极化，在介质中将出现极化电荷，有电介质时的电场是外电场与极化电荷激发的附加电场的叠加。与此相仿，磁介质放入外磁场中会磁化，在磁介质中将出现所谓**磁化电流**，有介质时的磁场 B 应是外磁场 B_0 和磁

化电流激发的附加磁场 B' 的叠加，即

$$B = B_0 + B'$$

附加磁场 B' 的方向因介质的不同而不同。实验发现，有些磁介质 B' 的方向与 B_0 同向，使 $B > B_0$，即介质磁化后使原磁场增强，这类磁介质称为**顺磁质**，如钛、铬、氧等；有些磁介质 B' 的方向与 B_0 相反，使得 $B < B_0$，即介质磁化后使原磁场减弱了，这类磁介质称为**抗磁质**，如铜、水银、氢等。在这两类磁介质中，介质磁化后所产生的附加磁场 B' 都很小，对原磁场的影响很微弱，故把顺磁质和抗磁质统称为弱磁性物质。还有一类磁介质，如铁、钢、镍、钴及其合金等，磁化后不仅 B' 的方向与 B_0 相同，而且在数值上 $B' \gg B_0$，因而能显著地增强和影响外电场，这类磁介质称为**铁磁质**。

不同的磁介质对磁场的影响不同。现以通电长直密绕螺旋管为例来讨论磁介质对磁场的影响。设螺旋管中通以电流 I，单位长度上的匝数为 n，当螺旋管内是真空时，其内部的磁感应强度 B_0 的大小为

$$B_0 = \mu_0 n I$$

如果在螺旋管内充满某种各向同性的均匀磁介质，由于磁介质的磁化，螺旋管内磁介质中的磁感应强度变为 B，我们把 B 与 B_0 的大小之比称为磁介质的**相对磁导率**，用符号 μ_r 表示

$$\frac{B}{B_0} = \mu_r \tag{6-20}$$

μ_r 是一个反映磁介质性质的纯数，它的大小反映了磁介质对磁场影响的程度。各种磁介质的 μ_r 可用实验测定，表 6-1 列出了三类磁介质中几种物质在室温下的相对磁导率 μ_r。由表中的数据可以看出，顺磁质的 μ_r 略大于1，抗磁质的 μ_r 略小于1，而铁磁质的 μ_r 远大于1，且不是恒量。

表 6-1 顺磁质、抗磁质和铁磁质在室温下的相对磁导率 μ_r

顺磁质	$\mu_r - 1$	抗磁质	$\mu_r - 1$	铁磁质	μ_r
氧	1.80×10^{-6}	氢	-6.30×10^{-8}	铸钢	$500 \sim 2200$
钛	1.80×10^{-4}	铜	-9.63×10^{-6}	铸铁	$200 \sim 400$
铬	3.13×10^{-4}	银	-2.39×10^{-5}	硅钢(热轧)	$450 \sim 8000$
铝	2.07×10^{-5}	金	-3.45×10^{-5}	坡莫合金	$8 \times 10^3 \sim 10^5$

当螺旋管内部充满相对磁导率为 μ_r 的磁介质时，由式(6-20)得，其内部的磁感应强度为

$$B = \mu_r B_0 = \mu_0 \mu_r n I$$

令 $\mu = \mu_0 \mu_r$，则

$$B = \mu n I$$

式中，μ 称为磁介质的**磁导率**（permeability）。μ_r 是无量纲的量，所以 μ 与 μ_0 的单位相同，均为 N/A^2。

二、磁介质中的安培环路定理和磁场强度

在不考虑磁介质时，直接由传导电流产生的磁场 B_0，其安培环路定理可写作

$$\oint_L \boldsymbol{B}_0 \cdot \mathrm{d}\boldsymbol{l} = \mu_0 \sum_i I_i$$

在有磁介质的情况下，介质中各点的磁感强度 $\boldsymbol{B}$ 等于传导电流 I 和磁化电流 I' 分别在该点激发的磁感强度 $\boldsymbol{B}_0$ 和 $\boldsymbol{B}'$ 之矢量和，即 $\boldsymbol{B} = \boldsymbol{B}_0 + \boldsymbol{B}'$。

因此，磁场的安培环路定理中，还须计入被闭合路径 l 所围绕的磁化电流 I'，即

$$\oint_L \boldsymbol{B} \cdot \mathrm{d}\boldsymbol{l} = \mu_0 \sum_i (I_i + I')$$

但是，由于磁化电流 $\sum_i I'_i$ 的分布难于测定，这就给应用安培环路定理来研究介质中的磁场造成了困难，为此，在磁场中引入一个辅助量，称为**磁场强度**，简称 $\boldsymbol{H}$（矢量），定义为

$$\boldsymbol{H} = \frac{\boldsymbol{B}}{\mu} \tag{6-21}$$

$\boldsymbol{H}$ 单位是安培每米（$\mathrm{A \cdot m^{-1}}$）。由式

$$\oint_L \boldsymbol{B}_0 \cdot \mathrm{d}\boldsymbol{l} = \oint_L \frac{\boldsymbol{B}}{\mu_r} \cdot \mathrm{d}\boldsymbol{l} = \oint_L \frac{\mu \boldsymbol{H}}{\mu_r} \cdot \mathrm{d}\boldsymbol{l} = \oint_L \mu_0 \boldsymbol{H} \mathrm{d}\boldsymbol{l} = \mu_0 \sum_i I_i$$

可以得到有磁介质时磁场的安培环路定理为

$$\oint \boldsymbol{H} \cdot \mathrm{d}\boldsymbol{l} = \sum_i I_i \tag{6-22}$$

式(6-22)表明，在任何磁场中，$\boldsymbol{H}$ 矢量沿任何闭合路径 L 的线积分 $\oint_L \boldsymbol{H} \cdot \mathrm{d}\boldsymbol{l}$，都等于此闭合路径 L 所围绕的传导电流 $\sum_i I_i$ 之代数和。引入磁场强度这个物理量后，就能够比较方便地处理磁介质中的磁场问题。

三、铁磁质

铁磁质是以铁为代表的一类磁性很强的物质，它们具有许多特殊的性质，在工程技术中已被广泛地应用于各个领域。与一般顺磁质相比，铁磁质的主要宏观性质如下。

① 能产生很强的附加磁场。在铁磁质内部，附加磁场 $\boldsymbol{B}'$ 的方向与外磁场的 $\boldsymbol{B}_0$ 方向相同，且 $B' \gg B_0$，其 $\mu_r \gg 1$，且不是恒量。

② 存在一个临界温度。任何铁磁质都有一个临界温度，超过此温度，铁磁质就变为一般的顺磁质。这个临界温度称为铁磁质的**居里点**（Curie point）。例如，铁的居里点为 1043K，硅钢（热轧）的居里点为 963K。

③ 存在着磁滞现象。即铁磁质的磁化过程总是落后于外加磁场的变化，当外加磁场停止作用后，铁磁质仍能保留部分磁性，称为剩磁现象。

根据铁磁质的这些特性，在工程中又把它们分为软磁材料和硬磁材料两大类。软磁材料适合于在交变磁场中应用，如作变压器、电磁铁和电机中的铁芯等；硬磁材料的剩余磁感应强度很大，常称它为**永磁铁**，电表、扬声器和录音机

等都离不开永磁铁。特别是 20 世纪 70 年代以来稀土永磁材料钕铁硼等的发展，使电机的效率和性能大大提高，发展前景引人注目。此外，还有一种称为铁氧体的非金属磁性材料，它们不仅具有高磁导率、高电阻率，并且其磁滞特性十分特别，它总处在两种不同的剩磁状态，如果以某一方向的磁场使之磁化，则在磁场取消后，它仍将长期保持这种剩磁状态，从而起到"记忆"作用，因此可用它制作"记忆"元件。因为计算机技术中通常采用二进制，只需"0"和"1"两个数码，而这种"记忆"元件中的铁氧体所处的两种状态就可以分别代表这两个数码，因此，可广泛用作计算机的存储元件。此外，电子技术中也广泛利用铁氧体作为天线和电感中的磁芯。

四、磁屏蔽

一些仪器仪表中的某些元件，如变压器或通电线圈等，不可能将它们的磁场全部封闭在自身之内，这些"漏出来"的磁通量往往又会对紧邻的其他元器件的工作产生不良影响。例如，在示波器或电视机里有些变压器电感线圈的漏磁通就会破坏示波管或显像管中电子束的聚焦，从而降低图像的质量。为防止这种干扰，可以设法将这些元器件屏蔽起来，使其免受外界磁场的影响。

排除或抑制外磁场干扰的技术措施称为**磁屏蔽**。由于铁磁质的磁导率一般都很高，所以，用它做成的铁芯就有把磁感应线集中到自己内部的作用。图 6-26 就是磁屏蔽的示意图。将磁导率很大的软磁材料（如坡莫合金等）做成的罩放在外磁场中，由于罩的磁导率 μ 比空气的磁导率 μ_0 大得多，所以绝大部分磁感应线从罩壳的壁内通过，而进入罩壳内空腔的磁感应线很少，因此，如果把示波管或显像管中电子束的聚焦部分等设备放在这个空腔内，就不受外磁场的影响，从而达到磁屏蔽的目的。

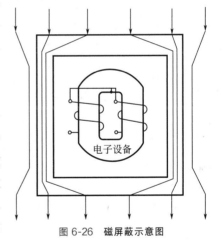

图 6-26 磁屏蔽示意图

五、磁致伸缩

某些铁磁材料及其合金和某些铁氧体等，在磁化过程中能够发生机械形变，铁磁材料的这种特性就称为**磁致伸缩**（magnetostriction）。即如果在这些材料中沿着某方向施加外磁场，则随着外磁场的强弱变化，材料沿此方向的长度就会发生伸缩。产生这种效应的原因是，在铁磁质中，磁化方向的改变会引起铁磁质中晶格间距的改变，从而会伴随着发生磁化过程铁磁体的长度和体积的改变。磁致伸缩主要发生在沿磁场的方向上。这种具有磁致伸缩特性的材料，在工程上可作为超声波技术的换能器，用于超声波清洗、探测海底深度和探测鱼群等，也可用作转换器，用于把电磁振荡转换为机械振动。

六、磁记录

磁记录是利用铁磁材料的特性与电磁感应的规律，来记录诸如声音、图像或数字等信息的一种技术。通常，把铁磁材料制成粉末状，用黏合剂涂敷在特制的带或圆盘表面，称为磁带或磁盘，用它们记录音像信号或数字信号。

录音或录像时，需要一个录音磁头。它是一个具有微小气隙的电磁铁，如图 6-27 所示。工作时，使磁带靠近磁头的气隙走过，磁头的线圈内通入由声音或图像转换成的电信号，即强弱和频率都随时间而变化的电流。这个电流使铁芯的磁化状态及气隙中的磁场同步变化。这个变化着的磁场将使磁带上磁粉的磁化状态发生相应的变化。当磁带离开磁头后，磁粉剩磁的强弱分布便对应输入磁头的电流信号。于是，把信号记录到了磁带上。

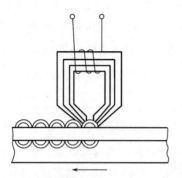

图 6-27　磁记录

放音或放像时，让记录有信号的磁带在放音磁头的气隙下面走过。磁带上磁粉剩磁的强弱将引起磁头中线圈铁芯内磁通量的变化，这个变化的磁通量在线圈内产生同步变化的感应电流，将此感应电流放大再经过电声或电像转换，就可以获得原来记录的声音或图像。

【物理与技术】

磁悬浮和电磁加速

磁在日常生活和工程技术中应用十分广泛，例如利用电流的磁效应制成的各种电磁铁广泛应用于工程领域中；利用磁场对电流产生力的效应制成的各种电机是工农业生产中不可缺少的常用设备；利用电磁场对带电粒子进行加速而制成的加速器是工农业生产和科学研究中重要的工具。这里简单介绍磁悬浮和电磁加速器的应用。

一、磁悬浮及其应用

磁悬浮是利用悬浮磁力使物体处于一个无摩擦、无接触悬浮的平衡状态。磁悬浮的最广泛应用领域是磁悬浮轴承和磁悬浮列车。如图 6-28 所示，在磁悬浮列车 T 形导轨的上方和伸臂下方分别设有轨道线圈（轨道电磁铁），控制轨道电磁铁的电流，使之对车身线圈（车载电磁铁）的吸引力与车辆的重力平衡，从而使列车车身悬浮于 T 形导轨面上。另外车辆下部支撑电磁铁线圈的作用就像是同步直线电动机的励磁线

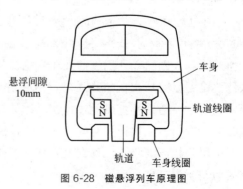

图 6-28　磁悬浮列车原理图

圈,地面轨道内侧的三相移动磁场驱动绕组起到电枢的作用,它就像同步直线电动机的长定子绕组。从电动机的工作原理可以知道,当作为定子的电枢线圈有电时,由于电磁感应而推动电机的转子转动。同样,当沿线布置的变电所向轨道内侧的驱动绕组提供三相调频调幅电力时,由于电磁感应作用承载系统连同列车一起就像电机的"转子"一样被推动做直线运动。从而在悬浮状态下,列车可以完全实现非接触的牵引和制动。磁悬浮列车通过控制车载电磁铁的电流来保证稳定的悬浮间隙,车身与轨道之间的悬浮间隙一般控制在 8~12mm,从而摆脱了列车运行时讨厌的摩擦力和令人不快的锵锵声,实现了列车车厢与地面无接触、无摩擦的快速"飞行"。

磁悬浮列车由于通过无接触的电磁悬浮、直线驱动和制动,它的速度可达 500km/h,是当今世界上最快的地面客运交通工具,具有速度快、爬坡能力强、能耗低、运行时噪声小、安全舒适、污染少等优点。2002 年 12 月 31 日,中国上海磁悬浮运营线终于呈现在世人的面前,该线路全长 29.863km,一次可乘坐 959 人,最高速度达到 430km/h,全程只需 8min,是世界第一条商业运营的高架磁悬浮专线。由于人们对磁悬浮安全性的顾虑,磁悬浮列车目前还没有能得到广泛应用。

二、电磁加速器及其应用

电磁加速器是指用人工方法使带电粒子受电磁场作用而加速达到高能量的装置,简称加速器。粒子加速器用途十分广泛,不仅可以用来研究高能粒子,还广泛应用于其他领域。

在工业生产应用中,电磁加速器以低能加速器为主,用于辐射加工、无损探伤、离子掺杂等。辐射加工是通过加速器产生的电子束对高分子材料照射,改善材料的性能。电缆经过辐射加工,可以大大提高耐温性能;辐射加工后的热缩薄膜或管材,有加热后恢复原形的"记忆"功能;辐射加工还可缩短喷漆、彩印的固化时间;药品、手术器械和食品的消毒、灭菌、保鲜则是辐射加工的另一方面的重要应用。无损探伤是利用射线探测金属材料或部件内部的裂纹或缺陷,常用的探伤方法有:X 光射线探伤、超声波探伤、γ 射线探伤等。将加速器与核物理探测技术相结合,还可以实现对集装箱进行不开箱的透视检查。在农业生产领域,科研人员利用离子束对水稻、小麦、玉米、花卉、马铃薯、甜高粱、牧草等作物种子进行辐射,选育出了一大批新品种、新品系,取得了良好的经济和社会效益。

电子束辐射技术在环保方面的应用一直备受关注。大量的研究发现,电子束辐射处理在"三废"(废水、废气和固体废弃物)治理方面具有突出的技术优势。与传统的填埋、投海、焚烧等处理方法相比,辐射处理"三废"不会造成环境的二次污染,符合可持续发展的要求。

放射治疗是肿瘤治疗的重要手段。传统的以放射性同位素为放射源的放射治疗设备和 X 射线治疗机,虽然在肿瘤治疗方面已经取得了明显的成绩,但是由于它们本身存在着缺点和弊端,已经渐渐地被摒弃。以医用加速器为放射源的放射治疗设备,已经成为目前肿瘤放射治疗的主要设备。

备受关注的电磁炮是利用电磁场产生的电磁力,来对金属炮弹进行加速,使其达到打击目标所需的动能,电磁炮可大大提高弹丸的速度和射程。

最早形式的电磁炮是由加速线圈和弹丸线圈构成,它是根据通电线圈之间磁场的相互作用原理而工作的。加速线圈固定在炮管中,当它通入交变电流时,产生的交变磁场就会在弹丸线圈中产生感应电流。感应电流的磁场与加速线圈电流的磁场互相作用,产生电磁力,使弹丸加速运动并发射出去。

轨道炮是利用轨道电流间相互作用的安培力把弹丸发射出去,它由两条平行的长直导轨组成,导轨间放置一个质量较小的滑块作为弹丸。当两轨接入电源时,强大的电流从一个导轨流入,经滑块从另一导轨流回时,在两导轨平面间产生强磁场,通电流的滑块在安培力的作用下,弹丸会以很大的速度(理论上可以到达亚光速)射出,这就是轨道炮的发射原理。轨道炮是电磁炮最常见的式样。与传统的大炮将火药燃气压力作用于弹丸不同,电磁炮是利用电磁场的作用力,其作用的时间可长得多,可大大提高弹丸的速度和射程,因而引起了世界各国军事家们的关注。

重接炮是一种多级加速的无接触电磁发射装置,没有炮管,但要求弹丸在进入重接炮之前应有一定的初速度。其结构和工作原理是利用两个电磁线圈上下分置,之间有间隙,长方形的"炮弹"在两个矩形线圈产生的磁场中受到强磁场力的作用,穿过间隙在其中加速前进。重接炮是今后电磁炮的最新发展形式。

当前试验性电磁炮能够将金属弹头加速到 11km/s,射程达到 160km 以上,并且具有稳定性好、命中率高、安全经济的特点,是今后军事工业发展的方向。

【科技中国】

全超导托卡马克核聚变装置

随着温度趋于 0K,金属材料的电阻率会怎样变化?1911 年,荷兰莱顿大学的实验物理学家卡末林·昂尼斯第一次在实验室发现,当温度接近 4.2K 时汞的电阻率会陡降到零,于是将这种不可思议的零电阻现象称为超导现象,电阻率陡降时对应的温度称为超导临界温度。此外,当材料进入超导状态后,超导体对外磁场有排斥作用,能将超导体内部的磁感线全部排斥出去。核聚变也称为热核反应,就是将轻原子核(例如氘和氚)结合成较重原子核(例如氦)的反应,核聚变时能释放出比核裂变更加巨大的能量,是当前很有前途的新能源。热核反应是氢弹爆炸的基础,可在瞬间产生大量热能,但人类尚无法加以利用。如能使热核反应根据人们的意图有控制地产生与进行,即可实现受控热核反应。受控热核反应一旦成功,则可向人类提供最清洁而又取之不尽、用之不绝的能源。但是,产生可控热核反应的条件非常苛刻,在地球上需要将温度提高到上亿摄氏度才行。我们知道,上千摄氏度的高温就可以把钢铁熔化,那么,上亿摄氏度高温的热核反应用什么容器呢?事实上,什么容器都不可能承受如此高的温度,由此产生了磁约束核聚变。所谓磁约束核聚变,就是利用强磁场可很好地约束带电粒子的特性,将氘氚气体约束在一个特殊的磁容器中并加热至数亿摄氏度高温,来实现热核反应。托卡马克(Tokamak)

是苏联科学家于20世纪50年代发明的环形磁约束受控核聚变实验装置。经过近半个世纪的努力，在托卡马克上产生核聚变的科学可行性已被证实。目前，建造超导装置开展核聚变研究已成为国际热潮。

中国全超导托卡马克核聚变实验装置，俗称"人造太阳"，英文缩写 EAST，是国家重大科学工程项目。该工程于2000年10月开工建设，历经5年，于2006年全面、优质地建设完成。EAST 为世界上第一个正式投入运行的非圆截面全超导托卡马克实验装置。2018年11月，EAST 实现了1亿摄氏度等离子体运行的重大突破。2020年4月，EAST 将1亿摄氏度维持了近10s。2021年5月，EAST 又创造新的世界纪录，将1.2亿摄氏度维持了101s和1.6亿摄氏度维持了20s，受到了全世界的瞩目。同年12月，EAST 实现了1056s的长脉冲高参数等离子体运行，这是目前世界上托卡马克装置高温等离子体运行的最长时间。

EAST 采用的正是磁约束核聚变，成功地将超导技术应用于产生托卡马克强磁场的线圈上，即用一个强磁场把等离子体约束在一个磁笼子里，在这个磁笼子里，是一个高密度高温的等离子体，通过高速旋转实现热核反应。EAST 使我国核聚变能开发技术水平进入了世界先进行列。超导研究始于1911年，已逾百年之久，但在半个世纪前，超导的世界没有中国人的身影。赵忠贤，中国科学院院士，中国高温超导研究奠基人之一，长期默默从事超导研究，经过艰辛探索，1987年，赵忠贤在美国物理学会举办的会议上，首次发布了临界温度高达93K的钡-钇-铜-氧超导体，他的这一突破液氮温区超导体的研究成果，让我国的超导研究在国际上一鸣惊人，也从此使我国挤进了高温超导研究的世界舞台。赵忠贤院士的成功，一是在于他坚定的信念，他始终忠于初心，将个人志趣与国家命运结合在一起，心无旁骛，奋发赶超，正如他自己所说："超导研究突破的每一步，中国人绝不能再落下"。二是在于他的坚持，他一生专注超导研究一件事，在数十年的研究生涯中，不论物理学界热点如何变换，他都一直初心不改，只踩着超导发展的节律前行。三是在于他脚踏实地，乐观向上，他扎根实验几十年，和同事们夜以继日地奋战在实验室中，即使在最困难的时候，他们仍充满信心，相互鼓励，视挑战为快乐，从不灰心、不放弃，总是满怀希望。

本章小结

1. 磁场和磁感应强度

磁现象的电本质理论说明：一切磁现象产生的根源都是电流或运动电荷，永久磁铁的磁性也是起源于组成永久磁铁这种物质的分子电流；所有的磁相互作用都是通过磁场来实现的。其关系用图6-29表示。

与电场相类似，磁场的强弱也是通过磁场与其他物体的作用，即从它的对外表现来认识的。由于磁场

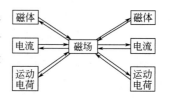

图6-29　磁相互作用

对运动电荷有力的作用，把试探电荷引入到磁场中，从它所受的磁场力作用来定义磁感应强度 B，这是描述磁场性质的一个基本物理量。磁感应强度 B 的定义式是

$$B = \frac{f_{\max}}{qv}$$

其方向就是小磁针在该点 N 极的指向。

2. 毕奥-萨伐尔定律

磁现象产生的根源是电流，为此，引入电流元模型的概念，毕奥-萨伐尔定律定量地说明了电流元与它所激发的磁场之间的关系，即

$$d\boldsymbol{B} = \frac{\mu_0}{4\pi} \times \frac{I\,d\boldsymbol{l} \times \boldsymbol{r}^0}{r^2}$$

对整个载流导线 L 来说，其周围任意一点的磁感应强度 B 可用矢量积分求得，即

$$\boldsymbol{B} = \int_L d\boldsymbol{B} = \int_L \frac{\mu_0}{4\pi} \times \frac{I\,d\boldsymbol{l} \times \boldsymbol{r}^0}{r^2}$$

3. 高斯定理和安培环路定理

这是反映磁场规律的两条基本定律。高斯定律的表达式是

$$\oint_S \boldsymbol{B} \cdot d\boldsymbol{S} = 0$$

它表明穿过任意闭合曲面上的磁通量等于零，反映了磁场是有旋场这个性质，其磁感应线是闭合的。

安培环路定理的表达式是

$$\oint_L \boldsymbol{B} \cdot d\boldsymbol{l} = \mu_0 \sum I$$

表明回路 L 上的磁感应 B 的环流不等于零，由此说明磁场是非保守力场。这里，要求在正确理解这些定律和公式的同时，能够计算几种简单形状载流导线所激发的磁场。需要注意的是，磁感应强度 B 的环流 $\oint_L \boldsymbol{B} \cdot d\boldsymbol{l}$ 只与回路 L 所包围的电流有关，而与回路外的电流无关，但回路上各点的磁感应强度 B 则是由回路内、外所有电流共同产生的；另外，还要注意其中电流正、负号的规定。

4. 洛伦兹力和安培定律

磁场对运动电荷的作用力称为洛伦兹力。洛伦兹力只作用于运动电荷，其方向垂直于电荷的运动方向，故洛伦兹力不做功；磁场对载流导线的作用力叫做安培力，安培力是洛伦兹力的宏观表现，其大小不仅与电流元和磁感应强度 B 有关，还与它们间的夹角有关。

洛伦兹力公式为 $\qquad\qquad\qquad \boldsymbol{f}_m = q\boldsymbol{v} \times \boldsymbol{B}$

安培力公式为 $\qquad\qquad\qquad d\boldsymbol{F} = I\,d\boldsymbol{l} \times \boldsymbol{B}$

均匀磁场对平面载流线圈有力矩作用，其磁力矩公式为

$$M = NIBS\sin\theta$$

这里要求对处于磁场中的运动电荷和磁场中简单形状的载流导线进行力的分析及运算。

5. 基本公式

表 6-2 列出了应用毕奥-萨伐尔定律计算出的几种典型电流在真空中的磁感应强度公式。

表 6-2　磁感应强度的基本公式

电流形状	磁感应强度	电流形状	磁感应强度
无限长载流直导线	$B = \dfrac{\mu_0 I}{2\pi a}$	无限长螺旋管（管内）	$B = \mu_0 n I$
圆环电流（圆心处）	$B = \dfrac{\mu_0 I}{2R}$	无限长螺旋管（管外）	0

练习题

一、讨论题

6.1 稳恒磁场与静电场在性质上有什么不同？

6.2 磁铁产生的磁场与电流产生的磁场在本质上是否相同？

6.3 ①为什么不把作用于运动电荷的磁场力的方向定义为磁感应强度 B 的方向？②一带电粒子流发生了侧向偏转，造成这一偏转的原因可否是电场？可否是磁场？你怎样判断是哪一种场对它发生了作用？

6.4 空间某一区域中有相互垂直的均匀电场 E 和均匀磁场 B，一个电子以速度 v 射入此区域。试分别就 v 与 E 同向和反向两种情况，定性讨论电子的运动，并与力学中已知的质点运动规律相比较，作出说明。

6.5 电子枪同时将速度分别为 v 和 $2v$ 的两个电子射入均匀磁场 B 中，射入时两电子的运动方向相同，且都垂直于磁场 B，证明这两个电子将同时回到出发点。

6.6 讨论磁场的高斯定理及其意义。

6.7 将用高斯定理计算静电场强度和用安培环路定律计算稳恒电流磁场的磁感应强度的方法做一对比。

6.8 在电子仪器中，常把两条载有等值反向电流的导线扭绕在一起，为什么这样做能减少它们在周围所激发的磁场？

6.9 试述利用安培环路定理计算磁感应强度的方法。在下述两种情况中，能否用安培环路定理求磁感应强度？为什么？

① 有限长载流直导线激发的磁场；

② 圆电流激发的磁场。

6.10 如题图 6-1 所示，设图中两导线中的电流 I_1 和 I_2 均为 8A，试对图中所示的三个闭合线 a、b、c，分别写出安培环路定理等式右边电流的代数和；并讨论：①在每个闭合线上各点的磁感应强度是否相等？②在闭合线 b 上各点的 B 是否为零？

6.11 怎样放置一个正方形载流线圈才能使其各边所受到的磁力大小相等？

6.12 在制作收音机的磁性天线和中周变压器时，为什么总是采用软磁铁氧体作磁芯？若选用金属磁性材料有什么缺点？

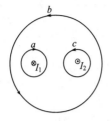

题图 6-1 习题 6.10 图

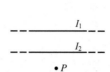

题图 6-2 习题 6.13 图

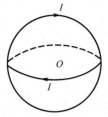

题图 6-3 习题 6.14 图

二、选择题

6.13 如题图 6-2 所示，两根平行的无限长直导线，分别通有电流 I_1 和 I_2。已知其下方一点 P 处的磁感应强度 $B=0$，则两电流的 I_1 和 I_2 大小和方向必有（　　）。

(A) $I_1 > I_2$，同向 　　　　(B) $I_1 > I_2$，反向

(C) $I_1 < I_2$，同向 　　　　(D) $I_1 < I_2$，反向

6.14 两个半径相同的细圆环垂直放置，通以相同的电流 I，如题图 6-3 所示，则它们的共同环心 O 处的磁感应强度的方向为（　　）。

(A) 竖直向下　　　(B) 竖直向上

(C) O 点的 $B=0$　　(D) 在通过 O 点的垂直于纸面的竖直平面内与竖直方向成 45°角

6.15 下列叙述正确的是（　　）。

(A) 一电子以速率 v 进入某区域，若该电子运动方向不改变，那么，该区域一定无磁场

(B) 电流元能在它周围空间任意点产生磁场

(C) 空间某点磁感应强度 $\boldsymbol{B}$ 的方向是，运动正电荷在该点所受最大的力与其速度的矢量积的方向

(D) 空间某点磁感应强度 $\boldsymbol{B}$ 的方向是电荷在该点不受力的运动方向

6.16 在无限长载流直导线附近作一球形闭合曲面 S，如题图 6-4 所示。当 S 面向长直导线靠近时，穿过 S 面的磁通量 Φ_m 和面上各点磁感应强度的大小将有如下变化（　　）。

(A) Φ_m 增大，B 也增大　　　　(B) Φ_m 不变，B 也不变

(C) Φ_m 增大，B 不变　　　　(D) Φ_m 不变，B 增大

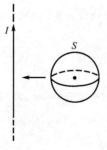

题图 6-4 习题 6.16 图

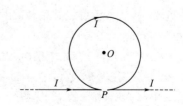

题图 6-5 习题 6.17 图

6.17 无限长载流直导线在 P 处弯成以 O 为圆心、R 为半径的圆，如题图 6-5 所示。若所通电流为 I，缝 P 极窄，则 O 处的磁感应强度的大小为（　　）。

(A) $\dfrac{\mu_0 I}{\pi R}$ (B) $\dfrac{\mu_0 I}{R}$ (C) $\left(1-\dfrac{1}{\pi}\right)\dfrac{\mu_0 I}{2R}$ (D) $\left(1+\dfrac{1}{\pi}\right)\dfrac{\mu_0 I}{2R}$

6.18 如题图 6-6 所示,一环形导线中通有电流 I,对图示的回路 L,磁感应强度 B 的环流是（   ）。

(A) $2\mu_0 I$ (B) $-2\mu_0 I$ (C) $2I$ (D) 0

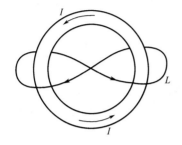
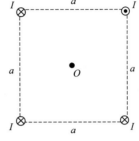

题图 6-6 习题 6.18 图   题图 6-7 习题 6.20 图

6.19 在安培环路定理 $\oint_L \boldsymbol{B}\cdot\mathrm{d}\boldsymbol{l}=\mu_0\sum I$ 中,下列叙述正确的是（   ）。

(A) 若没有电流通过回路 L,则回路 L 上各点的 $\boldsymbol{B}$ 必为零

(B) 等式左边的 $\boldsymbol{B}$ 只是穿过闭合回路 L 的所有电流共同产生的磁感应强度

(C) 因为电流是标量,所以等式右边的 $\sum I$ 应为穿过回路 L 的所有电流的算术和

(D) 若回路 L 上各点的 $\boldsymbol{B}$ 为零,则穿过 L 的电流的代数和为零

6.20 四条相互平行的载流长直导线中的电流均为 I,如题图 6-7 所示放置。正方形的边长为 a,则正方形中心 O 处的磁感应强度大小为（   ）。

(A) $\dfrac{2\sqrt{2}\mu_0 I}{\pi a}$ (B) $\dfrac{\sqrt{2}\mu_0 I}{\pi a}$ (C) $\dfrac{\sqrt{2}\mu_0 I}{2\pi a}$ (D) 0

6.21 下列叙述正确的是（   ）。

(A) 通电螺线管内充入磁介质后,其内部的 B 值一定大于真空时的 B 值

(B) 一条形磁铁在外磁场作用下被磁化,该介质一定为顺磁质

(C) 铜的磁导率 $\mu=1.255\times 10^{-6}$,它属于抗磁质

(D) 铁的相对磁导率 $\mu_r \gg 1$,且不为常量

三、填空题

6.22 指出题图 6-8 中各种情况下带电粒子的受力方向。

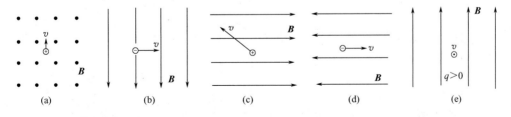

题图 6-8 习题 6.22 图

6.23 某点的地磁场为 0.7×10^{-4} T,这一地磁场被 5.0cm 的圆形电流线圈中心的磁场抵消,则线圈通过了_____ A 的电流。

6.24 将导线弯曲成两个半径分别为 R_1 和 R_2 且共面的两个半圆，圆心为 O，通过的电流为 I，如题图 6-9 所示。则圆心 O 处磁感应强度的大小为_____，方向为_____。

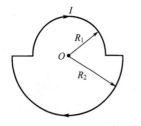
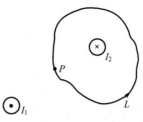
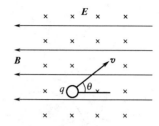

题图 6-9 习题 6.24 图   题图 6-10 习题 6.25 图   题图 6-11 习题 6.26 图

6.25 如题图 6-10 所示，闭合回路 L 上一点 P 的磁感应强度 B 由电流_____所激发；$\oint_L \vec{B} \cdot d\vec{l} =$ _____。

6.26 如题图 6-11 所示，空间某区域同时存在有电场 E 和磁场 B，它们相互垂直，E 垂直于纸面向里，B 水平向左。若有一带电量为 q 的负电荷以速度 v（与水平成 θ 角）进入该区域，则该电荷受到的电场力大小为_____，方向为_____；受到的磁场力大小为_____，方向为_____；电荷做匀速直线运动的条件是_____。

6.27 如题图 6-12 所示，电子和质子以相同的速率 v 从点 O 垂直射入均匀磁场中，图中画出了 4 个圆弧，其中一个是电子的轨迹，另一个是质子的轨迹。弧 Oa 和弧 Ob 的半径相同，Oc 和 Od 的半径相同。则电子的轨迹是_____；质子的轨迹是_____。

6.28 有一圆形线圈，通有电流 I，放在均匀磁场 B 中，线圈平面与 B 相垂直，如题图 6-13 所示，则线圈上 A、B、C、D 处受力方向为_____，线圈所受合力大小为_____。

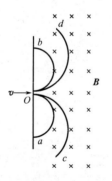
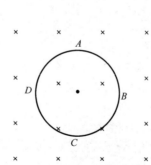
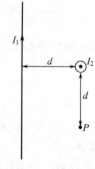

题图 6-12 习题 6.27 图   题图 6-13 习题 6.28 图   题图 6-14 习题 6.29 图

四、计算题

6.29 如题图 6-14 所示，两根无限长载流直导线互相垂直地放置，已知 $I_1 = 4$A，$I_2 = 6$A（I_2 的流向为垂直于纸面向外），$d = 2$cm，求点 P 处的磁感应强度大小。

6.30 如题图 6-15 所示，分别通有流向相同的电流 I 和 $2I$ 的两条平行长直导线，相距为 $d = 30$cm，求磁感应强度为零的位置。

6.31 如题图 6-16 所示，已知一均匀磁场的磁感应强度 $B = 2.0$T，方向沿 Ox 轴正向。试求：①通过图中 $abcd$ 面的磁通量；②通过图中 $befc$ 面的磁通量；③通过图中 $aefd$ 面的磁通量；④通过整个闭合面的磁通量。

6.32 两平行无限长载流直导线间的垂直距离为 a，导线中分别通有电流 I_1 和 I_2，求单位长度上导线所受到的相互作用力。

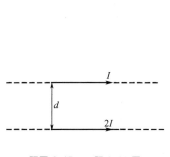

题图 6-15　习题 6.30 图

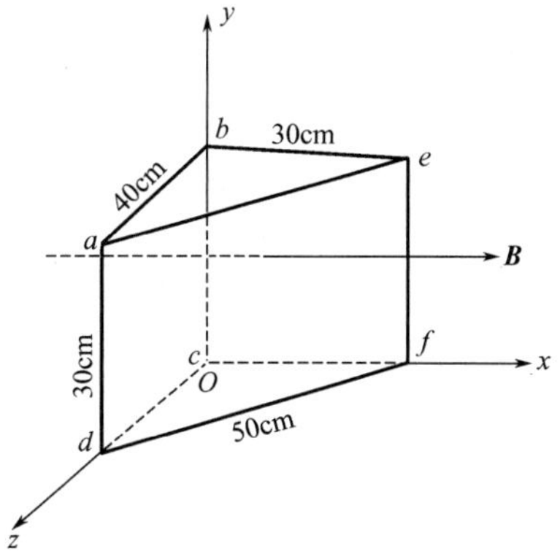

题图 6-16　习题 6.31 图

6.33　一载有电流 $I=7.0$A 的硬导线，转折处是一半径为 $r=0.1$m 的四分之一圆周 ab，放在磁感应强度为 $B=1.0$T 的均匀磁场中，磁场方向垂直于导线所在的平面，如题图 6-17 所示。求圆弧 ab 部分所受的力。

6.34　一半圆形闭合线圈，半径 $R=0.1$m，通有电流 $I=10$A，放在均匀磁场中，磁场方向与线圈平面平行，大小为 $B=0.5$T，如题图 6-18 所示。求线圈所受力矩的大小。

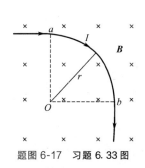

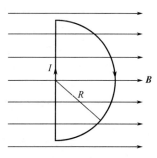

题图 6-17　习题 6.33 图

题图 6-18　习题 6.34 图

6.35　一矩形载流线圈由 200 匝互相绝缘的细导线绕成，矩形边长为 10.0cm、5.0cm，导线中的电流为 0.10A。这线圈可以绕它的一边 OO' 转动，如题图 6-19 所示。当加上大小 $B=0.5$T、方向与线圈平面成 $30°$ 角的均匀外磁场 B 时，求这线圈所受到的力矩。

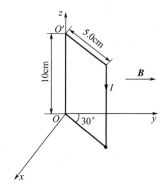

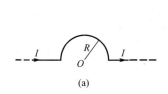

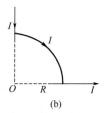

题图 6-19　习题 6.35 图

题图 6-20　习题 6.36 图

6.36 一条无限长直导线在一处弯折成半径为 R 的圆弧，如题图 6-20 所示。若已知导线中电流强度为 I，试利用毕奥-萨伐尔定律求：①当圆弧为半圆周时，圆心处 O 的磁感应强度 B；②当圆弧为四分之一圆周时，圆心处 O 的磁感应强度 B。

6.37 如题图 6-21 所示，两根导线沿半径方向引到铁环上的 A、B 两点，并在很远处与电源相连，求环中心的磁感应强度。

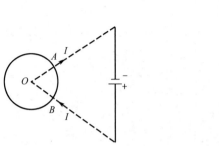

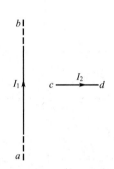

题图 6-21 习题 6.37 图　　　题图 6-22 习题 6.38 图

6.38 一长直导线 ab，通有电流 $I_1=20A$，其旁放置一段导线 cd，通有电流 $I_2=10A$，且 ab 与 cd 在同一平面上，c 端距 ab 为 1cm，d 端距 ab 为 10cm，如题图 6-22 所示。求导线 cd 所受的作用力。

6.39 如题图 6-23 所示，载流长直导线中的电流为 I，求通过矩形面积 $CDEF$ 的磁通量。

6.40 一长直螺线管的横截面积为 $15cm^2$，在 1cm 长度上绕有线圈 20 匝，当线圈内通有电流 $I=0.5A$ 时，求：①螺线管中部的磁感应强度的大小；②通过螺线管横截面的磁通量。

6.41 有两个半径分别为 r 和 R 的无限长同轴圆柱面，两圆柱面间充以相对磁导率为 μ_r 的均匀磁介质，当两圆柱面通以相反电流 I 时，试求：①磁介质中任意一点 P 的磁感应强度 B_1 的大小；②圆柱面外任意一点 Q 的磁感应强度 B_2 的大小。

6.42 一质量为 100g 的铜棒，安放在二根相距为 20cm 的水平轨道上，若铜棒中流过的电流为 20A，棒与轨道之间的静摩擦系数为 0.16，求使铜棒开始滑动的最小磁感应强度的大小和方向。

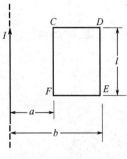

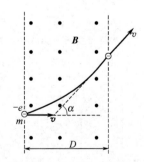

题图 6-23 习题 6.39 图　　　题图 6-24 习题 6.43 图

6.43 如题图 6-24 所示，设均匀磁场 $\boldsymbol{B}$ 的方向垂直纸面向外，此磁场区域的宽度为 D，若一个质量为 m、电荷为 $-e$ 的电子以垂直于磁场的速度 $\boldsymbol{v}$ 射入磁场，求它穿出磁场时的偏转角 α。电子重量不计。

6.44 如题图 6-25 为质谱仪原理示意图，电荷量为 q、质量为 m 的带正电的粒子从静止开始经

过电势差为 U 的加速电场后进入粒子速度选择器。选择器中存在相互垂直的匀强电场和匀强磁场，匀强电场的场强为 E、方向水平向右。已知带电粒子能够沿直线穿过速度选择器，从 G 点垂直 MN 进入偏转磁场，该偏转磁场是一个以直线 MN 为边界、方向垂直纸面向外的匀强磁场。带电粒子经偏转磁场后，最终到达照相底片的 H 点。可测出 G、H 间的距离为 l。带电粒子的重力可忽略不计。求：①粒子从加速电场射出时速度 v 的大小。②粒子速度选择器中匀强磁场的磁感应强度 B_1 的大小和方向。③偏转磁场的磁感应强度 B_2 的大小。

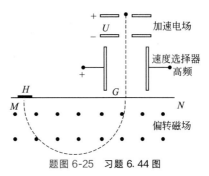

题图 6-25　习题 6.44 图

6.45　磁流体发电机示意图如题图 6-26 所示，a、b 两金属板相距为 d，板间有磁感应强度为 B 的匀强磁场，一束截面积为 S、速度为 v 的等离子体自左向右穿过两板后速度大小仍为 v，截面积仍为 S，只是等离子体压强减小了。设两板之间单位体积内等离子体的数目为 n，每个离子的电量为 q，板间部分的等离子体等效内阻为 r，外电路电阻为 R。求：①等离子体进出磁场前后的压强差 Δp；②若等离子体在板间受到摩擦阻力 f，压强差 $\Delta p'$ 又为多少？③若 R 阻值可以改变，试讨论 R 中电流的变化情况，求出其最大值 I_m，并在图中坐标上定性画出 I 随 R 变化的图线。

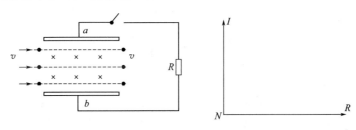

题图 6-26　习题 6.45 图

6.46　一种称为"质量分析器"的装置如题图 6-27 所示，A 表示发射带电粒子的离子源，发射的粒子在加速管 B 中加速，获得一定速率后于接口 C 处进入圆形细弯管（四分之一圈弧），在磁场力作用下发生偏转，然后进入漂移管道 D，若粒子质量不同或电荷量不同或速率不同，在一定磁场中的偏转程度也不同。如果给定偏转管道中心轴线的半径、磁场的磁感应强度、粒子的电荷量和速率，则只有一定质量的粒子能从漂移管道 D 中引出。已知带有正电荷 $q=1.6\times10^{-19}$ C 的磷离子，质量为 $m=51.1\times10^{-27}$ kg，初速率可认为是零，经加速管 B 加速后速率为 $v=7.9\times10^5$ m/s，求：①加速管 B 两端的加速电压；②若圆形弯管中心轴线的半径 $R=0.28$ m，为了使磷离子能从漂移管道引出，在图中虚线正方形区域内应加匀强磁场的磁感应强度。

6.47　一种半导体霍尔材料，用它制成的元件称为"霍尔元件"，这种材料有可定向移动的电荷，称为"载流子"每个载流子的电荷量大小为 1 个元电荷，即 $q=1.6\times10^{-19}$ C。在一次实验中，一块霍尔材料制成的薄片宽 $ab=1.0\times10^{-2}$ m，长 $bc=4.0\times10^{-2}$ m，厚 $h=1.0\times10^{-3}$ m，水平放置在竖直向上的磁感强度 $B=2.0$T 的匀强磁场中，bc 方向通有 $I=3.0$A 的电流，如题图 6-28 所示，由于磁场的作用，稳定后，在沿宽度方向上产生 1.0×10^{-5}V 的横向电压。求：①假定载流子是电子，a、b 两端中哪端电势较高？②薄板中形

成电流 I 的载流子定向运动的速率多大？③这块霍尔材料中单位体积内的载流子个数为多少？

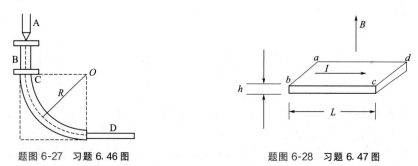

题图 6-27　习题 6.46 图　　　　　题图 6-28　习题 6.47 图

6.48 霍尔元件被大量应用于工业测量和检测中，一般按被检测对象的性质可将它们的应用分为直接应用和间接应用，前者是直接检测出受检测对象本身的磁场或磁特性，后者是检测受检对象上人为设置的磁场，用这个磁场来作被检测的信息的载体，将许多非电、非磁的物理量，例如力、力矩、压力、应力、位置、位移、速度、加速度、角度、角速度、转数、转速以及工作状态发生变化的时间等，转变成电量来进行检测和控制。汽车上的转速和速度测量一般都采用霍尔原理进行。查阅相关资料，用霍尔效应设计一个车轮转速测量仪，画出设计图，并说明设计原理。

第七章

电磁感应

 学习指南

1. 掌握法拉第电磁感应定律及其数学表达式,并能进行相应的计算。
2. 领会楞次定律及其物理实质,学会应用楞次定律判断感应电动势的方向。
3. 理解感生电动势和动生电动势的含义、产生的原因,掌握其数学表达式,并能进行相应的计算。
4. 理解自感现象和互感现象,掌握自感电动势和互感电动势的计算方法和方向的判定,弄清自感系数和互感系数的物理意义。
5. 理解磁场能量的概念,并能简单地计算。

 衔接知识

一、电磁感应现象和感应电流方向的判别

穿过闭合电路的磁通量发生变化时,闭合电路中就会产生感应电流,这种现象称为**电磁感应现象**。闭合电路中产生的感应电流的方向,总是使它的磁场阻碍引起感应电流的磁通量的变化。人们把这个规律称之为**楞次定律**。当直导线在磁场中作切割磁感应线运动时,所产生的感应电流的方向与磁场方向、导线运动方向有关,其三者的关系可用**右手定则**来确定:伸开右手,使大拇指和其余四指垂直,并且都和手掌在一个平面内,把右手放入磁场中,让磁感线垂直穿入掌心,大拇指指向导体运动的方向,那么,其余四指所指的方向就是感应电流的方向。

二、法拉第电磁感应定律

在电磁感应现象中产生的感应电动势 ε 的大小,与穿过该线圈磁通量的变化率 $\dfrac{\Delta\Phi}{\Delta t}$ 成正比,即 $\varepsilon=\dfrac{\Delta\Phi}{\Delta t}$,这个结论叫做**法拉第电磁感应定律**。当直导线做切割磁感应线运动时,导体中产生感应电动势 $\varepsilon=Blv$,其中 B 是匀强磁场的磁感应强度,

l 是切割磁感线运动的导体长度，v 是导体做切割磁感线运动的速度。B 所在的磁场必须是匀强磁场，磁场方向、导线运动方向及导体放置的方向必须两两相互垂直。

三、互感、自感现象和理想变压器

当一个电路中电流产生变化，从而引起它周围空间磁场的变化，在另一个邻近的电路中产生感应电动势的电磁感应现象叫做**互感现象**。在互感现象过程中产生的电动势称为互感电动势。由于线圈自身的电流变化而产生的电磁感应现象，叫做**自感现象**。在自感现象中产生的感应电动势叫做**自感电动势**。变压器就是应用互感现象进行工作的，理想变压器原副线圈两端的电压之比等于这两个线圈的匝数之比。理想变压器原线圈和副线圈中的电流与它们的匝数成反比。

四、电磁振荡和电磁波

由线圈 L 和电容器 C 组成的电路中，如果在电路中通入电流，将会在电路中产生大小和方向都做周期性变化的电流，这就是电磁振荡现象，由线圈 L 和电容器 C 组成的电路是最简单的振荡电路，称为 **LC 振荡电路**。在电磁振荡过程中产生的大小和方向都在做周期性变化的电流叫做**振荡电流**，能够产生振荡电流的电路叫做**振荡电路**。电磁振荡的过程，实际是电容器中的电场能和线圈中的磁场能不断转换的过程。在振动电路中电磁振荡完成一次全振荡所用的时间叫做**周期**，用 T 表示；在 1s 内完成全振荡的次数叫做**频率**，用 f 表示。实验证明，LC 振荡电路中产生的振荡电流的周期和频率与线圈的自感系数 L 和电容 C 有关，用公式表示为 $T=2\pi\sqrt{LC}$，$f=\dfrac{1}{2\pi\sqrt{LC}}$。振荡电路发生电磁振荡时，会产生变化的电场和磁场，如果这个变化的电场和磁场向周围空间扩展，就会形成电磁场，电磁场在空间沿着各个不同的方向由近及远向外传播，这样形成的波叫做**电磁波**。电磁波就是在空间传播着的电磁场。电磁波的形成和传播是不需要介质的，电磁波是横波，电磁波在真空中传播速度是光速。电磁波的波长 λ、波速 v、频率 f 之间的关系为 $v=\lambda f$。

1820 年，奥斯特通过实验发现了电流的磁效应，第一次揭示了电现象和磁现象之间的联系。1831 年法拉第发现，当穿过闭合线圈的磁通量发生变化时，线圈中会产生电流，这种现象称为**电磁感应**。电磁感应现象不仅进一步提示了电现象和磁现象之间的联系，更为现代电力工业、电工和电子技术的建立和发展奠定了基础。电磁感应现象的发现是人类科学技术中最重要的成就之一。在理论上，它进一步揭示了电和磁之间的相互联系，推动了电磁理论的发展；在实践上，它为人类大规模获取巨大而廉价的电能开辟了道路，标志着一场重大的工业和技术革命的到来。

本章在中学基础上将继续研究电磁感应现象及其规律，进一步研究互感和自感

现象的规则及其在工程技术中的应用。实际上电磁感应现象的过程也是能量转化的过程，通过计算自感现象的过程中自感线圈所贮存的磁场能，推导出了磁场能量公式的一般形式，同时这些现象和规律也为我们揭示了磁场和电场一样是具有能量的物质，是物质存在的特殊形式。

第一节　电磁感应的基本规律

电磁感应
基本规律

一、电磁感应现象的发现

在众多科学家中，英国物理学家法拉第（M. Faraday，1791—1867）凭借其对自然界的惊人敏锐力认为，各种自然力具有统一性，他深信磁产生电一定会成功，并决心用精确的实验来验证这一科学的信念。在早期的实验中，法拉第因发现恒定电流对它附近的导线并不产生可觉察的影响而感到迷惑。他做了各种各样的线圈，让两个线圈紧挨着但用布或纸隔开，其中一个线圈与电流计连成一回路，另一个线圈则由电池通以强电流，使法拉第感到失望的是，电流计并不产生偏转。

在这些实验进行过程中，有一次法拉第注意到，在电流接通时电流计有一轻微的扰动，断开时也有一轻微的扰动。他抓住这个线索，立刻断定另一根导线中的电流不是由恒定电流产生的，而是由变化的电流感生的。为了提高灵敏度，法拉第把一根未磁化的钢针放在一个简单的小线圈中以代替检流计，在进一步的实验中他发现：在给原线圈通电时，所感生出来的脉冲电流把这根钢针磁化了；在原线圈中切断电源时，所感生出来的脉冲电流还会把这根钢针反向磁化。从1822年到1831年，经过一个又一个的失败和挫折，法拉第终于在人类历史上第一个发现了电磁感应现象。并正确地指出：感应电流并不是与原电流本身有关，而是与原电流的变化有关。

1832年，法拉第又进一步发现：在相同的条件下，不同金属中所产生的感应电流的大小与导体的电导率成正比，但感应电流的产生却与导体性质无关，而是因感应电动势而生成，即使不形成闭合回路，感应电动势仍然有可能存在。

1834年，楞次（Lenz，1804—1865）在分析了大量实验资料的基础上，总结出了判断感应电流方向的法则。

二、法拉第电磁感应定律

总结电磁感应现象的各种实验，可得到如下结论：不管什么原因使穿过闭合导体回路所包围面积的磁通量发生变化，回路中都会产生电流，这种电流称为感应电流（induction current）。在磁通量增加和减少两种情况下，回路中感应电流的方向相反。既有感应电流，就必有驱动感应电流的电动势。通常把在电磁感应现象中产生的电动势叫做感应电动势（induction electromotive force）。感应电动势的大小取决于穿过回路中的磁通量变化的快慢。变化越快，感应电动势越大；反之，就越小。

定量的实验进一步表明，当回路所包围面积中的磁通量发生变化时，回路中产生的感应电动势 ε 的大小与磁通量对时间的变化率成正比，这一结论称为法拉第电磁感应定律（Faraday law of electromagnetic induction）。在 SI 中，法拉第电磁感应定律的数学表达式为

$$\varepsilon = -\frac{\mathrm{d}\Phi_\mathrm{m}}{\mathrm{d}t} \tag{7-1}$$

即感应电动势等于穿过回路的磁通量的时间变化率的负值。式(7-1) 中 ε 的单位是 V，Φ_m 的单位是 Wb，t 的单位是 s。

若回路有 N 匝密绕线圈组成，且穿过每匝线圈的磁通量相等，则法拉第电磁感应定律的表达式可以写成

$$\varepsilon = -N\frac{\mathrm{d}\Phi_\mathrm{m}}{\mathrm{d}t} \tag{7-2}$$

若闭合回路的电阻为 R，则回路中的感应电流为

$$I = \frac{\varepsilon}{R} = -\frac{1}{R} \times \frac{\mathrm{d}\Phi_\mathrm{m}}{\mathrm{d}t} \tag{7-3}$$

显然，感应电流的方向与回路中感应电动势的方向是一致的。式(7-1) 和式(7-2) 中的负号表明，在任何情况下，感应电动势的正负总是与磁通量变化率的正负相反，它是法拉第电磁感应定律的重要组成部分。由于电动势和磁通量都是标量，它们的正负都是相对于某一指定方向而言的，因此，在应用法拉第电磁感应定律时，首先要表明回路的绕行方向，然后，根据回路的绕行方向，按右手螺旋定则确定回路所包围面积的正法线方向 **n**。同时规定电动势的方向与绕行方向一致时为正，反之为负。若 **B** 与 **n** 的夹角 $\theta < \pi/2$，则穿过回路的磁通量 $\Phi_\mathrm{m} > 0$；若 $\theta > \pi/2$，则 $\Phi_\mathrm{m} < 0$。最后，再根据磁通量变化率的正负确定 ε 的正负。下面可用上述规定来具体确定感应电动势的正负值。

如图 7-1(a) 所示，将一磁铁插入线圈，取回路的绕行方向为顺时针方向，按右手螺旋定则确定出回路所包围面积的正法线 **n** 方向如图中所示，因为 **B** 与 **n** 的方向相同，所以穿过线圈所包围面积的磁通量 $\Phi_\mathrm{m} > 0$。当磁铁插入线圈时，穿过线圈的磁通量增加，故磁通量随时间的变化率 $\mathrm{d}\Phi_\mathrm{m}/\mathrm{d}t > 0$。由式(7-1) 可知，ε < 0，

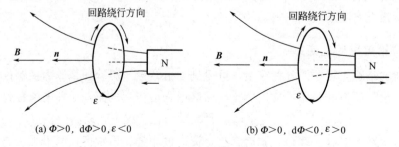

(a) $\Phi > 0$, $\mathrm{d}\Phi > 0$, $\varepsilon < 0$ (b) $\Phi > 0$, $\mathrm{d}\Phi < 0$, $\varepsilon > 0$

图 7-1 感应电动势的方向

即线圈中感应电动势的方向与回路的绕行方向相反。

当磁铁从线圈中抽出时，如图 7-1(b) 所示，穿过线圈的磁通量仍是 $\Phi_m>0$，但因是磁铁从线圈中抽出，穿过线圈的磁通量减少，所以 $d\Phi_m/dt<0$，由式(7-1)可知，$\varepsilon>0$，即线圈中感应电动势的方向与回路的绕行方向相同。

【例题 7-1】 如图 7-2 所示，在均匀恒定磁场 B 中，一根长为 L 的导体棒 ab，在垂直于磁场的平面内绕其一端做匀速转动，角速度为 ω。求导体棒 ab 的感应电动势。

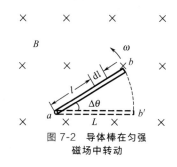

图 7-2 导体棒在匀强磁场中转动

解 设想有一个闭合回路 $abb'a$，ab' 是导体棒在 $t=0$ 时刻的位置，bb' 是导体棒 b 端运动的轨迹。在 Δt 时间内，棒所扫过的扇形面积 $S=\dfrac{1}{2}L^2\theta$，所以穿过此扇形面积的磁通量为

$$\Phi_m = BS = \frac{1}{2}BL^2\theta$$

式中，Φ_m 和 θ 都是时间 t 的函数。根据法拉第电磁感应定律，棒两端的感应电动势为

$$\varepsilon = -\frac{d\Phi_m}{dt} = -\frac{1}{2}BL^2\frac{d\theta}{dt} = -\frac{1}{2}BL^2\omega$$

式中，负号表示电动势的方向与回路 $abb'a$ 的绕行方向相反，即在 ab 棒中由 b 指向 a（请读者根据本节中的规定自行判断）。

三、楞次定律

楞次定律（Lenz law）是用来判断感应电流的方向的。这是楞次在分析了大量实验事实的基础上而总结出来的法则。其内容可表述如下：当穿过闭合的导线回路所包围面积的磁通量发生变化时，在回路中就会产生感应电流。感应电流具有确定的方向，它总是使感应电流自己所激发的通过回路面积的磁通量能够补偿或抵消引起感应电流的磁通量的变化。例如，在图 7-1(a) 中，当磁铁插入线圈时，线圈中的磁通量增加，在回路中产生了感应电流（电动势），其方向与回路的绕行方向相反，此时，线圈中感应电流所激发的磁场与原磁场 $\boldsymbol{B}$ 的方向相反，它阻碍磁铁向线圈运动，以抵消线圈中原磁场 $\boldsymbol{B}$ 的磁通量的增加。在图 7-1(b) 中，磁铁从线圈中抽出，线圈中的磁通量减少，产生的感应电流的方向与回路的绕行方向相同，此时，感应电流所激发的磁场与原磁场 $\boldsymbol{B}$ 的方向相同，它阻碍磁铁远离线圈运动，以补偿线圈中原磁场 $\boldsymbol{B}$ 的磁通量的减少。

在实际应用中，知道了引起感应电流的原磁场 $\boldsymbol{B}$ 的方向以及通过回路面积的 $\boldsymbol{B}$ 通量 Φ_m 是增加还是减少，就可以根据楞次定律确定感应电流所产生的磁场 $\boldsymbol{B}'$ 的方向，即当 Φ_m 增加时，$\boldsymbol{B}'$ 与 $\boldsymbol{B}$ 反向；当 Φ_m 减少时，$\boldsymbol{B}'$ 与 $\boldsymbol{B}$ 同向。下面以磁铁的 N 极插入线圈为例，如图 7-3 所示，说明应用楞次定律判断感应电流方向的一般步骤。

① 确定穿过回路的原磁场的方向。图中原磁场 **B** 的方向用实线表示。

② 确定穿过回路的原磁场的磁通量是增加还是减少。本例中，当磁铁的 N 极插入线圈时，穿过线圈 A 的磁通量增加。

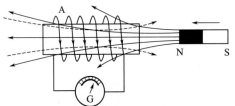

图 7-3 用楞次定律判断感应电流的方向

③ 根据楞次定律，确定感应电流的磁场（即感生磁场）方向。即当原磁场的磁通量增加时，感生磁场的方向与原磁场方向相反，以阻碍原磁场的增加；当原磁场的磁通量减少时，感生磁场方向与原磁场方向相一致，以补偿原磁场的减少。图中感生磁场 **B'** 的方向如细线所示，与原磁场方向相反。

④ 根据感生磁场的方向，用右手螺旋定则确定出回路中感应电流的方向。如图 7-3 中所示。

实质上，楞次定律是能量转换和守恒定律在电磁感应现象中的反映。已经知道，感应电流在闭合回路中流动时将释放焦耳热。根据能量守恒定律，这部分焦耳热只能从其他形式的能量转换而来。例如，在图 7-3 中，当把磁铁的 N 极插入线圈时，线圈因有感应电流流过也相当于一根磁棒，线圈的 N 极出现在右端，与磁铁的 N 极相对，两者互相排斥，其效果是反抗磁铁的插入。同样，当把磁铁的 N 极从线圈中拔出时，线圈的 S 极出现在右端，它和磁棒的 N 极相互吸引，其效果是阻止磁铁的拔出。因此，按照楞次定律，把磁铁插入线圈或从线圈中拔出，都必须克服斥力或引力做机械功。实际上，正是这部分机械功转换成了感应电流所释放的焦耳热。

第二节　感应电动势　涡旋电场

从法拉第电磁感应定律可知，穿过闭合回路所包围面积的磁通量发生变化，回路中就有感应电动势。而根据磁通量的定义，穿过闭合回路的磁通量的变化应有以下两种情况。

一种是回路所在处的空间内是稳恒磁场，磁感应强度 **B** 及其分布不随时间变化，但导体回路或其一部分在磁场中运动，使导体回路的位置、形状或大小发生改变，从而引起了磁通量 Φ_m 的变化。这种在稳恒磁场中运动的导体内产生磁通量变化而引起的感应电动势，称为动生电动势（motional electromotive force）。

另一种是导体在磁场中不运动，导体回路的位置、形状或大小也不变，而回路所在处的磁感应强度 **B** 随时间在变化，导致穿过回路的磁通量 Φ_m 发生变化，这种因磁场变化而在不运动的导体内产生磁通量变化而引起的感应电动势，称为感生电动势（induced electromotive force）。下面分这两种情况进行讨论。

一、动生电动势

如图 7-4 所示,矩形导体回路 abcda 置于匀强磁场 **B** 中,磁场与回路平面垂直,长度为 l 的导线 ab 可以自由滑动,回路内串联有检流计。当 ab 以速度 **v** 向右平行滑动时,回路所包围的面积不断扩大,穿过回路的磁通量也在不断增加,因此回路中将产生动生电动势。

图 7-4 动生电动势

设在 dt 时间内 ab 向右移动的距离为 dx,则回路所围面积增加的磁通量为

$$d\Phi_m = BdS = Bl\,dx$$

回路中动生电动势的大小为

$$\varepsilon = \frac{d\Phi_m}{dt} = Bl\frac{dx}{dt} = Blv \tag{7-4}$$

应用楞次定律,可以判断出导线 ab 上动生电动势 ε 的方向是由 b 指向 a,故 a 端电势高于 b 端电势。可见,导线 ab 就是产生感应电流的电源,ab 的电阻就是电源的内阻。

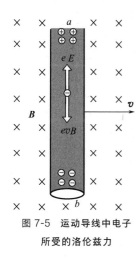

图 7-5 运动导线中电子所受的洛伦兹力

动生电动势的产生可以用洛伦兹力说明。为便于说明,把图 7-4 中的 ab 段隔离出来并放大,如图 7-5 所示,来分析其中自由电子的运动。当 ab 以速度 **v** 向右运动时,其中的自由电子也随着导线在磁场中以相同速度向右运动。速度 **v** 的方向与磁场垂直,所以必然要受到大小为 $f_m = evB$ 的洛伦兹力作用,力的方向沿 ab 自 a 指向 b,从而使自由电子趋向 b 端运动。b 端因为电子过剩而带负电,a 端因缺少电子而带正电。于是,ab 两端的电势不相等,出现了电势差 $v_a - v_b$,这个电势差在导线内形成电场,使电子又受到一个静电力的作用,设所形成的电场的电场强度为 **E**。由匀强电场中电场强度和电势差的关系得

$$E = \frac{v_a - v_b}{l}$$

场强 E 又阻止自由电子继续由 a 向 b 迁移。当静电力与洛伦兹力相平衡时,电子的迁移便停止,此时

$$eE = evB$$

a、b 间的电势差 $v_a - v_b$ 就等于电动势 ε,故有

$$\varepsilon = v_b - v_a = El = Blv$$

上式与式(7-4)是一致的。

由上式可以看出,动生电动势是由于导线 ab 在磁场中做切割磁感应线而产生的。从宏观上看,动生电动势等于单位时间内切割的磁感应线条数;从微观上看,动生电动势是由于带电粒子在磁场中运动受到洛伦兹力而产生的。在 ab 内部(相当于电源内部)产生动生电动势,使感应电流从低电势流向高电势;而在 ab 以外

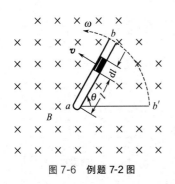

图 7-6 例题 7-2 图

的电路（相当于外电路）中，静电力使电流从高电势流向低电势，形成闭合感应电流。

【例题 7-2】 用式(7-4) 求例 7-1 中金属棒 ab 中的动生电动势。

解 如图 7-6 所示，在金属棒 ab 上距点 a 为 l 处取一线元 dl，该线元以速度 $\boldsymbol{v}$ 垂直于磁场方向运动而切割磁感应线，由式(7-4) 可知，线元 dl 所产生的动生电动势为

$$d\varepsilon = Bv\,dl$$

由于金属棒上每个线元的线速度 $v=\omega l$，都在垂直于 B 的方向上运动，所产生的电动势方向都指向 a 点，故整个金属棒的电动势为

$$\varepsilon = \int d\varepsilon = \int_0^L Bv\,dl = \int_0^L B\omega l\,dl = \frac{1}{2}B\omega l^2$$

根据右手定则，不难判断出 ab 中电动势的方向由 b 指向 a，即 a 点电势高、b 点电势低。

【例题 7-3】 如图 7-7 所示，一长直导线中通有电流 $I=10\text{A}$，有一长 $l=0.2\text{m}$ 的金属杆 AB，以速度 $v=2\text{m/s}$ 平行于长直导线做匀速运动。若靠近金属杆一端距离导线的距离为 $a=0.1\text{m}$，求金属杆中的动生电动势。

解 由于金属杆处在通电长直导线的非均匀磁场中，因此，金属杆上各线元所在处的磁感应强度不同。在金属杆上距长直导线为 x 处取一线元 dx，该处的磁感应强度 B 的大小为

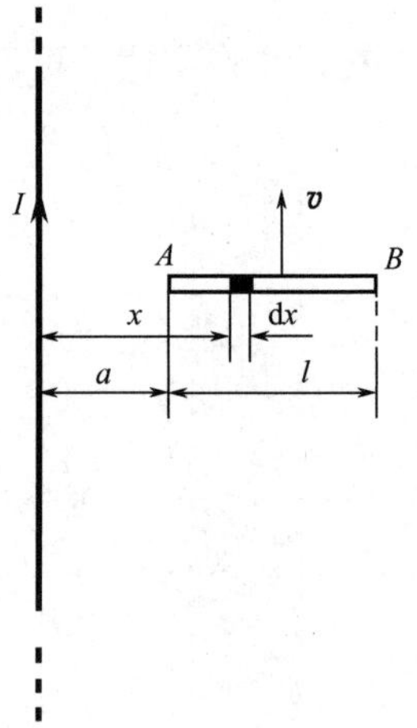

图 7-7 例题 7-3 图

$$B=\frac{\mu_0 I}{2\pi x}$$

磁感应强度的方向垂直纸面向里，且与 v 的方向垂直。根据式(7-4)，线元 dx 上的动生电动势为

$$d\varepsilon = Bv\,dx = \frac{\mu_0 I}{2\pi x}v\,dx$$

由于金属杆上各线元产生的动生电动势的方向都相同，故金属杆中的总电动势为

$$\begin{aligned}\varepsilon &= \int d\varepsilon = \int_a^{a+l} \frac{\mu_0 I}{2\pi x}v\,dx = \frac{\mu_0 I}{2\pi}v\ln\left(\frac{a+l}{a}\right)\\ &= \frac{4\pi\times10^{-7}\times10}{2\pi}\times2\times\ln\left(\frac{0.1+0.2}{0.1}\right)=4.4\times10^{-6}(\text{V})\end{aligned}$$

电动势的方向由 B 指向 A，即 A 点电势高、B 点电势低。

学习笔记

二、感生电动势

将一导体回路置于一磁场中，如果回路固定不变，而磁场随时间变化，这时，

通过导体面积的磁通量也发生变化。根据法拉第电磁感应定律，在导体回路中将产生感应电动势，形成感应电流。由于导体回路未动，因而回路中产生的感应电动势只是由变化的磁场本身引起的。在电磁感应现象分析的基础上，麦克斯韦（J. C. Maxwell，1831—1879）提出，变化的磁场在其周围空间激发一种新的电场，这种电场称为感生电场。而且，即使没有导体，这种电场同样存在。由感生电场产生的电动势叫做感生电动势。

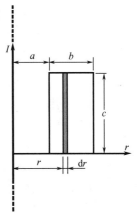

图 7-8 例题 7-4 图

【例题 7-4】 如图 7-8 所示，一长直导线通以 $I = I_0 \sin\omega t$ 的交变电流，在此导线的近旁平行地放置一矩形线圈，且与长直导线共面。求 $t=0$ 时线圈中的感应电动势。

解 在矩形线圈中取面元 $dS = c\,dr$，该处的磁感应强度大小为

$$B = \frac{\mu_0 I}{2\pi r} = \frac{\mu_0 I_0}{2\pi r}\sin\omega t$$

通过矩形线圈的磁通量为

$$\Phi_m = \int_S d\Phi_m = \int_a^{a+b} \frac{\mu_0 I_0 c}{2\pi r}\sin\omega t\,dr$$

根据法拉第电磁感应定律，线圈中感应电动势的大小为

$$\varepsilon = \frac{d\Phi_m}{dt} = \frac{\mu_0 I_0 c\omega}{2\pi}\ln\frac{a+b}{a}\cos\omega t$$

可见，线圈中感应电动势如同 $I = I_0 \sin\omega t$ 那样，也随时间 t 而变化。当 $t=0$ 时，线圈中感应电动势的大小为

$$\varepsilon = \frac{\mu_0 I_0 c\omega}{2\pi}\ln\frac{a+b}{a}$$

此刻，矩形线圈内的磁通量增加，磁感应强度方向垂直纸面向里，用楞次定律判断，可知感应电动势为逆时针方向。

三、涡旋电场

感生电场与静电场的相同之处在于，它们都是一种客观存在的物质，对置于其中的电荷都有力的作用。感生电场与静电场不同之处在于以下两点。

一是产生的原因不同。静电场是由静止电荷产生，而感生磁场不是由电荷激发的，而是由变化的磁场激发的。

二是性质不同。静电场是保守场，而且有源，它的电场线始于正电荷或无穷远，止于负电荷或无穷远。感生电场则是有旋场，而且是无源场，它的电场线为闭合曲线，无起点也无终点，像水的漩涡一样，因而感生电场又叫涡旋电场。

涡旋电场的存在早已被实验所证实。电磁波的产生与传播、电子感应加速器的建成和运行都是涡旋电场存在的例证。

第三节 互感 自感

一、互感

1. 互感和互感系数

当一个线圈中的电流发生变化时，将在它的周围空间产生变化的磁场，从而在它附近的另一个线圈中产生感应电动势，这种现象称为互感现象，所产生的电动势称为互感电动势。

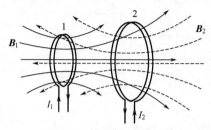

图 7-9 两线圈之间的互感

如图 7-9 所示，有两个相邻的线圈 1 和线圈 2，设线圈 1 中的电流 I_1 在线圈 2 中产生的磁通量为 Φ_{21}，线圈 2 中的电流 I_2 在线圈 1 中产生的磁通量为 Φ_{12}，由于磁通量与激发电流成正比，所以

$$\Phi_{21} = M_{21} I_1 \tag{7-5}$$

$$\Phi_{12} = M_{12} I_2 \tag{7-6}$$

式中的比例系数 M_{21} 和 M_{12} 称为线圈的**互感系数**，简称**互感**（mutual induction）。它取决于线圈的几何形状、尺寸、匝数、周围的介质情况以及两个线圈回路的相对位置。可以证明，$M_{21} = M_{12}$，一般用 M 表示，即

$$M_{21} = M_{12} = M$$

则上两式可分别写成

$$\Phi_{21} = M I_1 \tag{7-7}$$

$$\Phi_{12} = M I_2 \tag{7-8}$$

当线圈 1 中的电流发生变化时，通过线圈 2 的磁通量也将发生变化，从而在线圈 2 中产生感应电动势，根据法拉第电磁感应定律，线圈 2 中的感应电动势大小为

$$\varepsilon_{21} = -\frac{d\Phi_{21}}{dt} = -M \frac{dI_1}{dt} \tag{7-9}$$

同理可得线圈 1 中的感应电动势为

$$\varepsilon_{12} = -\frac{d\Phi_{12}}{dt} = -M \frac{dI_2}{dt} \tag{7-10}$$

由上两式可得

$$M = \left| \frac{\varepsilon_{21}}{dI_1/dt} \right| = \left| \frac{\varepsilon_{12}}{dI_2/dt} \right| \tag{7-11}$$

式(7-7)、式(7-8) 和式(7-9)、式(7-10) 是互感的两种定义。由式(7-11) 可以看出，对于具有互感的两个线圈中的任何一个，只要线圈中的电流变化相同，就会在另一个线圈中产生大小相同的感应电动势。由上式还可以看出互感系数的物理意义，即互感系数就是当一个回路中电流的时间变化率为 1A/s 时，在另一附近回路所产生的感应电动势。不难看出，若电流的时间变化率一定，互感系数越大，互

感现象就越显著。因此可以说，互感系数是表征两个邻近回路相互感应强弱的物理量。互感系数的计算一般比较复杂，实际常通过实验的方法来测定。

在 SI 中，互感系数的单位是亨利，简称亨，符号是 H，它是由互感的定义规定的，即 1H=1Wb/A=1V·s/A 。亨利这个单位相当大，在实际应用中常以毫亨（mH）和微亨（μH）为辅助单位。它们的换算关系为

$$1\text{H}=10^3\text{mH}=10^6\mu\text{H}$$

2. 互感变压器

互感现象被广泛地应用于无线电技术和电磁测量中，通过互感线圈能够使能量或信号由一个线圈传递到另一个线圈。各种电源变压器、中周变压器、输出（或输入）变压器以及电压和电流互感器等，都是利用互感现象制成的。但是，某些情况下互感是有害的。例如，有线电话往往由于两路电话线之间的互感而有可能串音；收录机、电视机以及电子设备中，也会由于导线或部件之间的互感而互相干扰，影响正常工作，这时人们不得不采用磁屏蔽等措施来减小这些干扰。在一些电子设备和精密测量中，磁屏蔽还可以用来屏蔽地磁场的影响。

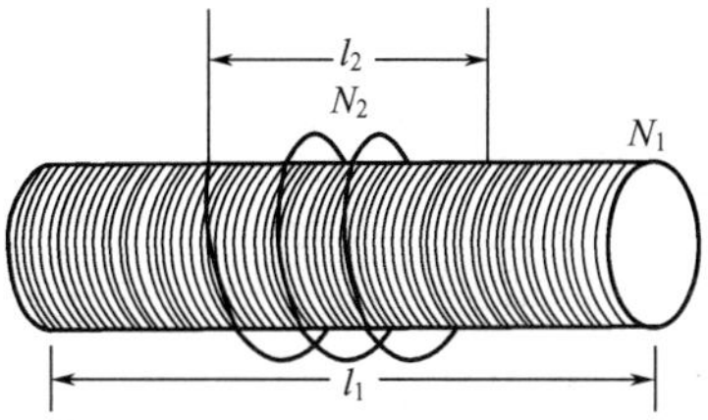

图 7-10 两个螺线管之间的互感

【例题7-5】 如图 7-10 所示，有一绕有 $N_1=1600$ 匝的长直螺线管，长为 $l_1=30.0\text{cm}$，横截面积为 $S_1=10.0\text{cm}^2$。另有一个 $N_2=150$ 匝、长为 $l_2=5.0\text{cm}$、横截面积为 $S_2=11.0\text{cm}^2$ 的螺线管绕在其中部，试求：①这两个线圈之间的互感系数；②当螺线管 1 中的电流变化率为 50.0mA/s 时，求螺线管 2 中的互感电动势。

解 ① 设长直螺线管中有电流 I_1 通过，则它在管中部产生的磁感应强度为

$$B_1=\mu_0 n_1 I_1=\mu_0\frac{N_1}{l_1}I_1$$

穿过螺线管 2 的磁通量为

$$\Phi_\text{m}=N_2B_1S_1=N_2\mu_0\frac{N_1}{l_1}I_1S_1$$

两螺线管的互感系数为

$$\begin{aligned}M&=\frac{\Phi_\text{m}}{I_1}=\mu_0N_1N_2\frac{S_1}{l_1}\\&=4\pi\times10^{-7}\times1600\times150\times\frac{10.0\times10^{-4}}{30.0\times10^{-2}}\\&=1.01\times10^{-3}(\text{H})=1.01(\text{mH})\end{aligned}$$

② 利用上述结果，根据式(7-9) 可得螺线管 2 中的互感电动势大小为

$$\begin{aligned}\varepsilon&=M\frac{\text{d}I_1}{\text{d}t}=1.01\times10^{-3}\times50.0\times10^{-3}\\&=5.05\times10^{-5}(\text{V})\\&=50.5(\mu\text{V})\end{aligned}$$

学习笔记

需要注意的是，如果从螺线管 2 中通有电流 I_2 出发来讨论，则由于该螺线管的长度与其横截面的直径相当，不能应用公式 $B_1=\mu_0 nI$ 来计算通过螺线管 1 的磁通量。

二、自感

1. 自感和自感系数

当一个线圈中的电流发生变化时，它所激发的磁场穿过该线圈本身的磁通量也在随之发生变化，从而在这个线圈中也会产生感应电动势，这种现象称为自感现象，所产生的电动势称为自感电动势，用 ε_L 表示。

在线圈的几何形状、尺寸、匝数一定以及周围没有铁磁质的情况下，当线圈中通有电流 I 时，穿过线圈的磁通量与电流 I 成正比，所以通过该线圈的磁通量为

$$\Phi_m = LI \tag{7-12}$$

根据法拉第电磁感应定律，线圈中的电动势为

$$\varepsilon_L = -\frac{d\Phi_m}{dt} = -L\frac{dI}{dt} \tag{7-13}$$

以上两式中的 L 称为自感系数，简称自感（selfinductance）。它的数值与线圈的几何形状、尺寸、匝数以及周围的介质有关。自感的单位和互感相同，在 SI 中也是亨利（H）。和互感一样，自感的测量一般也比较复杂，实际中常通过实验进行测定。由上式可得

$$L = \left|\frac{\varepsilon_L}{dI/dt}\right|$$

这说明，线圈的自感系数，在数值上等于线圈中电流的变化率为 $1\mathrm{A/s}$ 时，在线圈中所产生的自感电动势。

式(7-13) 中的负号是楞次定律的符号表示，它表示自感电动势的方向与线圈中电流变化的方向相反。即当电流增加时，自感电动势与原来电流的方向相反，当电流减小时，自感电动势与原来电流方向相同。一句话，自感电动势总是反抗回路中电流的变化。回路的自感系数越大，自感的反抗作用也越强，回路中的电流越不容易改变。所以，回路的自感系数具有使回路保持原有电流不变的性质，这与物体的惯性相似。因此可以认为，自感是回路本身"电磁惯性"的量度。

2. 自感变压器

自感现象在工程技术和日常生活中有着十分广泛的应用。例如，利用线圈具有阻碍电流变化的特性，可以稳定电路中的电流；无线电设备中常以自感线圈和电容器组合构成共振电路或滤波器等。日光灯上的镇流器就是一个自感线圈，图 7-11 为日光灯的电路图，图中 L 表示镇流器，是一个带铁芯的自感线圈；C 是启辉器（氖泡）；E 是 220V 的交流电源。当电源接通后，

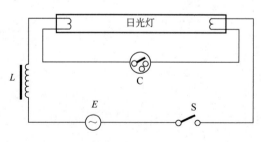

图 7-11 日光灯电路图

日光灯管内气体未击穿，电阻较大，不能点亮。经过一段时间后，启辉器突然断开，在它断开的瞬间，镇流器中的电流也突然被切断，电流的这一迅速变化在镇流器中产生了很高的感应电动势（比原来电源的电压 220V 要高得多）。它与电源电压相叠加，加到灯管两端，使灯管内的气体被击穿而导电，点燃发光，气体导电后电阻降低，灯管两端的电压也下降。在正常发光过程中，镇流器的自感作用还起着稳定电路中电流的作用，使点亮后流过灯管的电流不致脉动过大，平稳发光。

事物总是一分为二的，在某些情况下，自感又是有害的。例如，在具有很大自感的自感线圈电路断开时，由于电路中的电流变化很快，在电路中产生很大的自感电动势，甚至会使线圈击穿，或在电闸间隙产生强烈的电弧，这电弧不仅会烧毁开关，造成火灾，而且也危及人身安全。为避免事故，就必须使用带有灭弧结构的特殊开关。

【例题 7-6】 若一长直螺旋管的长为 l，横截面积为 S，总匝数为 N，管中充满磁导率为 μ 的非铁磁质，求它的自感系数 L。

解 对长直螺旋管，当有电流 I 通过时，管内的磁场可看作是均匀的，磁感应强度的大小为

$$B = \mu n I = \mu \frac{N}{l} I$$

通过螺旋管的总磁通量为

$$\Phi_\mathrm{m} = NBS = N\mu \frac{N}{l} IS$$

由自感定义得自感系数为

$$L = \frac{\Phi_\mathrm{m}}{I} = \mu \frac{N^2}{l} S = \mu \frac{N}{l} \cdot \frac{N}{l} lS$$

式中，lS 为螺旋管的体积，取 $V = lS$，$n = \frac{N}{l}$，上式可改写为

$$L = \mu n^2 V \tag{7-14}$$

可见，螺旋管的自感系数 L 与它的体积、单位长度上线圈匝数 n 的平方以及管内介质的磁导率 μ 成正比。所以，为获得大自感系数的螺旋管可用较细的导线密绕，以增加单位长度上的匝数，同时在管内充以磁导率较大的磁介质。

三、磁路

为了使较小的励磁电流产生足够大的磁通（或磁感应强度），在电机、变压器及各种铁磁元件中常用磁性材料做成一定形状的铁芯。由于铁芯的磁导率比周围空气或其他物质的磁导率高得多，因此磁通的绝大部分经过铁芯而形成一个闭合通路。这种人为造成的磁通路径称为**磁路**。

在磁路中，若闭合回路上各点的磁场强度相等且其方向与闭合回路的切线方向

一致，根据有磁介质时磁场的安培环路定理，由式(6-22)，$\oint_L \boldsymbol{H} \cdot d\boldsymbol{l} = \sum_i I_i$，$\boldsymbol{H}$ 为常数，则可得 $Hl = \sum I = NI$，式中 N 为线圈匝数。如图 7-12 所示。

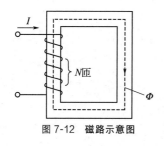

图 7-12 磁路示意图

设一段磁路长为 l，磁路横截面积为 S 的环形线圈，磁力线均匀分布于横截面上，穿过磁路横截面的磁通量为 Φ，将公式 $H = \dfrac{B}{\mu}$ 和 $B = \dfrac{\Phi}{S}$ 代入式(6-22)，得

$$Hl = \frac{B}{\mu}l = \frac{\Phi}{\mu S}l = NI \quad \text{或} \quad \Phi = \frac{Hl}{\dfrac{l}{\mu S}} = \frac{F}{R_m} = \frac{NI}{R_m} \tag{7-15}$$

式中，$F = Hl = NI$ 为**磁动势**，与线圈中的电流和线圈的匝数有关，单位为安匝；$R_m = \dfrac{l}{\mu S}$ 称为磁路的**磁阻**，是表示磁路对磁通具有阻碍作用的物理量，他与磁路的几何尺寸、磁介质的磁导率有关，单位为 H^{-1}。

式(7-15) 与电路的欧姆定律在形式上相似，所以称为**磁路的欧姆定律**。它是磁路进行分析与计算所要遵循的基本定律。

因为铁磁材料的磁导率 μ 不是常数，它随励磁电流而变，所以铁磁材料的磁阻是非线性的，磁阻数值很小；而空气隙的磁导率 μ_0 很小，而且是常数，所以空气隙中的磁阻是线性的，磁阻数值很大。铁磁材料的磁阻是非线性的，因此，不能直接用式(7-15) 进行定量分析，而只能进行定性分析。

四、变压器

变压器是根据电磁感应原理进行工作的一种常见的电气设备，在电力系统和电子线路中应用广泛。它的基本作用是将一种等级的交流电变换成另外一种等级的交流电。

1. 变压器的结构

如图 7-13 所示，变压器一般由闭合铁芯和线圈组成。

铁芯构成变压器的磁路，为了减少铁损，提高磁路的导磁性能，一般由 $0.35 \sim 0.55 \mathrm{mm}$ 的表面绝缘的硅钢片交错叠压而

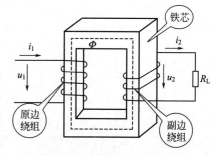

图 7-13 变压器的结构示意图

成。根据铁芯的结构不同，变压器可分为芯式（小功率）和壳式（容量较大）两种。

线圈即绕组，是变压器的电路部分，用绝缘导线绕制而成的，有原线圈、副线圈之分。与电源相连的称为原线圈（或称初级线圈、一次线圈），与负载相连的称为副线圈（或称次级线圈、二次线圈）。

由于铁芯损失而使铁芯发热,变压器要有冷却系统。小容量变压器采用自冷式,而中大容量的变压器采用油冷式。

2. 变压器的工作原理

如图 7-14 所示,在原线圈上接入交流电压 u_1 时,原线圈中便有电流 i_1 通过。原线圈的磁动势 $i_1 N_1$ 产生的磁通绝大部分通过铁芯而闭合,从而在副线圈中感应出电动势。如果副线圈接有负载,那么副线圈中就有电流 i_2 通过。副线圈的磁动势 $i_2 N_2$ 也产生磁通,其绝大部分也通过铁芯而闭合。因此,铁芯中的磁通是一个由原、副线圈的磁动势共同产生的合成磁通,它称为主磁通,用 Φ 表示。主磁通穿过原线圈和副线圈而在其中感应出的电动势分别为 e_1、e_2。此外,原、副线圈的磁动势还分别产生漏磁通 $\Phi_{\sigma 1}$ 和 $\Phi_{\sigma 2}$,从而在各自的绕和组中分别产生漏磁动势 $e_{\sigma 1}$ 和 $e_{\sigma 2}$。

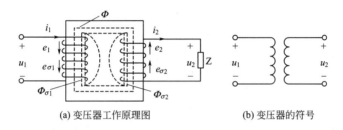

(a) 变压器工作原理图　　(b) 变压器的符号

图 7-14　变压器工作原理图

3. 电压变换

在不考虑线圈的电阻和漏磁通时,可以证明,原线圈两端所加的交流电压 u_1 与在原线圈中产生的感生电动势 e_1 和为零,并有以下关系

$$U_1 = -E_1 = 4.44 f N_1 \Phi_m \tag{7-16}$$

式中,U_1 为原线圈两端所加的交流电压 u_1 的有效值;E_1 为原线圈中产生反电动势 e_1 的有效值;f 为交流电的频率;N_1 为原线圈的匝数;Φ_m 为通过原线圈磁通量最大值。

同理可得副线圈的电压与电动势的有效值为

$$U_2 = -E_2 = 4.44 f N_2 \Phi_m \tag{7-17}$$

由于原、副线圈的匝数 N_1、N_2 不相等,故 E_1 和 E_2 的大小也不等,因而输入电压 U_1(电源电压)和输出电压 U_2(负载电压)的大小也是不等的。

原、副线圈的电压之比为

$$\frac{U_1}{U_2} = \frac{E_1}{E_2} = \frac{4.44 f N_1 \Phi_m}{4.44 f N_2 \Phi_m} = \frac{N_1}{N_2} = K \tag{7-18}$$

式中,K 称为变压器的**变比**,亦即原、副线圈的匝数比。可见,当电源电压 U_1 一定时,只要改变匝数比,就可得出不同的输出电压 U_2。

4. 电流变换

在不考虑线圈的电阻和漏磁通时,变压器的输出功率和输入功率是相等的,有

$$\begin{cases} P_{出}=P_{入} \\ I_1U_1=I_2U_2 \\ I_1/I_2=N_2/N_1=1/K \end{cases} \quad (7\text{-}19)$$

变压器中的电流虽然由负载的大小确定,但是原、副线圈中电流的比值是基本上不变的。因为当负载增加时,随着 I_2 和 I_2N_2 增大,I_1 和 I_1N_1 也必然相应增大,以抵偿副线圈的电流和磁动势对主磁通的影响,从而维持主磁通的最大值近似不变。

5. 特殊变压器

(1) 自耦变压器

自耦变压器的构造如图 7-15 所示。在闭合的铁芯上只有一个线圈,它既是原线圈又是副线圈。低压线圈是高压线圈的一部分。电压比、电流比为

$$U_1/U_2=N_1/N_2=K$$
$$I_1/I_2=N_2/N_1=1/K$$

自耦变压器常用在调节电炉炉温,调节照明亮度,启动交流电动机以及用于实验和在小仪器中。

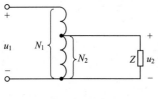

图 7-15 自耦变压器

(2) 仪用互感器

仪用互感器是专供电工测量和自动保护的装置,使用仪用互感器的目的在于扩大测量表的量程,为高压电路中的控制设备及保护设备提供所需的低电压或小电流并使它们与高压电路隔离,以保证安全。仪用互感器包括**电压互感器**和**电流互感器**两种。

电压互感器的副边额定电压一般设计为标准值 100V,以便统一电压表的表头规格。其接线如图 7-16 所示。电压互感器原、副线圈的电压比也是其匝数比:$U_1/U_2=N_1/N_2=K_u$。若电压互感器和电压表固定配合使用,则从电压表上可直接读出高压线路的电压值。

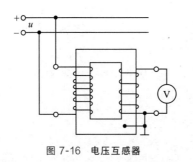

图 7-16 电压互感器

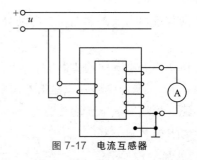

图 7-17 电流互感器

使用时,要注意电压互感器副边不允许短路,因为短路电流很大,会烧坏线圈,为此应在高压边将熔断器作为短路保护。电压互感器的铁芯、金属外壳及副边的一端都必须接地,否则万一高、低压线圈间的绝缘损坏,低压线圈和测量仪表对地将出现高电压,这对工作是非常危险的。

电流互感器是用来将大电流变为小电流的特殊变压器,它的副边额定电流一般

设计为标准值 5A，以便统一电流表的表头规格。其接线图如图 7-17 所示。电流互感器的原、副线圈的电流比仍为匝数的反比，即：$I_1/I_2 = N_2/N_1 = 1/K_u$ 若安培表与专用的电流互感器配套使用，则安培表的刻度就可按大电流电路中的电流值标出。使用时注意电流互感器的副边不允许开路。副边电路中装拆仪表时，必须先使副线圈短路，并在副边电路中不允许安装保险丝等保护设备。电流互感副线圈的一端以及外壳、铁芯必须同时可靠接地。

第四节　磁场能量

磁场和电场一样，也具有能量。下面从分析自感现象中能量转换关系入手，导出磁场能量的表达式。

1. 自感磁能

在如图 7-18 所示的电路中，当开关 S 未闭合时，回路中电流 $I=0$。当 S 倒向 1 时，自感为 L 的线圈与电源接通，线圈中的电流 i 将由零增大到恒定值 I，灯泡逐渐亮起来。在这一过程中，线圈中的磁场也从零逐渐增大，但由于线圈有自感，电流不能立即增大到最大值，而是逐渐增大，经一段

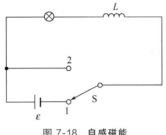

图 7-18　自感磁能

时间才能达到恒定值。也就是说，在建立磁场的过程中，电源不仅要供给电路中产生焦耳热所需要的能量，还要克服自感电动势做功，正如电容充电时，电源必须克服电容的电压做功一样。

在 dt 时间内，电源克服自感电动势 ε_L 做功为

$$dW = |\varepsilon_L| I dt = L \frac{dI}{dt} I dt = LI dI$$

自感电动势的方向与电流的方向相反，起着阻碍电流增大的作用。在电流从 $I=0$ 变化到 $I=I_0$ 的过程中，电源所做的总功为

$$W = \int_0^{I_0} LI dI = \frac{1}{2} LI_0^2$$

电源抵抗自感电动势所做的这个功，转换成为储存在线圈中的能量，称为自感磁能，用 W_m 表示。

当 S 倒向 2 时，电源被切断，线圈中的电流将由恒定值逐渐减小到零，灯泡也将逐渐熄灭。在这个过程中，线圈中的磁场也在逐渐减小，但由于线圈的自感作用，电流不能立即减小到零，而是逐渐减小，经一段时间达到最小值零。也就是说，在磁场的消退过程中，产生了与电流方向一致的自感电动势，阻碍电流的减小。因此，自感电动势要做功，大小为

$$W = \int dW = \int \varepsilon_L I dt = -\int_{I_0}^0 LI dI = \frac{1}{2} LI_0^2$$

这就是说，电源切断后，线圈中所储存的自感磁能，通过电动势做功全部释放

出来，转换成了焦耳热。

综上所述，自感系数为 L 的线圈，在通有电流 I 时所储存的自感磁能为

$$W_m = \frac{1}{2}LI^2 \qquad (7\text{-}20)$$

自感磁能在实际中有很多用途。如电感储能焊接，就是将线圈中储存的能量在较短的时间内释放出来，通过耦合作用在所需焊接的工件的局部范围内产生大量的焦耳热，足以使工件焊接上。

2. 磁场的能量

与电场相类似，磁能是分布在磁场中的。下面以长直螺旋管为例，从自感磁能公式(7-20)导出磁场的能量公式。

对于长直螺旋管，自感系数为 $L = \mu n^2 V$。当螺旋管中有电流通过时，管内中部的磁感应强度为 $B = \mu n I$，所以 $I = \dfrac{B}{\mu n}$。将 L 和 I_0 代入自感磁能公式得

$$W_m = \frac{1}{2} \times \frac{B^2}{\mu} V \qquad (7\text{-}21)$$

这就是磁场能量公式，式中 V 是螺旋管的体积。由式(7-21)可见，磁场能是储存在有磁场存在的整个空间。

式(7-21)虽然是从均匀磁场的特例导出的，但可以证明也适用于非均匀磁场。在非均匀磁场中，各点 B 并不相同，单位体积内的磁场能量也因此而不同。这时，可将磁场所在空间分成无数体元 dV，在每一体元内，磁场可看作是均匀的，每一 dV 内磁场所具有的能量为

$$dW_m = \frac{1}{2} \times \frac{B^2}{\mu} dV$$

则整个磁场的能量为

$$W_m = \int_V dW_m = \frac{1}{2\mu} \int_V B^2 dV \qquad (7\text{-}22)$$

【**例题 7-7**】 一根很长的同轴电缆，如图 7-19 所示，由半径为 a 的圆柱和半径为 b 的同心圆柱壳（图中阴影部分）组成。电缆中央的导体上载有稳恒电流 I，而外面的导体作为电流返回的路径。试计算：

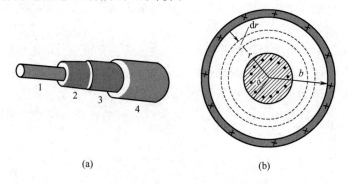

图 7-19 例题 7-7 图

① 长度为 l 的电缆内的磁场中储存的能量；
② 该段电缆的电感为多大？

解 ① 根据安培环路定理，在内圆柱的内部和外圆柱壳的外部，其磁感应强度均为零，只有在两导体之间的空间才有磁场。距中心为 r 处的磁感应强度可由安培环路定理求出，即

$$\oint B \cdot dl = \mu_0 I$$

所以
$$B \times 2\pi r = \mu_0 I$$

$$B = \frac{\mu_0 I}{2\pi r}$$

根据公式(7-22)，磁场所具有的能量为

$$W_m = \frac{1}{2\mu_0} \int_V B^2 dV = \frac{\mu_0 I^2}{8\pi^2} \int_V \frac{1}{r^2} dV$$

而体积元 $dV = 2\pi r l dr$，代入上式得到

$$W_m = \frac{\mu_0 I^2 l}{4\pi} \int_a^b \frac{1}{r} dr = \frac{\mu_0 I^2 l}{4\pi} \ln \frac{b}{a}$$

② 由公式 $W_m = \frac{1}{2} L I^2$ 可求得电感 L，即

$$L = \frac{2W_m}{I^2} = \frac{\mu_0 l}{2\pi} \ln \frac{b}{a}$$

【物理与技术】

电容式传感器和电感式传感器

所谓传感器，实际是一种检测装置，它能感受到被测量的信息，并将感受到的信息，按一定规律变换成为电信号或其他所需形式的信息输出，以实现自动检测和自动控制等目的。在现代的各个领域广泛应用了各种各样的传感器，可以说在当今信息时代，传感器已经成为获取自然和生产领域中信息的主要途径与手段。没有了传感器，就如同人类没有感觉器官一样，传感器是人类五官的延长，又称之为电五官。可以毫不夸张地说，从茫茫的太空探索，到浩瀚的海洋深潜，以至各种复杂的工程系统，几乎每一个现代化项目，都离不开各种各样的传感器。

传感器的种类很多，其工作原理也不尽相同，很多物理学原理广泛应用在各种各样的传感器中，常用的有变阻式、电容式、电感式、霍尔效应式、光电效应式等各种类型的传感器。教材中已经介绍过霍尔效应式传感器原理及其应用，这里简单介绍电容式和电感式传感器的原理及其应用。

一、电容传感器原理及其应用

电容传感器的核心部件是电容器。我们以平行板电容器为例来进行说明。平行

板电容器的电容 $C = \dfrac{\varepsilon S}{d}$，其中 S 为电容器的两个平行板的正对面积，d 为两平行板之间的距离，ε 为两板间所填介质的介电常数。因此通过改变平行板电容器两板间的正对面积 S、或板间距离 d、或板间所填充介质的 ε，都可以改变电容器的电容。如果保持 S 和 ε 不变，电容器的电容就仅由板间距离 d 决定，因此通过电容器电容的微小变化，可以测量出电容器板间距离 d 的微小变化，这就是电容式位移传感器的基本原理。

图 7-20　电容式声音传感器

根据电容器电容变化的特点，电容传感器可分为极距变化型、面积变化型和介质变化型三种。

如图 7-20 所示是日常生活中广泛使用的电容式声音传感器（话筒）原理图，它是一种极距变化型电容式传感器。导电的振动膜片与固定电极形成电容器，当振动膜片在声音的作用下振动时，振动膜片与固定电极间的距离产生变化，电容器的电容就因此发生了变化，电路中的电流也就随着电容的变化而变化，这样声音信号就变为了电信号。

如图 7-21 所示是金属带材的自动厚度测量装置，它也是一种极距变化型电容式传感器。在被测带材的上、下两侧各置一块面积相等、与被测带材距离相等的工作极板，极板与带材就构成了两个电容器 C_1 和 C_2。把两块极板用导线连成一个电极，带材就是电容的另一个电极，总电容 $C_x = C_1 + C_2$。当带材的厚度发生变化时，C_x 将发生变化（如带材变厚，d 减小，C_x 增大；带材变薄，d 增大，C_x 减小）。此时设备输出信号将发生变化，一方面可由显示仪表读出此时的带材厚度，另一方面可通过反馈回路将偏差信号传送给压力调节装置，调节轧辊间的距离，经过这样的自动调节，使生产的带材厚度控制在一定误差范围内。

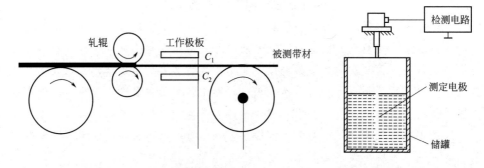

图 7-21　电容传感器测厚原理图　　　　图 7-22　电容式液位计工作原理图

电容式液位计是一种变介质型电容传感器，如图 7-22 所示是电容式液位计工作原理图。测定电极安装在罐的顶部，这样在罐壁和测定电极之间就形成了一个电容器。当罐内放入被测物料时，由于被测物料介电常数的影响，传感器的电容量将发生变化，电容量变化的大小与被测物料在罐内高度有关，且成比例变化。通过检测出其电容量的变化，便可测定出物料在罐内的高度。

电容式指纹识别器是由数万个金属导体基板构成的,其外表面是一层绝缘表面。当人将手指按放在上面时,导体基板、绝缘表面、手指皮肤表面之间就形成了无数微小电容。由于人类的指纹由紧密相邻的凹凸纹路构成,所以它们的电容值将随着凸凹部分与金属导体之间距离的不同而变化。而人类指纹是每个人与生俱来的生物特征,这样不同人的指纹与金属导体基板之间形成的电容阵列就是独特的,可以作为每个人唯一的识别代码。这样通过识别人的指纹与金属导体基板之间形成的电容特征,就能进行指纹识别。

电容式传感器的应用技术近十几年来有了较大进展,它不但广泛地用于位移、振动、角度、加速度等机械方面的精密测量,而且还逐步应用于压力、压差、液面甚至成分含量等方面的测量。

二、电感式传感器原理及其应用

电感式传感器是根据电磁感应定律,将各种输入物理量,如位移、振动、压力、流量等参数转换为自感或互感变化量,再转换为电压、电流和频率等电量的变化,以实现测量。常见的电感式传感器有自感式、互感式、差动变压器式、电涡流式,它们都是利用电磁感应定律进行工作的。下面简单介绍电涡流式电感传感器原理及其应用。

电涡流式传感器最大的特点是能对位移、厚度、表面温度、速度、应力、材料损伤等进行非接触式连续测量,还具有体积小、灵敏度高、频率响应宽等特点,应用极其广泛。

电涡流传感器通过电涡流效应准确测量被测体(必须是金属导体)与探头端面的相对位置。电涡流传感器的检测原理如图 7-23 所示,当通有交变电流的线圈接近下面的块状金属时,金属内产生的涡流变大,这个涡流反作用于线圈,使 B 变小,根据 B 是否变化,可以判断有无金属物体靠近。利用这个原理可以对金属物体的位置、位移、振动及金属板材的厚度进行非接触式测量。

利用涡流原理制成的金属探测仪,如图 7-24 所示,可探测被隐藏在人体身上的所有种类的金属物体,包括首饰、电气元器件等,适合在机场、海关、码头、银行、建筑、监狱、体育场、医院、学校等场所使用,是检查非法物品不可多得的理想产品。

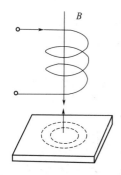

图 7-23　电涡流传感器检测原理

图 7-24　金属探测仪

电涡流传感器系统以其独特的优点，广泛应用于电力、石油、化工、冶金等行业，例如对汽轮机、水轮机、发电机、鼓风机、压缩机、齿轮箱等大型旋转机械的轴的径向振动、轴向位移、轴转速、胀差、偏心、油膜厚度等进行在线测量和安全保护。电涡流式传感器在其他行业应用也非常广泛，如各种各样的公交卡、银行卡、安全检测门等。

 【科技中国】

领先世界的中国 5G 通信技术

2019 年 6 月 6 日，工信部向中国的三大电信营运商以及中国广电颁发了 5G 牌照。2020 年 1 月 16 日，我国首颗通信能力达 10Gbps 的 5G 低轨宽带卫星搭乘"快舟一号甲"运载火箭，在酒泉卫星发射中心发射成功。5G 是什么？对我们的生活又会带来怎样的改变？

5G 的 G（Generation）是"代"的意思，5G 是第五代移动通信技术的简称。1G 时代，手机只能接打电话，且语音信号极不稳定。2G 时代，手机不仅可以上网，还可以进行文字传输，发送短信息。2009 年初，中国颁发了三张 3G 牌照，3G 在传输声音和数据的速率上有了巨大提升，它能够处理图像、音乐和视频等多种媒体形式。2013 年 12 月，我国进入 4G 时代，短视频、移动支付开始成为主流。2019 年，我国的 5G 技术正式进入商业化进程。相比于 4G 通信，5G 传输速度更快、容量更大、延时更小、稳定性更高。为了加大带宽，5G 使用了毫米波、大规模多天线技术、微基站等一列新技术。5G 网络传输速率快、延时低。目前，我国的 5G 的网络传输速率已达到 4G 的 20 倍，信号从 5G 的基站到终端的延时仅为 1ms，且传输质量好、可靠性高。利用这一特点，5G 技术可用于无人驾驶汽车，使车与车、车与人、车与基础设施之间的信息传输在瞬间完成交互，极大提高了无人控制的灵敏度。在医疗上，5G 技术运用于远程会诊、远程手术、应急救援等远程医疗，可以让偏远地区的普通患者突破地理区域、经济条件等限制，也能享受到大城市、大医院医疗专家的诊断和治疗。

5G 网络容量大、功耗低。利用 5G 的超大带宽传输能力，可以实现 4K、8K 等超高清视频的传输，AR（增强现实）和 VR（虚拟现实）技术被推向更高水平，通过全景影像技术还可使人们在任何地方与家人、朋友全息分享眼前所见到的各种美景，可以让远程互动更加真实，让虚拟与现实更加融合。

5G 网络广覆盖、大连接。5G 可以每平方千米支持高达 100 万个连接，用户连接能力极大提升，可以真正实现万物互联，将人、机、物、环境等各个要素都连接在一起，实现人类社会从"信息化"时代走向"智能化"时代。

目前，我国已建成了全球最大规模的 5G 移动网络，5G 基站超过 115 万个，占全球 70% 以上，其组成的通信网络是世界上技术最先进的 5G 独立组网网络。我国在 5G 标准的研发上也已经成为全球的领跑者，其中华为公司拥有的 5G 标准数量全球第一。2020年1月，我国首批14项5G标准正式发布，涵盖核心网、无线接入网、承载网、天线、终端、安全、电磁兼容等领域，标志着我国5G相关产业的加速发展。

为了遏制中国5G的发展，美国动用国家力量对华为实施制裁，在海外5G建设上全面打压华为。华为遭遇的"极限施压"再一次证明，我们只有坚持科技自立，把关键技术、核心装备牢牢掌握在自己手中，才能牢牢掌握发展主动权。4G改变生活，5G改变社会。5G作为信息高速公路，必将融合渗透到各行各业，催生出更多的高新技术，将给我们的生活和社会带来革命性变革，当然，也给我们带来了许多机遇和挑战。

本章小结

本章主要阐明电现象与磁现象之间的联系。重点是要掌握电磁感应现象的基本规律——法拉第电磁感应定律和楞次定律，掌握感生电动势、动生电动势及其具体应用。自感现象、互感现象实际上就是一种电磁感应现象，需要搞清的是它们的物理意义。最后，还要认识磁场的能量是磁场本身所具有的。

1. 电磁感应的两条基本规律

（1）法拉第电磁感应定律　不管由何种原因引起穿过回路的磁通量发生变化，回路中都有感应电动势产生，其大小与通过该回路的磁通量随时间的变化率成正比，其数学表达式为

$$\varepsilon = -\frac{\mathrm{d}\Phi_\mathrm{m}}{\mathrm{d}t}$$

当回路由 N 匝相同的线圈串联而成时，感应电动势的大小为

$$\varepsilon = -N\frac{\mathrm{d}\Phi_\mathrm{m}}{\mathrm{d}t}$$

对法拉第电磁感应定律的正确理解，需要注意两个问题：一是产生电磁感应的前提是穿过回路的磁通量发生变化，这是许多电磁感应现象的实验事实；二是感应电动势的大小取决于磁通量的变化率，而不是磁通量的大小，即穿过回路的磁通量大，感应电动势不一定大，感应电动势是由磁通量改变的快慢决定的。

（2）楞次定律　这是用来判断感应电流方向的基本定律。感应电流的磁场所产生的磁通量总是反抗回路中原磁通量的变化。事实上，法拉第电磁感应定律表达式中的负号已经表示出了感应电动势的方向，但直接应用楞次定律判断感应电流的方向、再由此确定感应电动势的方向，往往更为方便。

2. 动生电动势和感生电动势

根据回路所穿过的磁通量变化的原因，又可将感应电动势区分为动生电动势和

感生电动势。当闭合导体的整体或局部与磁场有相对运动时，导体上产生的感应电动势叫做动生电动势；当闭合回路和磁场无相对运动，而磁场在发生变化，这种情况下产生的感应电动势叫做感生电动势。若导体为一段直导体，且在它与 B 和 v 垂直的情况下，动生电动势的大小可用公式 $\varepsilon=Blv$ 求得，方向可由楞次定律或右手定则确定。

3. 自感和互感

自感和互感是电磁感应现象的两个特例。当一个回路的周围有其他电路时，必须同时考虑自感和互感这两种效应。倘若周围的电路离得较远或影响微弱，这时周围电路对它的互感效应可以忽略不计，而只需考虑电路的自感；如果电路的自感效应很微弱，而互感的影响不能忽略，这时只需考虑周围电路对它的互感效应。

需要注意的是，自感系数和互感系数只取决于回路的几何形状、大小、匝数及磁介质等因素（互感系数还与线圈的相对位置有关），而与线圈中的电流无关。

4. 磁路和变压器

为了使较小的励磁电流产生足够大的磁通，常用磁性材料做成一定形状的铁芯，使磁通的绝大部分经过铁芯而形成一个闭合通路，称为磁路。

在磁路中磁通量满足 $\varPhi=\dfrac{F}{R_\mathrm{m}}$，其中 $F=Hl=NI$ 为磁动势，$R_\mathrm{m}=\dfrac{l}{\mu S}$ 称为磁路的磁阻，该式称为磁路的欧姆定律。它是磁路进行分析与计算所要遵循的基本定律。

变压器是根据电磁感应原理进行工作的。它的基本作用是将一种等级的交流电变换成另外一种等级的交流电。变压器原、副线圈的电压之比为

$$\frac{U_1}{U_2}=\frac{E_1}{E_2}=\frac{4.44fN_1\varPhi_\mathrm{m}}{4.44fN_2\varPhi_\mathrm{m}}=\frac{N_1}{N_2}=K$$

流经变压器原、副线圈的电流之比为

$$I_1/I_2=N_2/N_1=1/K$$

式中，K 称为变压器的变比，亦即是原、副线圈的匝数比。

5. 磁场的能量

储存在磁场中的能量称为磁场的能量。一个自感系数为 L，通有电流 I 的线圈所储存能量的计算公式为

$$W_\mathrm{m}=\frac{1}{2}LI^2$$

或

$$W_\mathrm{m}=\frac{1}{2}\frac{B^2}{\mu}V$$

非均匀磁场储存能量的计算公式为

$$W_\mathrm{m}=\int_V\mathrm{d}W_\mathrm{m}=\frac{1}{2}\mu\int_V B^2\mathrm{d}V$$

练习题

一、讨论题

7.1 在电磁感应定律 $E=-\mathrm{d}\Phi_\mathrm{m}/\mathrm{d}t$ 中，①如果穿过闭合回路所包围面积的磁通量很大，回路中的感应电动势是否也很大？②式中负号的意义是什么？你是如何根据负号来确定感应电动势的方向的？

7.2 当把条形磁铁沿铜质圆环的轴线插入铜环中时，铜环中有感应电流和感应电场吗？若用塑料圆环代替铜质圆环，环中仍有感应电流和感应电场吗？

7.3 如题图 7-1 所示，均匀磁场被局限在无限长圆柱形空间内，且磁场随时间变化。则此圆柱形空间外的一点 P 处，由于 $B=0$，有 $\dfrac{\mathrm{d}B}{\mathrm{d}t}=0$，所以该点的感生电场强度 E 也等于零。这种说法对吗？

7.4 把一铜环放在均匀磁场中，并使环的平面与磁场方向垂直。若使环沿着磁场的方向移动，如题图 7-2(a) 所示，在铜环中是否产生感应电流？为什么？如果磁场是不均匀的，则在铜环中是否产生感应电流？为什么？

7.5 磁称是一种用来测量磁感应强度 B 的装置，如题图 7-3 所示。图中右下方有一待测的均匀磁场，天平右称盘下固定一矩形线圈，其宽度为 L，且 L 与 B 垂直。在线圈未通电时，将天平调整至平衡状态。测量时，在线圈中通以如图所示方向的电流 I，这时天平将失去平衡；若使天平重新回到平衡位置，需要在左边的秤盘上添加砝码 m。试讨论：
① 线圈通电后，天平为什么会失去平衡？
② 你能否根据天平倾斜的方向判断出右下方磁感应强度 B 的方向？
③ 请你解释利用这一装置测磁感应强度 B 的原理。

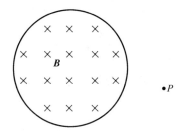

题图 7-1 习题 7.3 图

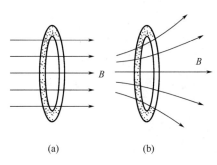

题图 7-2 习题 7.4 图

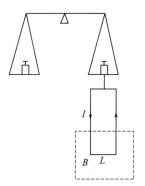

题图 7-3 习题 7.5 图

7.6 在生产实践中,有时某一线路中的电流很大,人工直接启动或断开电路不仅有一定的危险,而且难以实现自动控制。你能否设计一种电磁控制装置,以实现利用小电流去控制大电流的通断?并画出简单的原理图。

7.7 ①当线圈中的电流增加时,自感电动势的方向和电流的方向是相同还是相反?为什么?②当线圈中的电流减小时,自感电动势的方向和电流的方向是相同还是相反?为什么?

7.8 有的电阻元件是用电阻丝绕成的,为了使它只有电阻而没有自感,常用双绕法,试说明这样做的道理。

7.9 ①如题图 7-4(a) 所示,在圆筒上绕一原线圈(实线)和一副线圈(虚线),当电键 S 按下而电路接通的瞬间,P、Q 两点电势哪点高?如将原线圈电路上原来闭合的电键 S 断开,则在断开的瞬间,P、Q 两点电势哪点高?
②如题图 7-4(b) 所示,在变压器的闭合铁芯上绕有两个线圈 1 和线圈 2,当线圈 1 电路上的开关 S 闭合时,在接通电路的瞬间,线圈 2 中的感应电流的方向如何?

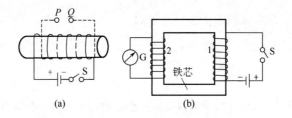

题图 7-4 习题 7.9 图

7.10 磁能有两种表达式 $W_m = \frac{1}{2}LI^2$ 和 $W_m = \frac{1}{2}\frac{B^2}{\mu}V$,它们的物理意义有何不同?(式中 V 表示磁场的体积)

二、选择题

7.11 如题图 7-5 所示,放在纸面上的闭合导体回路 C,在垂直纸面向里的均匀磁场 B 中做各图所示的运动时,回路 C 中有感应电流的是( )。
(A) 回路沿磁场方向移动
(B) 回路垂直于磁场方向移动
(C) 回路绕平行于磁场的轴转动
(D) 回路绕垂直于磁场的轴转动

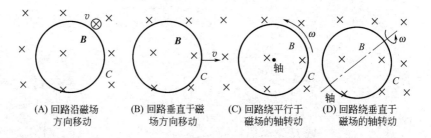

(A) 回路沿磁场方向移动
(B) 回路垂直于磁场方向移动
(C) 回路绕平行于磁场的轴转动
(D) 回路绕垂直于磁场的轴转动

题图 7-5 习题 7.11 图

7.12 在题图 7-6 中,由导线组成的一矩形线框,以匀速率 v 从无磁场的空间进入均匀磁场之中,然后从磁场中出来,又在无磁场的空间运动。下面正确地表示了线框中电流对时间函数关系的图为( )。

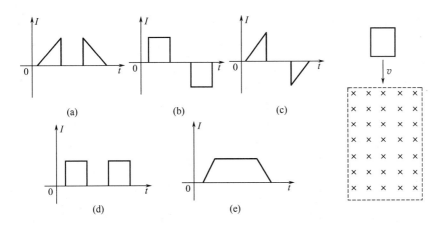

题图 7-6 习题 7.12 图

7.13 一条形磁铁，沿一根很长的竖直铜管自由下落，不计空气阻力，则磁铁速率的变化将是（　　）。
(A) 速率越来越大
(B) 速率越来越小
(C) 速率越来越大，经一定时间后，速率越来越小
(D) 速率越来越大，经一定时间后，以恒定速率运动

7.14 如题图 7-7 所示，在均匀磁场 B 中的导体棒 AB，绕通过点 C 的轴 OO' 转动，$AC < BC$，则下面叙述正确的是（　　）。
(A) A 点电势比 B 点电势高
(B) A 点电势与 B 点电势相等
(C) B 点电势比 A 点电势高

7.15 利用公式 $\varepsilon_i = BLv$ 计算动生电动势时，下列叙述中错误的是（　　）。
(A) 直导线 L 不一定是闭合回路中的一段
(B) 切割速度 v 不一定必须是常量
(C) 导线 L 不一定在匀强磁场中
(D) B、L 和 v 三者必须互为垂直

7.16 判断下列叙述的正误：
(A) 通过螺线管的电流 I 越大，螺线管的自感系数 L 也越大。（　　）
(B) 螺线管中单位长度的匝数越多，螺线管的自感系数 L 也越大。（　　）
(C) 螺线管的半径越大，螺线管的自感系数 L 也越大。（　　）
(D) 螺线管中充有铁磁质时的自感系数大于真空时的自感系数。（　　）

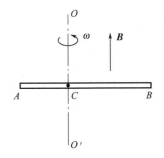

题图 7-7 习题 7.14 图

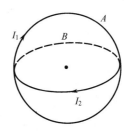

题图 7-8 习题 7.17 图

7.17 两个线圈 A、B 相互垂直放置，如题图 7-8 所示，当通过两线圈中的电流 I_1、I_2 均发生变化时，那么正确情况为（　　）。
(A) 线圈 A 中产生自感电流，线圈 B 中产生互感电流
(B) 线圈 B 中产生自感电流，线圈 A 中产生互感电流

(C) 两线圈中同时产生自感电流和互感电流

(D) 两线圈中只有自感电流，不产生互感电流

三、填空题

7.18 如题图 7-9 所示，导线 ab 在匀强磁场中作下列运动时，分别填入有否电动势，方向如何。

(a) 垂直于 B 做平动，_____

(b) 绕 a 端做垂直于 B 的转动，_____

(c) 绕中心点 O 做垂直于 B 的转动，_____

(d) 绕通过中心点 O 的水平轴做平行于 B 的转动，_____

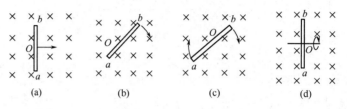

题图 7-9　习题 7.18 图

7.19 如题图 7-10 所示，在无限长的载流导线附近放置一矩形线圈，开始时线圈与导线在同一平面内，且线圈中的两条边与导线平行。线圈做下列平动时，判断有否感生电流，并指出方向。

(a) 线圈沿着直导线电流方向平动，_____

(b) 线圈在原平面内沿与导线电流垂直的方向平动，_____

(c) 线圈在与原平面垂直的方向平动，_____

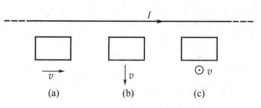

题图 7-10　习题 7.19 图

7.20 如题图 7-11 所示，匀强磁场 B 垂直于纸面向内，一个长为 $2a$，宽为 a 的矩形导电线圈在此磁场中变形成圆线圈。在变形过程中感生电流的方向为_____。

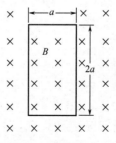

题图 7-11　习题 7.20 图

7.21 感应电场是由_____产生的，它的电场线是_____，它对导体中自由电荷的作用是_____。

7.22 螺线管的自感系数 $L = 10\text{mH}$，当通过它的电流 $I = 4\text{A}$ 时，它储存的磁场能量为_____。

四、计算题

7.23 在磁感应强度为 $1.0\times10^{-3}\mathrm{Wb/m^2}$ 的均匀磁场里，放一个面积为 $0.01\mathrm{m^2}$ 的 600 匝的线圈，在 0.2s 内把线圈平面从平行于磁场方向的位置转过 $90°$，而成垂直于磁场方向。求此过程中线圈内的平均感应电动势。

7.24 一个匝数 $N=100$ 的线圈，通过每匝线圈的磁通量 $\Phi_\mathrm{m}=5\times10^{-4}\sin10\pi t$，求：①任意时刻线圈内感应电动势的大小；②在 $t=10\mathrm{s}$ 时，线圈内的感应电动势的大小。

7.25 设回路平面与磁场方向相垂直，穿过回路的磁通量 Φ_m 随时间 t 的变化规律为 $\Phi_\mathrm{m}=(3t^3+2t^2+5)\times10^{-2}$（式中，$\Phi_\mathrm{m}$ 以 Wb 计，t 以 s 计），求 $t=1\mathrm{s}$ 时回路中感应电动势的大小和方向。已知磁场方向始终垂直纸面向外。

7.26 如题图 7-12 所示，两段导体棒 $AB=BC=10\mathrm{cm}$，在 B 处相接而成 $30°$ 角。若使整个棒在均匀磁场中以速度 $v=1.5\mathrm{m/s}$ 平动，v 的方向垂直于 AB；磁场方向垂直于纸面向里，磁感应强度 $B=2.5\times10^{-2}\mathrm{Wb/m^2}$，问 A、C 间的电势差为多少？哪一端电势高？

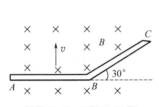

题图 7-12 习题 7.26 图

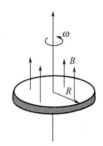

题图 7-13 习题 7.27 图

7.27 如题图 7-13 所示，一半径为 R 的水平导体圆盘，在竖直向上的均匀磁场 B 中以匀角速度 ω 绕通过盘心的轴转动，圆盘的轴线与磁场 B 平行。①求盘边与盘心之间的电势差；②问盘边还是盘心的电势高？当盘反转时，它们的电势高低又将如何？

7.28 如题图 7-14 所示，一铜棒长为 $l=0.5\mathrm{m}$，水平放置于一竖直向上的均匀磁场 B 中，绕位于 a 端 $l/5$ 处的竖直轴 OO' 在水平面内匀速旋转，每秒转两转，转向如图所示，已知该磁场的磁感应强度 $B=0.50\times10^{-4}\mathrm{Wb/m^2}$。求铜棒两端 ab 间的电势差。

7.29 如题图 7-15 所示，一根长直导线通有电流 I，周围介质的磁导率为 μ，与此载流导线相距为 d 的近旁有一长为 b、宽为 a 的矩形回路，回路平面与导线同在纸面上，回路以速度 v 平行于长直导线向上匀速运动。求：①AB、BC、CD 和 DA 各段导线上的动生电动势；②整个回路上的感应电动势。

7.30 一长直导线，载有电流 $I=40\mathrm{A}$，在其旁边放置一金属杆 AB。A 端与导线的距离为 $a=0.1\mathrm{m}$，B 端与导线的距离为 $b=1.0\mathrm{m}$。如题图 7-16 所示。设金属杆 AB 以匀速 $v=2\mathrm{m/s}$ 向上运动，试求此金属杆中的感应电动势，并问哪一端电势较高？

7.31 有一无限长螺线管，单位长度上线圈的匝数为 n，在管的中心放置一绕了 N 圈、半径为 r 的圆形小线圈，其轴线与螺线管的轴线平行，设螺线管内电流变化率为 $\mathrm{d}I/\mathrm{d}t$，求小线圈中的感应电动势。

7.32 一纸筒长 30cm，截面直径为 3.0cm，筒上绕有 500 匝线圈，求这线圈的自感。

7.33 在长为 0.60m、直径为 5.0cm 的圆纸筒上应绕多少匝线圈才能使绕成的螺线管的自感为 $6.0\times10^{-3}\mathrm{H}$？

7.34 一环状铁芯绕有 1000 匝线圈，环的平均半径为 $r=8\mathrm{cm}$，环的横截面积 $S=1\mathrm{cm^2}$，铁芯的

相对磁导率 $\mu_r = 500$。试求：当线圈中通有电流 $I = 1A$ 时，磁场的能量。

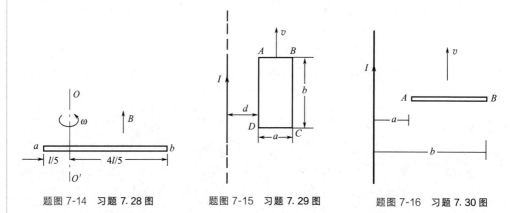

题图 7-14 习题 7.28 图   题图 7-15 习题 7.29 图   题图 7-16 习题 7.30 图

7.35 有一交流铁芯线圈，接在 $f = 50\text{Hz}$ 的正弦电源上，在铁芯中得到磁通的最大值 $\Phi_m = 2.00 \times 10^{-3}\text{Wb}$，现在此铁芯上再绕一个线圈，其匝数为 220，当此线圈开路时，求其两端电压。

7.36 有一台单相照明用变压器，容量为 10kW，额定电压比为 3300V/220V。欲在副线圈上接 60W/220V 的白炽灯，如果变压器在额定状况下运行，这种电灯可以接多少个？并求原、副线圈的电流。

7.37 如题图 7-17 所示，两个水平放置且相互平行的光滑导轨，在它们上面放置一金属杆 AB，质量为 m、长为 L，在导轨的左端接有电阻 R，匀强磁场 B 方向垂直于导轨平面向下。当 AB 杆以初速度 v_0 向右运动时，求：①AB 杆能够移动的距离；②在移动过程中电阻 R 上放出的焦耳热为多少？（不计摩擦和导轨以及杆本身的电阻）

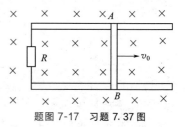

题图 7-17 习题 7.37 图

7.38 电磁感应现象在日常生活和工农业生产中应用十分广泛，请查阅相关资料，运用电磁感应定律设计：①液位测量仪；②转速测量仪。画出电路图，并说明测量原理。

第八章

机械振动与机械波

 学习指南

  1. 掌握简谐振动的特点和运动方程，理解简谐振动三个特征量的物理意义。能用简谐振动的力学特征判断简谐振动。
  2. 理解两个同方向、同频率的简谐振动的合成规律。掌握合振动振幅最大和最小的条件，能用旋转矢量法分析有关问题。
  3. 理解平面简谐波波动方程的物理意义，能用波动方程进行简单计算。
  4. 掌握简谐振动能量公式，了解阻尼振动及其在技术上的意义。
  5. 理解能流和能流密度概念。

 衔接知识

一、简谐振动

  振动是自然界普遍存在的现象，而简谐振动是最简单的振动。如果质点的位移与时间的关系遵从正弦函数的规律，即它的振动规律是一条正弦曲线，这样的振动叫做**简谐振动**。

  振动中振动物体离开平衡位置的最大距离叫振动的**振幅**，完成一次全振动所需时间叫振动的**周期**，单位时间内完成全振动的次数叫振动的**频率**。周期和频率都是表示物体振动快慢的物理量，周期越小，频率越大，表示振动越快。用 T 表示周期，ν 表示频率，则有 $T=\dfrac{1}{\nu}$（高中教材用 f 表示频率）。$\omega=2\pi\nu=\dfrac{2\pi}{T}$ 称为圆频率，它也表示振动的快慢。

  简谐运动的物体在任意时刻的位移与时间可用下列关系式描述

$$x=A\sin(\omega t+\varphi)$$

  式中，A 是振幅；ω 是圆频率；φ 是初相位。因为确定了 A、ω、φ 就可以确定物体任意时刻的振动状态，所以 A、ω、φ 是描述简谐运动的三个基本物理量。

物体产生振动的条件是：物体受到的力总是指向平衡位置，这个力称为**回复力**。物体做简谐振动的条件是：质点受到的回复力的大小与它偏离平衡位置位移的大小成正比。做简谐运动物体受到的回复力可写成 $F=-kx$ 的形式，其中 k 是由振动系统本身性质决定的物理量，对于弹簧振子而言，k 即弹簧的劲度系数。

单摆在摆角很小（$\theta<5°$）时的摆动可看成简谐运动，摆球所受回复力 $F\approx -mg\dfrac{x}{l}$，单摆的周期为 $T=2\pi\sqrt{\dfrac{l}{g}}$，单摆的周期和振幅与球质量无关。

二、机械波

机械振动在介质中的传播形成机械波。水波、声波、地震波等都是机械波；介质振动方向与波的传播方向垂直的称为**横波**，介质振动方向与波的传播方向在一直线上的称为**纵波**；横波的波形特征是有波峰和波谷，纵波的波形特征是有密部和疏部。波在传播过程中介质传播的只是振动的形式，介质本身并不随波迁移。波在传播"振动"这种运动形式的同时也传播了振动的能量，所以**波是能量传递的一种方式**。

波的图像是正弦曲线的叫正弦波，也叫简谐波。介质中有正弦波传播时，介质的质点在做简谐运动。

波动中，同一个波源产生的波在介质中传播时，传播波的各个质点的振动周期和频率相同，都等于波源的周期和频率。**机械波在介质中的传播速度由介质本身性质决定，同一种波在不同介质中传播的波速不同。机械波从一种介质进入另一种介质传播时频率不变，由于波速改变，所以波长会改变**，这也是波从一种介质进入另一种介质产生折射的起因。在波动中，振动相位总是相同的两个相邻质点间的距离叫做波长。

几列波相遇时能保持各自运动特征（频率、波长、振幅、振动方向等）继续传播，好像其他波不存在一样，在它们的重叠区域，介质的质点同时参与几列波引起的振动，质点的位移等于这几列波单独传播时引起的位移的矢量和，这一关于波的传播规律称为**波的传播的独立性**，也称为**波的叠加原理**。管弦乐队的合奏中，人们能辨别出不同乐器发出的声音，就是波的传播的独立性的体现。

为了形象描述波的传播，人们用带箭头的线表示波的传播方向，称为**波线**，将振动相同的点组成的面称为**波面**。波在传播过程中，介质中任一波面上的各点，都可以看成发射子波的波源，其后任意时刻，这些子波在前进方向上的包络面就是新的波面，这就是**惠更斯原理**。惠更斯原理是解释波的反射、折射、干涉和衍射的理论依据。

眼观六路，耳听八方，是用来比喻人机智灵活，遇事能多方观察分析。可见"看"和"听"是人们获取信息的主要渠道。耳膜的振动，使人产生听觉；光波进入眼睛，引起人的视觉。正是由于自然界普遍存在振动与波动，才呈现出多彩的世界。一般地，一个物理量在某一值附近往复变化的过程叫振动（vibration）。振动在空间的传播过程叫波动。机械振动借助弹性媒质传播，形成机械波；电磁振动借助电磁场相互激发传播，形成电磁波。不同类的振动与波动虽然本质不同，但在描述上有许多共同特征。机械振动与机械波是振动学与波动学的基础，本章以此为对象，讨论振动与波动的基本特征与规律。

第一节 简谐振动的描述

一、弹簧振子（elastic vibration）模型

已知，物体在平衡位置附近所做的往复运动称为机械振动，机械振动的特点是物体受的合外力总是指向平衡位置，这个力称为回复力。当物体受到的回复力的大小与物体离开平衡位置的距离成正比时，物体做简谐振动（亦称简谐运动），这是最简单的振动。任何复杂的振动都可以分解成若干个简谐振动的叠加。

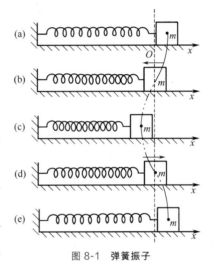

图 8-1 弹簧振子

如图 8-1 所示，将一质量不计的弹簧一端固定，另一端系一质量为 m 的物体，并置于光滑水平面上，当物体离开平衡位置 O 的距离为 x 时，若弹簧的形变是在弹性限度范围内，那么物体将在弹性恢复力作用下作简谐振动。在弹性限度范围内来研究，这样的振动系统称为弹簧振子。显然它是一个理想模型。

根据弹簧振子模型，物体在运动过程中受的合外力就等于弹力。设平衡位置 O 为坐标原点。物体相对平衡位置的位移为 x 时，根据胡克定律，弹性回复力为

$$\boldsymbol{F} = -k\boldsymbol{x} \tag{8-1}$$

式中，k 为弹簧劲度系数，对确定的振动系统 k 是常数，负号表示力的方向始终与位移方向相反。由牛顿第二定律可得

$$-kx = ma$$

将 a 写成 $\dfrac{\mathrm{d}^2 x}{\mathrm{d}t^2}$ 代入并整理得

$$\frac{\mathrm{d}^2 x}{\mathrm{d}t^2} + \frac{k}{m}x = 0 \tag{8-2}$$

令 $\omega^2 = \dfrac{k}{m}$，对给定的弹簧振子，k 与 m 都是常量，所以 ω 是由振动系统本身性质决定的，不同的振动系统 ω 不同，它代表了振动系统的特征，称为振动系统

的**固有角频率**(anguler frequency)。由于它等于固有频率 ν 的 2π 倍，所以也称为圆频率。式(8-2)可写成

$$\frac{d^2x}{dt^2}+\omega^2 x=0 \tag{8-3}$$

式(8-3)是由弹簧振子模型得出的振动微分方程，它的形式适用于一般的简谐振动。如果一个系统受到的回复力具有弹性回复力的特点，即回复力的大小与位移的大小成正比，方向与位移方向相反，就可得到形似式(8-3)的振动微分方程；反之，一个振动系统的运动微分方程具有式(8-3)的形式，那么该系统做简谐振动。实际振动系统中，当弹簧质量比振动物体质量小得多，并且平面摩擦也很小时，可视为弹簧振子。

【例题 8-1】 试证明单摆在摆幅很小又忽略空气阻力的情况下的运动是简谐振动。

分析：观察到的单摆是在其平衡位置附近沿圆弧线来回摆动。要证明这种运动是简谐振动，只要证明摆球沿运动方向的受力具有弹性回复力特征。

证明：如图 8-2(a)所示，摆长为 l，摆球质量为 m，忽略空气阻力，当摆球离开平衡位置

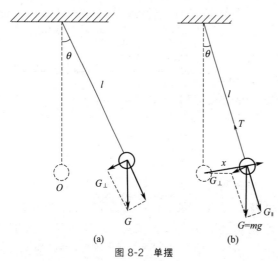

图 8-2 单摆

O 时，重力沿切向的分力为 $G_\perp=G\sin\theta$，是该力使小球回到平衡位置，是小球摆动的回复力。当角位移 θ 很小（$\theta<5°$）时，$\sin\theta\approx\theta\approx\dfrac{x}{l}$（$\theta$ 以弧度为单位），回复力大小 $F\approx G\dfrac{x}{l}$。对给定的单摆，G 和 l 是常数，回复力的大小与位移的大小成正比，且方向总指向平衡位置，因此该回复力具有弹性回复力特征，所以物体做简谐运动。

如图 8-2(b)所示，设平衡位置 O 为坐标原点，指向摆球为 x 正向。考虑到回复力方向与位移方向相反，回复力 $F=-G\dfrac{x}{l}$，其运动方程为

$$-\frac{G}{l}x=m\frac{d^2x}{dt^2}$$

将 $G=mg$ 代入并整理得：$\dfrac{d^2x}{dt^2}+\dfrac{g}{l}x=0$。该微分方程形式与式(8-2)相同。此处 $\omega^2=\dfrac{g}{l}$，再由 $\nu=\dfrac{\omega}{2\pi}$ 可得单摆的振动频率 $\nu=\dfrac{1}{2\pi}\sqrt{\dfrac{g}{l}}$。周期 $T=2\pi\sqrt{\dfrac{l}{g}}$。

二、解析法 (analytics)

求解式(8-3)需要解二阶微分方程知识，此处直接给出它的一个解。为

$$x = A\cos(\omega t + \varphi) \tag{8-4}$$

式中，x 为位移；A 为振幅；$\omega t + \varphi$ 为相位；φ 为初相位。这种将物理量随时间变化的关系用函数来描述的方法叫**解析法**，亦称**公式法**。式(8-4) 说明，物体做简谐振动时，位移随时间按余弦规律变化，即位移 x 是时间 t 的周期函数。方程的另一个解是 $x = A\sin(\omega t + \varphi)$，它描述的规律与式(8-4) 相同，只是两式中的常量 φ 不相等，本书统一采用余弦函数。

若一个物理量随时间按余弦规律变化，则该物理量称为**简谐量**。弹簧振子的位移 x 是简谐量。日常用的交流电的电压和电流都按余弦规律变化，所以电压和电流也是简谐量。

对式(8-4) 两边求一阶和二阶导数，分别得到速度 v 和加速度 a 的表达式。

$$v = \frac{dx}{dt} = -\omega A \sin(\omega t + \varphi)$$

$$a = \frac{dv}{dt} = -\omega^2 A \cos(\omega t + \varphi)$$

可见，做简谐振动的物体的速度 v 和加速度 a 也是简谐量。比较同一振动中，三个简谐量 x、v、a 的相位关系，运用任意角三角函数知识，上两式可分别写成

$$v = \omega A \cos\left(\omega t + \varphi + \frac{\pi}{2}\right) \tag{8-5}$$

$$a = \omega^2 A \cos(\omega t + \varphi + \pi) \tag{8-6}$$

比较式(8-4)、式(8-5)、式(8-6) 中的相位可看出，速度超前位移 $\frac{\pi}{2}$，加速度又超前速度 $\frac{\pi}{2}$，即 a 与 x 相位相反，表示加速度的方向（亦即回复力的方向）与位移方向相反。

振动系统的振幅 A 由初始条件决定，初始条件是指考察振动的起始时刻（即规定为 $t=0$ 的时刻）系统所处的状态，包括初位移和初速度。设 $t=0$ 时初位移为 x_0，初速度为 v_0，将 $t=0$、$x=x_0$、$v=v_0$ 分别代入式(8-4) 和式(8-5) 得

$$x_0 = A\cos\varphi$$

$$v_0 = -\omega A \sin\varphi$$

解之可得

$$A = \sqrt{x_0^2 + \left(\frac{v_0}{\omega}\right)^2} \tag{8-7}$$

$$\varphi = \arctan\left(\frac{-v_0}{\omega x_0}\right) \tag{8-8}$$

式(8-7) 和式(8-8) 表明振动系统的振幅 A 和初相 φ 是由其初位移和初速度共同决定的。在图 8-1 中，将物体移至平衡位置右方 x_0 处静止后释放，则物体的初位移为 x_0、初速度为零。由式(8-7) 得振幅 $A = x_0$。如果释放小球时给物体一个初速度 v_0，则振幅 $A > x_0$。一个给定系统，由于振动周期一定，因此振幅越大，振子运动速度越快。

使用式(8-7) 和式(8-8) 求 A 和 φ 时，应注意到位移和速度的正负，初速度方

向与 Ox 轴正向一致取正值，反之取负值。

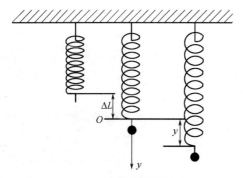

图 8-3 铅直悬挂弹簧振子

【例题 8-2】 弹簧振子 $k=2\mathrm{N/m}$，小球质量 $m=0.02\mathrm{kg}$，将其铅直悬挂，小球静止后，向下轻击小球，使其获得 $1\mathrm{m/s}$ 的初速度，试确定小球的振动方程。

分析：如图 8-3 所示，首先应确定悬挂的弹簧振子沿铅直方向的振动仍是简谐振动，然后再根据初始条件确定 A 和 φ。悬挂的弹簧振子静止时，小球的平衡条件为

$$mg-k\Delta L=0 \qquad ①$$

ΔL 为弹簧伸长量，以小球静止时的平衡位置 O 为原点，向下为 y 轴正向建立坐标，则当小球位移为 y 时弹簧伸长为 $\Delta L+y$，小球受合外力

$$F=mg-k(\Delta L+y) \qquad ②$$

将式①代入式②得 $F=-ky$，即小球的受力具有弹性回复力特征，证明弹簧振子沿铅直方向的振动仍是简谐振动，并且固有频率不变。

解 由牛顿第二定律得 $-ky=ma$，写成微分方程为

$$\frac{\mathrm{d}^2 y}{\mathrm{d}t}+\frac{k}{m}y=0$$

即

$$\omega=\sqrt{\frac{k}{m}}=\sqrt{\frac{2}{0.02}}=10(\mathrm{rad/s})$$

振动方程为 $\qquad y=A\cos(10t+\varphi) \qquad ③$

将 $t=0$ 时 $y_0=0$ 代入得 $A\cos\varphi=0$，解出，$\varphi=\dfrac{\pi}{2}$ 或 $\dfrac{3\pi}{2}$。对式③求导得

$$\frac{\mathrm{d}y}{\mathrm{d}t}=-10A\sin(10t+\varphi) \qquad ④$$

将 $t_0=0$，$v_0=1\mathrm{m/s}$ 代入式④得

$$A\sin\varphi=-\frac{1}{10} \qquad ⑤$$

因为 $A>0$，所以 $\sin\varphi<0$，因此取 $\varphi=\dfrac{3\pi}{2}$，代入式⑤，解得 $A=0.1\mathrm{m}$。振动方程为

$$y=0.1\cos\left(10t+\frac{3\pi}{2}\right)$$

该题也可直接将初始条件代入式(8-7)、式(8-8) 求 A 和 φ。

三、图示法 (illustrated eans)

用作图的方法画出物理量随时间变化的曲线称为**图示法**。图 8-4 画出了简谐振动的位移、速度、加速度随时间的变化曲线，从图中可以看出 x、v、a 三者的相

位依次相差 $\frac{\pi}{2}$。从数学上看，图示法是在平面直角坐标系中画出函数的图像。应注意到，振动曲线除可根据公式作图外，还可以用实验方法直接绘出。

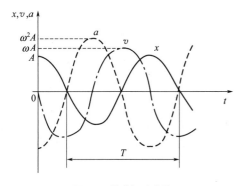

图 8-4 简谐振动曲线

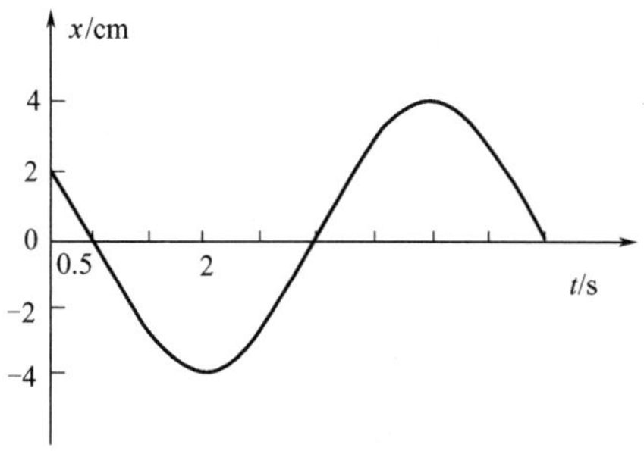

图 8-5 振动位移曲线

【例题 8-3】 一质点的振动位移曲线如图 8-5 所示，试写出其振动方程。

分析： 根据振动曲线代表的物理意义，确定了 A、ω、φ 就可写出振动方程。

解 由图可看出，$A=4\text{cm}$，当 $t=0$ 时，$x_0 = A\cos\varphi = \frac{A}{2}$，得 $\varphi = \frac{\pi}{3}$ 或 $\frac{5\pi}{3}$。

又由于质点 $t=0$ 时向下运动，因此 $v_0 = -\omega A\sin\varphi < 0$ 取 $\varphi = \frac{\pi}{3}$。

当 $t=0.5\text{s}$ 时，位移 $x=0$，所以得 $0 = 4\cos\left(\omega \times 0.5 + \frac{\pi}{3}\right)$，即 $0.5\omega + \frac{\pi}{3} = \frac{\pi}{2}$。

$\omega = \frac{\pi}{3}\text{rad/s}$，因此振动方程为

$$x = 4\cos\left(\frac{\pi}{3}t + \frac{\pi}{3}\right)$$

四、旋转矢量法（rotational vector means）

一矢量在平面内绕点 O 以角频率 ω 沿逆时针作匀角速度转动，这样的矢量称为**旋转矢量**。用旋转矢量表示简谐振动，需要建立以下对应关系：如图 8-6 所示，旋转矢量的长度等于简谐振动的振幅 A；转动的角速度等于简谐振动的角频率 ω；起始时刻矢量与过圆心的 Ox 轴的夹角为振动的初相位 φ，任意时刻 t，矢量与 Ox 轴的夹角 $\omega t + \varphi$ 为相位。

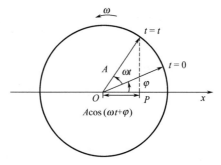

图 8-6 旋转矢量

做出这样规定的矢量，其末端在 Ox 轴上的投影点 P 的坐标为 $x = A\cos(\omega t + \varphi)$，由此可见，**当旋转矢量做匀角速度转动时，矢量末端在 Ox 轴上的投影点围绕坐标原点做简谐振动**。旋转矢量每转一周，投影点 P 在 Ox 轴上完成一次全振动，所用的时间 $\frac{2\pi}{\omega}$ 正是简谐振动的周期。之所以能用旋转矢量法描述简谐振动，是因

为匀速圆周运动和简谐振动都是周期性运动。因此，不但可以借助匀速圆周运动来表示简谐运动的位置变化，也可以用它求出简谐运动的速度和加速度。由于作匀速圆周运动的物体的速率为 $v_m = \omega A$，在时刻 t 它在 Ox 轴上的投影为 $v = -v_m \sin(\omega t + \varphi) = -\omega A \sin(\omega t + \varphi)$。这正是简谐运动的速度公式。作匀速圆周运动的物体的向心加速度为 $a_n = \omega^2 A$，在时刻 t 它在 Ox 轴上的投影为 $a = -a_n \cos(\omega t + \varphi) = -\omega^2 A \cos(\omega t + \varphi)$。这正是简谐运动的加速度公式。用旋转矢量法描述简谐振动是一种讨论简谐振动的直观方法。应该注意的是，圆周运动中的角速度和简谐振动中的角频率是两个不同概念的物理量，只是在旋转矢量法中做出相应规定后，具有相同数值。

任何简谐量都可以用旋转矢量来描述，在三相交流电的分析和简谐量的合成中，旋转矢量法显得直观和方便。

【例题 8-4】 弹簧振子沿 x 轴方向作简谐振动，振幅为 A，角频率为 ω，设 $t=0$ 时，振子的运动状态分别是：① $x_0 = A$；② $x_0 = 0$，向 x 轴负向运动；③ $x_0 = -A/2$，向 Ox 轴正向运动，试用旋转矢量法确定振动方程。

解 已知 A 和 ω，只需确定初相位就可写出振动方程。根据旋转矢量法，$t=0$ 时，旋转矢量与 Ox 轴正方向间的夹角等于简谐振动初相位。一般情况下，Ox 轴上的一个投影值 x_0 可对应 Ox 轴上下对称的两个旋转矢量，分别代表两个相反的运动方向。根据旋转矢量端点在 Ox 轴上的投影值 x_0 及运动方向，可画出旋转矢量的初始位置，如图 8-7 所示。

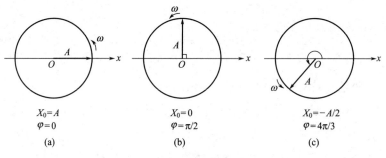

图 8-7 例题 8-4 图

由图可得运动方程分别为 (a) $x = A\cos(\omega t)$
(b) $x = A\cos\left(\omega t + \dfrac{\pi}{2}\right)$
(c) $x = A\cos\left(\omega t + \dfrac{4}{3}\pi\right)$

【例题 8-5】 两个物体作简谐振动，振幅相同，频率相同，第一个物体振动方程为 $x_1 = A\cos(\omega t + \varphi_1)$。当第一个物体处于负方向端点时，第二个物体在 $x_2 = \dfrac{A}{2}$ 处，且向 Ox 轴正向运动，求：①两个振动的相位差；②第二个物体的振动方程。

解 根据题意，分别作出两个振动在同一时刻的矢量图，如图 8-8。

① 由旋转矢量图可知第二个振动超前第一个的相位差为

$$\Delta\varphi = \varphi_2 - \varphi_1 = \frac{2}{3}\pi, \quad \varphi_2 = \frac{2}{3}\pi + \varphi_1$$

由于两个振动频率相同，即旋转矢量的角速度 ω 相同，因此，相位差不随时间改变。

② 第二个物体的振动方程为

$$x_2 = A\cos\left(\omega t + \varphi_1 + \frac{2}{3}\pi\right)$$

以上三种简谐振动的描述方法中，解析法是最基本的方法，振动方程精确地描述了

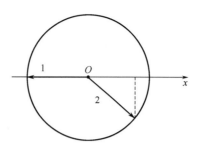

图 8-8　例题 8-5 图

位移随时间的变化规律，方便用数学工具对运动进行分析，如求振动的速度和加速度等；图示法的特点是直观；旋转矢量法抓住了简谐振动的特征量，简洁明了，在多个简谐量的合成中常被采用。

第二节　简谐振动的合成

在讨论两列波相遇区域内质点的振动时，需要用到振动合成的知识。如两列水波相遇后水面的振动；两列声波同时传入耳膜时，耳膜的振动。振动的叠加是波传播的独立性和波传播的叠加原理的基础。不同频率和不同振动方向的振动叠加需要复杂的数学知识，此处只讨论同频率、同方向的简谐振动的合成，它是分析复杂振动的基础。现以两列同频率、同振动方向的横波相遇为例进行讨论，图 8-9 表示垂直 xOy 平面振动的两列同频率的波分别沿 x 轴和 y 轴的反向传播，它们在 O 点的振动方程分别为

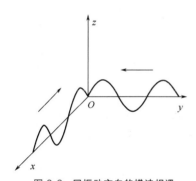

图 8-9　同振动方向的横波相遇

$$x_1 = A_1\cos(\omega t + \varphi_1) \tag{8-9}$$

$$x_2 = A_2\cos(\omega t + \varphi_2) \tag{8-10}$$

因为在 O 点两振动的方向在同一条直线上，所以 O 点的合振动（即实际振动）位移等于两个振动位移之和，即

$$x = x_1 + x_2 = A_1\cos(\omega t + \varphi_1) + A_2\cos(\omega t + \varphi_2)$$

记为

$$x = A\cos(\omega t + \varphi) \tag{8-11}$$

式中，A 为合振动的振幅；φ 为合振动的初相位，它们可以用三角函数知识求出。现在用旋转矢量法分析求解。

分别画出 $t=0$ 时刻式(8-9) 和式(8-10) 对应的旋转矢量 $\boldsymbol{A}_1$ 和 $\boldsymbol{A}_2$，初相位分别为 φ_1 和 φ_2，如图 8-10 所示。根据平行四边形法则作出 $\boldsymbol{A}_1$ 和 $\boldsymbol{A}_2$ 的合矢量 $\boldsymbol{A}$。

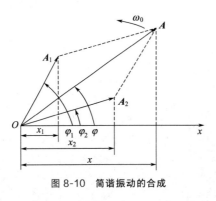

图 8-10 简谐振动的合成

由于 A_1 和 A_2 以相同的角频率 ω 绕 O 点转动，所以任意时刻 A_1 和 A_2 间的夹角 $\varphi_2-\varphi_1$ 保持不变，于是合矢量 A 的长度不变，且以同样的角频率 ω 绕 O 点转动。从图上看出，A 矢量末端在 Ox 轴上的投影点的坐标 x 等于 A_1、A_2 两矢量末端在同一轴上投影点 x_1、x_2 的代数和。因此，合矢量 A 的末端在 Ox 轴上投影点的运动是两个振动的合成运动，根据图中几何关系可求出

$$A=\sqrt{A_1^2+A_2^2+2A_1A_2\cos(\varphi_2-\varphi_1)} \tag{8-12}$$

$$\varphi=\tan^{-1}\frac{A_1\sin\varphi_1+A_2\sin\varphi_2}{A_1\cos\varphi_1+A_2\cos\varphi_2} \tag{8-13}$$

可见，两个同频率、同方向的简谐振动的合振动仍是同频率的简谐振动。合振动的振幅与两个分振动的振幅以及它们间的相位差有关。以下是两种典型情况。

① 当 $\varphi_2-\varphi_1=2k\pi(k=0,\pm 1,\pm 2,\cdots)$ 时，$\cos(\varphi_2-\varphi_1)=1$。由式(8-12)得

$$A=A_1+A_2 \tag{8-14}$$

这表明，当两振动的相位差为零（称同相位）或 π 的偶数倍时，合振动振幅最大，等于两振动振幅之和。如图 8-11（a）所示，这是合振动加强的典型情况，在波的干涉中称干涉加强。

② 当 $\varphi_2-\varphi_1=(2k+1)\pi(k=0,\pm 1,\pm 2,\cdots)$ 时，$\cos(\varphi_2-\varphi_1)=-1$，有

$$A=|A_1-A_2| \tag{8-15}$$

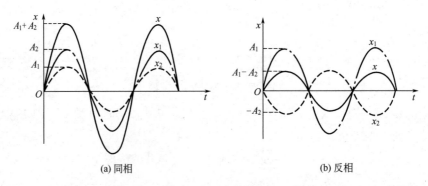

(a) 同相   (b) 反相

图 8-11 同频率、同振动方向简谐振动的合成

这表明，当两振动相差为 π（称反相位）或 π 的奇数倍时，合振动振幅最小，等于两振动振幅之差的绝对值，如图 8-11(b) 所示。这是合振动的减弱的典型情况，在波的干涉中称干涉相消。特别当 $A_1=A_2$ 时，合振动振幅为零。除以上两种情况外，合振动振幅介于两者之间。

第三节　平面简谐波

一、机械波的几何描述

自然界的许多波，如电磁波、声波等是人们用肉眼无法观察到的，但"一石激起千层浪"的视觉现象还是启发了人们以几何的方法来形象地描述波动。如图 8-12 所示，平静水面上激起的水波，一串串的波峰和波谷以相同的状态由内向外、由近及远传播。人们由此想象出用带箭头的线来表示波的传播方向，称为**波线**（wave line）；将振动相位相同的点组成的面称为**波面**（wave surface），最前方的波面称为**波前**（wave front）。波面为平面的波称为**平面波**（plane wave），波面为球面的波称为**球面波**（spherical wave）。当被观察的球面波波面远离波源时，可局部看成平面波，就如同考察局部海平面时，总把它看成平面一样。在均匀介质中，波线处处与波面垂直。图 8-13 是理想的平面波和球面波的几何描述。

图 8-12　水波

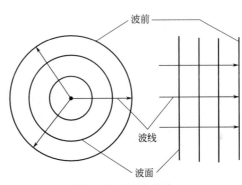

图 8-13　波面与波线

波动本质上是振动状态（或者说相位）的传播。对机械波而言，波动是波的传播方向上的各质点按先后次序重复着波源的振动。过程上类似于"多米诺骨牌游戏"，是离波源较近介质的振动牵动了附近离波源较远一侧的介质的振动，或者说是前面介质的振动牵动了后面介质的振动，因此沿波线方向，振动的相位依次落后，如图 8-14 所示。机械波的这一结论，也适用于电磁波。

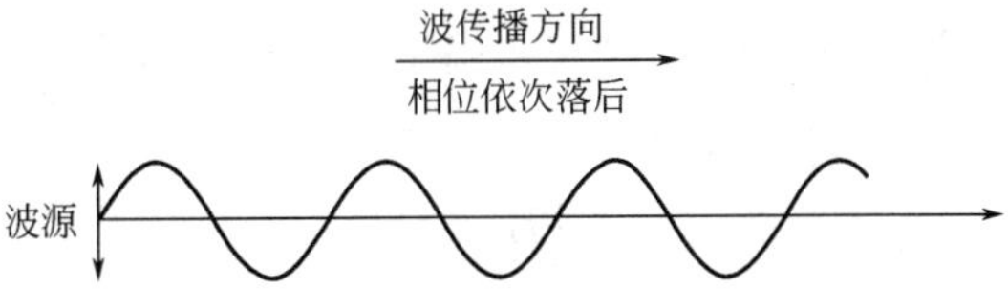

图 8-14　波的传播

二、波动的特征量

波长（wave length）、频率（frequency）和波速（wave velocity）是描述波动的特征量。同一时刻，波线上相位差为 2π 的两个振动质点间的距离称**波长**，用 λ 表示，横波中两相邻波峰（wave crest）或相邻波谷（wave trough）之间的距离、纵波（longitudinal wave）中两相邻密部中心或相邻疏部中心之间的距离都等于一个波长。

波沿波线方向传播一个波长的距离所需的时间称波的**周期**（period），用 T 表示，单位为 s。单位时间里通过波线上任意一点的完整波形个数，称为**频率**，用 ν 表示，单位为 s^{-1}，可见 $T=\dfrac{1}{\nu}$。

单位时间内波沿波线方向前进的距离称**波速**，用 u 表示，单位为 m/s。由于波在单位时间内传出 ν 个波，每个波波长为 λ，所以波速 $u=\lambda\nu$。

波的频率由波源决定，且等于波源频率，与传播波的介质无关。波速与介质有关，同一频率的波在不同介质中的波速不同，波长可由 $\lambda=\dfrac{u}{\nu}$ 确定。由此可见，当波从一种介质传入另一种介质时，频率不变，而波速和波长都要改变。

以上关于频率、波长和波速的基本概念同样适用于电磁波。开放的 LC 振荡电路产生电磁波的频率由振荡电路本身决定。各种频率的电磁波在真空中的速度相同且等于光速 c。同一频率的电磁波在不同介质中的传播速度不同，这是光从一种介质进入另一种介质时产生折射的原因。不同频率的电磁波在同一介质中的传播速度不同，这是白光进入介质后产生色散的原因。

三、平面简谐波波动方程

简谐振动在介质中的传播形成的波称为简谐波。传播简谐波的介质各质点都重复着与波源相同的简谐振动。波面为平面的简谐波为**平面简谐波**。由于平面波的波线是一系列垂直于波面的平行线，其中任意一条波线上质点的振动都与其他波线上相应点的振动相同，研究一条波线上各质点的振动状态，就可获得整个波的传播图像。为直观起见，下面以横波为例讨论。

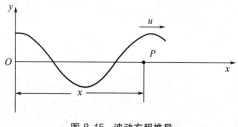

图 8-15　波动方程推导

如图 8-15 所示，一列平面简谐横波向 Ox 轴正向传播，x 轴是一条波线，在波动过程中，波线上质点都围绕各自的平衡位置沿 Oy 轴方向振动，只是发生的先后次序不同，因此要确定波的传播规律，只要确定波的传播方向上任意一点处质点的振动与波源振动之间在时间上的关系。

为讨论方便，设原点处质点振动方程为

$$y_O = A\cos\omega t \tag{8-16}$$

相当将原点处质点振动到 Oy 轴正向最大位移时，作为计时起点（$t=0$）。点 P 是离原点距离为 x 的一点，由于振动状态以波速 u 传播，点 O 的振动传播到 P 点所需时间为 $\dfrac{x}{u}$，因此，点 P 在 t 时刻的振动是重复了点 O 在 $t-\dfrac{x}{u}$ 时刻的振动，

可见点 P 在 t 时刻的位移应等于点 O 在 $t-\dfrac{x}{u}$ 时刻的位移,即

$$y_P(t)=y_O\left(t-\dfrac{x}{u}\right)$$

由于点 P 任意,上式一般形式写成

$$y=A\cos\omega\left(t-\dfrac{x}{u}\right) \tag{8-17}$$

式(8-17)称为平面简谐波的**波动方程**(wave function)。波动方程也称**波函数**(wave function),它的更一般的形式为 $\psi=\psi(t,x)$,表示波到达的各点的振动状态由时间 t 和该点离波源的距离 x 共同决定。

考虑到 $\omega=2\pi\nu$、$u=\lambda\nu=\dfrac{\lambda}{T}$ 等关系式,平面简谐波波动方程还可写成

$$y=A\cos 2\pi\left(\nu t-\dfrac{x}{\lambda}\right) \tag{8-18}$$

$$y=A\cos 2\pi\left(\dfrac{t}{T}-\dfrac{x}{\lambda}\right) \tag{8-19}$$

$$y=A\cos\left(\omega t-\dfrac{2\pi}{\lambda}x\right) \tag{8-20}$$

波动方程的物理意义如下。

① 给定位置 $x=x_0$ 则

$$y=A\cos\omega\left(t-\dfrac{x_0}{u}\right) \tag{8-21}$$

它描述了位置 x_0 处的质点振动位移随时间的变化规律,也就是该处质点的振动方程。由于 x_0 是任意给定的,所以式(8-21)表明波动到达的各处的振动与波源的振动具有相同特征,即具有相同的振动方向、振幅与频率,只是沿波线方向振动相位依次落后。

② 给定时间 $t=t_0$,则

$$y=A\cos\omega\left(t_0-\dfrac{x}{u}\right) \tag{8-22}$$

它描述了 t_0 时刻,在同一条波线上振动位移随位置 x 的变化规律,是 t_0 时刻整个波的形态,由式(8-22)画出的图也称**波形图**(wave graph),平面简谐波的波形图也是按余弦规律变化。不同时刻的波形图形状相同,但位置向波的传播方向移动。如图 8-16 所示。

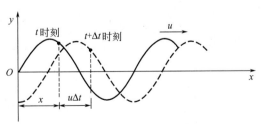

图 8-16 沿 Ox 轴正向传播的波

应注意到由式(8-21)得到的振动曲线和式(8-22)得到的波形图,虽然都表示振动位移变化规律,但物理意义不同。振动曲线表示的是振动位移随时间的变化的周期性,对象是一个质点,而波形

图表示的是波动中某时刻振动位移的空间周期性,是全部质点,不妨理解成前者是对一个质点的"录像"后者是对全部质点的"照相"。

【例题 8-6】 平面简谐波的波动方程为 $y = 10^{-5} \cos 2\pi \left(\dfrac{t}{10} - \dfrac{x}{3400} \right)$ m,求:①该波的频率、波长和波速;②与 $x=0$ 处振动状态始终相同的点的坐标;③$x=17$km 处质点的振动方程;④$t=10$s 时的波形方程;⑤传播方向上相距 1km 的两质点振动相位差。

解 ① 将波动方程写成标准形式:

$$y = 10^{-5} \cos \frac{\pi}{5} \left(t - \frac{x}{340} \right) \text{ m}$$

可见 $\quad\omega = \dfrac{\pi}{5}$ rad/s, $u = 340$ m/s

则 $\quad\nu = \dfrac{\omega}{2\pi} = \dfrac{1}{2\pi} \times \dfrac{\pi}{5} = 0.1$ (Hz)

$$\lambda = \frac{u}{\nu} = \frac{340}{0.1} = 3400 \text{ (m)}$$

② $x=0$ 处的振动方程为 $\quad y = 10^{-5} \cos \left(\dfrac{\pi}{5} t \right)$ m

任意 x 处振动方程可写为 $\quad y = 10^{-5} \cos \left(\dfrac{\pi}{5} t - \dfrac{\pi}{5 \times 340} x \right)$ m

与原点的振动相位差 $\quad \Delta \varphi = \dfrac{\pi}{5 \times 340} x$

当 $\Delta \varphi = 2k\pi$ 时,振动相同,即 $\dfrac{\pi}{5 \times 340} x = 2k\pi$,得 $x = 3400k$ ($k=0, \pm 1, \pm 2, \cdots$)

③ 将 $x=17$km 代入波动方程得该点振动方程

$$y = 10^{-5} \cos 2\pi \left(\frac{t}{10} - 5 \right) \text{ m}$$

④ 将 $t=10$s 代入波动方程得该时刻的波形方程

$$y = 10^{-5} \cos 2\pi \left(1 - \frac{x}{3400} \right) \text{ m}$$

⑤ $\Delta \varphi = \varphi_1 - \varphi_2 = \dfrac{-2\pi x_1}{3400} + \dfrac{2\pi x_2}{3400} = \dfrac{2\pi}{3400}(x_2 - x_1) = \dfrac{10}{17}\pi$

或 $\quad \Delta \varphi = \dfrac{\Delta x}{\lambda} 2\pi = \dfrac{x_2 - x_1}{3400} 2\pi = \dfrac{10}{17}\pi$

讨论:一般地,给定同一波线上的两点 x_1、x_2,两点的振动方程分别为

$$y_1 = A \cos \omega \left(t - \frac{x_1}{u} \right), \quad y_2 = A \cos \omega \left(t - \frac{x_2}{u} \right)$$

则两点间振动相位差

$$\Delta\varphi=\varphi_1-\varphi_2=-\frac{\omega}{u}x_1+\frac{\omega}{u}x_2=\frac{\omega}{u}(x_2-x_1)=\frac{\omega}{u}\Delta x=\frac{\Delta x}{\lambda}2\pi$$

上式说明在波的传播方向上间距 Δx 等于波长 λ 整数倍的两点,它们间相位差是 2π 的整数倍,该两点振动状态始终相同。

四、波的叠加

波传播的是振动状态,那么当两列波相遇或进入同一种介质传播时,它们会相互影响吗?介质将如何振动呢?实践表明,当有几列波同时在空间同一种介质中传播时,每一列波都保持各自原有的特征(频率、波长、振动方向等)不变,互不相干地独立向前传播,好像没有遇到其他波一样,波动的这一特性称为波传播的**独立性**。在管弦乐队合奏或几个人同时说话时,我们能够分辨出各种乐器或各个人的声音,这就是波传播的独立性例子。由于这种独立传播,在相遇区域内,介质质点的振动为各列波单独在该点引起的振动的合振动,即在任一时刻,该点处介质质点的振动位移是各个波在该点引起的位移的矢量和,这一规律称为波的**叠加原理**。

波传播的独立性和叠加原理是大量实验事实的总结,它不仅适用于机械波,也适用于电磁波,它是波动遵循的基本规律。通常天空中同时有许多无线电波在传播,我们能接收到其中任意一个电台的广播,这是电磁波传播的独立性例子。波动的这一规律是研究波的干涉的基础。

第四节　振动与波动的能量

自然界中,一切运动着的物质都具有能量,运动是能量存在的一种形式。振动与波动中也都蕴涵了能量。风镐凿孔是靠钻头的振动能量。医疗上用超声波粉碎人体内结石用的是超声波的能量,地震和海啸威力都会使人们感受到振动与波动释放出的巨大能量。本节以弹簧振子和平面谐波为例讨论机械振动和机械波的能量特征。

一、简谐振动的能量

弹簧振子的振动过程是弹性势能和动能的相互转化过程,单摆的振动是重力势能与动能的转化过程,而 LC 电路中的电磁振荡是电场能与磁场能的转化过程,因此,从能量角度考察振动,可以得出振动的本质就是能量的转化。以弹簧振子为例,振动系统的位移和速度分别为

$$x=A\cos(\omega t+\varphi), v=-\omega A\sin(\omega t+\varphi)$$

系统的弹性势能和动能分别为

$$E_p=\frac{1}{2}kx^2=\frac{1}{2}kA^2\cos^2(\omega t+\varphi) \tag{8-23}$$

$$E_k=\frac{1}{2}mv^2=\frac{1}{2}m\omega^2A^2\sin^2(\omega t+\varphi)=\frac{1}{2}kA^2\sin^2(\omega t+\varphi) \tag{8-24}$$

可见，弹簧振子的动能和势能都随时间做周期性的变化，见图 8-17 。不过能量不是简谐量。在一次全振动过程中，动能和势能完成两次转化，所以能量变化的周期是振动周期的一半，为 $\dfrac{T}{2}$ 。

系统的机械能为

$$E = E_p + E_k = \dfrac{1}{2}kA^2 \tag{8-25}$$

式(8-25) 表明简谐振动系统的总能量不随时间变化，这是因为简谐振动是一种理想化的无摩擦损耗的振动。无能量损耗的振动称为**自由振动**（free vibration）。弹簧振子在振动中，动能和势能相互转化，但在任意时刻，振子处在任意位置，系统总机械能保持不变。弹簧振子的总机械能与振幅的平方成正比。因为简谐振动中机械能守恒，所以简谐振动是等幅振动。实际的振动都有能量消耗，机械振动的能量损耗主要来自各种摩擦力，称为摩擦阻尼，有阻尼的振动称为**阻尼振动**（daped vibration），如图 8-18 所示。阻尼振动的振幅逐渐减小。阻尼越大，能量损失越大，振幅衰减越快，当阻尼大到振动产生后，系统第一次回到平衡点，能量就消耗殆尽，停止振动，这种状态叫**临界阻尼**（critical daping）。对一定的振动系统，有阻尼时的振动周期要比无阻尼时大。对临界阻尼，因为没有完成一次全振动，所以从振动起始到第一次回到平衡点的时间已不具有周期的含义。

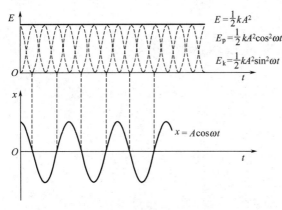
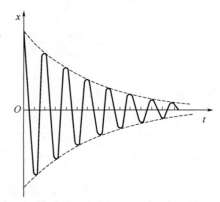

图 8-17　简谐振动的能量　　　　　图 8-18　阻尼振动的位移及时间曲线

在生产技术上，可以通过改变阻尼大小的方法，来控制系统的振动状态，例如各类机器的避震器，大多使用一系列阻尼装置，使频繁的撞击变为缓慢的振动，并迅速衰减得以保护机件。有些仪器仪表，如阻尼天平、灵敏电流计等也配有阻尼装置，使测量系统很快停止摆动，以便读取结果。

二、平面简谐波的能量

1. 波的能量

由于振动具有能量，因此波动在传播振动状态的同时也传播了振动的能量。研究机械波的能量时，可以不再着眼于一个个介质质点，而是考察传播波的介质整体。将弹性介质看成由一系列相互间有弹性联系的介质元组成。介质元是宏观上很小微观上包含了大量介质分子的介质块。当介质中有机械波传播时，介质元由于在各自平衡位置附近振动而具有动能，同时介质元产生了弹性形变而具有弹性势能，因而波动着的介质具有的机械能是它包含的介质元内的动能和弹性势能的总和。

与独立的简谐振动系统不同的是波动中介质元振动时的机械能不再保持不变。因为介质元通过相互间的弹性作用不断从波源方向吸收能量，同时又向离波源较远的介质元输出能量，这种"吸收"与"输出"就是靠介质元的机械能变化来实现的。

图 8-19 是机械横波内介质元形变示意。设介质密度为 ρ，一介质元体积为 ΔV，质量为 $\Delta m = \rho \Delta V$，其中心平衡位置坐标为 x。当平面简谐波

$$y = A\cos\omega\left(t - \frac{x}{u}\right)$$

在介质中传播时，此介质元在 t 时刻的振动动能为

$$\Delta E_k = \frac{1}{2}(\Delta m)v^2 = \frac{1}{2}\rho\Delta V\omega^2 A^2 \sin^2\omega\left(t - \frac{x}{u}\right)$$

由图 8-19 可看出，在最大位移处，介质元形变最小，弹性势能最小；在平衡位置处，介质元形变最大，弹性势能也最大。这说明，介质元的势能与动能"同步变化"，理论上可以证明，由于介质元形态变化而产生的弹性势能为

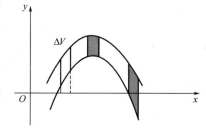

图 8-19 机械横波内介质元的形变

$$\Delta E_p = \frac{1}{2}\rho\Delta V\omega^2 A^2 \sin^2\omega\left(t - \frac{x}{u}\right)$$

这表明介质元的弹性势能与动能在任意时刻都相等，所以总机械能为

$$\Delta E = \Delta E_k + \Delta E_p = \rho\Delta V\omega^2 A^2 \sin^2\omega\left(t - \frac{x}{u}\right)$$

上式表明介质元的总机械能随时间作周期性变化，这一不同于孤立振动系统的能量变化特点实现了波动中能量的传播。波动是能量传播的一种形式。

2. 平均能量密度（energy density）

介质单位体积内的波动能量称能量密度。用 ω 表示

$$\omega = \frac{\Delta E}{\Delta V} = \rho\omega^2 A^2 \sin^2\omega\left(t - \frac{x}{u}\right) \tag{8-26}$$

它是时间的周期函数，通常取一个周期内的平均值，称**平均能量密度**，用 $\overline{\omega}$ 表示。由于正弦函数的平方在一个周期内的平均值为 $\frac{1}{2}$，所以

$$\overline{\omega} = \frac{1}{2}\rho\omega^2 A^2 = 2\pi^2\rho A^2\nu^2 \tag{8-27}$$

式（8-27）表明平均能量密度，与介质密度、波的振幅的平方和频率的平方成正比，而与时间无关。这一结论适用于各种机械波。

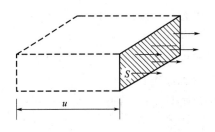

图 8-20 波的平均能量和能流密度

3. 平均能流密度（energy flow density）

波动能量在介质中传播，可以看成能量沿着波速方向流动。

单位时间内通过垂直于波的传播方向上单位面积的平均能量称为**平均能流密度**。

如图 8-20 所示。在垂直于波的传播方向上取一平面 S，单位时间内通过该面积的平均能量应等于该面积后方体积为 Su 中的能量 $Su\bar{\omega}$，以 I 表示平均能流密度，则

$$I = \frac{Su\bar{\omega}}{S} = u\bar{\omega} = \frac{1}{2}\rho\omega^2 A^2 u \tag{8-28}$$

I 的单位为 W/m^2（瓦/米^2）。平均能流密度表示波动中传输能量的强弱，因而也称为**波强**。相应地，光波的波强称光强，声波的波强称声强。

应注意到，波动的能量是周期性变化的，此处的平均能流密度是指波在一个周期内的平均值。

【例题 8-7】 试从能量观点证明：在均匀无吸收的介质中，平面波的振幅保持不变，球面波的振幅与波面至波源的距离成反比。

解 设 S_1、S_2 是垂直于平面波方向上的两个面积相等的截面，如图 8-21(a) 所示，由于介质不吸收能量，所以单位时间内通过两个截面的平均能量相等，即

$$\bar{\omega}_1 u S_1 = \bar{\omega}_2 u S_2$$

由于 $S_1 = S_2$，因此 $\bar{\omega}_1 = \bar{\omega}_2$，由式(8-27) 可得 $A_1 = A_2$。

对于球面波，如图 8-21(b) 所示，设波面 S_1 和 S_2，离波源距离分别为 r_1 和 r_2，则 $S_1 = 4\pi r_1^2$，$S_2 = 4\pi r_2^2$，由于介质不吸收波的能量，因此单位时间内通过两球面的平均能量相等，即

$$\bar{\omega}_1 u S_1 = \bar{\omega}_2 u S_2$$

代入 S_1 和 S_2 得

$$\bar{\omega}_1 r_1^2 = \bar{\omega}_2 r_2^2$$

由式(8-27) 可得 $A_1^2 r_1^2 = A_2^2 r_2^2$，即 $\dfrac{A_1}{A_2} = \dfrac{r_2}{r_1}$。

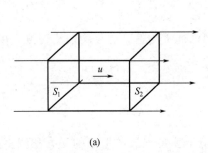

图 8-21 例题 8-7 图

实际上，波在介质中传播时，部分能量会转变成介质内能，这种现象叫波的**吸收**（absorption）。波的吸收使波沿传播方向的强度，即波的振幅沿波传播方向逐渐减小。

【知识拓展】

超声波　次声波　地震波

声波是机械纵波。频率在 20～20000Hz 的声波，能引起人的听觉，称为**可闻声波**，简称**声波**。频率低于 20Hz 的叫做**次声波**，高于 20000Hz 的叫做**超声波**。

一、超声波

超声波一般由具有磁致伸缩或压电效应的晶体的振动产生。它的显著特点是频率高，波长短，衍射不严重，因而具有良好的定向传播特性，而且易于聚焦。由于其频率高，超声波的声强比一般声波大得多，用聚焦的方法可以获得声强高达 10^9W/m^2 的超声波。超声波穿透本领很大，特别是在液体、固体中传播时，衰减很小，在不透明的固体中，能穿透几十米的厚度。超声波的这个特性在技术上得到广泛的应用。

利用超声波的定向发射性质，可以探测水中物体，如探测鱼群、潜艇等，也可用来测量海深。由于海水的导电性良好，电磁波在海水中传播时，吸收非常严重，因而电磁雷达无法使用。利用声波雷达——声呐，可以探测出潜艇的方位和距离。

因为超声波碰到杂质或介质分界面时有显著的反射，所以可以用来探测工件内部的缺陷。超声探伤的优点是不损伤工件，而且穿透力强，可以用来探测大型工件，如用于探测大型水压机的主轴和横梁等。此外，在医学上可以用来探测人体内部的病变，如"B超"仪就是利用超声波来显示人体内部结构的图像。

目前超声探伤正向着显像方向发展，如用声电管把声信号变换成电信号，再用显像管显示出目的物的像来。随着激光全息技术的发展，声全息也日益发展起来。把声全息记录的信息再用光显示出来，可直接看到被测物体的图像。声全息在地质、医学等领域有着重要意义。

由于超声波能量大而且集中，所以也可用来切削、焊接、钻孔、清洗机件，还可以用来处理种子和促进化学反应等。

超声波在介质中的传播特性，如波速、衰减、吸收等与介质的某些特性（如弹性模量、浓度、密度、化学成分、黏度等）或状态参量（如温度、压力、流速等）密切相关，利用这些特性可以间接测量其他有关物理量。这种非声量的声测法具有测量精度高、速度快等优点。

由于超声波的频率与一般无线电波的频率相近，因此利用某些超声元件代替某些电子元件，可以起到电子元件难以起到的作用，超声延迟线就是其中一例，因为超声波在介质中的传播速度比电磁波小得多，用超声波延迟时间就方便得多。

二、次声波

次声波又称亚声波，一般指频率在 $10^{-4} \sim 20\text{Hz}$ 的机械波，人耳听不到。它与地球、海洋和大气等的大规模运动有密切关系。在火山爆发、地震、陨石落地、大气湍流、雷暴、磁暴等自然活动中，都有次声波产生，因此次声波已成为研究地球、海洋、大气等大规模运动的有力工具。

次声波频率低，衰减极小，具有远距离传播的突出优点，在大气中传播几千公里后，衰减还不到万分之几分贝。因此对它的研究和应用受到越来越多的重视，已形成现代声学的一个新的分支——次声学。

三、地震波

地震是一种严重的自然灾害，它起源于地壳内岩层的突然破裂。一年内全球大概发生约百万次地震，但绝大多数不能被人感知，而只能由地震仪记录到，只有少数（几十次）造成或大或小的灾难。

发生岩层破裂的**震源**一般在地表下几千米到几百千米的地方，震源正上方地表的那一点叫**震中**。从震源和震中发出的地震波在地球内部有两种传播形式：纵波和横波，它们被地震学家分别称为 P 波（首波）和 S 波（次波）。P 波的传播速度从地壳内的 5km/s 到地幔深处的 14km/s。S 波的速度较小，约 $3 \sim 8$km/s。两种波速的区别被用来计算震源的位置。P 波和 S 波传到地球表面时会发生反射，反射时会发生沿地表传播的**表面波**。表面波也有两种形式。一种是扭曲波，使地表发生扭曲；另一种使地表上下波动，就像大洋面上的水波那样。P 波、S 波以及表面波的到达都可以用地震仪在不同时刻记录下来。

地震波的振幅可以大到几米（例如 1976 年唐山大地震地表起伏达 1m 多），因而能造成巨大灾害。一次强地震所释放的能量可以达到 $10^{17} \sim 10^{18}$ J。一次里氏 7 级地震释放的能量约为 10^{15} J，这大约相当于百万吨氢弹爆炸所释放出的能量。人造地震可以帮助了解地壳内地层的分布，它是石油和天然气勘探的一种重要手段。此外，对地震波的分析也是检测地下核试验的一种可靠方法。

【物理与技术】

声呐

声呐是英文缩写"SONAR"的音译，其中文全称为：声音导航与测距（Sound Navigation And Ranging），是一种利用声波在水下的传播特性，通过电声转换和信息处理，完成水下探测和通信任务的电子设备。

人们日常所用的探测和通信设备都是使用电磁波。电磁波传播速度快，传播距离远，无需介质，但是一旦电磁波进入水中，优势马上丧失，因为电磁波在水中衰减很快，波长越短，衰减越快，即使用大功率的低频电磁波，在水中也只能传播几十米。如可见光在水中的穿透能力很弱,即使在最清澈的海水中,人们也只能看到十几米到几十米内的物体。然而,声波在水中传播的衰减就小得多,在深海声道中爆炸一个几公斤的炸弹,在两万公里外还可以收到信号。低频的声波还可以穿透海底几公里的地层,得到地层中的信息。因此在水中进行测量和观察,至今还没有发现比采用声波更有效的手段。

声呐有主动式和被动式两种类型,换能器是声呐中的重要器件,它是声能与其他形式的能如机械能、电能、磁能等相互转换的装置,它利用了某些材料在电场或磁场的作用下发生伸缩效应的原理。发射声波的换能器相当于空气中的扬声器,接收声波的换能器相当于空气中的麦克风。换能器在实际使用时往往同时用于发射和接收声波。

主动声呐工作原理与雷达相似,它发射声波,而后接收水中目标反射的回波,进行计算,以测定目标的参数,可探测水下运动目标的距离、方位、航速、航向等运动要素。具体地说,可通过回波信号与发射信号间的时延推知目标的距离,由回波波前法线方向可推知目标的方向,而由回波信号与发射信号之间的频移可推知目标的径向速度,此外由回波的幅度、相位及变化规律,可以识别出目标的外形、大小、性质和运动状态。主动声呐除了用于探测运动目标外,还适用于探测冰山、暗礁、沉船、海深、鱼群、水雷和关闭了发动机的潜艇。主动声呐的优点是可以探测到静止目标,缺点是探测波短,容易暴露位置。

被动声呐由简单的水听器演变而来,特别适用于不能发声暴露自己而又要探测目标活动的装备。被动声呐工作时本身不发射声波,而是被动接收舰船等水中目标产生的辐射噪声和水声设备发射的信号,以测定目标的方位和距离。由于被动声呐本身不发射信号,所以目标将不会觉察声呐的存在及其意图,但被动声呐是将目标噪声作为信号,因此需要采用比主动声呐更多的信号处理措施。为了减少本舰船噪声的干扰,可以采用拖曳方式,让被动声呐与舰船分开。被动声纳的优点是探测波长,识别目标能力强,隐蔽性强,缺点是不能探测静止目标。

声波在传播途中受海水介质不均匀分布和海面、海底的影响和制约,会产生折射、散射、反射和干涉,导致声线弯曲、信号起伏和畸变,造成传播途径的改变,严重影响声呐的作用距离和测量精度。现代声呐根据海区声速随深度变化形成的传播条件,可选择一组声呐适当布局,利用声波的不同传播途径(直达声、海底反射声、会聚区、深海声道)来克服水声传播条件的不利影响,提高声呐探测距离。现代声呐是一个复杂系统,潜艇潜航时没有它将变成"聋子"和"瞎子"。2009年2月,英国皇家海军"前卫"号弹道导弹核潜艇与法国海军的"凯旋"号弹道导弹核潜艇在浩瀚的大西洋中部发生水下相撞,两艘潜艇都配备了一流的声学设备,但无奈任务性质不允许潜艇开启主动声呐,从而导致两个庞然大物在舰员完全没有察觉的情况下发生水下碰撞。

声呐在海洋活动中有着广泛应用。声呐技术用于海洋测绘,可为潜航和海底资源开发提供地形图。随着海洋高新技术的介入和装备的不断升级，水下地形声学探测技术获得了迅速的发展，现已成为世界各海洋国家在海洋测绘方面的重要研究领域之一。声呐技术用于海洋渔业，可以发现鱼群的动向、所在地点和范围，利用它可以大大提高捕鱼的效率，助鱼声纳设备可用于计数、诱鱼、捕鱼或者跟踪尾随某条大鱼等。海水养殖场已利用声学屏障防止鲨鱼入侵，以及阻止龙虾鱼类的外逃。声呐技术用于水面舰船、潜艇间的通信，可替代导线的连接。现代声呐技术还可以利用多普勒效应进行流速测定，这种声呐系统使用一对装在船底倾斜向下的指向性换能器，由海底回波中的多普勒频移可以得到舰船相对于海底的航速，若将这种声呐固定在海域中，它可以自动检测和记录海水的流动速度及方向。

声呐并非人类的专利，许多动物都有它们自己的"声呐"。蝙蝠就用喉头发射超声脉冲，再用耳朵接收其回波，借助这种"主动声呐"，它可以探查到很细小的昆虫及 0.1mm 粗细的金属丝障碍物。而飞蛾等昆虫也具有"被动声呐"，能清晰地听到 40m 以外的蝙蝠超声，因而往往得以逃避攻击。有的蝙蝠能使用超出昆虫侦听范围的高频超声或低频超声来捕捉昆虫。海豚和鲸等海洋哺乳动物则拥有"水下声呐"，它们能产生一种十分确定的信号，探寻食物和相互联系。

本章小结

1. 简谐振动的受力特征

当物体受力形如 $F=-kx$ 时物体做简谐振动，其中 k 是由系统性质决定的常数，x 为物体离开平衡位置的位移。

简谐振动微分方程：$\dfrac{\mathrm{d}^2 x}{\mathrm{d}t^2}+\omega^2 x=0$，$\omega$ 是常量，不同的振动系统中 ω 的具体形式不同。物体简谐振动的力学判据：物体受到的合外力在运动方向上的分量总是指向平衡位置，作用力大小与物体离开平衡位置的距离成正比，则该物体做简谐振动。弹簧振子是简谐振动的理想力学模型，单摆在小角度摆动时（$\theta<5°$）可视为简谐振动。

2. 简谐振动的运动方程

$x=A\cos(\omega t+\varphi)$，简谐振动的三个特征量如下：

(1) 振幅 A 由初始条件决定，$A=\sqrt{x_0^2+\left(\dfrac{v_0}{\omega}\right)^2}$，它决定振动的能量。

(2) 角频率 ω 由振动系统本身性质决定，弹簧振子 $\omega=\sqrt{\dfrac{k}{m}}$；单摆 $\omega=\sqrt{\dfrac{g}{l}}$。

(3) 初相位 φ 由初始条件决定，$\varphi=\arctan\left(-\dfrac{v_0}{\omega x_0}\right)$。

运动方程对时间的一阶、二阶导数分别为简谐振动的速度方程和加速度方程，x、v、a 均为简谐量。

图像法：在以 Ox 为纵轴，t 为横轴的坐标系中作出的运动方程图形就是简谐振动的图像表示。

旋转矢量法：在一平面内长度为 A 的矢量绕点 O 以角速度 ω 沿逆时针匀速转动，则矢端在过该点的直线上的投影点的运动是简谐振动。

两个同方向、同频率的简谐振动叠加后的合振动仍为同方向、同频率的振动。合振动振幅的大小取决于两振动的相位差，当相位差为零或 2π 的整数倍时，称同相位，合振幅为最大，等于两振幅之和；当相位差为 π 或 π 的奇数倍时，称反相位，合振幅最小，等于两振幅之差的绝对值。当相位差为其他值时，合振幅大小介于两者之间。用旋转矢量法分析两个同方向、同频率振动的合成简单且直观。

3. 平面简谐波波动方程

$$y = A\cos\omega\left(t - \frac{x}{u}\right) = A\cos 2\pi\left(\frac{t}{T} - \frac{x}{\lambda}\right) = A\cos\left(\omega t - \frac{2\pi}{\lambda}x\right)$$

式中，$T = \dfrac{2\pi}{\omega} = \dfrac{1}{\nu}$。

如果沿 Ox 轴反向传播，则式中"－"改"＋"。

① 令 $t = t_0$，则 $y = A\cos\omega\left(t_0 - \dfrac{x}{u}\right)$，表示 t_0 时刻的波形"照片"。

② 令 $x = x_0$，则 $y = A\cos\omega\left(t - \dfrac{x_0}{u}\right)$，表示 x_0 点处质点振动的"录像"。

将该式对时间求一阶导数 $\dfrac{dy}{dt} = A\omega\sin\left(t - \dfrac{x_0}{u}\right)$，表示 x_0 处质点振动的速度方程，质点的振动速度 $\dfrac{dy}{dt}$ 与波的传播速度 u 是两个不同概念，对横波而言这两个速度相互垂直。

4. 简谐振动的能量

$$E = E_k + E_p = \frac{1}{2}kA^2$$

简谐振动的动能、势能均随时间周期性变化，但任意时刻动能和势能的和保持不变，简谐振动中机械能守恒。

5. 平面简谐波的能量

平均能量密度 $\quad\overline{w} = \dfrac{1}{2}\rho\omega^2 A^2$

平均能流密度即波的强度 $\quad I = \overline{w}\,u = \dfrac{1}{2}\rho\omega^2 A^2 u$

练习题

一、讨论题

8.1 简谐振动的速度和加速度在什么情况下同向？在什么情况下反向？

8.2 同一弹簧振子平放和斜放（置于光滑斜面上）时，其振动周期是否变化？

8.3 以 $\varphi = \omega t + \varphi_0$ 表示相位，试比较 $\varphi = \dfrac{\pi}{2}$ 和 $\varphi = \dfrac{3\pi}{2}$，以及 $\varphi = \dfrac{2\pi}{3}$ 和 $\varphi = \dfrac{5\pi}{3}$ 的简谐振动状态的区别，这种区别说明了什么？

8.4 弹簧秤通常是用来测量力的，若想用弹簧秤测量质量，从理论上讲可行吗？可实际中并不能用弹簧秤测量质量，其主要原因有哪几点？

8.5 旋转矢量描述简谐运动是如何建立两者之间对应关系的？

8.6 如果将一弹簧振子和一单摆拿到月球上去，振动周期如何变化？

8.7 为什么人们让汽车的一端上下振动就能确定汽车的减振弹簧劲度系数？

8.8 对不同跳水姿势和不同体重的跳水员，为什么要校准跳板弹力？如何校准？

8.9 波所传播的能量来自何处，波源能否做自由振动？

8.10 波的能量与振幅的平方成正比，两列相同振幅的波在相遇点如相位相同，则合振幅为原来的 2 倍，能量为原来的 4 倍，这是否违背能量守恒定律？

8.11 为使声音在空气中传得更远，常采取何种方法？其中道理是什么？

8.12 阻尼振动振幅减小的原因是什么？它有何技术上的意义？

8.13 当悬吊的弹簧振子振动后，将小球置于水中，如只考虑小球受到的浮力而忽略阻力，则振子的振动周期是否变化？

8.14 为什么在听到雷声之前先看见闪电？通常估算距离的方法是，当你一看见闪电，就开始慢慢数数，一秒数一次，听到雷声时，把所得的数除以 3，就能大致得到闪电离你的距离（单位为 km），这是什么道理？这样做行吗？

二、选择题

8.15 两根完全相同的弹簧悬吊后系上质量分别为 m_1 和 m_2 的物体，构成弹簧振子"1"和"2"，设 $m_1 > m_2$，两者振幅相等，则它们的周期和机械能的关系为（　　）。

(A) $T_1 > T_2$，$E_1 > E_2$ (B) $T_1 < T_2$，$E_1 < E_2$

(C) $T_1 > T_2$，$E_1 = E_2$ (D) $T_1 = T_2$，$E_1 > E_2$

8.16 有两个沿 Ox 作简谐振动的质点，它们的振幅、频率都相同，当第一个质点自平衡位置向负向运动时，第二个质点在 $x = -\dfrac{A}{2}$ 处向正向运动，则两者的相位差 $\Delta\varphi$ 为（　　）。

(A) $\dfrac{\pi}{6}$ (B) $\dfrac{5\pi}{6}$ (C) $\dfrac{7\pi}{6}$ (D) $\dfrac{\pi}{2}$

8.17 简谐振动的物体从平衡位置到最远点所用时间为 $\dfrac{T}{4}$，则这段距离前半段所需时间 t_1 和后半段所需时间 t_2 关系为（　　）。

(A) $t_1 = t_2$ (B) $t_1 = \dfrac{t_2}{2}$ (C) $t_1 = 2t_2$ (D) $t_1 = \dfrac{t_2}{3}$

8.18 有两个谐振动，$x_1 = A_1 \cos\omega t$，$x_2 = A_2 \sin\omega t$，$A_1 > A_2$，则其合振动振幅为（　　）。

(A) $A = A_1 + A_2$ (B) $A = A_1 - A_2$

(C) $A = \sqrt{A_1^2 + A_2^2}$ (D) $A = \sqrt{A_1^2 - A_2^2}$

8.19 如题图 8-1 所示，一个质点做简谐振动，振幅为 A，在起始时刻质点的位移为 $A/2$，且向 x 轴的正方向运动，代表此简谐振动的旋转矢量图为（　　）。

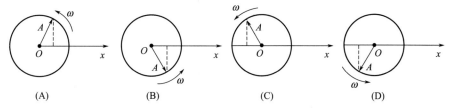

题图 8-1　习题 8.19 图

8.20 频率为 10Hz，沿 x 轴正向传播的简谐波，波线上有前后两点，若后一点开始振动落后 0.05s，则前一点相位比后一点相位超前（　　）。

(A) $\dfrac{\pi}{2}$　　　　(B) π　　　　(C) $\dfrac{3}{2}\pi$　　　　(D) 2π

8.21 频率为 ν 的平面机械波传播时，在波线上某一点的机械能随时间的变化频率为（　　）。

(A) $\dfrac{\nu}{2}$　　　　(B) ν　　　　(C) 2ν　　　　(D) 4ν

三、填空题

8.22 在题图 8-2 所示振动曲线上，a、b、c、d 四点中，振动位移和振动速度相同的是_____，振动位移相同而振动速度不同的是_____。

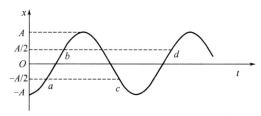

题图 8-2　习题 8.22 图

8.23 已知简谐振动的总能量为 128J，当振子处于最大位移一半处时，振动系统的动能为_____；势能为_____。

8.24 一简谐振动的振幅为 A，则：

(1) 若初状态为 $x_0 = A$，则初相位 $\varphi = $ _____；

(2) 若初状态为 $x_0 = 0$，$v_0 > 0$，则初相位 $\varphi = $ _____；

(3) 若初状态为 $x_0 = \dfrac{A}{2}$，$v_0 > 0$，则初相位 $\varphi = $ _____；

(4) 若初状态为 $x_0 = \dfrac{A}{\sqrt{2}}$，$v_0 < 0$，则初相位 $\varphi = $ _____。

8.25 一质点同时参与两个在同一直线上的简谐振动，表达式分别为 $x_1 = \cos(2t + \pi/6)\,\text{cm}$，$x_2 = 8\cos(2t - 5\pi/6)\,\text{cm}$ 则合振动的初相 $\varphi = $ _____，角频率 $\omega = $ _____，振幅 $A = $ _____。

8.26 一平面简谐波波动方程为 $y = 10^{-7}\cos(20\pi t - 0.02\pi x)\,\text{m}$，式中时间 t 以 s 计，该波源的振动频率为_____，周期为_____，该波的波长为_____，波速为_____。

8.27 题图 8-3 所示为一平面简谐波相隔 0.2s 的两个波形图，由图可判断，该波的波长为_____，波速为_____，周期为_____。

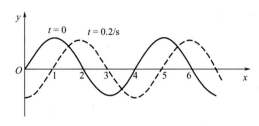

题图 8-3　习题 8.27 图

四、计算题

8.28　将一普通空啤酒瓶置于平静的水中，设啤酒瓶的直径为 D，质量为 m，水的密度为 ρ。若轻轻按一下瓶子，然后让其自由振动（忽略阻力），求其振动圆频率。

8.29　三相交流发电机三组线圈中的电动势，在相位上依次落后 $\dfrac{2\pi}{3}$，设其中一组线圈的电动势能为 $\varepsilon = \cos\omega t$，试用旋转矢量图表示三个电动势，并写出另两个电动势能 ε_2、ε_3 的表达式。

8.30　两个同方向（沿 Ox 轴）、同频率、同振幅的简谐振动，第一个的振动方程为 $x_1 = A\cos(\omega t + \phi_1)$，当第一个振动物体处在 $x_1 = A$ 处时，第二个振动物体处在 $x_2 = -\dfrac{A}{2}$ 处，且向 Ox 轴正向运动，用旋转矢量法求两个物体振动的相位差，并写出第二个物体的振动方程。

8.31　弹簧振子的周期为 $T = 0.1\text{s}$，振幅为 $A = 5\text{cm}$，根据下列初始条件写出相应的位移方程。

① $x_0 = 5\text{cm}$；　　　　　　　② $x_0 = -5\text{cm}$；
③ $x_0 = 2.5\text{cm}$，且 $v_0 > 0$；　④ $x_0 = -2.5\text{cm}$，且 $v_0 > 0$；
⑤ $x_0 = 0$，且 $v_0 < 0$。

8.32　一简谐振动的 x-t 曲线如题图 8-4 所示，试根据图中数据写出其位移方程，并指出 a、b、c、d、e、f 各点相位。

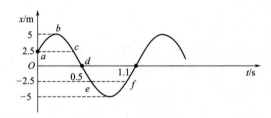

题图 8-4　习题 8.32 图

8.33　弹簧振子的位移方程为 $x = 6.5\cos(t + 1.5)\text{cm}$，试求：①角频率 ω；②频率 ν；③周期 T；④位移最大值 x_m；⑤速度最大值 v_m；⑥加速度最大值 a_m。

8.34　两个简谐振动分别为 $x_1 = 4\cos\left(2\pi t + \dfrac{5\pi}{6}\right)\text{cm}$，$x_2 = 4\cos\left(2\pi t + \dfrac{\pi}{6}\right)\text{cm}$，求合振动的振幅和初相。

8.35　两个简谐振动分别为 $x_1 = 0.1\cos\left(50t + \dfrac{\pi}{6}\right)\text{cm}$，$x_2 = 0.1\cos\left(50t + \dfrac{2\pi}{3}\right)\text{cm}$，试用旋转矢量图分别作出这两个分振动与合振动的矢量，并求出合振动的振幅、初相位和位移方程。

8.36 有一弹簧振子做水平方向的简谐振动,已知物体质量为 0.01kg,振幅为 0.08m,周期为 4s,计时开始时振子在 0.04m 的位置,且向 x 轴负向运动。求:①振动方程;②由起始位置到 -0.04m 所需的最短时间。

8.37 如题图 8-5 所示是一谐振子的谐振势能曲线,假定有一质点在这个力的作用下以 2.5J 的总能量做运动,求:①其振幅;②该质点在 $x=4$cm 处的动能;③弹簧劲度。

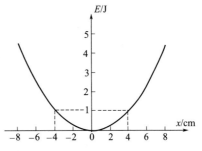

题图 8-5 习题 8.37 图

8.38 四位乘客总体重为 300kg,当他们进入汽车时,汽车弹簧缩短了 5cm。若汽车弹簧总负载是 900kg,求载有这四位乘客后弹簧的振动周期。

8.39 平面简谐波振动方程为 $y_0=0.01\cos 314t$,其中时间 t 以 s 计,位移 y_0 以 m 计。设以波源为坐标轴原点,波的传播方向为 Ox 轴正向,波速为 31.4m/s,试求:①波动方程;②314m 处质点振动方程。

8.40 已知平面简谐波波动方程为 $y=A\cos\pi(4t+2x)$。
① 画出 $t=0$ 和 $t=0.125$s 时的波形图;
② 该波沿何方向传播?

8.41 一轻质弹簧的下端悬挂一物体,当物体的质量 m 取下列不同的数值时,测得其完成 50 次振动所需的时间如下:

m/g	100	200	400	1000
50 次振动所需时间/s	31.40	44.41	62.80	99.30

求:① 根据测得的值画出 T-m 的图线。
② 根据测得的值画出 T^2-m 的图线。
③ 哪一条图线为直线?此直线是否经过坐标原点?
④ 若物体的质量 m 为 600g,系统的振动周期为多少?
⑤ 弹簧的劲度系数是多少?
⑥ 若弹簧的质量不能忽略,则此直线是否经过坐标原点?
⑦ 弹簧的质量不能忽略时,系统的振动周期是否有变化?若有变化又是如何改变?

第九章

光的产生及应用

 学习指南

1. 了解原子结构模型、光子模型，玻尔原子理论和原子光谱的形成。
2. 理解原子特征光谱和氢光谱规律，了解光谱分析的原理和方法。
3. 掌握光程和光程差的概念，掌握垂直入射时杨氏双缝干涉条纹的分布规律。了解半波损失。
4. 理解增透膜、增反膜及其应用，掌握干涉法测量微小量的物理原理。
5. 了解惠更斯-菲涅耳原理、夫琅禾费单缝衍射条纹分布规律及半波带分析法；了解光栅衍射公式，了解衍射图样的特征及其应用。
6. 理解圆孔衍射，了解光学仪器分辨率。
7. 理解自然光和偏振光的概念，理解布儒斯特定律及马吕斯定律。
8. 了解偏振光的获得方法、检验方法及偏振光的应用，了解旋光现象及其应用。
9. 了解光电效应实验规律和光的波粒二象性。

 衔接知识

一、反射定律和折射定律

光从一种介质射到两种介质的分界面上时发生反射和折射。

反射定律：反射光线与入射光线、法线在同一平面内；反射光线与入射光线分别位于法线两侧；反射角等于入射角。

折射定律：折射光线与入射光线、法线在同一平面内；折射光线与入射光线分别位于法线两侧；入射角的正弦与折射角的正弦成正比：

$$\sin\theta_1 / \sin\theta_2 = n_{12}$$

折射率：光从真空射入某种介质发生折射时，入射角的正弦与折射角的正弦之比，叫做这种介质的绝对折射率，简称折射率。折射率等于光在真空中的传播速度

c 与光在这种介质中的传播速度 v 之比。

真空的折射率 $n=1$，其他任何介质的折射率都大于 1，空气的折射率略大于 1。比较两种介质，折射率较大的为**光密介质**，折射率较小的叫**光疏介质**。

二、全反射

光从光密介质射入光疏介质时，折射角大于入射角，当入射角增大到某一角度，使折射角达到 90°时，折射光消失只剩下反射光，这种现象叫做**全反射**，这时的入射角叫做**临界角**。

三、波的干涉和衍射

波的干涉：频率相同的两列波叠加时，某些区域的振幅始终加大，某些区域的振幅始终减小，这种现象叫做波的干涉。两列波产生干涉的必要条件是：频率相同、相位差恒定。

波的衍射：波绕过障碍物继续传播的现象叫做波的衍射。障碍物尺寸越小，衍射越明显。"只闻其声，不见其人"是由于一般障碍物相对于声波波长，尺寸显小，衍射明显，所以人们能听到障碍物后面传来的声音；但一般障碍物相对于光波波长，尺寸显大，衍射不明显，所以人们无法看到障碍物后的人。

四、光的干涉、衍射

干涉和衍射是波的主要特征，光有干涉（杨氏干涉实验）、衍射（单缝衍射实验和圆孔衍射实验）现象，说明光是一种波。

可见光是人眼可见到的电磁波，其波长在 760nm 到 400nm 之间。无线电波、光波、X 射线、γ 射线，都是电磁波。

五、光的偏振（横波才有偏振，纵波没有）

自然光经过偏振片后成为**偏振光**，自然光在玻璃、水面、木质桌面等表面反射时，反射光和折射光都是偏振光。光的偏振现象说明光是一种横波。

六、能量量子化

一切微观粒子的能量都是不连续的，它只能是某个最小能量的整数倍，这个不可再分的最小能量叫做能量子：$E=h\nu$，其中 ν 是电磁波的频率，h 是普朗克常数。光电效应实验揭示光具有粒子性，光可看成是由一颗颗光子组成的粒子流。

"光"对于人类来说，即熟悉，又神秘。早在 2400 多年前，我国墨翟及其弟子们所著的《墨经》中就记载了光的传播成像等现象，但是科学家们围绕光的本性进行了长达 2 个多世纪的探索，使人们对光的认识不断接近客观真理。近代物理学认为：光是一种电磁波，光同时具有波动性和粒子性，在传播过程中波动性明显，在与物质相互作用时，粒子性明显。光的干涉、衍射和偏振是光的波动性的主要特征，光电效应现象又说明光具有粒子性。本章将在中学物理基础上，对光的产生和应用作进一步的研究和分析。

第一节 光产生的理论模型

一、光子模型

著名物理学家爱因斯坦在 1905 年提出：光是由称为**光子**的微粒组成。光子与原子、质子、中子、电子等微观粒子一样都具有波动性。理论证明频率为 ν 的光，其光子的能量 E 和动量 p 满足下列关系

$$E = h\nu = h\frac{c}{\lambda} \tag{9-1}$$

$$p = \frac{h}{\lambda} \tag{9-2}$$

式中，h 为普朗克常数（$h = 6.626 \times 10^{-34}$）；$\lambda$ 为光的波长。式(9-2)的奇妙之处是描述粒子运动的动量 p 和描述波动的波长 λ 竟然出现在一个公式内。光子与其他实物粒子，如电子、质子、中子的重要区别在于，光子总是以光速在运动，其静质量为零。

近代物理学研究表明：原子、分子在一定的条件下，都能发出光子。

二、原子结构模型

1. 汤姆逊"葡萄干式面包"模型

自从 1893 年 J.J. 汤姆逊发现电子后，人们就知道原子中除有带负电的电子外，还存在带正电的部分。正负电荷在一个原子球内如何分布，成为 19 世纪末 20 世纪初物理学的重要研究课题。科学家提出许多设想，其中最引人注意且占支配地位的是 J.J. 汤姆逊于 1904 年提出的"葡萄干式面包"模型，他设想带正电的部分以均匀的体密度分布在整个原子的球体内，而带负电的电子则一粒粒地夹在这个球体内的不同位置上，这就如在面包中夹了许多葡萄干。因为假设正电荷是均匀分布的，因而电子也必须是均匀分布的，才能使原子的平均电荷为零，这与当时对原子是电中性的认识相符合。

2. 卢瑟福的原子核式模型

彻底否定汤姆逊模型的是卢瑟福的 α 粒子散射实验。图 9-1 所示为卢瑟福的学生盖革和马斯登在 1909 年所做的 α 粒子散射实验装置示意图，他们利用由铅块包围的镭源 R 发出 α 粒子，经狭缝 S_1、S_2 后，成为 α 粒子束，高速射到厚度为 10^{-6} m 金箔 F 上，带有荧光屏 S 的放大镜 M 可以运转到任意方位对散射 α 粒子进行观察，并记录某一时间内在某一方向上 α 粒子打在荧光屏所发出的微弱闪光点的数目。α 粒子散射实验的结果表明，大多数的 α 粒子在通过金箔后不偏折或者有偏折，但散射角很小，可是却有 1/8000 的 α 粒子其散射角大于 90°，甚至有的接近 180°，而被反折回去，如图 9-2 所示。

这样的实验结果用汤姆逊模型是无法解释的。卢瑟福根据实验事实，于 1911 年提出了原子核式模型。他认为原子具有与太阳系类似的结构。原子中心是一个带

正电荷的原子核，电子围绕原子核旋转，实验测出，原子核的半径大约为 10^{-14} m。原子核集中了原子的几乎全部质量，原子核所带的正电荷的电量和外面围绕着它的所有电子所带的负电荷的电量相等，整个原子中有相当大的空间。原子的这种核式结构为一系列的实验所证实，所以很快为大家所接受。

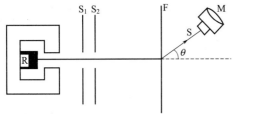

图 9-1　α 粒子散射实验装置示意图　　图 9-2　α 粒子散射示意图

卢瑟福的原子核式模型圆满地解释了 α 粒子的散射实验，但由于它仍然是经典物理理论，所以在某些问题上还是遇到了严重的困难。例如，按照经典理论，由于电子的加速运动，原子应该连续地辐射光谱，这将使原子能量逐渐减小，最终电子将掉进核里，但事实是，原子并不连续发光，同时原子也是一个非常稳定的系统。这说明研究宏观现象而确立的经典理论不适用于原子的微观运动，进一步探索原子内部的规律性，需要建立适合于微观的原子理论。

三、玻尔原子理论

1. 玻尔的三条基本假设

年轻的丹麦物理学家波尔认真分析了原子结构和光谱之间的矛盾，认为要解决原子的稳定性问题，必须对经典概念进行一番改造。他把爱因斯坦提出的普朗克量子理论运用到原子中去，创造性地继承了前人成果，勇敢地冲破了旧理论的束缚，于 1913 年大胆地提出了三条假设。

① 定态假设　原子中的电子绕核做圆周运动时，并不像经典理论那样，半径可以是任意值的圆形轨道，而只能处于半径为某些特定值的轨道上，电子在这些半径为 r_n（n 为正整数）的特定轨道上绕核转动时，虽然有加速度，但不辐射电磁波，原子处于稳定状态，简称"定态"，处于稳定状态的原子能量 E_n 不变。

② 量子化假设　电子绕核"定态"运动时，角动量 L 只能等于 $\dfrac{h}{2\pi}$ 的整数倍。通常令 $\hbar = \dfrac{h}{2\pi}$，故有

$$L = mvr = n\dfrac{h}{2\pi} = n\hbar \qquad n = 1, 2, 3 \cdots \tag{9-3}$$

式中，n 为正整数，称为量子数，上式称为**角动量量子化条件**。

③ 频率假设　在定态轨道上运动的电子，当从一个具有较高能量 E_n 的定态跃迁到另一个具有较低能量 E_m 的定态时，会以电磁波的形式放出一个光子，根据能量守恒条件，放出光子的能量为

$$E = h\nu = E_n - E_m \tag{9-4}$$

式中，ν 为光子的频率。

2. 氢原子的玻尔理论

就原子结构而言，氢原子的结构是最为简单，下面根据玻尔的三条基本假设，讨论氢原子是如何发光的。

假设电子在半径为 r 的定态轨道上以速度 v 绕核做圆周运动，因为向心力即为原子核与电子之间的库仑力，所以有

$$m\frac{v^2}{r}=\frac{e^2}{4\pi\varepsilon_0 r^2} \tag{9-5}$$

由式(9-3) 和式(9-5) 消去 v，即可得到原子处于量子数为 n 的定态时电子的轨道半径

$$r_n=n^2\frac{\varepsilon_0 h^2}{\pi me^2} \quad n=1,2,3\cdots \tag{9-6}$$

当 $n=1$ 时，表明氢原子的核外电子是处在半径最小的 r_1 轨道上运行，r_1 称为玻尔半径，其值为

$$r_1=\frac{\varepsilon_0 h^2}{\pi me^2}=5.29\times 10^{-11}\,\text{m} \tag{9-7}$$

这和其他方法求得的数值符合得很好。

当电子在量子数为 n 的定态轨道上运动时，电子的动能为

$$E_{kn}=\frac{1}{2}mv_n^2$$

若规定电子离核为无穷远时的电势能为零，则原子系统的势能为

$$E_{pn}=-\frac{e^2}{4\pi\varepsilon_0 r_n}$$

所以氢原子能量应等于电子的动能和原子系统的电势能之和，即

$$E_n=E_{kn}+E_{pn}=\frac{1}{2}mv_n^2-\frac{e^2}{4\pi\varepsilon_0 r_n}=-\frac{e^2}{8\pi\varepsilon_0 r_n} \tag{9-8}$$

由式(9-6)、式(9-8) 得氢原子中的核外电子在定态 n 轨道上运动时，氢原子的能量为

$$E_n=-\frac{me^4}{8n^2\varepsilon_0^2 h^2} \quad n=1,2,3\cdots \tag{9-9}$$

从式(9-6) 和式(9-9) 可以看出，由于电子轨道角动量不能连续变化，电子轨道半径和氢原子的能量 E_n 也不能连续变化。氢原子的能量 E_n 只能取一系列不连续的值，这称为**能量量子化**，这种量子化的能量值称为**能级**。令 $n=1$，即可得到氢原子的最小能量

$$E_1=-\frac{me^4}{8\varepsilon_0^2 h^2}=-13.6\,\text{eV} \tag{9-10}$$

氢原子处于最小能量时最稳定，称**基态**。氢原子处 $n=2,3,4\cdots$ 时称为**激发态**。

由此可见，电子在某一特定轨道上运动时，原子不会发出或吸收光子，只有当电子从一个轨道跳跃到另一个轨道（即原子从一个能级**跃迁**到另一个能级），即发

生**能级跃迁**时才会发射或吸收一系列特定频率的光子。如用 E_2、E_1 表示某两已知的定态能级，则光子（或电磁波）的频率为

$$v = \frac{E_2 - E_1}{h} \tag{9-11}$$

3. 氢原子光谱

如图 9-3 所示，当原子从外界吸收能量后，电子可处在 $n \geqslant 2$ 的各轨道上，原子处于激发态。由于处于激发态的原子不能长时间维持，它要向基态或较低能级状态跃迁，同时辐射一定波长的谱线。氢原子中电子由较高能级，向 $n=1$ 能级跃迁时，辐射出的系列谱线称为赖曼线系。由较高能级向 $n=2$ 能级跃迁时，辐射出的系列谱线称为巴尔末线系。

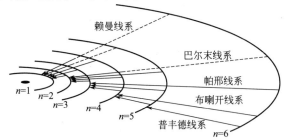

图 9-3 氢原子中电子的各种允许轨道

氢原子中电子由 $n=3,4,5,6$ 分别跃迁到 $n=2$ 轨道发出的光是可见光，这四条谱线分别称为 H_α、H_β、H_γ、H_δ 线，它们的波长分别为

H_α：$0.6562\mu m$；

H_β：$0.4861\mu m$；

H_γ：$0.4340\mu m$；

H_δ：$0.4104\mu m$。

1885 年，瑞士的中学数学教师巴尔末（1825—1898 年）研究了这些波长之间的关系，总结出了可见光区域内氢原子谱线波长的倒数遵从的规律——巴尔末公式：

$$\frac{1}{\lambda} = R\left(\frac{1}{2^2} - \frac{1}{n^2}\right) \qquad n=3,4,5\cdots \tag{9-12}$$

式中，$R = 1.0967758 \times 10^7 \text{m}^{-1}$ 为里德伯常数。为了纪念巴尔末，人们把氢原子中核外电子由 $n \geqslant 2$ 的各能级跃迁到 $n=2$ 辐射的一套光谱线称为巴尔末系。

玻尔用新的原子模型，不仅成功地解释了氢光谱的巴末尔系，而且很好地解释了当时已发现的氢光谱的另一线系——帕邢系（是电子从 $n=4,5,6$ 等能级向 $n=3$ 的能级跃迁时发出的光谱，处在红外区）。之后，波尔理论预言的电子从 $n=2,3,4$ 等能级向 $n=1$ 的能级跃迁时发出的赖曼系（在紫外区）以及电子从 $n=5,6,7$ 等能级向 $n=4$ 的能级跃迁时发出的布喇开系（在远红外区）也相继被发现。

玻尔最伟大的贡献在于把量子化概念引入原子结构和电子运动的研究中，揭示了微观粒子运动中存在特殊的量子化原则，使量子论进入了原子物理学，玻尔也因此荣获了 1922 年的诺贝尔物理学奖。但是玻尔理论本身仍存在着严重的缺陷，它

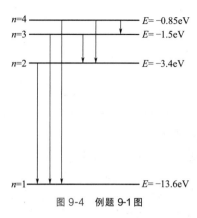

图 9-4 例题 9-1 图

是在旧的经典理论的框架内，加进了一些与经典理论不相容的人为假设。该理论一方面指出了经典理论不适用于原子内部，另一方面又在研究原子中的电子运动状态时采用了经典物理中的位置、轨道和速度等概念。因此，玻尔理论只是经典理论加上一些量子化条件的混合物。根据建立在量子力学基础上的原子理论，核外电子是没有确定轨道的，只有出现概率最大的区域。

【例题 9-1】 设大量氢原子处于 $n=4$ 的激发态，它们跃迁时发射出光谱线最多可能有几条，其中最短的波长是多少？

分析：画出各能级示意图，如图 9-4 所示，从图中可以看出，原子从处于 $n=4$ 的激发态向较低能态跃迁时最多只能有 6 条谱线，其中能级差越大，辐射波长就越短。下面计算最短波长。

解 根据式(9-9)计算出电子处在第 4 能级的能量 $E_2=-0.85\text{eV}$ 和处在基态的能量 $E_1=-13.6\text{eV}$，如图 9-4 所示。由式(9-11) $v=\dfrac{E_2-E_1}{h}$ 和 $v=\dfrac{c}{\lambda}$ 得到

$$\lambda=\frac{hc}{E_2-E_1}=\frac{6.626\times 10^{34}\times 3\times 10^8}{[-0.85-(-13.6)]\times 1.602\times 10^{-19}}=9.732\times 10^{-8}(\text{m})$$

所以，大量氢原子处于 $n=4$ 的激发态，它们跃迁时发射出光谱线最多可能有 6 条，其中最短的波长是 $9.732\times 10^{-8}\text{m}$。

第二节　线光谱、带光谱和连续光谱

一、电磁波谱

电磁波包含的波长（频率）范围相当宽广，可见光只属于其中狭小的一部分。不同波长范围内电磁波的产生方法不同，与物体之间的相互作用也不同，它们在光学分析中有不同应用。为研究方便，人们将电磁波按照波长顺序排列，并划分出若干波谱区域，称为**电磁波谱**。表 9-1 列出了各电磁波谱区域及有关参量。

二、光谱

当原子从较高能级跃迁到基态或其他较低能级的过程中，将释放出多余的能量，这种能量是以一定波长的电磁波的形式辐射出去的，其辐射的能量可用式 (9-4) 表示：所发射出的每一条谱线的波长，取决于跃迁前后两个能级间的能量差。不同的原子，核外电子数不同，能级也不同，原子发射的光谱反映了自身能级结构的特点，因此每种原子都有其独特的光谱，犹如人们的"指纹"各不相同一样，它们按一定规律形成若干光谱线系，这些光谱线系中的谱线称为特征光谱线。

不同元素有不同的特征光谱线，因此可以通过分析物质的光谱来确定物质的成分，这就是光谱分析的原理。

表 9-1 电磁波谱

波谱区域名称	波长范围	能级跃迁类型	光分析中的应用
γ 射线	$5\times10^{-4} \sim 1.40\times10^{-2}$ nm	核能级跃迁	γ 射线光谱法
X 射线	$1.40\times10^{-2} \sim 10$ nm	内层电子能级跃迁	X 射线光谱法
远紫外光	$10 \sim 200$ nm	原子及分子外层电子能级跃迁	真空紫外区,应用受限制
近紫外光	$200 \sim 380$ nm		紫外分光光度法
可见光	$380 \sim 780$ nm		可见分光光度法
近红外光	$0.78 \sim 3.0 \mu m$	分子振动能级跃迁	红外吸收光谱法
中红外光	$3.0 \sim 30 \mu m$		
远红外光	$30 \sim 300 \mu m$	分子转动能级跃迁	
微波	0.3 mm ~ 1 m	分子转动能级及电子自旋磁能级跃迁	顺磁共振光谱法
无线电波	$1 \sim 1000$ m	核自旋磁能级跃迁	核磁共振光谱法

原子从较高能级跃迁到基态或其他较低的能级，发射出的光谱称为**原子发射光谱**。相反的情况是在光和物质相互作用时，物质中的原子可以吸收入射光子能量从基态或其他较低能级跃迁到较高能级。理论和实践都证明，原子只吸收能量与能级差相等的光子，因此原子的吸收和辐射是对应的，原子能吸收的光谱也正是其能辐射的光谱。原子这种特征吸收形成的光谱称为**原子吸收光谱**。

根据光谱的波长是否连续，可将光谱分为三种类型。

1. 线光谱

处于稀薄气体状态的原子，当它们的外层电子在各能级之间跃迁时，能发射或吸收一些波长不连续的电磁波，形成一条条分开的谱线，叫做**线光谱**，如图 9-5 所示。原子内层电子也是处在一些不连续的能级，内层电子跃迁也产生线光谱，如荧光 X 射线光谱，因此线状光谱又称原子光谱。通过对原子光谱的研究可了解原子内部的结构。原子发射光谱法、原子吸收光谱法都是研究线光谱。

2. 带光谱

分子从一种能态改变到另一种能态时的吸收或发射光谱是带光谱。故带光谱又称分子光谱。分子光谱与分子绕轴的转动、分子中原子在平衡位置的振动以及分子内电子的跃迁相对应。分子具有转动能量、振动能量和电子能量，每一种能量也都是量子化的，其中电子能量最大，通常为几个电子伏，振动能量次之，是十分之几电子伏，转动能最小，典型值是百分之几电子伏。图 9-6 所示为 CN 光谱的某谱带系。谱带系中一个谱带表示一种振动能级跃迁，而带内的每一条谱线表示一种转动能级跃迁。通过对分子光谱的研究可了解分子的结构。

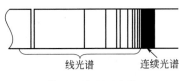

图 9-5 氢原子光谱

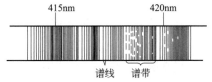

图 9-6 CN 光谱的某谱带系

3. 连续光谱

连续光谱的特点是在一定波长范围内光谱的波长连续，没有分立的谱线或分立的谱带。**炽热的固体和液体发射连续光谱**。因为当物质处于固态或液态时，原子间的相互作用使能级变得很复杂，谱线变宽以至于连续。例如经典发射光谱中，炽热的碳电极和白炽灯中的钨丝都发射连续光谱。所以，白炽灯是良好的连续光谱的发光光源。

第三节 光谱分析

一、光学分析法

光学分析法是根据物质发射的电磁辐射或电磁辐射与物质的相互作用而积累起来的方式方法。这种电磁辐射包括从 γ 射线到无线电波的整个电磁波谱，不只局限于可见光范围。光学分析法可以分为两大类，即**光谱分析法**和**非光谱分析法**。**光谱分析法**是测量物质内部能级跃迁所产生的发射或吸收特征光谱的波长和强度，对物质进行定性或定量分析；**非光谱分析法**是通过测量电磁辐射与物质相互作用时，电磁波方向和物理性质的改变（如折射、反射、干涉、衍射和偏振等现象）来分析物质的方法。

二、光谱分析法

物质分子或原子内发生相应的能级跃迁时，就可能得到相应的特征发射、吸收或散射光谱。如图 9-7 中的 a 为氢的发射光谱，b 为氢的吸收光谱。

发射光谱分析法是对物质中的待测元素受热或电激发后发射出的特征光谱进行分析，研究确定物质的结构、组成及含量。根据发射光谱所在的光谱区和激发方法不同，发射光谱分析法有：γ 射线光谱法、X 射线荧光光谱分析法、原子发射光谱分析法、原子荧光分析法、分子荧光分析法等。

吸收光谱分析法是利用待测元素气态原子对光谱的吸收进行分析，研究确定物质的结构、组成及含量的方法。下面以原子发射光谱分析法为例介绍光谱分析的特点和应用。

图 9-7　氢发射光谱与吸收光谱

用火焰、电弧、等离子焰炬等作为激发源，使气态原子或离子的外层电子受激发射特征光谱，利用这种光谱进行分析的方法叫做原子发射光谱分析法，波长范围在 200～1000nm，包括紫外线、可见光和红外光的一部分。

发射光谱分析法的突出特点是多元素同时测定，即一次激发可以测定多至几十种元素，而且快速简便，价格比较便宜。对于同时测定多个元素的领域往往选择发射光谱分析法进行分析，特别适用于地质找矿、化工环境保护和钢铁合金等试样的分析。

三、发射光谱分析的过程

1. 试样处理

试样在能量的作用下转变成气态原子,并使气态原子的外层电子激发至高能态。当从较高的能级跃迁到较低的能级时,原子将发射出特征谱线。

2. 摄谱

原子能级跃迁时,所产生的辐射经过摄谱仪器进行色散分光,按波长顺序记录在感光板上的过程称为**摄谱**,所呈现出有规则的谱线条即为**光谱图**。

3. 图谱分析

根据所得光谱图进行定性鉴定或定量分析。

四、光谱仪的基本结构

光谱仪的种类很多,根据其分光原理,常用的光谱仪可分为棱镜光谱仪、光栅光谱仪等;根据光谱仪色散率的大小可将光谱仪分为小型、中型和大型光谱仪。小型光谱仪只能用以分析一些谱线不很复杂的有色金属;中型光谱仪(如 1m 光栅光谱仪)可分析一般矿石及复杂合金;对于成分复杂的矿石,特别是含有稀土元素等谱线复杂的矿石,往往需用大型光谱仪(如 2~4m 光栅光谱仪)。根据检测光谱的方式,光谱仪又可分为单色仪、以照相法摄取光谱的摄谱仪、以光电法记录光谱的光电直读光谱仪(亦称为光量计)。本节着重介绍棱镜-摄谱仪的结构(图 9-8)和工作原理。

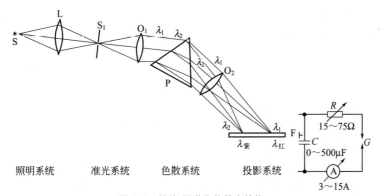

图 9-8 棱镜-摄谱仪的基本结构

1. 照明系统

照明系统也称为激发光源,它的作用是使待分析物质发光。首先把试样(固体粉末或雾滴蒸干后的小颗粒)融熔蒸发并离解为气态原子,然后使气态原子被激发到激发态或被电离,使之产生特征光谱。这些过程都是在激发光源中进行,因此,光谱分析的一些特性和激发源的性能有密切关系。光谱分析的准确度、精确度和检出限主要取决于激发源。常用光源类型有直流电弧、交流电弧、高压火花、电感耦合高频等离子体焰炬和激光光源等,适用于不同物质的分析。

2. 准光系统

准光系统包括聚光透镜 L、入射狭缝 S_1 和准直透镜 O_1。由光源 S 发出的光经聚光透镜 L 投到狭缝 S_1 上。狭缝的位置恰好落在准直透镜 O_1 的焦面上，因此来自狭缝 S_1 的光线经过准直透镜后，成为平行光束投射到色散棱镜 P 上，使入射光对于棱镜的入射角都相同，经过色散后形成按波长顺序排列的光谱。在单色仪中，这部分称为入射平行光管。

3. 色散系统

色散系统是光谱仪的主要部分，当平行复合光经过棱镜（或光栅）后，就被分解成按折射率（或线色散率）排列的不同波长的单色平行光束。

4. 投影系统

投影系统包括物镜 O_2 和与 O_2 的焦面吻合的暗盒 F。由棱镜分解后的不同波长的单色平行光束，经物镜聚集后，在 O_2 的焦面上形成一系列狭缝的像，即所谓光谱。光谱中的每一条谱线就是一种波长的单色光所产生的一个狭缝的像。在焦面上放上感光板，即可摄下光谱。如在焦面上不设暗盒而设有一个或多个出射狭缝，使一条或数条谱线从狭缝射出，即成为单色仪或多色仪。在单色仪中，这一部分称为出射平行光管。

第四节 杨氏双缝干涉 光程和光程差

一、普通光与相干光 (coherent light)

在中学物理所学机械波的干涉中，已经知道两列频率相同、振动方向相同、相位差恒定或相同的波相遇时，介质中一些地方振动始终加强，另一些地方振动始终减弱，这种现象叫波的**干涉**（coherence）。能够产生干涉的波称为**相干波**（coherence wave），产生相干波的波源称为**相干波源**。相干波必须满足的条件即**同频率、同振动方向和具有恒定相位差或同相**称为相干条件（coherence condition）。如图 9-9 所示的水波干涉实验中，是用同一弹簧片上两个相同的触点振动来击水产生同频率、同振动方向的水波，在相遇区域里的任意一确定点，两列波振动的相位差不随时间变化。从而能观察到稳定的干涉图样分布。以上关于机械波干涉的基本概念同样适用于电磁波。满足相干条件的光称为**相干光**，产生相干光的光源称为**相干光源**。激光是相干光，普通光不是相干光。

图 9-9 水波干涉实验

在激光还没有发明之前，科学家已经研究出从普通光源获得相干光的方法，它的基本思路是：设法把同一光源上同一点发出的光分成两部分，沿两条不同的路径传播后再使它们相遇，由于这两部分光实际上是来自同一原子的同一次发射，所以满足相干条件。具体操作办法有两种，一种是分波阵面法（如杨氏双缝干涉），另一种是分振幅法（如薄膜干涉）。下面将具体介绍。

二、杨氏双缝干涉

1801年，英国的物理学家托马斯·杨首先用实验方法研究了普通光的干涉，为光的波动说奠定了基础，其原理如图 9-10(a)。当单色光通过狭缝 S 再通过与 S 平行对称的狭缝 S_1 和 S_2 时，由于 S 到 S_1 和 S_2 的距离相等，从 S_1 和 S_2 发的光总是来自同一波阵面，因此具备相干条件。这种**将同一波阵面分成两部分获得相干光的方法称为分波阵面法**。

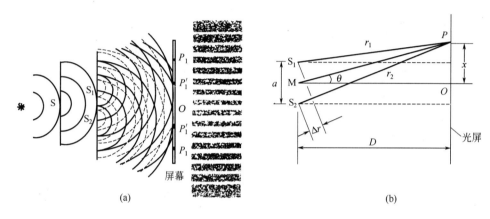

图 9-10 杨氏双缝干涉

设双缝 S_1 和 S_2 间的间距为 a，缝到屏的距离为 D，屏上点 P 的干涉效果取决于两列光到达点 P 时的波程差。如图 9-10(b)，设点 P 的方位角为 θ，由于 $D \gg a$，所以通常 θ 角较小，以 Δr 表示波程差，则

$$\Delta r = r_2 - r_1 \approx a\sin\theta$$

当两列光波波程差为入射光**波长的整数倍**时，则相位差为 2π 的整数倍（同相位），即

$$\Delta r = a\sin\theta = \pm k\lambda \qquad k = 0, 1, 2 \cdots \qquad (9\text{-}13)$$

$$\Delta \phi = 2\pi \frac{\Delta r}{\lambda} = 2k\pi \qquad k = 0, 1, 2 \cdots \qquad (9\text{-}14)$$

根据振动叠加原理，这时点 P 的合振幅最大，因而光强亦最强，此处为明条纹中心。当两列光波波程差为入射光**半波长的奇数倍**时，相位差为 π 的奇数倍（反相位）。即

$$\Delta r = a\sin\theta = \pm(2k-1)\lambda/2 \qquad k = 1, 2, 3 \cdots \qquad (9\text{-}15)$$

$$\Delta \phi = 2\pi \frac{\Delta r}{\lambda} = \pm(2k-1)\pi \qquad k = 1, 2, 3 \cdots \qquad (9\text{-}16)$$

这时 P 点的合振幅最小，实际上是两个振幅相等、相位相反的振动相加，合振幅为零，因而光强亦为零，此处为暗纹中心。当波程差为其他值时，光强界于最强和最弱之间。

为了区分不同的干涉条纹，通常称上述公式中的 k 为干涉级次，如 $k=0$ 处是

明纹，称零级明纹或中央明纹，$k=1$ 的明纹称为一级明纹，以此类推。下面讨论各级条纹中心位置和条纹宽度。

设点 P 坐标为 x，见图 9-10(b)，当 θ 角很小时，有
$$x = D\tan\theta \approx D\sin\theta$$

代入式(9-13)得各级明纹中心位置为
$$x = \pm D\frac{k}{a}\lambda \qquad k=0,1,2\cdots$$

代入式(9-15)得各级暗纹中心位置为
$$x = \pm D(2k-1)\frac{\lambda}{2a} \qquad k=1,2,3\cdots$$

相邻两明条纹中心或相邻两暗条纹中心间的间距均为
$$\Delta x = \frac{D}{a}\lambda \tag{9-17}$$

从以上讨论可知，双缝干涉条纹的分布特点是：条纹等宽，在中央明纹两侧对称分布。由式(9-17)还可得到以下几点结论。

① 因为可见光波长 λ 在 10^{-7} m 数量级，只有两缝间距 a 足够小时才能观察到明显的干涉条纹 Δx。

② 已知 D 和 a，可通过测量 Δx 来求光波的波长。

③ 由于干涉条纹的宽度与入射光的波长成正比，当用白光作光源时，白光中各种波长的色光形成的干涉条纹宽度不同，各色光干涉条纹因错位而呈现彩色。

【**例题 9-2**】 在杨氏双缝干涉中，缝距 $a=0.40$ mm，缝与光屏距离 $D=2$ m，现测得 9 条明纹间距离为 2.20 cm，求该单色光的波长 λ。

解 由题意可知，干涉条纹宽度为
$$\Delta x = \frac{2.20}{8} = 0.275 \text{(cm)}$$

由干涉条纹宽度公式得
$$\lambda = \frac{a}{D}\Delta x = \frac{0.40\times 10^{-3}}{2}\times 0.275\times 10^{-2} = 0.055\times 10^{-5} \text{(m)} = 550 \text{(nm)}$$

三、光程和光程差（optical path and optical path difference）

光在传播途中的相位变化除了与波程（即几何路程）有关外还与介质有关，因为光从真空进入介质时，频率不变，而波速和波长都改变。频率为 ν 的光，由真空进入折射率 n 的介质时，光速由 c 变为 v，波长由 λ 变为 λ_n。根据折射率（refractive index）公式可得
$$n = \frac{c}{v} = \frac{\lambda\nu}{\lambda_n\nu}$$

即
$$\lambda_n = \frac{\lambda}{n}$$

如图 9-11 所示，当光从真空进入介质时，波长缩短为原来的 $1/n$。由于波每前进

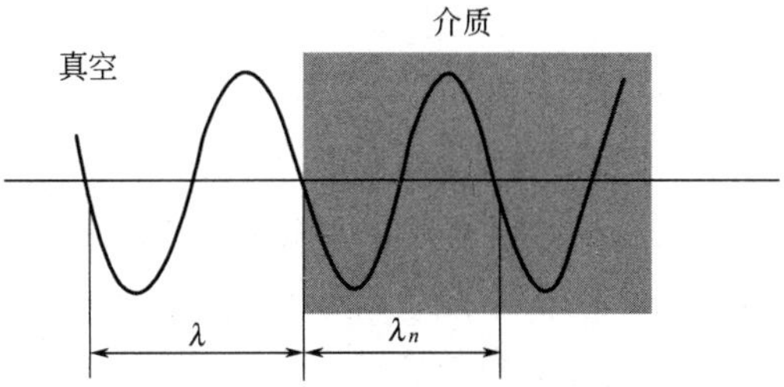

图 9-11 光波进入介质波长缩短

一个波长，相位改变 2π，光在介质中前进 λ_n 产生的相位变化与光在真空中前进 λ 产生的相位变化相同。当光在该介质中前进的几何路程为 r 时，引起的相位变化为

$$\Delta\varphi=2\pi\frac{r}{\lambda_n}=2\pi\frac{nr}{\lambda}$$

上式中，**几何路程 r 与介质折射率 n 的乘积称为光程**，用 L 表示。光程 $L=nr$ 表示的物理意义是把光在介质中通过的路程，折合成真空中相同相位变化的路程。这样折合的优点在于可统一用光在真空中的波长 λ 来计算光的相位变化。一列光通过几种不同介质的光程等于光在各介质中的光程之和。两列光经不同途径到达相遇点的光程之差称为**光程差**，用 ΔL 表示。相位差 $\Delta\varphi$ 与光程差 ΔL 的关系为

$$\Delta\varphi=\frac{\Delta L}{\lambda}2\pi$$

【例题 9-3】 钠黄光波长 $\lambda=589.3\text{nm}$，进入水中 $r=0.2\text{m}$，且途中透过厚 $d=5\text{mm}$ 的玻璃片。已知水的折射率为 $n_1=1.33$，玻璃的折射率 $n_2=1.50$，求该光程和该光程上引起的相位变化。

解 由题意
$$\begin{aligned}L&=n_1(r-d)+n_2d\\&=1.33\times(0.2-0.005)+1.5\times0.005\\&=0.27(\text{m})\end{aligned}$$

$$\Delta\varphi=2\pi\frac{L}{\lambda}=2\pi\times\frac{0.27}{589.3\times10^{-9}}=4.58\times10^{5}(\text{rad})$$

【例题 9-4】 在例题 9-2 中，若用很薄的透明云母片（$n=1.58$）放在双缝后其中一条光路中使中央明纹移至原 9 级明纹处，求云母片厚度。(视空气的折射率为 1)

解 设云母片厚度为 d，置于 S_1 光路中，如图 9-12 所示。由题意，当未置入云母片前，O' 处为 9 级明纹，说明 S_1、S_2 到 O' 的光程差为 9 个波长的几何路程，以 r_1 和 r_2 分别表示 S_1 和 S_2 到 O' 的路程，

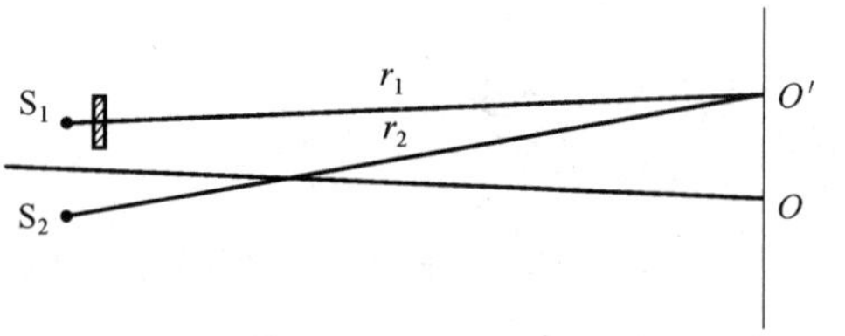

图 9-12 例题 9-4 图

则 $r_2-r_1=9\lambda$ ①

置入云母片后，至 O' 处的光程分别为

$$L_1=(r_2-d)+nd$$
$$L_2=r_2$$

由于 O' 处变为中央明纹，因此两光程相等。即

$$(r_1-d)+nd=r_2 \quad ②$$

联列式①、式②可求得：$d=\dfrac{r_2-r_1}{n-1}=\dfrac{9\lambda}{n-1}=8.53\times10^{-6}(\text{m})$

学习笔记

利用干涉仪观察时，常用已知厚度的介质片改变干涉条纹的位置，通过条纹的移动来测定波长。

四、使用凸透镜不产生附加光程差

在光学仪器中常使用凸透镜会聚光线，可以证明，使用凸透镜后，所有经过凸透镜的光线，到达会聚点时，增加的光程相等，因而不产生附加光程差。凸透镜中心厚，边缘薄，平行于主光轴的不同光线经凸透镜会聚到焦点时，经过的几何路程不等，但光程相等。比较经透镜不同部位的光线可以看出，经光心的光线穿过的透镜玻璃最厚而到焦点的几何路程最短，其他光线穿过的透镜玻璃较薄，而到焦点的几何路程较长，理论上可以证明，它们的光程相等。实验事实是平行于主光轴的光线经透镜后的会聚点是亮点（焦点），这说明透镜前同相位的各光束到达焦点时仍为同相位，因而干涉加强。对平行于副光轴的光线，也能得到同样结论。图 9-13 表示了过透镜的各光束几何路程不等，而光程相等。

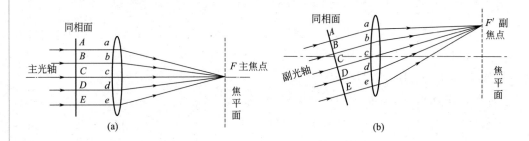

图 9-13 使用凸透镜不产生附加光程差

第五节　薄膜等厚干涉　光学薄膜

一、薄膜等厚干涉

1. 劈尖

在肥皂膜干涉实验中，经薄膜前后两表面反射的光在前表面处相遇时产生了干涉。由于同一干涉条纹下的膜厚相等，因此称为薄膜等厚干涉。在等厚干涉中，干涉条纹的分布规律反映了膜厚的变化规律。悬挂的肥皂膜由于重力作用，自上而下膜厚逐渐增大，可将其理想化为劈尖，平面相交处为劈尖的棱边（对应于薄膜厚度趋于零处），图 9-14 是水平放置的劈尖。构成劈尖的可以是水（如肥皂膜）、空气（如后面介绍的牛顿环）或其他透明物质。

2. 半波损失

观察肥皂膜干涉实验，会发现人们当初无法理解的奇怪现象，在肥皂膜最薄处，膜厚接近于零，同一束光经上下两表面反射后，因没有光程差，本应保持同相位，使干涉加强成亮纹，但实验结果显示却为暗纹，这表明两反射光实际相位相

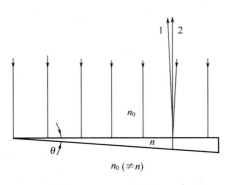

图 9-14 劈尖

反。后经大量的实验研究证实，当光从光疏（折射率相对小的）介质射向光密（折射率相对大的）介质被反射时，产生相位 π 的突变，相当于损失半个波长的光程，称为**半波损失**。光由光密介质射向光疏介质被反射时不产生相位突变。在图 9-14 中，如果 $n > n_0$，从上表面反射的光有半波损失，而下表面反射的光没有半波损失。

3. 等厚干涉条纹分布规律

用单色平行光垂直照射劈尖，从上表面反射的"1"光和进入劈尖在下表面反射的"2"光在上表面处相遇，由于两反射光来自同一入射光，所以满足相干条件。这种利用反射和折射将一束光分成两束光的方法称为**分振幅法**（入射光经反射和折射，能量分成两部分，由于能量与振幅有关，所以相应地把振幅也分成两部分，因而称为分振幅法）。下面分析两束反射光的光程差，以确定干涉条纹分布。当平行光近乎垂直上表面入射时，由于 θ 角实际很小，反射光"2"在劈尖内部分也几乎重合，由图 9-14，在劈尖厚度为 d 处，"2"光在劈尖内多走了 $2d$ 的几何路程，光程为 $2nd$，上表面的反射光"1"由于半波损失，相当于又少走了半个波长，所以两反射光总光程差为 $\Delta L = 2nd + \frac{\lambda}{2}$，由此可得干涉条纹分布规律

$$\Delta L = 2nd + \frac{\lambda}{2} = \begin{cases} k\lambda & k=1,2,\cdots & \text{明纹} \quad (9\text{-}18) \\ (2k+1)\frac{\lambda}{2} & k=0,1,2,\cdots & \text{暗纹} \quad (9\text{-}19) \end{cases}$$

上式表明各级明纹和暗纹都与一定的厚度 d 对应，**同一条纹下膜的厚度相等**。第 k 级和第 $k+1$ 级明纹处厚度分别为

$$2nd_k + \frac{\lambda}{2} = k\lambda, \quad 2nd_{k+1} + \frac{\lambda}{2} = (k+1)\lambda$$

该两条纹下厚度差为

$$\Delta d = d_{k+1} - d_k = \frac{\lambda}{2n} = \frac{\lambda_n}{2} \tag{9-20}$$

容易证明，薄膜等厚干涉中任意两条相邻明纹（或暗纹）下的薄膜厚度差为光在该介质中波长的一半。膜厚每增加或减少 $\lambda_n/2$，就出现一条干涉条纹。显然当其他条件不变，仅增大 θ 角时，干涉条纹将向劈尖薄端集聚变密；θ 角不变，仅增加膜厚时，干涉条纹整体向劈尖薄端方向平移，而条纹间距不变，膜厚每增加 $\lambda_n/2$，条纹整体平移一个条纹宽度。等厚干涉的这些特点可用于精密测量。

【例题 9-5】 干涉膨胀仪是精确测量热胀系数的仪器。图 9-15 是其示意图，外框是由热胀系数很小的材料制成，框内放置待测样品，样品上表面磨成斜面，上部盖平板玻璃，则样品上表面和玻璃盖下表面间形成空气劈尖，当温度变化

时，可以认为空气劈尖厚度变化是由样品上表面的升降引起。当样品受热膨胀时，劈尖变薄，干涉条纹向厚段平移。测出移过视野中某一固定位置的条纹数，就可测出劈厚变化，从而计算出样品膨胀系数。现已知样品平均高度 h 为 3.0×10^{-2} m，用 $\lambda=589.3$ nm 的单色光垂直照射样品，当样品温度由 17℃ 升高到 30℃ 时，在某固定位置有 20 条条纹移过，求该样品的膨胀系数 α。

解 由题意，当样品温度由 17℃ 升高到 30℃ 时，引起空气劈尖厚度变化为

$$\Delta L = 20\times\frac{\lambda_n}{2}$$

光在空气中波长近似等于其在真空中波长，由热膨胀系数公式可求得该样品的膨胀系数

$$\alpha=\frac{\Delta L}{h\Delta t}=\frac{20\times\lambda_n/2}{3\times 10^{-2}\times 13}=\frac{10\times 589.3\times 10^{-9}}{3\times 10^{-2}\times 13}=1.5\times 10^{-5}$$

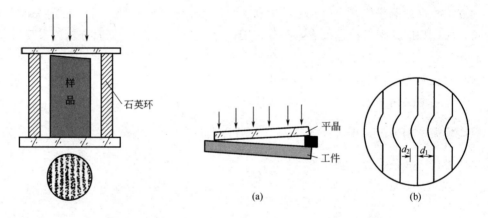

图 9-15 干涉膨胀仪示意图　　图 9-16 干涉法精密测量

【**例题 9-6**】 用等厚干涉检测精密工件表面质量。如图 9-16 所示，在工件上放置光学平板玻璃，并使工件和平板玻璃间构成空气劈尖。现用 $\lambda=632.8\times 10^{-9}$ m 的 He-Ne 激光垂直照射劈尖，在显微镜下观测到干涉条纹宽度 $d_1=4$ mm，条纹弯曲部分最大宽度 $d_2=2$ mm，试判别工件表面的凹凸状况，并计算该缺陷的凹深或凸高。

解 因为等厚干涉中同一条纹下劈厚相等，因此图中同一条纹下弯向棱边的部分与直线部分空气劈尖厚度相等，说明工件表面下凹。由于间距为 d_1 的相邻条纹下厚度相差为 $\lambda_n/2$，所以弯曲宽度为 d_2 处，凹深为

$$\Delta h=\frac{d_2}{d_1}\times\frac{\lambda_n}{2}=\frac{2\times 10^{-3}\times 632.8\times 10^{-9}}{4\times 10^{-3}\times 2}=1.58\times 10^{-7}(\text{m})$$

4. 牛顿环（Newton ring）

如图 9-17(a) 所示在一平板玻璃上放置一块曲率半径很大的平凸透镜，则在两玻璃相对的表面间构成辐射状空气劈尖，其上表面为球面的一部分，下表面为平面。以平行光垂直照射平凸透镜，在入射光方向可以观察到以接触点 O 为圆心的

一系列同心圆环,它是由入射光在空气劈尖上下表面的反射光在上表面相遇时干涉形成,这些圆环称为**牛顿环**。牛顿环的分布规律与平凸透镜的曲率半径有关,下面具体分析。

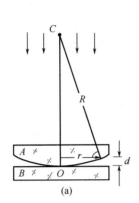
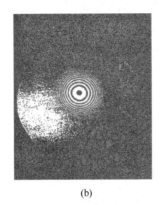

图 9-17　牛顿环实验

入射光波长为 λ,设半径为 r 的牛顿环所在处的劈尖厚度为 d,由图中几何关系可得

$$r^2 = R^2 - (R-d)^2 = 2Rd - d^2$$

由于 $R \gg d$,$d^2 \ll 2Rd$,所以

$$r \approx \sqrt{2Rd}$$

在空气劈上下表面的反射光中下表面的反射光有半波损失,利用式(9-18)和式(9-19)可求得各干涉级次的牛顿环半径与透镜曲率半径的关系。

$$r_k = \begin{cases} \sqrt{\left(k-\dfrac{1}{2}\right)R\lambda} & k=1,2,3\cdots \quad 明环 \\ \sqrt{kR\lambda} & k=0,1,2\cdots \quad 暗环 \end{cases}$$
(9-21)
(9-22)

上式中 $k=0$,对应于两玻璃接触点的 $d=0$ 处,由于接触点的挤压形变,实际牛顿环中心不是一黑点而是一黑斑。从图 9-17(b) 中可以看出,离牛顿环中心越远,空气劈尖厚度增加越快,因此牛顿环越密。

利用牛顿环,可以测定光波波长和平凸透镜的曲率半径,可以快速检测光学透镜表面的精度。

二、光学薄膜（optical pellicle）

在光学仪器中,为了改善性能,提高成像质量,经常需要提高透镜对光的折射或反射效果。现代光学仪器中,常采取在透镜表面镀一层厚度均匀的透明薄膜的方法,使得从薄膜两表面的反射光干涉加强或干涉相消,这种薄膜称为**光学薄膜**。图 9-18 是镀膜透镜示意图,玻璃、镀膜和外界的介质的折射率分别为 n_1、n 和 n_0,选择适当折射率的镀膜和膜厚 d,就能实现上述目的。能使反射光加强的膜称增反膜（亦称高反射膜）;使反射光干涉相消的称增透膜（从能量观点看,反射光减弱,透射光必然加强）。下面分析讨论。

1. 增反膜

光学玻璃折射率一般在 1.5～1.7 之间，设外界为空气，折射率 $n_0 \approx 1$，通常选 $n=2.40$ 的硫化锌（ZnS）作增反膜。在图 9-18 中，三种物质的折射率关系为 $n_0 < n < n_1$，只有镀膜上表面的反射光有半波损失，当波长 λ 的光垂直镀膜入射时，在膜上下表面的反射光在上表面相遇时的光程差为 $2nd + \dfrac{\lambda}{2}$，当满足

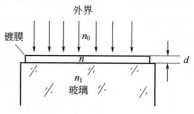

图 9-18 镀膜透镜示意图

$$2nd + \frac{\lambda}{2} = k\lambda \qquad k=1,2,3\cdots \tag{9-23}$$

时，反射光干涉增强，增反膜厚度可以为 $d_1 = \dfrac{\lambda}{4n}$，$d_2 = \dfrac{3\lambda}{4n}$，$d_3 = \dfrac{5\lambda}{4n}\cdots$

高质量的防紫外线眼镜就是在镜片上镀上对紫外光起增反作用的薄膜而制成的。现代建筑中的"幕墙玻璃"，焊工戴的防电弧眼镜都利用了增反膜原理。

2. 增透膜（transmission enhanced film）

通常选择 $n=1.38$ 的氟化镁（MgF_2）作增透膜（也可用氧化硅和氧化锆）。在图 9-18 中，三种介质折射率关系为 $n_0 < n < n_1$，膜上、下表面反射光均有半波损失，两反射光光程差为 $2nd$，当满足

$$2nd = (2k+1)\frac{\lambda}{2} \qquad k=0,1,2\cdots \tag{9-24}$$

时，反射光干涉相消，透射光增强，膜厚可以为 $d_1 = \dfrac{\lambda}{4n}$，$d_2 = \dfrac{3\lambda}{4n}$，$d_3 = \dfrac{5\lambda}{4n}\cdots$

上述结论表明，对不同波长的单色光，增反（或增透）膜的厚度不同，在一般的照相机和助视光学仪器中，往往使膜厚对应于人眼最敏感的波长 550nm 的黄绿光。如需对几种不同波长的色光都有增反（或增透）效果，就要计算出对这几种波长都有增反（或增透）效果的膜厚。只让某些色光通过的干涉滤光片就是根据类似增透膜原理制成的，它被广泛用于各种光学仪器。光学薄膜还可用于研制隐身材料，提高武器装备的突防能力和生存能力。

第六节　单缝衍射　光栅衍射

一、单缝衍射（singl slit diffraction）

1. 惠更斯-菲涅耳原理（Huygens-Frenel principle）

波的衍射可以用惠更斯原理解释。**波前上各点都可看成发射子波的新波源，其后任一时刻新的波前就是这些子波的包络面（与所有子波波前都相切的公切面）**。不妨先回顾一下形象直观的水波干涉。图 9-19 是平面水波通过水面上的狭缝 AB 传播的情况。缝 AB 与波面平行，根据惠更斯原理，到达缝 AB 处的波面上各点发

射子波。设波速为 u，则 Δt 时间后，子波的波前到达以发射点为圆心、$u\Delta t$ 为半径作出的圆弧处，同一时刻新波源上各点发出的子波的包络线超出 AB 宽度，使波延展到缝后"阴影"区域内传播，这就是波的衍射（diffraction）。惠更斯原理可用来说明光在衍射中传播方向的改变，但却无法解释衍射光的强度分布。菲涅耳对此作了补充，他进一步假定：**同一波面上发出的波都是相干波**。经补充的惠更斯原理称为惠更斯-菲涅耳原理。由此可见，光的衍射图样实际上是衍射光的干涉图样。

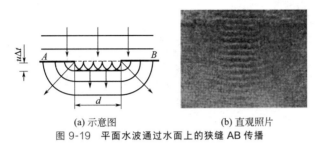

(a) 示意图　　　　(b) 直观照片
图 9-19　平面水波通过水面上的狭缝 AB 传播

2. 单缝衍射

图 9-20(a) 是观察单缝衍射的一种实验示意图。点光源置于透镜 L_1 的焦点上，形成的平行光垂直照射单缝，将衍射光经透镜 L_2 会聚于焦平面处的屏幕上，这种射入单缝（衍射物）和射出单缝的都是平行光的衍射称为**单缝夫琅禾费衍射**（Fraunhofer diffraction）。当射入和射出缝的光线不是平行光的衍射时称为**菲涅耳衍射**（Fresnel diffraction）。这里只讨论夫琅禾费衍射。下面分析夫琅禾费单缝衍射的光强分布规律。

由于是平行光垂直照射单缝，所以到达缝 AB 处的是同一波阵面，由 AB 发出的子波具有相同相位，这些子波可以沿不同方向传播，子波传播的方向与原传播方向之间的夹角 θ 称为**衍射角**。如图 9-20(b) 所示，$\theta=0°$ 的子波沿主光轴传播，经透镜 L 会集于点 O，由于使用透镜不产生新的光程差，所以 O 点干涉加强呈明纹，称中央明纹。沿其他角度衍射的子波到达屏上的干涉效果取决于它们到达透镜前的光程差，图中 AC 垂直于 BC，由于 AC 面上各点到 P 点的光程均相等，因此 AB 面处同相位的波到达 P 点时的相位差就等于到达 AC 处的相位差。菲涅耳提出一种十分巧妙的确定 P 点干涉效果的方法——菲涅耳半波带法。

3. 菲涅耳（Fresnel）半波带法

如图 9-21 所示，设想当衍射角 θ 为某些特定值时，能将单缝处宽度 a 的波阵面 AB 分成许多等宽的纵长带（图上为等宽线），并使**相邻两带上的对应点发出的光到达点 P 时的光程差恰为半个波长**，这样的带称为**半波带**。如图 9-21(a) 中被分成两个半波带 AA_1 和 A_1B，两个半波带的对应点是指 AA_1 的上边沿对 A_1B 上边沿，AA_1 的中点对 A_1B 的中点等。显然衍射角 θ 不同，能分出的半波带数目也不同，半波带的数目取决于单缝上、下沿处衍射光的最大光程差 AC，由几何关系可知，$BC=a\sin\theta$。当 AC 是半波长的奇数倍时，单缝处波面可分为奇数个半波带［图 9-21(b) 中为 3 个］，当 AC 是半波长的偶数倍时，单缝处波面可分为偶数个半波带。

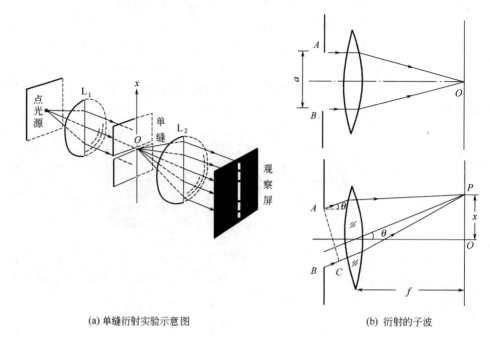

(a) 单缝衍射实验示意图　　　　(b) 衍射的子波

图 9-20　单缝衍射

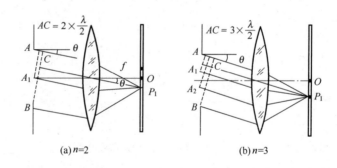

(a) $n=2$　　　　(b) $n=3$

图 9-21　菲涅耳半波带法

由于相邻半波带上对应点发出的子波在点 P 的相位差为 π，因此相邻两个半波带发出的子波在点 P 干涉相消。总结果是：如果半波带为偶数个，则由于一对对干涉相消，点 P 为暗纹中心；如果半波带为奇数个，则剩下一个不成对的半波带发出的光在 P 点合成，P 点为明纹中心。显然 θ 角越大，分出的半波带数越多，每个半波带越窄，光能越少，明纹的亮度越低。对于其他衍射角 θ，AB 不能恰好分成整数个半波带时，衍射光干涉结果将介于最明和最暗之间。因此单缝衍射图样的分布规律为

$$a\sin\theta = \begin{cases} \pm 2k\dfrac{\lambda}{2} & k=1,2,3\cdots \quad \text{暗纹中心} \\ \pm(2k+1)\dfrac{\lambda}{2} & k=0,1,2,3\cdots \quad \text{明纹中心} \end{cases} \quad (9\text{-}25)$$

$\theta=0°$ 为中央明纹中心，中央明纹宽度等于其两侧的一级暗纹中心间的距离。由式(9-25)并考虑到 θ 角很小，可得中央明纹对应的角宽度为

$$\Delta\theta = 2\arcsin\frac{\lambda}{a} \approx \frac{2\lambda}{a}$$

由图 9-20(b) 可得屏上中央明纹的宽度为

$$\Delta x = 2f\tan\theta \approx 2f\sin\theta \approx 2f\frac{\lambda}{a} \qquad (9-26)$$

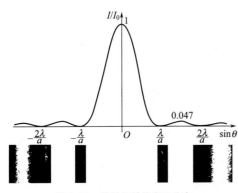

图 9-22 单缝衍射的光强分布

可以证明除中央明纹外其他各级明条纹宽度相等且均为中央明纹宽度的一半。图 9-22 给出了单缝衍射的光强分布，其特点是中央明纹宽而亮（集中了约 93% 的光能），两侧对称分布的明纹亮度随级次增加而减弱。

式(9-26)表明，只有缝宽 a 与入射光波长 λ 相差不大时，才能观察到明显的衍射条纹，缝越窄，衍射越明显，增大缝宽，各级明纹宽度变窄并向中央明纹靠拢，当 $a \gg \lambda$ 时，除中央明纹外，其他各级明纹密集得无法分辨，这条中央明纹就是几何光学中单缝经透镜成的像，它符合几何光学中光的直线传播规律。由此可见光的直线传播是缝或障碍物的线度比光波波长大得多时，衍射现象不明显的情景。对透镜成像而言，只有在衍射不明显时才能形成物体清晰的几何像，否则透镜所成的是物体的衍射图像。

自从激光和计算机出现以来，单缝衍射在工程技术中得到了广泛应用。工程应用中单缝反映了物体的间隔或位移，而重量、温度、折射率、液面和振动等物理量都可简单地转换成线性位移，因此利用单缝衍射可测量许多物理量的微小变化。这种测量具有非接触、无损伤、精度高等优点。

【例题 9-7】 图 9-23 是激光监控抽丝粗细的装置示意图，设所用 He-Ne 激光的波长为 632.8nm，衍射图样成在 2.65m 远的屏上。如要求细丝直径为 1.37mm，则屏上两侧两个第 10 级极小之间的距离应为多少？

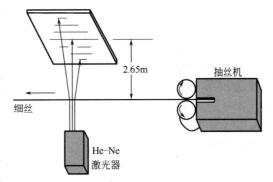

图 9-23 激光监控抽丝粗细装置示意图

解 激光束照射细丝所得衍射图样与它通过挡光板上一条同样宽度的单缝产生的衍射图样相同。已知 $a=1.37$mm、$\lambda=632.8$nm、$k=10$，该装置屏与细丝的距离相当于透镜焦距 f，$f=2.65$m。据式(9-25)得

$$a\sin\theta = 10\lambda \quad \sin\theta = \frac{10\lambda}{a}$$

两个 10 级暗纹中心间距对应的角宽度为

$$\Delta\theta = 2\arcsin\frac{10\lambda}{a} \approx \frac{20\lambda}{a}$$

对应间距为

$$\Delta x \approx f\Delta\theta = \frac{20 \times 632.8 \times 10^{-9}}{1.37 \times 10^{-3}} \times 2.65 = 2.45 \times 10^{-2}\,\text{m}$$

二、光栅衍射 (grating diffraction)

单缝衍射中，缝越窄，衍射条纹宽度越明显，但由于缝宽变窄后通过的光能变小，使得条纹亮度降低；增加缝宽，提高亮度，但又出现条纹细密无法分辨，这是单缝衍射用于测量时，难于提高精度的主要原因，而光栅衍射能克服以上不足。

1. 光栅常数 (grating constant)

由一系列等宽的狭缝平行等距地排列起来的光学元件称**光栅** (grating)。通常是用玻璃刻制光栅，刻痕处相当于毛玻璃，入射光不易透过，刻痕之间透光部分相当于狭缝。实用光栅每毫米内刻数千条甚至上万条刻痕，设透光缝宽为 a，不透光即刻痕宽度为 b，则 $a+b$ 称为**光栅常数**，它是光栅的重要参数。见图 9-24(a)。

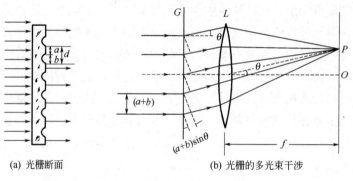

(a) 光栅断面　　　　　　(b) 光栅的多光束干涉

图 9-24　光栅

2. 光栅公式 (grating equation)

用平行光垂直照射光栅，光栅上每条缝产生单缝衍射，各单缝衍射的光又产生干涉，所以光栅衍射图样是各缝衍射光相互干涉的总效果。如图 9-24(b)，当衍射角为 θ 时，光栅自上而下相邻两条缝对应点（如图中自上而下第一条缝的上沿与第二条缝的上沿，第一条缝的中点与第二条缝的中点等）发出的光到达 P 点的光程差都相等，该光程差为 $(a+b)\sin\theta$，当 θ 角满足

$$(a+b)\sin\theta = \pm k\lambda \qquad k = 0,1,2\cdots \tag{9-27}$$

此时，P 点干涉加强。$k=0$ 为中央明纹，$k=1,2\cdots$ 依次为一级、二级……明纹。该式称为光栅公式。图 9-25 给出了光栅衍射图样的光强分布和照片。

图 9-25(a) 中虚线是各单缝光强的叠加，实线是衍射光强度分布，它的特点是明条纹细而亮，可以证明**光栅缝越多，光栅常数越小，则明纹越亮越细，相邻明**

纹间隔越大。

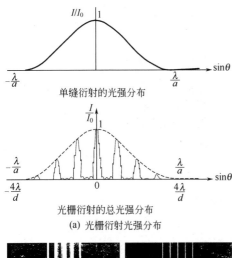

图 9-25 光栅衍射图样的光强分布和照片

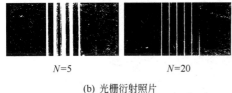

由式(9-27)可看出，给定光栅常数，出现明纹条件的衍射角 θ 与波长有关，同一级明纹（中央明纹除外），波长越短的光衍射角越小。所以当用白光入射时，各单色光的一级明纹在中央明纹（仍为白色）两侧散开。紫光衍射角最小，在内侧；红光衍射角最大，在外侧。这种现象称为光栅的分光作用。用光栅分光形成的光谱称为**光栅光谱**（grating spectrum）。如果复色光中只含有若干个波长成分，则光栅光谱就只有若干条不同颜色的细亮谱线组成。衍射光栅是最重要的一类光学色散元件，在各类光谱仪器中有着广泛的应用。光栅刻划机是制作光栅的母机，工艺复杂，加工难度大，运行环境苛刻，被誉为精密机械之王，是芯片制造的关键设备。

【例题 9-8】 用光栅作分光元件，测定汞原子的可见光光谱。将水银灯光垂直入射到每毫米 800 条刻线的光栅上，测得一级明纹有四条可见光谱，衍射角分别为 $19°58'$、$20°24'$、$25°54'$、$27°33'$，试计算汞原子辐射的可见光波长。

解 光栅常数为 $a+b=\dfrac{10^{-3}}{800}=1.25\times 10^{-6}$ (m)

$\lambda_1 = (a+b)\sin\theta_1 = 1.25\times 10^{-6}\sin 19°58' = 426.8\times 10^{-9}$ (m)（紫）

$\lambda_2 = (a+b)\sin\theta_2 = 1.25\times 10^{-6}\sin 20°24' = 435.7\times 10^{-9}$ (m)（紫）

$\lambda_3 = (a+b)\sin\theta_3 = 1.25\times 10^{-6}\sin 25°54' = 546.0\times 10^{-9}$ (m)（黄绿）

$\lambda_4 = (a+b)\sin\theta_4 = 1.25\times 10^{-6}\sin 27°33' = 578.2\times 10^{-9}$ (m)（黄）

第七节 圆孔衍射 光学仪器分辨率

一、圆孔衍射（circular hole diffraction）

图 9-26 是观察圆孔衍射的一种实验示意图，设圆孔直径为 D，用波长 λ 的单色光垂直照射圆孔，衍射光经透镜成像在屏上，衍射图样是一系列明暗相间的同心环，中心为一亮斑，称为**艾里斑**，它集中了衍射光约 84% 的光能。理论计算可求得艾里斑半径对透镜光心的张角 θ 满足

$$\sin\theta = 1.22\frac{\lambda}{D} \qquad (9\text{-}28)$$

当 $\theta < 5°$ 时，$\sin\theta \approx \theta$，艾里斑直径为

$$d = 2f\tan\theta \approx 2f\sin\theta \approx 2.44\frac{\lambda f}{D}$$

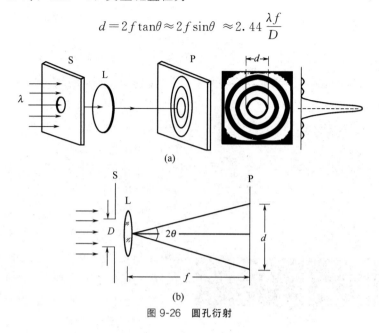

图 9-26 圆孔衍射

二、光学仪器分辨率 (resolution of optical instrument)

光学仪器中透镜的透光部分相当于透光圆孔，其直径称为孔径。由于衍射，一个物点经透镜成像后不再是一个像点而至少是一个像斑，即艾里斑。如果两个物点靠得过近，会使两物点所成的"像斑"相互交叠而无法辨别，由于辨别能力会因人而异，为此瑞利提出一种可辨别的判据，图 9-27 中当两个艾里斑交叠至半径重叠时，交叠部分的中心光强约是两个艾里斑中心光强的 80%，这时仍可辨别两个艾里斑，交叠超过这个限度就不能辨别，这一规律称**瑞利判据**（Rayleigh criterion）。这时两艾里斑中心对透镜光心的张角称**最小分辨角**，表示为

$$\theta_0 = 1.22\frac{\lambda}{D}$$

显然最小分辨角越小，分辨本领越高，所以最小分辨角的倒数称为**最大分辨率**，简称**分辨率**（resolution）。

光学仪器的分辨率与仪器的孔径和入射光波长有关，孔径越大，用以观察的光波波长越短，仪器的分辨率越高。光学天文望远镜是通过观察天体的发光来研究天体的仪器，为提高其分辨率，总是设法增大望远镜的通光孔径。1609 年，伽利略制成世界上第一台天文望远镜，其孔径 4.4cm。1990 年发射的"哈勃天文望远镜"孔径达 2.4m，角分辨率达 0.1″（角秒），它可以观察 130 亿光年远的太空深处，相当于地球上分辨 38 万公里处的月球上 50m 直径的坑。而安装在夏威夷的天文望远镜孔径达 10m。还有一种天文望远镜是专门用来接收遥远天体发出的非光学波段的电磁辐射，通过分析这些电磁波来研究天体的物理化学性质及宇宙的演化，这种望远镜称射电望远镜。射电望远镜的分辨本领也与接收电磁波信号的天线有关，抛物线天线面积越大，分辨本领也越高。

2016年9月，我国在贵州南部建成了500m口径球面射电望远镜（Five Hundred Meters Aperture Spherical Telescope，简称FAST），FAST荣登世界最大的单口径望远镜榜首，与被评为人类20世纪十大工程之首的美国Arecibo望远镜相比，其综合性能提高了约10倍，被誉为"中国天眼"。中国天眼运行以来已发现脉冲星300余颗，是同一时期国际上所有其他望远镜发现数量总和的3倍。"中国天眼"将进一步在低频引力波探测、快速射电暴起源、星际分子等前沿方向加大探索，推动人类对宇宙的探索和认知。

对于显微镜，则是利用短波长的光来观察，或利用油浸物镜的方法以提高分辨率。光学显微镜用 $\lambda=400\text{nm}$ 的紫光照射物体，最小分辨距离约为200nm，这已

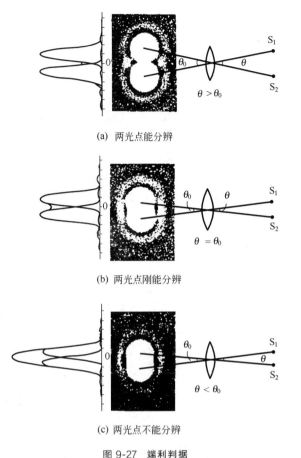

(a) 两光点能分辨

(b) 两光点刚能分辨

(c) 两光点不能分辨

图 9-27　端利判据

是光学显微镜的极限，要再提高分辨率，需要用更短的波长——电子波来照射物体，用电子波（波长约0.01～0.1nm）照射物体进行观察的显微镜称电子显微镜。光学显微镜的放大率最大约2000倍，能观察像细胞这样 $0.1\mu\text{m}$ 的细微结构，被广泛应用于冶金、化学、医学、生物学等领域，而电子显微镜的放大率比光学显微镜高千倍，能分辨0.2nm的精细结构，能观察到原子结构。

【例题 9-9】人眼瞳孔直径约为3.0mm，在明亮的环境中，感觉最灵敏的是黄绿光，$\lambda=0.555\mu\text{m}$。①试求人眼对这种光的最小分辨角；②正常眼睛的明视距离为 $l=25\text{cm}$，试计算在明视距离处所能分辨的两条直线间的最小距离 Δ_x；③在距离10m远处的屏幕上两条相距为 $\Delta_{x'}=2\text{mm}$ 的直线，能否看清？

解　① 人眼最小分辨角

$$\theta_0 = 1.22\frac{\lambda}{D} = \frac{1.22 \times 555 \times 10^{-9}}{3.0 \times 10^{-3}}$$
$$= 2.257 \times 10^{-4} (\text{rad})$$

② 因为 $\theta_0 = \dfrac{\Delta_x}{l}$，所以 $\Delta_x = l\theta_0 = 0.25 \times 2.257 \times 10^{-4} = 5.64 \times 10^{-5}$（m）

③ 据题意人眼能分辨10m远处的最小间距为

$$\Delta_{x'} = l'\theta_0 = 10 \times 2.257 \times 10^{-4}$$
$$= 2.257 \times 10^{-3} (\text{m}) = 2.257 (\text{mm})$$

间距小于 2.257mm 时无法分辨，所以间距为 $\Delta_{x'} = 2$mm 的直线无法分辨。

第八节　光的偏振及其应用

1. 自然光与偏振光 (natural light and polarized light)

根据光是否具备相干条件，光可分为普通光和相干光。根据光矢量的振动是否在固定的平面内，光又可分为自然光和偏振光。可见光光波是由原子核外电子从高能态跃迁到低能态时发射的电磁波，即每跃迁一次，就发射一列频率、振幅和振动方向一定的电磁波。就每列光波的光振动只在某一固定平面内而言，光本身具有偏振性，但日常生活中所见的光是由光源中无数原子各自独立、随机发射的，各列光波的振动并不在同一平面内。在垂直于光传播方向的平面内，沿各方向振动的光矢量分布均匀，且振幅相等的光称为**自然光**。光矢量只在某一特定平面内振动的光叫**完全偏振光**，该平面称**偏振面**，由于沿光线传播方向看，偏振面成一条直线，所以完全偏振光也叫**线偏振光**。在某些方向振动较强另一些方向振动较弱的光称**部分偏振光**。

为讨论方便，常用带点和线的有向线段表示光振动。如图 9-28 所示，图中箭头表示光的传播方向，垂直于传播方向的短线表示光矢量振动与纸面平行，点表示光矢量的振动与纸面垂直。实际的光振动可以发生在垂直于光线平面内的各方向上，为分析方便，将这些振动的振幅都分解到平行和垂直纸面两个方向，线和点均匀分布的代表自然光，线数和点数不等的代表部分偏振光，只有线或只有点的代表完全偏振光。普通光源发出的是自然光，激光发出的是偏振光。

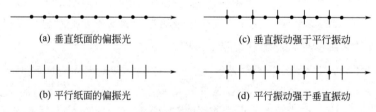

(a) 垂直纸面的偏振光　　(c) 垂直振动强于平行振动

(b) 平行纸面的偏振光　　(d) 平行振动强于垂直振动

图 9-28　光振动的表示

2. 偏振光的检验

对偏振光的检测，人眼无能为力，需借助偏振片 (polaroid)。偏振片是只允许某一特定方向振动的光通过的透明薄片，该方向称**偏振化方向**。自然光通过偏振片后变成偏振光，该过程叫**起偏**。检验光的偏振性的过程叫检偏。在图 9-29 中第一偏振片称起偏器，第二偏振片称检偏器。自然光经起偏器后变成完全偏振光，当检偏器的偏振化方向与起偏器的偏振化方向一致时，偏振光能全部通过检偏器，在垂直光传播的平面内转动检偏器，则通过检偏器的光减弱，当检偏器的偏振化方向转至与起偏器的偏振化方向垂直时，偏振光完全不能通过检偏器。下面定量分析光通过偏振片后的光强变化。

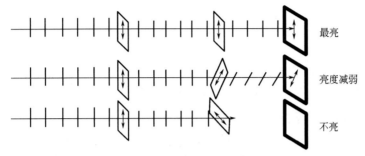

图 9-29　偏振片用于起偏与检偏

让自然光连续通过两个偏振片 P_1 和 P_2，两偏振片的偏振化方向间夹角为 θ，如图 9-30，由于自然光可以在任意两个相互垂直的方向上分解成强度相等各为总强度一半的两个分振动，所以自然光经 P_1 变成偏振光后光强减小一半，设自然光强度为 $2I_0$，则通过第一偏振片后光强变为 I_0，设相应的振幅为 A_0，振动方向与 P_1 的偏振化方向一致，将 A_0 沿 P_2 的偏振化方向和与之垂直的方向分解为 $A_{/\!/}$ 和 $A_\perp$，则只有与 P_2 偏振化方向平行的分振动 $A_{/\!/}=A\cos\theta$ 可以通过 P_2。考虑到光的强度与振幅的平方成正比，所以通过 P_2 的光强度 I 与 I_0 关系为

$$\frac{I}{I_0}=\frac{(A_0\cos\theta)^2}{A_0^2}=\cos^2\theta$$

即
$$I=I_0\cos^2\theta \tag{9-29}$$

该关系式称为**马吕斯定律**（Malus law），是由法国人马吕斯 1809 年发现的。

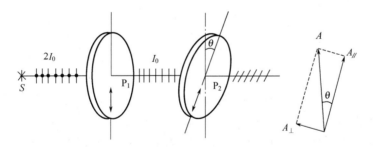

图 9-30　自然光通过两个偏振片

【**例题 9-10**】　在图 9-30 中，要使通过第二个偏振片的光强是自然光光强的 1/4，则两偏振片偏振化方向间的夹角 θ 应为多少？

解　设自然光强度为 I_0，通过 P_1 和 P_2 后的光强分别为 I_1 和 I_2，自然光经 P_1 后光强减小一半，$I_1=\dfrac{I_0}{2}$。由题意 $I_2=\dfrac{I_0}{4}=\dfrac{I_1}{2}$，根据马吕斯定律

$$I_2=I_1\cos^2\theta$$

所以
$$\cos^2\theta=\frac{1}{2}$$

则得 $$\theta = \pm \frac{\pi}{4} \text{ 或 } \theta = \pm \frac{5\pi}{4}$$

3. 反射光和折射光的偏振

不用偏振片能否得到偏振光呢？实践证明自然光经反射（reflection）和折射（refraction）后，都变成了部分偏振光，如图 9-31(a) 当自然光到达两种介质的界面时振动平行于入射面的光更容易进入另一种介质，而垂直入射面振动的光更易被反射，即折射光变成平行（对入射面而言，下同）振动强于垂直振动的部分偏振光，反射光变成垂直振动强于平行振动的部分偏振光。

理论和实践证明，折射光和反射光的偏振化程度与入射角有关，当入射角为某一值 i_0，使反射光和折射光成 90°时，反射光为完全垂直振动的线偏振光，折射光仍为平行振动的**部分偏振光**，如图 9-31(b) 所示。

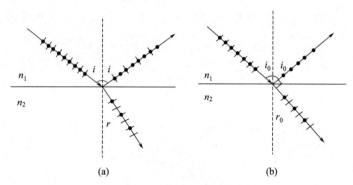

图 9-31 反射光、折射光的偏振

设满足上述条件的入射角为 i_0，则 $i_0 + r_0 = 90°$，$r_0 = 90° - i_0$
由折射定律得 $$n_1 \sin i_0 = n_2 \sin(90° - i_0)$$

解得 $$\tan i_0 = \frac{n_2}{n_1} = n_{21} \tag{9-30}$$

上式称为**布鲁斯特定律**（Brewster law），i_0 称为起偏角或布鲁斯特角，它是由布鲁斯特于 1812 年在实验上确定。

4. 光的偏振性的应用

日常生活中，如摄影为消除反射光对成像质量的影响，可以加偏振镜头，由于反射光总是水平方向振动较强，因此将偏振镜头的偏振化方向调至竖直方向可有效减少反射光进入镜头；又如，炎热夏天戴上附有偏振镜片的眼镜，除了可将太阳直射光强度减小一半外，还可有效地减弱地面反射光对眼睛的照射。

偏振光在工程技术中也有着广泛应用，下面介绍它在测量和控制中的应用原理。

(1) 旋光效应（roto-optical effect） 当线偏振光通过某些物质时，偏振面会发生旋转，这种现象称为旋光效应，具有旋光效应的物质称为旋光物质。旋光物质是由法国物理学家阿喇果于 1811 年首次发现。现代化学研究证明，无对称因素（对称中心、对称线、对称面）分子构成的有机物都具有旋光性，偏振面的旋转方向取决于分子的空间结构，旋转角度（称旋光度）大小与物质的物理性质（如浓度）及光在该物质中通过的距离有关。迎着出射光方向观察，偏振面顺时针转动的称**右旋**（right-handed）物质，反之称**左旋**（left-handed）物质。实验证明，当温度和入射光一定时，旋光溶液的旋光度与溶液的浓度和光在溶液中通过的长度成正比。偏振光通过单位浓度和单位长度时的旋光度大小称为**旋光率**（specific rotation）。

图 9-32 是测浓度的旋光仪原理图，自然光通过偏振片 P_1 成为竖直方向的线偏振光后，通过盛有待测溶液的玻璃管，再射向偏振片 P_2。转动 P_2 至最大光强处，这时两偏振片偏振化方向间的夹角就是溶液的旋光度。测定糖溶液浓度的糖量计和测人体血糖高低的血糖计就是根据这个原理制成。

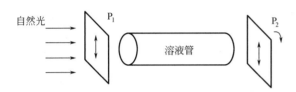
图 9-32　测浓度的旋光仪原理图

图 9-33　干涉图样照片

（2）**双折射**（birefringence）　自然光通过某些晶体（如石英、方解石等）时，变成两条偏振光出射的现象称为双折射。双折射是由晶体的各向异性所致。另有一些原本各向同性的固体（如玻璃、环氧树脂）和液体（如硝基苯）材料在外力、外电场或磁场作用下，也会产生双折射，这种现象称为人为双折射。利用材料在外力作用下的双折射，可以将机器零件制成透明塑料模型，模拟零件受力，通过观察双折射的干涉图样来分析应力分布。这种方法称为光弹性测量技术，它是研究材料力学性能的重要实验方法。图 9-33 是塑料模型受两点力挤压时双折射偏振光的干涉图样照片，干涉条纹越密处，应力分布越集中。液体硝基苯在外电场作用下产生双折射的过程几乎与外电场同步，响应时间仅为 $10^{-10} \sim 10^{-9}$ s，根据电场与双折射几乎同步的特点，可以制成几乎没有弛豫时间的"开关"，实现光-电信号的即时转换与控制。这种开关已在高速摄影、激光通信和电视技术中广泛应用。

第九节　光电效应

1887 年，德国物理学家赫兹发现，当光照射到金属上时，金属表面有电子逸出，这种电子称为**光电子**（photo electron），光电子运动形成**光电流**（photo current），这种现象称为**光电效应**（photo electric effect），光电效应实验原理图如图 9-34 所示。后来，科学家们对此进行了深入的研究，发现并总结出光电效应的四条实验规律。

① 对某一种金属，只有当入射光的频率大于一定值时，才出现光电效应，如

光电效应

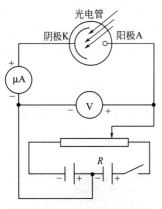

图 9-34 光电效应实验原理图

果光的频率低于这个值，则不论光的强度多大，照射时间有多长，都没有光电子产生。这个最小频率 ν_0 称为该种金属的光电效应**截止频率**，也叫做红限。红限常用对应的波长 λ_0 表示，不同金属的红限不同。

② 光电子的能量只与光的频率有关，而与光的强度无关。光的频率越高光电子的能量就越大。

③ 光的强度只影响释放的光电子的数目，强度越大，释放出来的光电子的数目就越多。

④ 光照和光电子发射是即时的，滞后时间不超过 10^{-9} s。

光电效应的这些规律是经典理论无法解释的。按照光的电磁理论，光的能量只决定于光的强度，而与频率无关，所以只要光的强度足够大就应能产生光电效应。另外，电子从金属中逸出，应有能量的积累过程，也就是光照和电子发射之间应该有一个时间差，不应是即时的。这些都与实验结论不符。

正当人们对光电效应的解释陷于困境时，爱因斯坦基于普朗克量子论，提出了光的量子假说：空间传播的光是不连续的，一束光就是一束以光速运动的粒子流，这些粒子称为**光子**。频率为 ν 的光的每一个光子所具有的能量为 $h\nu$，它不能再分割，而只能整个地被吸收或产生出来。

按照光子说，当光照射到金属上时，能量为 $h\nu$ 的光子被吸收，光子的部分能量用于电子克服金属内部原子对它的引力而做功，这个功称为**逸出功**。剩余部分就是电子离开金属表面后的动能。则光电效应方程式为

$$h\nu = A + \frac{1}{2}mv_m^2 \tag{9-31}$$

式中，A 为逸出功；v_m 为电子逸出金属时的最大速度。

由于光子的能量由频率决定，光的强度只影响光子的数目，如果单个光子的能量 $h\nu$ 小于电子的逸出功 W，则无论光强多大都不能激发出光电子；如果单个光子的能量 $h\nu$ 大于电子的逸出功，则能激发出光电子，这时入射光的强度越强，光子数越多产生的光电子数也越多，光电流也越强。

在图 9-34 的实验证明中，当电压 U 减小到零并逐渐为负值时，电场对电子起阻挡作用，只有部分动能大于 eU 的光电子能够运动到阳极而被收集，因此光电流减小。当反向电压值达到 U_S，使具有最大动能的光电子也被阻挡时，光电流等于零。电压 U_S 称为截止电压，也称**遏止电压**。显然，此时有 $eU_S = \frac{1}{2}mv_m^2$。爱因斯坦的光子假说圆满的解释了光电效应的全部规律，因而荣获了 1921 年诺贝尔物理学奖。

【**例题 9-11**】 当照射光的波长由 400nm 变到 300nm 时，对同一金属，在光电效应实验中测得的遏止电压 U_S 将如何变化？

分析：由光电效应方程 $h\nu = W + \frac{1}{2}mv_m^2$ 和 $U_S e = \frac{1}{2}mv_m^2$ 以及 $\nu = \frac{c}{\lambda}$ 得到

$$\frac{hc}{\lambda} = W + U_S e$$

解 波长分别为 λ_1 和 λ_2 时有

$$\frac{hc}{\lambda_1} = W + U_{S1} e \qquad ①$$

$$\frac{hc}{\lambda_2} = W + U_{S2} e \qquad ②$$

式②－式①得

$$hc\left(\frac{1}{\lambda_2} - \frac{1}{\lambda_1}\right) = (U_{S2} - U_{S1})e$$

$$\Delta U_S = \frac{hc}{e}\left(\frac{1}{\lambda_2} - \frac{1}{\lambda_1}\right) = \frac{6.626 \times 10^{-34} \times 3 \times 10^8}{1.602 \times 10^{-19}} \times \left(\frac{1}{300} - \frac{1}{400}\right) \times 10^9 = 1.034(\text{V})$$

所以，当照射光的波长由 400nm 变到 300nm 时，对同一金属，在光电效应实验中测得的遏止电压 U_S 增加了 1.034V。

这里要提到的是，在量子论建立初期，认为一个电子一次只能吸收一个频率大于 ν_0 的光子，而且实验结果与此设想相符。20 世纪 60 年代激光出现后，发现了多光子吸收，即金属中的自由电子可从入射光中吸收多个光子而产生光电效应，其光电效应方程可以写成

$$nh\nu = W + \frac{mv_m^2}{2}$$

式中，n 为一个光电子吸收的光子数。

【知识拓展】

量子史话

19 世纪末，世界著名科学家齐聚一堂，总结旧世纪，展望新世纪，认为所有科学已经搞得差不多了，天上飞的、地上跑的、水里游的，大到恒星，小到原子，看得见的、看不见的，都已经有了比较完备的理论解释，"物理学大厦已经落成，就剩下一些敲敲打打的装饰工作，美丽而晴朗的天空只被两朵乌云笼罩"。但是他们怎么也没有想到正是这不起眼的两朵乌云，后来在科学家的精心照料下，诞生了近代物理学的两大支柱：相对论和量子力学。

量子物理学是研究微观粒子的结构和性质的理论。科学家们把研究原子、分子、原子核、基本粒子等微观粒子所观察到的关于微观世界的特殊物理现象称为量子现象。量子现象违背经典物理学规律，也颠覆了人们的认知，但是今天我们可以说，没有量子物理作为工具，就不可能有现代化学、现代生物学、现代医学、现代计算、现代通信技术等领域的突破性进展，量子物理的杰作正在改变我们的

世界。

量子概念于 1900 年被普朗克首先提出，至今已经一百二十多年，期间经过爱因斯坦、玻尔、德布罗意、薛定谔、玻恩、海森堡、狄拉克等许多物理大师的创新努力，到 20 世纪 30 年代，量子力学理论基本完备，普朗克因提出量子概念获得了 1918 年诺贝尔物理学奖。1900 年，普朗克在解释黑体辐射能量分布时作出量子假设，假定振动电子辐射的能量是不连续的。1905 年，爱因斯坦进一步提出光波本身就不连续而具有粒子性，爱因斯坦称之为光量子，爱因斯坦的光量子理论正确地解释了光电效应。随后十多年的光电效应实验显示：仅当光的能量到达一些离散的量值时才能被吸收，这些能量就像是被一个个粒子携带着一样。爱因斯坦的光量子理论当初并没能被广泛接受，就连普朗克这位最早提出量子概念的人，也认为爱因斯坦的理论"太过分"了，原因就在于普朗克只认为电磁波在发射和吸收能量时是一份一份的，而爱因斯坦认为在传播过程中也具有这样的性质。爱因斯坦的光的波粒二象性理论使人们对光的本质的认识前进了一大步，他因此获 1922 年诺贝尔物理学奖。

1913 年，玻尔提出了一个更激进的假设：原子中的电子只能处于包含基态在内的定态上，电子在两个定态之间跃迁而改变它的能量，同时辐射出一定波长的光，光的波长取决于定态之间的能量差。在定态轨道上运动的电子，当从一个具有较高能量的定态跃迁到另一个具有较低能量的定态时，会以电磁波的形式放出一个光子。玻尔理论成功地解释了氢原子的光谱，他的伟大贡献在于把量子化概念引入原子结构和电子运动的研究中，揭示了微观粒子运动中存在特殊的量子化原则，使量子论进入了原子物理学，玻尔也因此荣获了 1922 年的诺贝尔物理学奖。但是玻尔理论只是经典原子理论加上一些量子化条件的混合物，根据量子力学的原子理论，核外电子是没有确定轨道的，只有出现概率最大的区域，因此波尔理论本身仍存在着严重的缺陷。

1923 年，路易·德布罗意在他的博士论文中提出光的粒子行为与粒子的波动行为应该是对应存在的，他将光的波粒二象性推广至实物粒子，提出了更加大胆的假设：实物粒子也具有波动性，即组成物质的粒子如原子、电子等也具有波动性，并用光子的波粒二象性描述电子，将粒子的动量和波长联系起来。但没有人知道粒子的波动性意味着什么，也不知道它与原子结构有何联系。1927 年，戴维逊和汤姆生各自独立地利用晶体做了电子衍射实验，得到类似光的衍射图样，从而证实了电子的波动性，后来的实验中人们还进一步观测到了电子的干涉图样。德布罗意因物质波的假设获得 1929 年的诺贝尔物理学奖，戴维逊和汤姆生也因实验验证了物质波的存在而获 1937 年的诺贝尔物理学奖。物质波的确立也彻底结束了近 300 年的关于光的波粒二象性的争论。

薛定谔认真研读了德布罗意的论文，将物质波的概念加入波动方程，于 1926 年提出了物质波的波动方程——薛定谔方程。薛定谔方程看起来很复杂，但其物理本质是用二阶偏微分方程重新表达了总能量等于动能加势能这个基本的能量守恒关系，是一个波函数。薛定谔方程在量子力学中的地位大致类似于牛顿运动定律在经典力学中的地位，薛定谔完美解答了氢原子模型的一些遗留问题，获得了1933年的诺贝尔物理学奖。

海森堡于1927年通过对理想实验的分析，提出了量子力学关于物理量测量的原理，即粒子的位置与动量不可同时被确定，称为不确定性原理，有时也称测不准原理。海森堡认为在一个量子体系中，一个电子只能以一定的不确定性处于某一位置，同时在该位置以一定的不确定性具有某一速度，位置的不确定性越低，速度的不确定性就越高，即位置测定越准确，速度测定就越不准确，反之亦然。

光的波粒二象性让人难以理解，实物粒子的波动性让人无法想象，不确定性原理更是撼动了经典物理学大厦，但这一切都被实验验证，并写入了教科书。量子力学中还有许多堪称"诡异"的量子现象，如"叠加态""纠缠态""隧道贯穿"等也都一一被证实。"提出假设—实验验证—形成新理论"是科学研究必须遵从的规律，量子物理学也不例外，不同的是量子现象违背常识、颠覆人们的认知，新概念的提出更需要科学家的胆识，同时实验验证变得更加困难，因此可以想象量子理论每个新概念的提出需要多大的勇气，而每一个实验验证的探索又需要科学家付出多少艰辛。

量子科学不断揭开微观世界的奥秘，量子技术推动了高科技的发展。电子显微镜、核磁共振仪、激光、高温超导以及近几年取得突破性进展的量子计算、量子通信等，都建立在量子物理理论基础之上。我国在量子技术应用的许多方面已处于世界领先地位。2016年8月16日凌晨1时40分，由我国科学家自主研制的世界首颗量子科学实验卫星"墨子号"在酒泉卫星发射中心成功发射，在世界上首次实现卫星和地面之间的量子通信。2021年10月26日，中国的量子计算机研究再次取得突破，两台量子计算机"九章"和"祖冲之号"都升级成二号，使我国成了目前世界上唯一在两种物理体系达到"量子计算优越性"里程碑的国家。

【科技中国】

"墨子号"量子科学实验卫星

2016年8月16日凌晨1时40分，由我国科学家自主研制的世界首颗量子科学实验卫星"墨子号"在酒泉卫星发射中心成功发射，在世界上首次实现卫星和地面之间的量子通信，为"量子"这个神秘的物质进入寻常百姓生活奠定了基础。

量子通信是近二十年发展起来的新型交叉学科，是量子论和信息论相结合的新的研究领域。要了解量子通信，首先要了解量子的奇妙现象——量子叠加原理和量子纠缠。

量子叠加原理是说，量子有多个可能状态的叠加态，只有在被观测或测量时，才会随机地呈现出某种确定的状态，这就好比孙悟空的分身术。我们知道宏观世界不可能同一个物体同时出现在两个不同地方，但在量子世界里，会出现一个微观的客体，同时出现在许多地方的"诡异"现象，即量子有多个可能状态的叠加态。孙悟空的各个分身就像是他的叠加态。

量子纠缠是说在微观世界里，不论两个粒子间距离多远，一个粒子的变化会影响另一个粒子的现象，这一现象被爱因斯坦称为"诡异的互动性"。科学家认为，这是一种"神奇的力量"，但其原因目前尚不清楚。它好像有"心灵感应"的双胞胎，不管两个人的距离有多远，当哥哥的状态发生变化时，弟弟的状态也跟着发生一样的变化。

量子通信的过程如下：事先构建一对具有纠缠态的粒子，将两个粒子分别放在通信双方，将具有未知量子态的粒子与发送方的粒子进行联合测量（一种操作），则接收方的粒子瞬间发生坍塌（变化），其坍塌（变化）为某种状态与发送方的粒子坍塌（变化）后的状态是对称的，然后将联合测量的信息通过经典信道传送给接收方，接收方根据接收到的信息对坍塌的粒子进行幺正变换（相当于逆转变换），即可得到与发送方完全相同的未知量子态。

通信安全是衡量通信技术的重要指标。传统的通信加密都是可以破译的，只要对方的计算能力足够强大，再复杂的保密算法都能够被破解，所以都不能做到绝对安全。

在量子保密通信过程中，发送方和接收方采用单个光量子的状态作为信息载体来建立密钥。由于单个光量子是光能量的最小组成单元，不能被再分割，所以在单个光量子发射的情况下，窃听者无法将单个光量子分割成两部分，让其中一部分继续传送，而对另一部分进行状态测量获取密钥信息。所以窃听者无论是对单个光量子状态进行测量或是试图复制之后再测量，都会对光量子的状态产生扰动，从而使窃听行为暴露。

量子保密通信好比是你要传输一个秘密给收信人，就要给收信人两样东西：钥匙和存放着物品的箱子。收信人只有同时收到密钥和箱子，才可以打开箱子取出里面的物品。量子保密通信好比是用普通方式寄出箱子，而利用量子态来传递密钥，因为没有密钥别人是打不开这个箱子的。根据量子叠加原理，密钥就是量子的多个分身，一旦被窃听，被测量，其分身就会随机消失，量子的状态会改变，变成无意义的信息，而接受者也能立马察觉，只需把该钥匙废掉，直到一把新的钥匙安全无误地被接收。因此量子通信被称为"无条件安全"的通信。

近年来，我国科学家潘建伟院士带领的团队在自由空间量子纠缠分发和量子隐形传态实验方面不断取得国际领先的突破性成果。2005年，潘建伟团队实现了13km自由空间量子纠缠和密钥分发实验，证明光子穿透大气层后，其量子态能够有效保持，从而验证了星地量子通信的可行性。近几年开展的一系列后续实验为发射量子卫星奠定了技术基础。

"墨子号"量子卫星主要开展星地高速量子密钥分发实验、广域量子通信网络实验、星地量子纠缠分发实验、地星量子隐形传态实验共4项科学实验。

"墨子号"科学实验非常复杂，难度极大，飞行的过程中，携带的两个激光器要分别瞄准两个地面站，同时传输量子密钥。这就要求在飞行的过程中必须始终保证精确对准，跟踪要达到相当高的精度。如果把光量子看成一个个1元硬币，星地实验就相当于要从在万米高空飞行的飞机上，不断把上亿枚硬币发射到地面上一个不断旋转的储蓄罐上，不但要求硬币击中储蓄罐，而且要穿过储蓄罐细长的投币口，源源不断地进入储蓄罐内，它要求卫星的对准精度高于普通卫星的10倍。

"墨子号"量子通信卫星的发射，是通过卫星中转实现可覆盖全球的广域量子通信网络的重要开端，我国在2016年下半年建成了国际上首条千公里级光纤量子通信干线"京沪干线"。2020年6月15日，"墨子号"量子科学实验卫星在国际上首次实现千公里级基于纠缠的量子密钥分发，将以往地面无中继量子保密通信的空间距离提高了一个数量级，使我国在该领域的研究处于国际领先地位。

想了解更多信息，可上网搜索"量子卫星通信"。

本章小结

一、原子结构模型

（1）汤姆逊"葡萄干式面包"模型——带正电的部分以均匀的体密度分布在整个原子的球体内，而带负电的电子一粒粒地夹在这个球体内的不同位置上。

（2）卢瑟福"行星"模型——原子中心是一个带正电荷的原子核，电子围绕原子核旋转，原子核集中了原子的几乎全部质量，原子核所带的正电荷的电量和外面围绕着它的所有电子所带的负电荷的电量相等，整个原子中有相当大的空间。

（3）玻尔原子模型——三条基本假设。

① 定态假设：原子中的电子绕核做圆周运动时只能处于半径为某些特定值的轨道上，称为"定态"。

② 量子化假设：电子绕核"定态"运动时，角动量L只能等于$\frac{h}{2\pi}$的整数倍。

③ 频率假设：当电子从一个具有较高能量E_n的定态跃迁到另一个具有较低能量E_m的定态时，放出一个光子，放出光子的能量为

$$E = h\nu = E_n - E_m$$

二、光谱　光谱分析法

1. 光谱的分类

根据光谱的波长是否连续，光谱分为三种类型。

① 线光谱——由一条条分开的谱线组成，是原子中核外电子在不同能级间跃迁产生的辐射。原子光谱是线光谱，每种原子的线光谱都各不同。

② 带光谱——分子光谱是带光谱。分子光谱是分子绕轴的转动能量、分子中原子在平衡位置的振动能量以及分子内电子的能量变化时产生的辐射，每一种能量变化也都是量子化的。

③ 连续光谱——炽热的固体和液体发射连续光谱，没有分立谱线或分立的谱带。

2. 光谱分析法

光谱分析法是通过测量物质产生的发射、吸收、散射特征光谱的波长和强度，对物质进行定性或定量分析的方法。

三、光程

几何路程与介质折射率的乘积称为光程，$L = nr$。

光每前进一个波长距离，相位改变 2π，由光程差产生的相位差为 $\Delta\varphi = 2\pi\dfrac{\Delta L}{\lambda}$ (λ 为真空中波长)。使用凸透镜会聚光线，因为各光增加的光程相等，所以不产生附加光程差。

光由光疏媒质射向光密媒质在界面上发射时，相位发生 π 突变，相当于损失了半个波长的光程。

四、杨氏双缝干涉

条纹分布规律：$x = \begin{cases} \pm\dfrac{D}{a}(2k+1)\dfrac{\lambda}{2} & \text{暗纹中心} \\ \pm\dfrac{D}{a}k\lambda & \text{明纹中心} \end{cases}$ $k = 0, 1, 2\cdots$

条纹特点：等间距 $\Delta x = \dfrac{D}{a}\lambda$

五、薄膜等厚干涉

条纹分布规律：

$2nd + \dfrac{\lambda}{2} = \begin{cases} (2k+1)\dfrac{\lambda}{2} & k = 0, 1, 2\cdots \quad \text{暗纹中心} \\ k\lambda & k = 1, 2\cdots \quad \text{明纹中心} \end{cases}$

条纹分布特点：同一条纹下膜厚相等，相邻明条纹下膜厚差为光在该介质（膜）中波长 λ_n 的 $1/2$。

劈尖是分析等厚干涉的基础，牛顿环可看成沿半径方向的空气劈尖，利用上述公式和几何关系可求得玻璃曲率半径与牛顿环半径间的关系。

等厚干涉可用于精密测量。

根据薄膜干涉原理在透镜表面镀膜，可以改变透镜对光的反射和透射性能。使反射光干涉增强的叫增反膜，使反射光干涉相消的叫增透膜。

六、单缝夫琅禾费衍射

用半波带法分析。

条纹分布规律：

$a\sin\theta = \begin{cases} \pm(2k+1)\dfrac{\lambda}{2} & \text{明纹中心} \\ \pm k\lambda & \text{暗纹中心} \end{cases}$ $k = 1, 2, 3\cdots$

条纹分布特点：中央明纹（对应 $k = 0$）宽度为其他各级明纹宽度的 2 倍。中央明纹宽度为

$$\Delta x = \frac{2\lambda}{a}f$$

七、光栅衍射

光栅是重要的光谱分析元件,光栅光谱的特点是在黑暗背景上显现细而亮的谱线。光栅常数越小、缝数越多,则谱线越细越亮、光栅的光谱分辨本领越高。单色光垂直入射时,谱线的位置满足

$$(a+b)\sin\theta = k\lambda \qquad k = 0,1,2\cdots$$

八、圆孔衍射

圆孔衍射图样中心为亮斑称为艾里斑,其半径张角 θ 满足

$$D\sin\theta = 1.22\lambda$$

艾里斑限制了光学仪器的分辨率,根据瑞利判据,光学仪器最小分辨角 θ_0 为

$$\theta_0 = 1.22 \frac{\lambda}{D}$$

为了提高光学仪器的分辨本领,对天文望远镜常采用增大孔径办法;对光学显微镜可以采用短波长光进行观察。

九、光的偏振

光的偏振特性说明光是横波。偏振光是指光矢量只在某一确定平面内振动的光。自然光经反射或折射均变为部分偏振光,当入射角 i_0 满足 $\tan i_0 = n_2/n_1$ 时,反射光变为线偏振光。

偏振光通过检偏器前后的光强关系用马吕斯定律描述:$I = I_0 \cos^2\theta$。式中,I_0 为入射偏振光的光强;I 为透过检偏器后的光强;θ 为入射偏振光的振动方向与检偏器的偏振化方向之间的夹角。

十、光电效应

当光照射到金属上时,金属表面有电子逸出的现象。光电效应证明了光具有粒子性。

练习题

一、讨论题

9.1 卢瑟福的原子核式模型在解释原子现象上存在什么困难?

9.2 玻尔对原子的结构提出哪几点假设?是在什么条件下提出的?根据这些假设得到哪些结果?解决了什么问题?有什么缺点?

9.3 有两列频率相同的光波在空间相遇叠加后,若产生干涉,该两列波在相遇处应具备什么条件?

9.4 指出题图9-1所示的各种情况中,a、b 两条光线开始时无光程差,相聚后是否有光程差?为什么?

9.5 为什么说双缝干涉中的缝距 a 必须足够小?

9.6 红蓝两种光同时照到杨氏双缝上,哪种光的干涉条纹间距大?

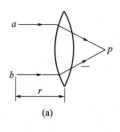 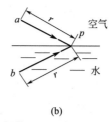 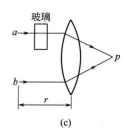

题图 9-1　习题 9.4 图

9.7　如果把杨氏双缝实验中的双缝间距逐渐加大，则屏上的条纹间距会发生什么变化？

9.8　杨氏双缝实验中，保持双缝间距不变，若将整个装置从空气中全部浸入油中，则屏上的条纹间距是变大、变小还是不变？

9.9　对于光的反射，什么情况下才有半波损失，产生周相突变 π 的现象？折射光是否也有半波损失？

9.10　同一光源对相同形状的劈尖做干涉实验，劈尖内一次是空气，一次是液体，干涉条纹是否相同？哪个间距大？为什么？

9.11　从平凸透镜一侧观察牛顿环，为什么牛顿环的中心呈现暗斑？若从另一侧即平板玻璃一侧观察牛顿环，则牛顿环中心明暗情况如何？为什么？

9.12　在阳光下吹肥皂泡你会见到三个状况：①肥皂泡很小时不呈现颜色；②吹大后泡上出现彩色斑纹；③快破前一瞬间肥皂泡发暗，这是为什么？

9.13　为什么许多照相机的镜头看上去呈蓝紫色？

9.14　小轿车车窗玻璃上贴上一层膜，贴膜后车内能看清车外，而车外却看不清车内，试说明该膜的光学原理。

9.15　隐形飞机、隐形军舰等除了在外形设计上，减小反射雷达波外，还在装备表面覆盖一层电介质，使入射的雷达波反射极微，试说明这层电介质减小反射的一种原理。

9.16　为什么单缝宽度大时观察不到衍射现象？

9.17　声波和光波都能衍射，但日常生活中声音能绕过建筑物传播，而光却不能，为什么？

9.18　为什么越是高档的照相机其镜头尺寸越大？

9.19　在双缝干涉的实验中，如果遮蔽其中一个缝，在屏上出现的条纹有何变化？

9.20　某束光可能是：①线偏振光；②部分偏振光；③自然光。你如何用实验确定这束光究竟是哪种光？

9.21　给你一块浅绿色的薄片，它可能是玻璃片，也可能是取向具有二向色性的偏振片，在没有其他仪器或特殊光源的情况下，你如何判断它究竟是什么？

9.22　光电效应有哪些主要规律？这些规律与光的电磁波理论有什么矛盾？

9.23　某种金属在一束绿光的照射下有电子逸出，问在下述的两种情况中逸出的电子会发生怎样的变化？

①　再多用一束绿光照射；

②　用一束强度相同的紫光代替原来的绿光。

二、选择题

9.24　在双缝干涉实验中，两缝处相位相同的光束到达屏上第一级暗纹中心所在位置时，光程差为（　　）。

(A) 2λ　　　　(B) $\dfrac{3}{2}\lambda$　　　　(C) λ　　　　(D) $\dfrac{\lambda}{2}$

9.25 如题图 9-2 所示,已知 $\overline{S_1P}=r_1$,$\overline{S_2P}=r_2$,则由同相位相干光源 S_1 和 S_2 发出的光,分别通过厚度和折射率不同的介质块,到达屏上 P 点的光程差为( )。

(A) r_2-r_1
(B) $[r_2+(n_2-1)d_2]-[r_1+(n_1-1)d_1]$
(C) $(r_2-n_2d_2)-(r_1-n_1d_1)$
(D) $(r_2+n_2d_2)-(r_1+n_1d_1)$

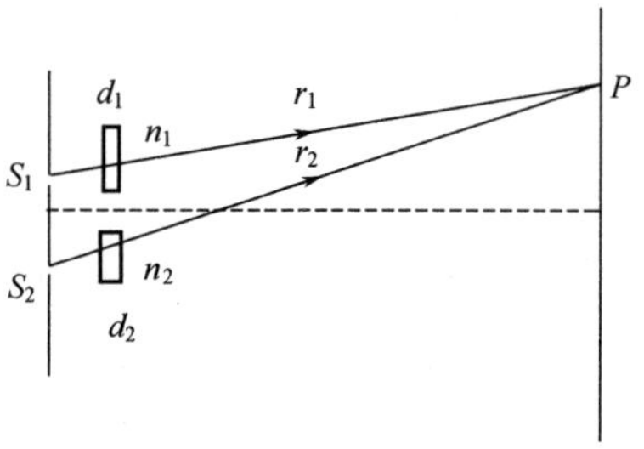

题图 9-2 习题 9.25 图

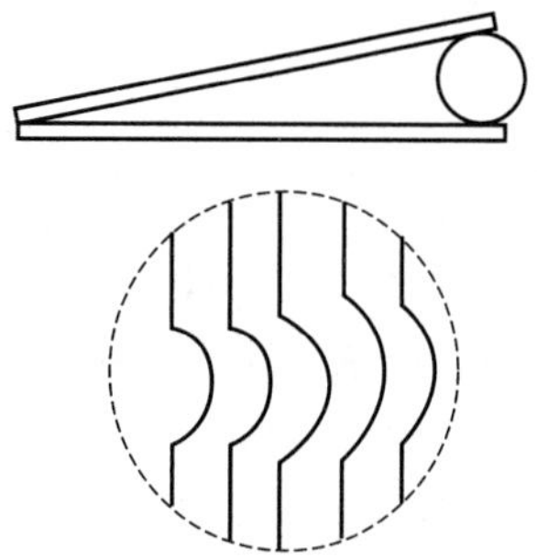

题图 9-3 习题 9.28 图

9.26 关于透镜对光程的影响,下列说法中正确的是( )。
(A) 光通过透镜不会改变光程
(B) 光通过透镜后,光程全部变为相等
(C) 不会因为使用透镜而使各光束之间的光程差发生改变
(D) 光经过透镜的不同部分增加的光程不同,而因使用透镜会产生新的光程差

9.27 在照相机镜头玻璃上,镀一层折射率 n 小于玻璃折射率的增透膜,以增强波长为 λ 的光的透射光能量,如光垂直入射,则介质膜的最小厚度应为( )。

(A) $\dfrac{\lambda}{n}$
(B) $\dfrac{\lambda}{2n}$
(C) $\dfrac{\lambda}{3n}$
(D) $\dfrac{\lambda}{4n}$

9.28 利用空气劈尖检查工件平整度,如题图 9-3 所示,用波长 λ 的单色光垂直入射,观察到的干涉条纹弯向较厚的一方,弯曲最大处与相邻条纹的直线部分的连线相切,可判断工件表面( )。

(A) 上凸,高 $\dfrac{\lambda}{2}$
(B) 上凸,高 λ
(C) 下凹,深 $\dfrac{\lambda}{2}$
(D) 下凹,深 λ

9.29 自然光以起偏角入射到透明介质上时,下面说法正确的是( )。
(A) 反射光和折射光均为完全偏振光
(B) 反射光的偏振程度比折射光高
(C) 反射光为平行于入射面的完全偏振光
(D) 折射光为垂直入射面的部分偏振光

9.30 已知某单色光照射到一金属表面产生了光电效应,若此金属的逸出电势为 U_0,则此单色光的波长 λ 必须满足( )。

(A) $\lambda \leqslant hc/eU_0$
(B) $\lambda \geqslant hc/eU_0$
(C) $\lambda \leqslant eU_0/hc$
(D) $\lambda \geqslant eU_0/hc$

三、填空题

9.31 频率为 100MHz 的一个光子的能量是_____J,动量的大小是_____kg·m/s。

9.32 处于基态的氢原子被能量 12.09eV 的光子激发时,其电子的轨道半径增加了_____倍。

9.33 相干光是指满足_____、_____、_____的光;获得相干光的方法有_____和_____。

9.34 真空中波长为 λ 的单色光,在折射率为 n 的介质中从点 A 到点 B,相位改变 2π,则光程为_____,从点 A 到点 B 几何路程为_____。

9.35 如题图 9-4 所示点 A 和点 B 至点 P 几何路程均为 r,AP 和 BP 光路上介质折射率分别为 n_1 和 n_2,则 AP 与 BP 的光程差为_____,由 A、B 两点发出的同相位的光(真空中波

长为 λ_0），到达点 P 的相位差为_____。

9.36 在空气劈尖干涉中，朝着劈尖厚度增加的方向，每增加一条明纹，劈厚增加_____（设入射光波长为 λ_0），对应的两相干光光程差增加_____，若在空气劈尖中充入肥皂液，则干涉条纹的间距将_____（增大、减小），当劈尖夹角 θ 减小时，相邻明纹间距将_____（增大、减小）。

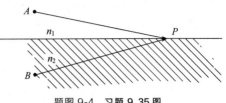

题图 9-4 习题 9.35 图

9.37 在膨胀干涉纹中（见图 9-15），当被测样品膨胀时，条纹向_____（左或右）移动；条纹每移动一条表示被测样品高度增加_____（设入射光波长为 λ）。

9.38 单缝衍射中缝宽越小，条纹间距越_____，条纹亮度越_____。

9.39 光栅常数越小，缝数越多，则衍射明纹越_____（细或粗）；条纹间距越_____（大或小），明条纹亮度越_____（高或低）。

9.40 光学仪器的孔径越大，分辨率越_____；光波波长越_____，分辨率越高。

9.41 当波长为 300nm 的光照射到某金属表面时，光电子的动能范围为 $0 \sim 4.0 \times 10^{-19}$ J，则此金属的遏止电压为 $|U_S|$ = _____ V，红限频率为 ν_0 = _____ Hz。

9.42 某金属产生光电效应的红限波长为 λ_0，今以波长 $\lambda(\lambda > \lambda_0)$ 的单色光照射该金属。金属释放出的电子的动量大小为_____ kg·m/s。

四、计算题

9.43 根据玻尔理论，计算氢原子中的电子在 $n=1\sim4$ 上轨道运动时的速度、轨道半径及原子系统的能量。

9.44 杨氏双缝干涉中，用单色平行光垂直照射双缝，已知双缝间距 $a=0.40$mm，在距缝 2m 远的屏上测得第 4 级明条纹到中央明条纹中心的距离为 1.10cm。
① 求入射光波长；
② 若用折射率 $n=1.58$ 的云母薄片置于一条缝上，则中央明纹移至原第九级明纹处，求云母片厚度。

9.45 用波长 $\lambda=650$nm 的单色光垂直照射到折射率 $n=1.33$ 的肥皂膜劈尖上，求光在膜中的波长以及反射第一级明纹处的肥皂膜厚度。

9.46 用波长 $\lambda=632.8$nm 的 He-Ne 激光垂直照射到折射率 $n=1.58$ 的透明膜上，要使反射光得到增强，则薄膜的最小厚度应为多少？

9.47 在玻璃透镜表面上镀一层增透膜，增透膜材料用折射率为 1.38 的氟化镁（MgF_2），透镜的折射率为 1.50，设入射光波长为 520nm，求增透膜的最小厚度。

9.48 波长为 $\lambda=500$nm 的单色光，垂直射到宽度为 a 的狭缝上，测出夫琅禾费衍射第一级明纹的衍射角 $\theta=\pi/6$，求狭缝宽度 a。

9.49 钠光灯发出的黄光有两条光谱线，波长分别为 $\lambda_1=589.0$nm 和 $\lambda_2=589.6$nm，用 500 条/mm 的光栅观测它的衍射光谱，试计算其第二级的两条谱线衍射角之差。

9.50 遥远的两颗星体射向一望远镜的光的夹角为 4.84×10^{-6} rad，它所发出的光波长为 550nm，则要分辨这两颗星体，该望远镜的物镜口径至少要多大？

9.51 美国波多黎各阿里西玻谷地的无线电天文望远镜，其"物镜"镜面孔径为 300m，曲率半径也是 300m，望远镜工作的最短波长是 4cm，求在该波长上，望远镜的角分辨率。

9.52 自然光通过两个偏振化方向间成 60° 的偏振片，透射光强度为 I_1。今在这两个偏振片之间再插入另一偏振片,使它的偏振化方向与前两个偏振化方向间均成 30°,则透射光强度多大?

9.53 水的折射率为 1.33,玻璃的折射率为 1.50,当光由水中射向玻璃而反射时,起偏角为多少?当光由玻璃射向水中而反射时,起偏角又为多少?这两个起偏角的数值间有何关系?

9.54 钾产生光电效应的截止波长为 6500Å($1Å = 10^{-10}$ m),今以波长为 4358Å 的光照射它,求钾所发射出的电子速度。

附 录

附录 A 大学物理实验目录（供参考）

第一章　测量误差与数据处理基础知识
　第一节　测量与误差的基本概念
　第二节　系统误差
　第三节　不确定度的估算
　第四节　有效数字
　第五节　常用数据处理方法

第二章　力学和热学、流体实验
　实验一　　长度测量
　实验二　　密度的测定
　实验三　　重力加速度的测定
　　　　　　Ⅰ．单摆法
　　　　　　Ⅱ．自由落体法
　实验四　　液体表面张力系数的测定
　　　　　　Ⅰ．拉脱法
　　　　　　Ⅱ．毛细管法
　实验五　　气垫导轨实验
　实验六　　转动惯量的测定
　实验七　　简谐振动的研究
　实验八　　拉伸法测金属丝的杨氏模量
　实验九　　液体黏滞系数的测定
　　　　　　Ⅰ．落球法
　　　　　　Ⅱ．转筒法
　实验十　　声速的测定
　实验十一　金属线胀系数的测定
　实验十二　电热法研究功热的能量转换

第三章　电磁学实验
　电磁学实验预备知识
　实验十三　电学基本器具的使用
　实验十四　电表的改装和校准
　实验十五　用模拟法测绘静电场
　实验十六　惠斯通电桥
　实验十七　用电位差计测量电源电动势
　实验十八　用双臂电桥测低电阻
　实验十九　伏安法测非线性电阻
　实验二十　热电偶温度计的校准
　实验二十一　示波器的使用
　实验二十二　交流电路的基本测量
　实验二十三　用交流电桥测量电容电感
　实验二十四　灵敏电流计的研究
　实验二十五　用冲击电流计测量螺线管的磁场
　实验二十六　霍尔效应及磁场的测量

第四章　光学和近代物理实验
　光学实验预备知识
　实验二十七　薄透镜焦距的测定
　实验二十八　组装望远镜
　实验二十九　用牛顿环测平凸透镜的曲率半径
　实验三十　　双棱镜干涉
　实验三十一　分光计的调节和使用
　实验三十二　单缝衍射
　实验三十三　光栅衍射
　实验三十四　光的偏振
　实验三十五　照相技术
　实验三十六　全息照相
　实验三十七　迈克尔孙干涉仪
　实验三十八　光电效应
　实验三十九　用小型棱镜摄谱仪测定光波波长
　实验四十　　油滴法测基本电荷
　实验四十一　夫兰克-赫兹实验

附录 B　矢量代数基本知识

1. 矢量

具有大小和方向，并遵从平行四边形定则的物理量，称为**矢量**，如力、速度、加速度、电场强度、磁感强度等都是矢量。

矢量的符号（代数表示）书写时用带箭头的细体字母，如 $\vec{A}$；印刷上用黑体字母，如 **A**。

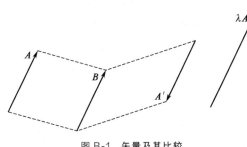

图 B-1　矢量及其比较

矢量的图形（几何表示）是如图 B-1 所示的有向线段，线段的长度（用单位长度度量）表示矢量的大小，箭头方向表示矢量的方向。

矢量 **A** 的大小，称为 **A** 的**模**（或绝对值），记作 $|A|$ 或 A，它对应于有向线段的长度，恒为非负量，模等于 1 的矢量，称为**单位矢量**，在直角坐标系 $O\text{-}xyz$ 中沿 x、y、z 轴正向的单位矢量，分别记为 **i**、**j**、**k**。模等于零的矢量，称为零矢量，可用 0 来表示它。

当矢量 **A** 和 **B** 大小相等方向相同时，称此二矢量**相等**，即有 **A** = **B**，**B** = **A**。图 B-1 中的矢量 **A** 和 **B** 便是相等的，因此两矢量相等，并不意味着该二矢量一定相重合。显然，矢量在空间平移一段距离，其大小、方向均保持不变，这一性质称为**矢量的平移不变性**。

矢量 **A** 与实数 λ 的乘积，称为数量的**数乘**，记为 $\lambda\boldsymbol{A}$。$\lambda\boldsymbol{A}$ 也是一个矢量，其模 $|\lambda\boldsymbol{A}|=|\lambda||\boldsymbol{A}|$。当 $\lambda=-1$ 时，$\lambda\boldsymbol{A}=-\boldsymbol{A}$ 称为 **A** 的**负矢量**，它与 **A** 大小相等但方向相反。如图 B-1 中的 **A**′ 和 **A** 便互为负矢量，即有 **A**′ = −**A**　**A** = −**A**′。

矢量 **A**/A 是 **A** 的单位矢量，它表示了 **A** 的方向，因此，

$$\boldsymbol{A}=\boldsymbol{B}\Leftrightarrow|\boldsymbol{A}|=|\boldsymbol{B}| \text{ 且 } \boldsymbol{A}/A=\boldsymbol{B}/B \tag{B-1}$$

符号 ⇔ 表示等价，读为"等价于"或"当且仅当"。

以坐标系原点（它常取在圆心、平衡位置等等固定点）为起点，以质点位置为终点的矢量，称为**位置矢量**，简称**位矢**，它确定了质点相对原点的位置，通常记为 **r**。

以运动质点前后位置为相应起点和终点的矢量，称为**位移**，它描述了质点在一段时间内位置变化的距离和方向。

位矢和位移的大小，即 $|r|$ 和 $|\Delta r|$ 的单位都是米（m）。

2. 矢量的合成与分解

矢量的**合成**又称为矢量的**相加**。设矢量 **R** 为矢量 **A** 和 **B** 的合成，则表达式为

$$\boldsymbol{R}=\boldsymbol{A}+\boldsymbol{B} \tag{B-2}$$

并称 **R** 为 **A** 和 **B** 的合矢量或**矢量和**。

矢量合成（加法）的三角形定则：以 **A** 的终点作为 **B** 的起点，则从 **A** 的起点到 **B** 的终点所作的矢量 **R**，即为 **A** 和 **B** 的合矢量，如图 B-2 所示。

三角形定则是平行四边形定则的等价表达，它可推广为如图 B-3 所示的多边形定则，一般表达式为

$$\boldsymbol{R}=\boldsymbol{A}_1+\boldsymbol{A}_2+\cdots+\boldsymbol{A}_n \tag{B-3}$$

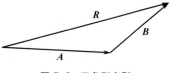

图 B-2　三角形定则

图 B-2 中的矢量 A，可表示为 R 与 $-B$（B 的负矢量）的合成，如图 B-4 所示。$A=R+(-B)$ 简记为

$$A=R-B \tag{B-4}$$

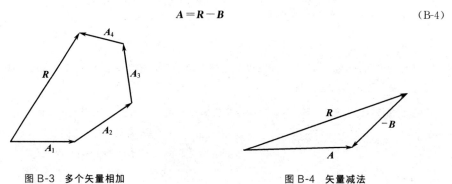

图 B-3　多个矢量相加　　　　　图 B-4　矢量减法

这就是矢量的**相减**，并称 $R-B$ 为**矢量差**。可见，矢量的减法同样可利用三角形定则来进行。容易证明，矢量加法具有如下运算性质：

交换率 $\qquad\qquad A+B=B+A \tag{B-5}$

结合率 $\qquad A+B+C=A+(B+C) \tag{B-6}$

关系式 $R=A+B$，也可称为矢量 R 的**分解**，并称 A 和 B 为 R 的**分矢量**。

分矢量相互垂直的分解，称为**正交分解**。

矢量的合成与分解，在物理学中得到了广泛的应用，如力、动量、电场强度、磁场强度、运动（位移、速度、加速度）等的合成与分解。

3. 矢量的解析表示

矢量 A 的终点和起点对同一坐标轴的坐标值之差，称为 A 在该坐标上的**分量**（又称为**投影**）。如图 B-5 所示，若矢量 A 与三个坐标轴方向之间的夹角度分别为 α、β、γ（它们统称为**方向角**），则 A 矢量在三个坐标轴方向上的分量分别为

$$A_x=A\cos\alpha,\ A_y=A\cos\beta,\ A_z=A\cos\gamma \tag{B-7}$$

随方向角的不同，分量可以取正值，负值或零。

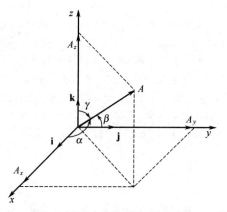

图 B-5　矢量在直角坐标系中的分解

矢量 A 在直角坐标系中按坐标轴的正交分解，称为 A 的**解析表示**（解析表达式）。图 B-5 中的 A 的解析表示为

$$A=A_x+A_y+A_z=A_x\mathbf{i}+A_y\mathbf{j}+A_z\mathbf{k} \tag{B-8}$$

其中 $A_x=A_x\mathbf{i}$，$A_y=A_y\mathbf{j}$，$A_z=A_z\mathbf{k}$。

位矢和位移的解析表示，分别为

$$r=x\mathbf{i}+y\mathbf{j}+z\mathbf{k}$$

$$\Delta r=\Delta x\mathbf{i}+\Delta y\mathbf{j}+\Delta z\mathbf{k}$$

矢量的分量和矢量是密切相关又有重大差别的不同概念。分量的绝对值总是等于分矢量的大小。一分量取正（负）值时表明对应的分矢量与坐标轴正向同（反）向。

利用矢量的解析表示，矢量的一些性质和运算可表达如下（其中 λ 为实数）：

$$A=|A|=\sqrt{A_x^2+A_y^2+A_z^2} \tag{B-9}$$

$$\lambda \boldsymbol{A} = \lambda A_x \mathbf{i} + \lambda A_y \mathbf{j} + \lambda A_z \mathbf{k} \tag{B-10}$$

$$\boldsymbol{A}/A = \cos\alpha \mathbf{i} + \cos\beta \mathbf{j} + \cos\gamma \mathbf{k} \tag{B-11}$$

$$\boldsymbol{A} = \boldsymbol{B} \Leftrightarrow A_x = B_x \text{ 且 } A_y = B_y \text{ 且 } A_z = B_z \tag{B-12}$$

$$\boldsymbol{A} \pm \boldsymbol{B} = (A_x \pm B_x)\mathbf{i} + (A_y \pm B_y)\mathbf{j} + (A_z \pm B_z)\mathbf{k} \tag{B-13}$$

式 B-12 等价号⇔右边的几个等式，称为矢量等式的**分量表达式**。式(B-13)表明，**矢量的加减运算，归结为对应分量之间的加减运算**，即若 $\boldsymbol{R} = \boldsymbol{A} \pm \boldsymbol{B}$，则有分量表达式

$$R_x = A_x \pm B_x, \qquad R_y = A_y \pm B_y, \qquad R_z = A_z \pm B_z \tag{B-14}$$

4. 矢量的点乘与叉乘

如图 B-6 所示，如果 $\boldsymbol{A}$、$\boldsymbol{B}$ 分别表示作用力和位移，则相应的功为 $AB\cos\theta$。其中 θ 角是两矢量间不大于 π 的夹角（在以下的讨论中，凡提及两矢量之间的夹角，均指不大于 π 的夹角）。

一般地说，矢量 $\boldsymbol{A}$ 和 $\boldsymbol{B}$ 的**点乘**，用 $\boldsymbol{A} \cdot \boldsymbol{B}$ 表示，定义为

$$\boldsymbol{A} \cdot \boldsymbol{B} = |\boldsymbol{A}| \cdot |\boldsymbol{B}| \cdot \cos\theta$$
$$= AB\cos\theta \tag{B-15}$$

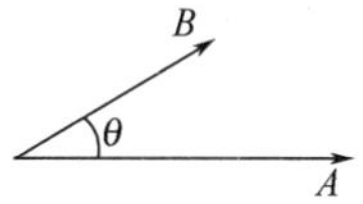

图 B-6 矢量的点乘

点乘的结果是一个标量，故又称为**标积**。功、通量、环流、电动势等物理量，都要利用矢量的点乘来表达。

根据上述定义不难证明点乘具有如下运算性质（其中 λ 为实数）：

交换率 $\qquad\qquad\qquad \boldsymbol{A} \cdot \boldsymbol{B} = \boldsymbol{B} \cdot \boldsymbol{A} \tag{B-16}$

结合率 $\qquad\qquad\qquad (\lambda \boldsymbol{A}) \cdot \boldsymbol{B} = \lambda(\boldsymbol{A} \cdot \boldsymbol{B}) \tag{B-17}$

分配率 $\qquad\qquad\qquad \boldsymbol{A} \cdot (\boldsymbol{B} + \boldsymbol{C}) = \boldsymbol{A} \cdot \boldsymbol{B} + \boldsymbol{A} \cdot \boldsymbol{C} \tag{B-18}$

利用这些运算性质，还可导出点乘的解析表达式

$$\boldsymbol{A} \cdot \boldsymbol{B} = A_x B_x + A_y B_y + A_z B_z \tag{B-19}$$

在图 B-7 中，力 F 对转轴 O_1O_2 所形成的力矩大小为 $Fr\sin\theta$；如果规定该力矩的方向竖直向上，那么根据如下所述，作为矢量的力矩，就更能全面反映它所产生的转动效果。

一般地说，矢量 $\boldsymbol{A}$ 和 $\boldsymbol{B}$ 的叉乘，表示为 $\boldsymbol{A} \times \boldsymbol{B}$，其结果是一个矢量，因此又称为**矢积**。

设 $\boldsymbol{D} = \boldsymbol{A} \times \boldsymbol{B}$，定义为

$$|\boldsymbol{D}| = |\boldsymbol{A} \times \boldsymbol{B}| = AB\sin\theta \tag{B-20}$$

$\boldsymbol{D}$ 的方向如图 B-8（a）所示，按右手螺旋定则来确定：右手成握状的四指从 $\boldsymbol{A}$ 经 θ（小于 π 的角）转向 $\boldsymbol{B}$ 时，垂直于四指的大拇指指向即表示 $\boldsymbol{D}$ 的方向，这样，力矩矢量 M 就可表示为力的作用点的位矢量 $\boldsymbol{r}$ 与作用力 $\boldsymbol{F}$ 的叉乘：$\boldsymbol{M} = \boldsymbol{r} \times \boldsymbol{F}$。

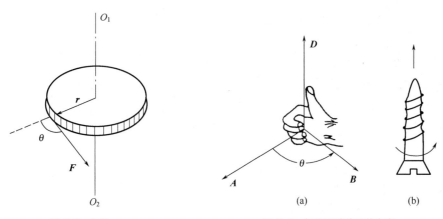

图 B-7 力矩 $\qquad\qquad\qquad\qquad$ 图 B-8 矢量叉乘结果的方向

除力矩外，矢量的叉乘还用于表示角动量、洛伦兹力、安培力、磁力矩，以及电流元所形成的磁场等等。

根据上述定义，不难证明叉乘具有如下的运算性质（λ 为实数）：

反交换率 $\qquad\qquad\qquad \boldsymbol{A} \times \boldsymbol{B} = -\boldsymbol{B} \times \boldsymbol{A}$ \qquad\qquad (B-21)

结合率 $\qquad\qquad\qquad (\lambda \boldsymbol{A}) \times \boldsymbol{B} = \lambda(\boldsymbol{A} \times \boldsymbol{B})$ \qquad\qquad (B-22)

分配率 $\qquad\qquad\qquad \boldsymbol{A} \times (\boldsymbol{B}+\boldsymbol{C}) = \boldsymbol{A} \times \boldsymbol{B} + \boldsymbol{A} \times \boldsymbol{C}$ \qquad\qquad (B-23)

附录 C 练习题答案

第一章

1.10(B)   1.11(B)   1.12(D)   1.13(C)   1.14(B)   1.15(B)   1.16(A)   1.17(A)

1.18 8m，10m

1.19 1s

1.20 $x_0 = 3$m，$v_x = 2+10t+3t^2$，$v_0 = 2$m/s，$a_x = 10+6t$，$a_0 = 10$m/s^2，变加速直线运动

1.21 $\boldsymbol{v} = 4\boldsymbol{i} + (2-9.8t)\boldsymbol{j}$，$\boldsymbol{a} = -9.8\boldsymbol{j}$，$\mathrm{d}\boldsymbol{r} = 4\mathrm{d}t\,\boldsymbol{i} + (2-9.8t)\mathrm{d}t\,\boldsymbol{j}$，$|\mathrm{d}\boldsymbol{r}| = \sqrt{16+(2-9.8t)^2}\,\mathrm{d}t$，$v = \sqrt{16+(2-9.8t)^2}$ m/s

1.22 -9J；9J

1.23 1397.1J

1.24 1.47×10^3J，1.62×10^3J

1.25 -2.5m/s，300N

1.26 $2m\sqrt{gR}$；$m\sqrt{2Rg}$

1.27 -6m/s，正南方向

1.28 ①$\sqrt{x} = y-3$；②$\Delta \boldsymbol{r} = 12\boldsymbol{i} + 2\boldsymbol{j}$；③$\boldsymbol{v} = 8t\boldsymbol{i} + 2\boldsymbol{j}$，8.25m/s 与水平方向成 14°；④$\boldsymbol{a} = 8\boldsymbol{i}$，加速度大小为 8m/s^2，方向沿 Ox 正方向

1.29 ω；ω^2

1.30 $v_x = \dfrac{t^3}{2} + 6$，$x = \dfrac{t^4}{8} + 6t + 3$

1.31 $\dfrac{b^2 T^4}{8m}$

1.32 141.4m/s

1.33 ①$5.94 \times 10^3$N，1.98×10^3N；②$3.24 \times 10^3$N，1.08×10^3N

1.34 4.23×10^6J；1.51×10^2s

1.35 ①$A_f = -\mu Mgl$，$A_F = -\dfrac{1}{2}kl^2$；②$L = \dfrac{1}{k}\left(\sqrt{\mu^2 M^2 g^2 + kMv_0^2} - \mu Mg\right)$

1.36 $F = \dfrac{2mv\cos\alpha}{\Delta t}$ 方向竖直向下

1.37 1.14×10^3N

1.38 $L = \dfrac{mg + \sqrt{(mg)^2 + kmv_0^2}}{k}$

1.39 2.22×10^3N

1.40 30cm

第二章

2.8(C) 2.9(D) 2.10(C) 2.11(B) 2.12(B) 2.13(C)

2.14 48rad/s，48rad/s^2

2.15 $\dfrac{5}{4}mL^2$，$\dfrac{1}{4}mL^2$

2.16 $\sqrt{\dfrac{3g}{L}}$，$\dfrac{1}{2}MgL$

2.17 3rad/s^2

2.18 $m_2r^2\omega_2-m_1R^2\omega_1$

2.19 $\dfrac{L^2}{2mr^2}$，$-\dfrac{L^2}{mr^2}$，$-\dfrac{L^2}{2mr^2}$

2.20 $\dfrac{5}{8}mL^2+\dfrac{7}{48}ML^2$

2.21 ①300；②30πrad/s，3πm/s，−0.3πm/s^2，90π^{2}m/s^2

2.22 ①0.12N·m；②1.2rad/s^2

2.23 157N·m

2.24 $\Delta h=\dfrac{\omega^2l^2}{6g}$

2.25 ①6.25rad/s^2，②4.76rad/s^2

2.26 ①12rad/s；②0.027J

2.27 0.25rad/s 顺时针方向

2.28 314N

2.29 ①1.13s；②6.80m

2.30 8.11×10^{3}m/s，6.31×10^{3}m/s

2.31 5s

第三章

3.9(A) 3.10(B) 3.11(B) 3.12(D) 3.13(D)

3.14 功能原理

3.15 不可压缩流体，稳定流动

3.16 密；疏

3.17 理想流体做稳定流动；小；大

3.18 增大；减小

3.19 11.6m/s

3.20 1.48cm

3.21 $\sqrt{2gh}$

3.22 1.08×10^{5}Pa

3.23 ①0.84m/s，13.4m/s；②1.65×10^{-3}m^3/s

3.24 ①2.5m/s；②1.6×10^{5}Pa

3.25 1.67cm

3.26 ①2m/s，1.5×10^{3}Pa；②0.24m^3/min

3.27　80.2m

3.28　①57m/s；②50.2m/s

3.29　7.5×10^{-4}N/m²

第四章

4.16(C)　4.17(C)　4.18(C)　4.19(D)　4.20(D)

4.21　①氧气，氦气；②在速率区间 $v\sim v+dv$ 的分子数占总分子数的百分比或一个分子在此速率区间内出现的概率；③1.

4.22　物体内所有分子的总动能和分子间的相互作用势能的总和；分子各种运动形式的动能之和

4.23　-650J

4.24　2.5×10^3，2.5×10^3，0

4.25　750

4.26　200，600

4.27　小，大

4.28　461m/s

4.29　395m/s，447m/s，483m/s

4.30　9.54×10^6m/s，2.6×10^2m/s，1.6×10^{-4}m/s

4.31　5.32×10^{11}K

4.32　3.74×10^3J，6.23×10^3J，3.12×10^3J，2.08×10^2J

4.33　1.28×10^{-6}K

4.34　6.36×10^3J，1.82×10^3J

4.35　2.5×10^3，2.5×10^3

4.36　①$6.9\times10^2$J，6.9×10^2J；②$6.9\times10^2$J，9.66×10^2J

4.37　1.37×10^3J

4.38　①$2.72\times10^3$J，2.20×10^3J；②106K

4.39　6.7%

4.40　①图略；②热机；③23.9%

4.41　15.1%

4.42　①$Q_1=5.35\times10^3$J；②$A=1.34\times10^3$J；③$Q_2=4.01\times10^3$J

4.43　5.7kW·h

4.44　297W

4.45　56.1W/m²

第五章

5.11(D)　5.12(A)　5.13(D)　5.14(D)　5.15(D)　5.16(C)　5.17(D)

5.18(B)

5.19　b，a，$-\dfrac{qQ}{4\pi\varepsilon_0 r_b}$，负，增加

5.20　0，$\dfrac{1}{2}\times\dfrac{q}{\pi\varepsilon_0 a^2}$，0，$\dfrac{1}{2}\times\dfrac{Q}{\pi\varepsilon_0 a^2}$

5.21　$\dfrac{\sigma}{2\varepsilon_0}$

5.22 小于零，小于零；大于零，小于零；大于零，大于零

5.23 不变，降低；不变，不变

5.24 增大，减小

5.25 $\dfrac{\lambda_1\lambda_2}{2\pi\varepsilon_0 d}$

5.26 $\dfrac{\rho R^3}{3\varepsilon_0 r^2}$，$\dfrac{\rho r}{3\varepsilon_0}$

5.27 $\pm 2.38\times 10^{-9}$ C

5.28 $\dfrac{2ql}{4\pi\varepsilon_0 r^3}=\dfrac{2p}{4\pi\varepsilon_0 r^3}$

5.29 3.6×10^4 N/C，方向指向负电荷；1.8×10^3 V

5.30 -294V，B，-294V

5.31 ① -1.5×10^{-6} J；② 10^4 N/C

5.32 $\dfrac{1}{4\pi\varepsilon_0}\times\dfrac{\lambda L}{a(a+L)}$

5.33 3.04×10^{-9} C

5.34 当 $r<R$ 时，$E=0$；当 $r>R$ 时，$E=\dfrac{\lambda}{2\pi\varepsilon_0 r}$

5.35 $A_e=Qq/(6\pi\varepsilon_0 R)$；$A_G=0$

5.36 ① 1.5×10^4 V；② 1.9×10^4 V；③ -3.7×10^3 V，0

5.37 1.2×10^3 V，600 V，360 V

5.38 ① $\dfrac{q}{6\pi\varepsilon_0 l}$；② $\dfrac{q}{6\pi\varepsilon_0 l}$

5.39 ① $\dfrac{1}{4\pi\varepsilon_0}\left(\dfrac{Q_2}{R_2}+\dfrac{Q_1}{R_1}\right)$；② $\dfrac{1}{4\pi\varepsilon_0}\left(\dfrac{Q_1}{r}+\dfrac{Q_2}{R_2}\right)$；③ $\dfrac{Q_1+Q_2}{4\pi\varepsilon_0 r}$

5.40 ① 3.54×10^{-9} F；② 3.54×10^{-6} C，1.77×10^{-6} C/m²；③ 2×10^5 V/m

5.41 4.89×10^{-6} J

5.42 略

5.43 略

第六章

6.13(B)　6.14(D)　6.15(C)　6.16(D)　6.17(C)　6.18(A)　6.19(D)　6.20(B)
6.21(C)、(D)

6.22 根据左手定则判断

6.23 5.57

6.24 $\dfrac{\mu_0 I}{4}\left(\dfrac{1}{R_1}+\dfrac{1}{R_2}\right)$，垂直纸面向里

6.25 I_1、I_2 共同激发；$-\mu_0 I_2$

6.26 qE，垂直纸面向外；$qvB\sin\theta$，垂直纸面向里；$E=vB\sin\theta$

6.27 Oa、Od

6.28 A、B、C、D 点的法线方向，0

6.29 7.2×10^{-5} T

6.30 与载有电流为 I 的导线相距为 10cm 处

6.31 ①0.24Wb；②0；③±0.24Wb；④0

6.32 $\dfrac{\mu_0 I_1 I_2}{2\pi a}$

6.33 1.0N，方向与 ab 夹角45°

6.34 7.85×10^{-2} N·m

6.35 4.33×10^{-2} N·m

6.36 ①$\dfrac{\mu_0 I}{4R}$；②$\dfrac{\mu_0 I}{8R}$

6.37 0

6.38 9.2×10^{-5} N

6.39 $\dfrac{\mu_0 Il}{2\pi}\ln\dfrac{b}{a}$

6.40 ①$1.26\times 10^{-3}$ Wb/m²；②$1.89\times 10^{-6}$ Wb

6.41 ①$\dfrac{\mu_0\mu_r I}{2\pi r}$；②0

6.42 3.92×10^{-2} T，竖直向上或向下

6.43 $\arcsin(DeB/mv)$

6.44 ①$\sqrt{\dfrac{2qU}{m}}$；②$E\sqrt{\dfrac{m}{2qU}}$；③$\dfrac{2}{l}\sqrt{\dfrac{2Um}{q}}$

6.45 ①$\dfrac{B^2 d^2 V}{s(R+r)}$；②$\dfrac{B^2 d^2 V}{s(R+r)}+\dfrac{f}{s}$

6.46 ①$9.97\times 10^4$ V；②0.9T

6.47 ①b 端高；②$5\times 10^{-4}$ m/s；③$3.75\times 10^{27}/\text{m}^3$

6.48 略

第七章

7.11(D)　7.12(B)　7.13(D)　7.14(C)　7.15(D)　7.16 (A)、(C) 错误；(B)、(D) 正确
7.17(D)

7.18 (a) 有，从 a 指向 b；(b) 有，从 a 指向 b；(c) 无（在 aO、bO 之间有电动势，但 $U_{ab}=0$）；(d) 无

7.19 (a) 无；(b) 有、顺时针；(c) 有、顺时针

7.20 逆时针方向

7.21 变化的磁场，闭合曲线，加速产生涡流

7.22 8×10^{-2} J

7.23 0.03V

7.24 ①$0.5\pi\cos 10\pi t$；②1.57V

7.25 0.13V，顺时针转向

7.26 7.0×10^{-3}V，A 端电势高

7.27 ①$R^2\omega B/2$；②盘边电势高，反转时盘心电势高

7.28 -4.71×10^{-5} V

7.29 ①$-(\mu Iv/2\pi)\ln(l+a/d),0,(\mu Iv/2\pi)\ln(1+a/d),0$；②0

7.30 -3.68×10^{-5} V；A 端电势高

7.31 $-\mu_0 Nn\pi r^2 \text{d}I/\text{d}t$

7.32 7.4×10^{-4} H

7.33 1.21×10^3

7.34 6.25×10^{-5} J

7.35 $E = 4.44 f N \Phi_m = 97.68$V

7.36 166 个白炽灯，$I_2 = 45.5$A，$I_1 = 3.03$A

7.37 ① $\dfrac{mRv_0}{(BL)^2}$；② $Q = \dfrac{(BLv)^2}{R}\int_0^\infty \exp\left[-\dfrac{2(BL)^2}{mR}t\right]\mathrm{d}t = \dfrac{-mv_0^2}{2}\exp\left[-\dfrac{2(BL)^2}{mR}t\right]\Big|_0^\infty \dfrac{mv_0^2}{2}$

7.38 略

第八章

8.15 (C) 8.16 (B) 8.17 (B) 8.18 (C) 8.19 (B) 8.20 (B) 8.21 (C)

8.22 b, d；a, c

8.23 96J；32J

8.24 (1) 0；(2) $\dfrac{3\pi}{2}$；(3) $\dfrac{5\pi}{3}$；(4) $\dfrac{\pi}{4}$

8.25 $-\dfrac{5\pi}{6}$；2；7

8.26 10；0.1s；100m；1000m/s

8.27 4m；5m/s；0.8s

8.28 $\dfrac{D}{2}\sqrt{\dfrac{\rho g \pi}{m}}$

8.29 $\varepsilon_2 = \varepsilon_0 \cos\left(\omega t - \dfrac{2\pi}{3}\right)$；$\varepsilon_3 = \varepsilon_0 \cos\left(\omega t - \dfrac{4\pi}{3}\right)$

8.30 $\dfrac{4\pi}{3}$；$x_2 = A\cos\left(\omega t + \phi_1 + \dfrac{4\pi}{3}\right)$

8.31 ① $x = 5\cos(20\pi t)$cm；② $x = 5\cos(20\pi t + \pi)$cm；
③ $x = 5\cos\left(20\pi t + \dfrac{5\pi}{3}\right)$cm；④ $x = 5\cos\left(20\pi t + \dfrac{4\pi}{3}\right)$cm；
⑤ $x = 5\cos\left(20\pi t + \dfrac{\pi}{2}\right)$cm

8.32 $x = 5.0\cos\dfrac{\pi}{3}(5t-1)$；$\varphi_a = -\dfrac{\pi}{3}$；$\varphi_b = 0$；$\varphi_c = \dfrac{\pi}{3}$；$\varphi_d = \dfrac{\pi}{2}$；$\varphi_e = \dfrac{2\pi}{3}$；$\varphi_f = \dfrac{4\pi}{3}$

8.33 ① $\omega = 1$rad/s；② $\nu = 0.16$Hz；③ $T = 6.25$s；
④ $x_m = 6.5$cm；⑤ $v_m = 6.5$cm/s；⑥ $a_m = 6.5$cm/s^2

8.34 $A = 4$cm；$\varphi = \dfrac{\pi}{2}$

8.35 $A = 0.14$cm；$\varphi = \dfrac{5\pi}{12}$；$x = 0.14\cos\left(50t + \dfrac{5\pi}{12}\right)$cm

8.36 ① $x = 0.08\cos\left(0.5\pi t + \dfrac{\pi}{3}\right)$m；② $\Delta t = \dfrac{2}{3}$s

8.37 ① $A = 6.33 \times 10^{-2}$m；② $k = 1250$N/m；③ $E_k = 1.5$J

8.38 $T \approx 0.90$s

8.39 ① $y = 0.01\cos 314\left(t - \dfrac{x}{31.4}\right)$m；② $y = 0.01\cos 314(t-10)$m

8.40　①图略；②沿 x 轴反向传播

8.41　④$T \approx 76.92\text{s}$；⑤$k = 10\text{N/m}$

第九章

9.24(D)　9.25(B)　9.26(C)　9.27(D)　9.28(A)　9.29(B)　9.30(A)

9.31　6.626×10^{-26}；2.21×10^{-34}

9.32　9

9.33　同频率、同振动方向、恒定相位差；分波阵面法；分振幅法

9.34　λ；$\dfrac{\lambda}{n}$

9.35　$(n_2 - n_1)r$；$\dfrac{2\pi r}{\lambda_0}(n_2 - n_1)$

9.36　$\dfrac{\lambda_0}{2}$，$\dfrac{\lambda_0}{2}$，减小，增大

9.37　右；$\dfrac{\lambda}{2}$

9.38　大；小

9.39　细；大；高

9.40　高；短

9.41　2.5；3.963×10^{14}

9.42　$\sqrt{\dfrac{2hcm(\lambda_0 - \lambda)}{\lambda \lambda_0}}$

9.43　提示：①由公式 $E_n = -\dfrac{me^4}{8n^2 \varepsilon_0^2 h^2}$、$E_1 = -\dfrac{me^4}{8\varepsilon_0^2 h^2} = -13.6\text{eV}$ 得到 $E_n = -\dfrac{13.6}{n^2}\text{eV}$

② 由公式 $r_n = n^2 \dfrac{\varepsilon_0 h^2}{\pi m e^2} = 5.29 \times 10^{-11}\text{m}$ 得到 $r_n = n^2 r_1$

③ 由公式 $m\dfrac{V^2}{r} = \dfrac{e^2}{4\pi \varepsilon_0 r^2}$、$r_n = n^2 \dfrac{\varepsilon_0 h^2}{\pi m e^2}$ 和 $r_1 = \dfrac{\varepsilon_0 h^2}{\pi m e^2} = 0.529 \times 10^{-10}\text{m}$ 得到 $V_1 = e\sqrt{\dfrac{1}{4\pi \varepsilon_0 m r_1}} = 2.189 \times 10^6\text{m/s}$ 和 $V_n = \dfrac{V_1}{n}$ 然后对每轨道逐一计算……

9.44　①550nm；②$8.53 \times 10^{-6}\text{m}$

9.45　4.89nm；$1.22 \times 10^{-7}\text{m}$

9.46　$0.10\mu\text{m}$

9.47　$0.094\mu\text{m}$

9.48　$1.5 \times 10^{-6}\text{m}$

9.49　$2'33''$

9.50　13.9cm

9.51　$1.63 \times 10^{-2}\text{rad}$

9.52　$2.25 I_1$

9.53　$48°26'$；$41°34'$；互为余角

9.54　$5.75 \times 10^5\text{m/s}$

参 考 文 献

[1] 漆安慎,杜婵英. 力学基础. 北京:高等教育出版社,1982.
[2] 李迺伯. 物理学. 北京:高等教育出版社,1993.
[3] 严导淦. 物理学. 3版. 北京:高等教育出版社,1998.
[4] 丁光宏. 力学与现代生活. 上海:复旦大学出版社,2001.
[5] 宋士贤,等. 物理学(专科适用). 西安:西北工业大学出版社,1995.
[6] 马文蔚,苏惠惠,陈鹤鸣. 物理学原理在工程技术中的应用. 2版. 北京:高等教育出版社,2001.
[7] 杨世铭. 传热学. 2版. 北京:高等教育出版社,1987.
[8] 周圣源,黄伟民. 高工专物理学. 北京:高等教育出版社,1996.
[9] 张立升,尹志营,沙洪均. 物理学. 天津:天津大学出版社,1996.
[10] 黄伟民,吴伯善. 技术物理基础. 北京:高等教育出版社,2001.
[11] 张淳民. 大学物理. 西安:西安交通大学出版社,2001.
[12] 程守洙. 普通物理学. 5版. 北京:高等教育出版社,1998.
[13] 寿曼立,姜桂兰. 原子光谱分析. 2版. 北京:地质出版社,1994.
[14] 张三慧. 大学物理学:力学、电磁学. 3版. 北京:清华大学出版社,2009.
[15] 熊红彦,赵宝群. 大学物理(上). 北京:高等教育出版社,2015.
[16] (日)原康夫,右近修治. 不可思议的生活物理学. 滕永红,译. 北京:科学出版社,2013.